非线性约束系统的智能自适应控制理论及应用

刘艳军　刘　磊　李大鹏　佟绍成　著

科学出版社

北　京

内 容 简 介

本书系统介绍了非线性约束系统的智能自适应反步递推控制的基本理论和方法，力求涵盖国内外最新研究成果，主要内容包括非线性严格反馈系统的智能自适应约束控制设计方法及理论、非线性时滞约束系统的智能自适应控制设计方法及理论、非线性多智能体约束系统的智能自适应控制设计方法及理论、非线性切换约束系统的智能自适应控制设计方法及理论，以及不确定系统自适应状态约束控制方法的应用等。

本书系统性强，覆盖面广，可作为高等学校控制理论与控制工程及相关专业的研究生教材，也可作为智能控制相关领域科技工作者的参考书。

图书在版编目(CIP)数据

非线性约束系统的智能自适应控制理论及应用 / 刘艳军等著. -- 北京：科学出版社, 2025. 6. -- ISBN 978-7-03-080948-3

I. TP273

中国国家版本馆 CIP 数据核字第 2024JP7461 号

责任编辑：朱英彪　纪四稳 / 责任校对：任苗苗
责任印制：肖　兴 / 封面设计：有道文化

科学出版社出版
北京东黄城根北街 16 号
邮政编码：100717
http://www.sciencep.com
北京中石油彩色印刷有限责任公司印刷
科学出版社发行　各地新华书店经销
*
2025 年 6 月第　一　版　开本: 720×1000　1/16
2025 年 6 月第一次印刷　印张: 18
字数: 363 000

定价: 160.00 元

(如有印装质量问题，我社负责调换)

前　言

实际工程中存在很多规模庞大、结构复杂的系统，因具有高度的不确定性和非线性而难以精确描述其动力学特征。神经网络和模糊逻辑系统对非线性函数或未知动态具有良好的逼近能力，并且自适应控制能使系统适应过程动态特性和环境条件变化，消除系统的不确定性，所以智能自适应控制为解决非线性系统控制问题提供了有效方法。此外，被控系统由于所处环境的局限性、设备本身物理极限或者出于安全性考虑而受到各种形式的约束限制，其控制器设计变得更加困难与复杂。因此，实现约束控制系统的智能化，以解决当前工程领域中面临的系统限制难题是亟待解决的问题。基于障碍李雅普诺夫函数或变量替换方法的智能自适应约束控制为非线性控制领域发展奠定了必要的理论基础。

在智能自适应控制理论体系下, 本书系统介绍不同类型约束条件下不确定非线性约束系统智能自适应控制的最新研究进展。全书共 6 章，第 1 章主要介绍非线性约束系统的基本分类、基本控制方法及相关基础知识；第 2 章主要介绍非线性严格反馈系统的智能自适应约束控制；第 3 章主要介绍非线性时滞约束系统的智能自适应控制；第 4 章主要介绍非线性多智能体约束系统的智能自适应控制；第 5 章主要介绍非线性切换约束系统的智能自适应控制；第 6 章主要介绍一些典型实际系统的智能自适应约束控制。本书的内容主要来自作者和所在团队在该方向上一些典型的研究成果以及广大科研工作者具有代表性的研究成果，希望本书的出版能为非线性控制、智能自适应控制以及无人系统安全控制等领域的研究者和相关专业的研究生提供有价值的参考。

本书的出版得到了国家重点研发计划项目课题 (2023YFB4704403)、国家杰出青年科学基金项目 (62025303)、国家自然科学基金优秀青年科学基金项目 (61622303) 和国家自然科学基金面上项目 (61473139、61773188、61973147) 的支持，在此表示衷心感谢。

由于作者水平有限，书中难免存在疏漏之处，殷切希望广大读者批评指正。

作　者

2025 年 1 月

目　录

前言
第 1 章　绪论 …… 1
1.1　约束系统的基本介绍 …… 1
1.2　约束系统的基本分类 …… 2
1.2.1　对称约束 …… 2
1.2.2　非对称约束 …… 5
1.3　状态约束系统的基本控制方法 …… 7
1.3.1　常数状态约束系统的基本控制方法 …… 7
1.3.2　时变状态约束系统的基本控制方法 …… 10
1.4　相关基础知识 …… 12
1.4.1　智能建模方法 …… 12
1.4.2　图论 …… 15
参考文献 …… 16
第 2 章　非线性严格反馈系统的智能自适应约束控制 …… 19
2.1　基于正切型障碍函数的非线性系统自适应约束控制 …… 19
2.1.1　系统模型及控制问题描述 …… 19
2.1.2　神经网络自适应反步递推控制设计 …… 20
2.1.3　稳定性与收敛性分析 …… 25
2.1.4　仿真 …… 26
2.2　基于对数型障碍函数的非线性系统自适应约束控制 …… 28
2.2.1　系统模型及控制问题描述 …… 28
2.2.2　神经网络自适应反步递推控制设计 …… 29
2.2.3　稳定性与收敛性分析 …… 37
2.2.4　仿真 …… 38
2.3　基于积分型障碍函数的非线性系统自适应约束控制 …… 41
2.3.1　系统模型及控制问题描述 …… 41
2.3.2　神经网络自适应反步递推控制设计 …… 41
2.3.3　稳定性与收敛性分析 …… 53
2.3.4　仿真 …… 55

2.4 基于变量替换函数的非线性系统自适应约束控制 ······ 57
2.4.1 系统模型及控制问题描述 ······ 57
2.4.2 神经网络自适应反步递推控制设计 ······ 58
2.4.3 稳定性与收敛性分析 ······ 63
2.4.4 仿真 ······ 64
参考文献 ······ 67
第 3 章 非线性时滞约束系统的智能自适应控制 ······ 69
3.1 具有常数状态时滞非线性系统的自适应约束控制 ······ 69
3.1.1 系统模型及控制问题描述 ······ 69
3.1.2 神经网络自适应反步递推控制设计 ······ 70
3.1.3 稳定性与收敛性分析 ······ 80
3.1.4 仿真 ······ 81
3.2 具有时变状态时滞非线性系统的自适应约束控制 ······ 84
3.2.1 系统模型及控制问题描述 ······ 84
3.2.2 神经网络自适应反步递推控制设计 ······ 85
3.2.3 稳定性与收敛性分析 ······ 98
3.2.4 仿真 ······ 99
3.3 具有常数输入时滞非线性系统的自适应约束控制 ······ 102
3.3.1 系统模型及控制问题描述 ······ 102
3.3.2 神经网络自适应反步递推控制设计 ······ 102
3.3.3 稳定性与收敛性分析 ······ 111
3.3.4 仿真 ······ 112
3.4 具有常数状态时滞非线性系统的自适应变量替换约束控制 ······ 115
3.4.1 系统模型及控制问题描述 ······ 115
3.4.2 神经网络自适应反步递推控制设计 ······ 116
3.4.3 稳定性与收敛性分析 ······ 125
3.4.4 仿真 ······ 125
参考文献 ······ 128
第 4 章 非线性多智能体约束系统的智能自适应控制 ······ 130
4.1 具有状态约束多智能体非线性系统的自适应跟踪控制 ······ 130
4.1.1 系统模型及控制问题描述 ······ 130
4.1.2 神经网络自适应反步递推控制设计 ······ 131
4.1.3 稳定性与收敛性分析 ······ 140
4.1.4 仿真 ······ 141
4.2 具有状态约束多智能体非线性系统的自适应鲁棒控制 ······ 144

4.2.1　系统模型及控制问题描述······144
4.2.2　神经网络自适应反步递推控制设计······145
4.2.3　稳定性与收敛性分析······152
4.2.4　仿真······153
4.3　具有状态约束多智能体非线性系统的自适应有限时间编队控制······156
4.3.1　系统模型及控制问题描述······156
4.3.2　模糊自适应分布式状态约束编队控制设计······159
4.3.3　稳定性与收敛性分析······165
4.3.4　仿真······166
4.4　具有状态约束多智能体非线性系统的自适应固定时间编队控制······170
4.4.1　系统模型及控制问题描述······170
4.4.2　模糊自适应反步递推控制设计······172
4.4.3　稳定性与收敛性分析······179
4.4.4　仿真······181
参考文献······185
第 5 章　非线性切换约束系统的智能自适应控制······187
5.1　具有常数状态约束非线性切换系统的自适应控制······187
5.1.1　系统模型及控制问题描述······187
5.1.2　神经网络自适应反步递推控制设计······188
5.1.3　稳定性与收敛性分析······193
5.1.4　仿真······194
5.2　具有时变状态约束非线性切换系统的自适应控制······197
5.2.1　系统模型及控制问题描述······197
5.2.2　神经网络自适应反步递推控制设计······198
5.2.3　稳定性与收敛性分析······205
5.2.4　仿真······206
5.3　具有状态相关约束非线性切换系统的自适应控制······209
5.3.1　系统模型及控制问题描述······209
5.3.2　模糊自适应反步递推控制设计······209
5.3.3　稳定性与收敛性分析······215
5.3.4　仿真······216
5.4　具有时变状态约束非线性切换系统的自适应变量替换约束控制······219
5.4.1　系统模型及控制问题描述······220
5.4.2　神经网络自适应反步递推控制设计······220
5.4.3　稳定性与收敛性分析······226

5.4.4 仿真 ······ 227
参考文献 ······ 230
第 6 章 不确定系统自适应状态约束控制方法的应用 ······ 232
6.1 具有位移和速度约束车辆主动悬架系统的自适应控制 ······ 232
6.1.1 系统模型及控制问题描述 ······ 232
6.1.2 自适应状态反馈约束控制方法 ······ 234
6.1.3 稳定性与收敛性分析 ······ 236
6.1.4 仿真 ······ 239
6.2 具有时变角位移和角速度约束机器人系统的自适应控制 ······ 242
6.2.1 系统模型及控制问题描述 ······ 242
6.2.2 自适应状态反馈约束控制方法 ······ 243
6.2.3 稳定性与收敛性分析 ······ 247
6.2.4 仿真 ······ 248
6.3 具有姿态和输入约束四旋翼无人机的自适应控制 ······ 253
6.3.1 系统模型及控制问题描述 ······ 253
6.3.2 自适应状态反馈约束控制方法 ······ 256
6.3.3 稳定性与收敛性分析 ······ 262
6.3.4 仿真 ······ 263
6.4 具有张力约束柔性耦合弦系统的自适应控制 ······ 265
6.4.1 系统模型及控制问题描述 ······ 266
6.4.2 自适应约束控制设计 ······ 267
6.4.3 稳定性与收敛性分析 ······ 275
6.4.4 仿真 ······ 276
参考文献 ······ 279

第 1 章 绪　论

由于物理条件的限制以及系统性能和安全方面的要求，许多实际系统往往需要遵循一定的约束准则。在控制器执行过程中，如果不遵守约束准则，可能会导致系统性能下降，甚至可能损坏或危害整个系统。因此，约束系统稳定性的研究已成为近些年来控制领域研究的热点问题。一些工程实践由于事先忽略了约束条件，需要通过后期人工干预来克服约束条件带来的不利影响。尽管这种方法能够在一定程度上解决约束控制问题，但是不具备较高的成功率，致使实际系统的稳定性和安全性难以保证。为从根本上解决约束条件引起的系统控制问题，一种更加普遍的方法是在控制设计的初始阶段就将约束条件考虑进去，进而从理论上将约束融合到控制设计中，结合系统所需满足的其他性能，设计合理的控制方法。因此，基于自适应控制技术，深入探索非线性约束系统的控制方法设计具有重要的理论价值和实际意义。

近十几年来，诞生了各种处理约束的方法，主要包括模型预测控制[1]、引用调控器[2] 和使用集合不变性概念[3] 等方法，特别是障碍李雅普诺夫函数方法[4] 和变量替换方法[5] 凭借其普适性广和可扩展性强的特点，近年来得到了众多专家和学者的青睐。本章主要介绍非线性约束系统的基本概念、主要分类及几种处理约束问题的基本方法，并且详细阐述控制研究所需的基础知识。

1.1 约束系统的基本介绍

受安全准则或者元器件本身等因素的限制，很多实际系统的某些关键指标无论在暂态或者稳态时都需要维持在某个特定范围之内。例如，电机的转速和电流均不能超过合理范围，且输出功率有一定的上限。在化学反应过程中，反应物浓度以及釜内温度和压强不能超过特定的范围。如果约束条件遭到破坏，可能会损坏设备，甚至对人员及财产带来巨大损失。在人机交互领域中，无论是人体直接穿戴或者是人与机器人直接物理接触，为考虑人员安全，机器人关节角度和末端执行器力度必须受到一定限制。上述这些物理限制会映射到控制设计中某个或多个变量的约束，其中控制输入约束是指系统执行机构只能提供有限范围的作用，输出约束或状态约束则是对系统输出变量或状态变量运行区域提出的限制。若设计的控制算法未考虑这些约束，则极有可能导致整个系统失去稳定。对于一些特定的工况，往往在控制设计初期假定没有约束条件，采用后期修复或者人为干预来解决约束问题。然而，实际运行中这些方案不具有普适性，需要精确建模和系统冗余等多方面的技术来提高系统安全和性能，这大大增加了控制设计的成本和周期。通过预先考虑非线性系统的约束影响，设计智能自适应约束控制算法，可极大提升非线性控制系统对约束限制的适应能力。

针对非线性约束系统，本书主要基于障碍李雅普诺夫函数和变量替换的构造思路，设计智能自适应约束控制方法。根据定义，障碍李雅普诺夫函数在所设计控制器的作用下保持有界，状态变量始终保持在约束边界以内。变量替换方法的主要原理是构造出一个完全依赖约束状态的非线性函数，将有约束的情况转化为无约束的情况进行处理。下面给出障碍李雅普诺夫函数的定义和基本理论，变量替换方法的主要过程将在后续的设计中给出。

定义 1.1.1 [6]　障碍李雅普诺夫函数 $V(x)$ 是标量函数，在包含原点的开放区 D 上对系统 $\dot{x}=f(x)$ 是连续且正定的，在 D 的每一点上都有连续的一阶偏导数，当 x 接近 D 的边界时具有性质 $V(x)\to\infty$，并且对于 $x(0)\in D$ 和某些正常数 b，系统 $\dot{x}=f(x)$ 的解满足 $V(x(t))\leqslant b$，$\forall t\geqslant 0$。

引理 1.1.1 [7]　假设存在正定函数 $U(\omega):\mathbf{R}^l\to\mathbf{R}_+$ 和 $V_1(z_1):\mathbf{Z}_1\to\mathbf{R}_+$，在各自的定义域内连续可微，且有 $\gamma_1(\|w\|)\leqslant U(w)\leqslant\gamma_2(\|w\|)$，其中 γ_1 和 γ_2 都是 K_∞ 类函数。当 $z_1\to -k_{a_1}$ 或 $z_1\to k_{b_1}$ 时，有 $V_1(z_1)\to\infty$ 。定义 $V(\eta)-V_1(z_1)+U(w)$，若 $z_1(0)$ 属于集合 $(-k_{a_1},k_{b_1})$，且 $\dot{V}=\dfrac{\partial V}{\partial\eta}h\leqslant 0$，则对任意的 $t\in[0,\infty)$，$z_1(t)$ 始终在开集 $(-k_{a_1},k_{b_1})$ 中。

障碍李雅普诺夫函数可以是对称的，也可以是非对称的。接下来分别介绍对称约束和非对称约束。

1.2　约束系统的基本分类

1.2.1　对称约束

对称约束指被约束变量的约束界是对称的。根据约束界的不同，可以将约束分为常数约束、时变约束和状态相关约束。常数约束的界是常数，不发生变化。相对于常数约束，时变约束的界是关于时间的函数，时变约束的研究可以降低控制设计的保守性。相对于常数约束和时变约束，状态相关约束的界不仅是关于时间的函数，而且是关于状态的函数，状态相关约束的研究大大提升了控制设计的灵活性。接下来将介绍解决对称约束问题的主要方法。

1. 障碍李雅普诺夫函数方法

近年来，障碍李雅普诺夫函数方法受到许多学者的青睐，成为处理约束控制的主要方法之一，取得了大量的研究成果。通过设计适当的障碍李雅普诺夫函数，可以解决不同类型的约束 (常数约束、时变约束、状态相关约束) 问题。此外，障碍李雅普诺夫函数的种类也比较丰富，常见的有三种类型，分别是对数型、正切型和积分型。接下来介绍三种约束条件所对应的对称型障碍李雅普诺夫函数。

考虑如下对称型约束条件：

(1) 常数约束 $|x_i| < k_{c_i}$；

(2) 时变约束 $|x_i| < k_{c_i}(t)$；

(3) 状态相关约束 $|x_i| < k_{c_i}(\chi_{i-1}, t)$。

其中，$\chi_{i-1} = [x_0, x_1, \cdots, x_{i-1}]^{\mathrm{T}}\ (i = 1, 2, \cdots, n)$，$x_0 = y_d$，$x_i$ 为受约束的状态变量；k_{c_i} 为常数界；$k_{c_i}(t)$ 为时变界；$k_{c_i}(\chi_{i-1}, t)$ 为关于状态和时间的光滑函数界。

1) 对数型障碍李雅普诺夫函数

利用对数型障碍李雅普诺夫函数解决约束问题，需要将状态约束转化为误差约束。设计如下对称对数型障碍李雅普诺夫函数：

$$V_i = \frac{1}{2} \ln \left[\frac{k_{b_i}^2(\cdot)}{k_{b_i}^2(\cdot) - z_i^2} \right] \tag{1.2.1}$$

式中，$\ln(\cdot)$ 为以自然指数 e 为底的对数函数；$z_i = x_i - \alpha_{i-1}$ 为误差变量且 $|z_i(t)| < k_{b_i}(\cdot)$，$0 < \underline{k}_{b_i} < k_{b_i}(\cdot) < \bar{k}_{b_i}$，初始条件满足 $|z_i(0)| < k_b(\cdot)$；$\alpha_0 = y_d$ 为参考信号，满足 $|y_d(t)| \leqslant Y_0$(或者 $Y_0(t)) < k_{c_1}(\cdot)$；$\alpha_1, \alpha_2, \cdots, \alpha_{n-1}$ 为虚拟控制信号，满足 $|\alpha_{i-1}| \leqslant A_{i-1}$(或者 $A_{i-1}(t)) < k_{c_i}(\cdot)$。

因而，很容易得出如下不等式。

(1) 常数约束：

$$|x_i| < k_{b_i} + A_{i-1} = k_{c_i}$$

(2) 时变约束：

$$|x_i| < k_{b_i}(t) + A_{i-1}(t) = k_{c_i}(t)$$

(3) 状态相关约束：

$$|x_i| < k_{b_i}(\chi_{i-1}, t) + A_{i-1}(t) = k_{c_i}(\chi_{i-1}, t)$$

引理 1.2.1[8] 存在连续有界函数 $k_{b_i}(\cdot)$，若满足条件 $|z_i(t)| < k_{b_i}(\cdot)$，则对数型障碍李雅普诺夫函数 V_i 满足如下不等式：

$$V_i \leqslant \frac{1}{2} \frac{z_i^2}{k_{b_i}^2(\cdot) - z_i^2}$$

2) 正切型障碍李雅普诺夫函数

利用正切型障碍李雅普诺夫函数方法解决约束问题，同样也需要将状态约束转化为误差约束，但相对于使用对数型障碍李雅普诺夫函数，正切型障碍李雅普诺夫函数可以将约束分析集成到一种通用方法中，从而可以处理有状态约束或无状态约束的非线性系统控制设计问题。

设计如下对称正切型障碍李雅普诺夫函数：

$$V_i = \frac{k_{b_i}^2(\cdot)}{\pi} \tan\left[\frac{\pi z_i^2}{2k_{b_i}^2(\cdot)}\right] \tag{1.2.2}$$

考虑系统不受约束，相当于当 $k_{c_i}(\cdot) \to \infty$ 时，有 $k_{b_i}(\cdot) = k_{c_i}(\cdot) - A_{i-1}(\cdot) \to \infty$。利用洛必达法则有

$$\lim_{k_{b_i}(\cdot)\to\infty} \frac{k_{b_i}^2(\cdot)}{\pi} \tan\left[\frac{\pi z_i^2}{2k_{b_i}^2(\cdot)}\right] = \frac{1}{2} z_i^2$$

因此，如果没有约束要求，那么可以简单地将李雅普诺夫函数取为二次型。在这种情况下，处理非线性系统自适应控制问题的方法与已有的传统设计方法相似。

3) 积分型障碍李雅普诺夫函数

利用积分型障碍李雅普诺夫函数方法解决约束问题，可以避免将状态约束转化为误差约束，从而实现对状态的直接约束。选择如下对称积分型障碍李雅普诺夫函数：

$$V_i = \int_0^{z_i} \frac{\delta k_{c_i}^2(\cdot)}{k_{c_i}^2(\cdot) - (\delta + \alpha_{i-1})^2}\, \mathrm{d}\delta \tag{1.2.3}$$

式中，δ 为积分变量。

显然，当满足状态约束条件 $|x_i| < k_{c_i}(\cdot)$ 时，V_i 是正定且连续可导的，同时可以得到如下性质：

$$\frac{1}{2} z_i^2 \leqslant V_i \leqslant z_i^2 \int_0^1 \frac{\upsilon k_{c_i}^2(\cdot)}{k_{c_i}^2(\cdot) - [\upsilon z_i + \operatorname{sgn}(z_i) A_{i-1}(\cdot)]^2} \mathrm{d}\upsilon \tag{1.2.4}$$

引理 1.2.2[9]　存在连续有界函数 $k_{c_i}(\cdot)$，如果满足条件 $|x_i| < k_{c_i}(\cdot)$ $(i = 1, 2, \cdots, n)$，那么积分型障碍李雅普诺夫函数 V_i 满足如下不等式：

$$V_i \leqslant \frac{z_i^2 k_{c_i}^2(\cdot)}{k_{c_i}^2(\cdot) - x_i^2}$$

2. 变量替换方法

变量替换方法是解决系统变量受约束控制问题的另一种方法。与障碍李雅普诺夫函数方法不同，变量替换方法可避免设计虚拟控制器时必须满足的可行性条件。

状态满足如下约束条件：

$$-F_i < x_i < F_i$$

式中，$F_i > 0$ 为常数。

选择如下对称非线性状态变换：

$$\zeta_i = \frac{x_i}{(F_i + x_i)(F_i - x_i)} \tag{1.2.5}$$

式中，ζ_i 为变换后的状态。

1.2.2 非对称约束

非对称约束是指被约束变量的约束界是非对称的，对称约束是非对称约束的特例，因此后者更具有一般性。类似于 1.2.1 节的对称约束，非对称约束根据约束界的不同，也可分为常数约束、时变约束和状态相关约束。下面分别利用 1.2.1 节提到的障碍李雅普诺夫函数和变量替换两种方法解决非对称约束问题。

1. 障碍李雅普诺夫函数方法

对称型障碍李雅普诺夫函数方法可以解决对称约束问题，非对称型障碍李雅普诺夫函数方法则可以解决非对称约束问题。下面分别介绍对数型、正切型和积分型三种非对称障碍李雅普诺夫函数。

考虑如下非对称约束条件：

(1) 常数约束 $\underline{k}_{c_i} < x_i < \bar{k}_{c_i}$；

(2) 时变约束 $\underline{k}_{c_i}(t) < x_i < \bar{k}_{c_i}(t)$；

(3) 状态相关约束 $\underline{k}_{c_i}(\chi_{i-1}, t) < x_i < \bar{k}_{c_i}(\chi_{i-1}, t)$。

式中，x_i 为受约束的状态变量；$\bar{k}_{c_i}(\cdot)$ 和 $\underline{k}_{c_i}(\cdot)$ 分别为约束条件的上界和下界，$\bar{k}_{c_i}(\cdot) > \underline{k}_{c_i}(\cdot)$，$\bar{k}_{c_i}$ 和 $\underline{k}_{c_i}$ 为常数界，$\bar{k}_{c_i}(t)$ 和 $\underline{k}_{c_i}(t)$ 为时变界；$\bar{k}_{c_i}(\chi_{i-1}, t)$ 和 $\underline{k}_{c_i}(\chi_{i-1}, t)$ 为关于状态和时间的光滑函数界，$\chi_{i-1} = [x_0, x_1, \cdots, x_{i-1}]^{\mathrm{T}}$ $(i = 1, 2, \cdots, n)$，$x_0 = y_d$。

1) 对数型障碍李雅普诺夫函数

选择如下非对称对数型障碍李雅普诺夫函数：

$$V_i = \frac{q_i(z_i)}{2p} \ln\left[\frac{k_{b_i}^{2p}(\cdot)}{k_{b_i}^{2p}(\cdot) - z_i^{2p}}\right] + \frac{1 - q_i(z_i)}{2p} \ln\left[\frac{k_{a_i}^{2p}(\cdot)}{k_{a_i}^{2p}(\cdot) - z_i^{2p}}\right] \tag{1.2.6}$$

式中，p 为一个正整数，满足 $2p \geqslant n$；$z_i = x_i - \alpha_{i-1}$ 为误差变量且满足 $-k_{a_i}(\cdot) < z_i(t) < k_{b_i}(\cdot)$，$\alpha_0 = y_d$ 为参考信号；虚拟控制信号 $\alpha_1, \alpha_2, \cdots, \alpha_{n-1}$ 满足 $\underline{k}_{c_i}(\cdot) < \underline{A}_{i-1}(t) < \alpha_{i-1} < \bar{A}_{i-1}(t) < \bar{k}_{c_i}(\cdot)$ 。同时，定义 $q_i(z_i)$ 为

$$q_i(z_i) = \begin{cases} 1, & z_i > 0 \\ 0, & z_i \leqslant 0 \end{cases}$$

此外，存在正常数 $\underline{k}_{a_1}$、$\bar{k}_{a_1}$、$\underline{k}_{b_1}$ 和 $\bar{k}_{b_1}$，使得不等式 $\underline{k}_{a_1} \leqslant k_{a_1}(\cdot) \leqslant \bar{k}_{a_1}$ 和 $\underline{k}_{b_1} \leqslant k_{b_1}(\cdot) \leqslant \bar{k}_{b_1}$ 成立。

进而，可以得到如下不等式。

(1) 常数约束：

$$\underline{k}_{c_i} = \alpha_{i-1} - k_{a_i} < x_i < k_{b_i} + \alpha_{i-1} = \bar{k}_{c_i}$$

(2) 时变约束：

$$\underline{k}_{c_i}(t) = \alpha_{i-1} - k_{a_i}(t) < x_i < k_{b_i}(t) + \alpha_{i-1} = \bar{k}_{c_i}(t)$$

(3) 状态相关约束：

$$\underline{k}_{c_i}(\chi_{i-1}, t) = \alpha_{i-1} - k_{a_i}(\chi_{i-1}, t) < x_i < k_{b_i}(\chi_{i-1}, t) + \alpha_{i-1} = \bar{k}_{c_i}(\chi_{i-1}, t)$$

2) 正切型障碍李雅普诺夫函数

选择如下非对称正切型障碍李雅普诺夫函数：

$$V_i = \frac{q(z_i)\, k_{b_i}^2(\cdot)}{\pi} \tan\left[\frac{\pi z_i^2}{2k_{b_i}^2(\cdot)}\right] + \frac{[1 - q(z_i)]\, k_{a_i}^2(\cdot)}{\pi} \tan\left[\frac{\pi z_i^2}{2k_{a_i}^2(\cdot)}\right] \tag{1.2.7}$$

3) 积分型障碍李雅普诺夫函数

选择如下非对称积分型障碍李雅普诺夫函数：

$$\begin{aligned} V_i = &\int_0^{z_i} q(\sigma + \alpha_{i-1}) \frac{\sigma^{2p-1} k_{b_i}^{2(2p-1)}(\cdot)}{k_{b_i}^{2(2p-1)}(\cdot) - (\sigma + \alpha_{i-1})^{2(2p-1)}} \mathrm{d}\sigma \\ &+ \int_0^{z_i} [1 - q(\sigma + \alpha_{i-1})] \frac{\sigma^{2p-1} k_{a_i}^{2(2p-1)}(\cdot)}{k_{a_i}^{2(2p-1)}(\cdot) - (\sigma + \alpha_{i-1})^{2(2p-1)}} \mathrm{d}\sigma \end{aligned} \tag{1.2.8}$$

式中，σ 为积分变量，当 $\sigma + \alpha_{i-1} > 0$ 时，$q(\sigma + \alpha_{i-1}) = 1$，否则 $q(\sigma + \alpha_{i-1}) = 0$。

2. 变量替换方法

类似于变量替换方法在解决对称约束问题方面的有效应用，其在非对称约束问题处理方面同样有效。

状态满足如下约束条件：

$$-F_{i1} < x_i < F_{i2}$$

式中，$F_{i1} > 0$ 和 $F_{i2} > 0$ 为常数。

定义如下非线性映射：

$$\zeta_i = \frac{x_i}{(F_{i1} + x_i)(F_{i2} - x_i)} \tag{1.2.9}$$

式中，ζ_i 为转换变量 (非线性状态依赖函数)。

评注 1.2.1 本节根据约束边界的对称性，将约束边界分为对称约束和非对称约束，并且分别在 1.2.1 节和 1.2.2 节进行了介绍。在此基础上，根据约束边界的特性，将约束边界分为常数约束、时变约束和状态相关约束。根据上述障碍李雅普诺夫函数的定义，由于被约束的变量不同，还可以分为输出约束[10,11]、状态约束[12,13] 和部分状态约束[14]。

1.3 状态约束系统的基本控制方法

1.2 节介绍了对称和非对称约束系统，本节介绍非线性约束系统的主要控制设计思路，包括基于对数型、正切型、积分型三种障碍李雅普诺夫函数的方法和变量替换方法，以及这些方法在处理不同类型约束界时的基本步骤。本节的内容主要基于文献 [15]~[18]。

1.3.1 常数状态约束系统的基本控制方法

考虑如下一阶非线性系统：

$$\begin{cases} \dot{x} = f(x) + u \\ y = x \end{cases} \tag{1.3.1}$$

式中，x 为系统状态，需要满足约束条件 $|x| < k_c$；$f(x)$ 为光滑非线性函数；u 为控制输入；y 为系统输出。

1) 常数对数型障碍李雅普诺夫函数

定义如下跟踪误差信号：

$$z_L = x - y_d \tag{1.3.2}$$

式中，y_d 为参考信号，满足 $|y_d| \leqslant Y_0$，Y_0 为已知常数。

选择如下对数型障碍李雅普诺夫函数：

$$V_L = \frac{1}{2}\ln\left(\frac{k_b^2}{k_b^2 - z_L^2}\right) \tag{1.3.3}$$

式中，误差约束边界 k_b 满足 $|k_b| \leqslant k_c - Y_0$。

根据式 (1.3.1) 和式 (1.3.2)，对 V_L 求导，可得

$$\dot{V}_L = \frac{z_L}{k_b^2 - z_L^2}\left[f(x) + u - \dot{y}_d\right] \tag{1.3.4}$$

在利用对数型障碍李雅普诺夫函数方法解决状态约束控制问题时，首先需要状态变量的初值满足约束条件，即 $x(0) \in (-k_c, k_c)$；然后基于自适应反步递推控制设计理论，设计相应的自适应控制方法，可得 V_L 始终有界；进而结合对数型障碍李雅普诺夫函数的定义及其性质 $k_b^2/\left(k_b^2 - z_L^2\right) > 0$，可得 $z_L \in (-k_b, k_b)$；最后由于参考信号满足 $|y_d| \leqslant Y_0$ 和 $z_L = x - y_d$，可得 $|x| \leqslant k_b + Y_0 = k_c$，即 $x \in (-k_c, k_c)$。后续任务是给出闭环系统稳定的充分条件。

2) 常数正切型障碍李雅普诺夫函数

定义如下跟踪误差信号：

$$z_T = x - y_d \tag{1.3.5}$$

选择如下正切型障碍李雅普诺夫函数：

$$V_T = \frac{k_b^2}{\pi}\tan\left(\frac{\pi z_T^2}{2k_b^2}\right) \tag{1.3.6}$$

式中，误差约束边界 k_b 需满足 $|k_b| \leqslant k_c - Y_0$。

根据式 (1.3.1) 和式 (1.3.2)，对 V_T 求导，可得

$$\dot{V}_T = \sec^2\left(\frac{\pi z_T^2}{2k_b^2}\right)\left[f(x) + u - \dot{y}_d\right] z_T \tag{1.3.7}$$

在利用正切型障碍李雅普诺夫函数方法解决状态约束控制问题时，首先需要状态变量的初值满足约束条件，即 $x(0) \in (-k_c, k_c)$；然后基于自适应反步递推控制设计理论，设计相应的自适应控制方法，可得 V_T 始终有界；进而结合正切型障碍李雅普诺夫函数的定义及其性质 $\pi z_T^2/\left(2k_b^2\right) \neq \pi/2 + k\pi (k \in \mathbf{Z})$，可得 $z_T \in (-k_b, k_b)$；最后由于参考信号满足 $|y_d| \leqslant Y_0$ 和 $z_T = x - y_d$，可得 $|x| \leqslant k_b + Y_0 = k_c$，即 $x \in (-k_c, k_c)$。后续任务是给出闭环系统稳定的充分条件。

3) 常数积分型障碍李雅普诺夫函数

定义如下跟踪误差信号：

$$z_I = x - y_d \tag{1.3.8}$$

选择如下积分型障碍李雅普诺夫函数：

$$V_I\left(z_I, y_d\right) = \int_0^{z_I} \frac{\delta k_c^2}{k_c^2 - \left(\delta + y_d\right)^2}\,\mathrm{d}\delta \tag{1.3.9}$$

式中，常数 k_c 为状态变量 x 的约束界；参考信号 y_d 满足 $|y_d| < k_c$。

对 $V_I\left(z_I, y_d\right)$ 求导，可得

$$\dot{V}_I\left(z_I, y_d\right) = \frac{z_I k_c^2}{k_c^2 - x^2}\dot{z} + \dot{y}_d \int_0^{z_I} \frac{\partial}{\partial y_d} \frac{\delta k_c^2}{k_c^2 - \left(\delta + y_d\right)^2}\,\mathrm{d}\delta \tag{1.3.10}$$

在利用积分型障碍李雅普诺夫函数方法解决状态约束控制问题时，首先需要状态变量的初值满足约束条件，即 $x(0) \in (-k_c, k_c)$；然后基于自适应反步递推控制设计理论，设计相应的自适应控制方法，可得 V_I 有界；最后结合积分型障碍李雅普诺夫函数的定义，可得 $x \in (-k_c, k_c)$。后续任务是给出闭环系统稳定的充分条件。

值得注意的是，对数型和正切型障碍李雅普诺夫函数方法先保证跟踪误差满足约束条件，再结合参考信号的有界性，间接地使系统状态满足约束条件，而积分型障碍李雅普诺夫函数方法可以直接保证系统状态满足约束条件。

4) 常数变量替换方法

常见的变量替换方法有如下两种。

(1) 定义如下非线性映射：

$$\zeta_1 = \frac{x}{k_c^2 - x^2} \tag{1.3.11}$$

式中，k_c 为状态变量 x 的约束界；ζ_1 为转换变量。

定义如下坐标变换：

$$z_{\zeta_1} = \zeta_1 - \zeta_{d1} \tag{1.3.12}$$

式中，$\zeta_{d1} = y_d / \left(k_c^2 - y_d^2\right)$，参考信号 y_d 满足 $|y_d| < k_c$。

设计如下李雅普诺夫函数：

$$V_{\zeta_1} = \frac{1}{2} z_{\zeta_1}^2 \tag{1.3.13}$$

对 V_{ζ_1} 求导，可得

$$\dot{V}_{\zeta_1} = \frac{k_c^2 + x^2}{\left(k_c^2 - x^2\right)^2} z_{\zeta_1} [f(x) + u] - \frac{k_c^2 + y_d^2}{\left(k_c^2 - y_d^2\right)^2} z_{\zeta_1} \dot{y}_d \tag{1.3.14}$$

通过设计适当的自适应控制策略，保证误差信号 z_{ζ_1} 的有界性。结合参考信号 y_d 的有界性，可得转换变量 ζ_1 的有界性，进而证明系统状态始终满足约束条件。

(2) 采用相似的思想，定义如下非线性映射：

$$\zeta_2 = \ln\left(\frac{k_c + x}{k_c - x}\right) \tag{1.3.15}$$

定义如下坐标变换：

$$z_{\zeta_2} = \zeta_2 - \zeta_{d2} \tag{1.3.16}$$

式中，$\zeta_{d2} = \ln\left(k_c + y_d\right) / \left(k_c - y_d\right)$，参考信号 y_d 满足 $|y_d| < k_c$。

设计如下李雅普诺夫函数：

$$V_{\zeta_2} = \frac{1}{2} z_{\zeta_2}^2 \tag{1.3.17}$$

对 V_{ζ_2} 求导，可得

$$\dot{V}_{\zeta_2} = \frac{2k_c z_{\zeta_2}}{k_c^2 - x^2} [f(x) + u] - \frac{2k_c z_{\zeta_2}}{k_c^2 - y_d^2} \dot{y}_d \tag{1.3.18}$$

后续证明系统状态满足约束条件的过程与前面变量替换方法基本类似。

1.3.2　时变状态约束系统的基本控制方法

常数约束可视为时变约束的一种特例，因而在解决约束问题时，两者主体思路基本相同，只是在李雅普诺夫函数求导的过程中存在一定差异。时变约束不仅要考虑误差信号和状态变量的导数，还需考虑约束边界的导数，这将导致自适应约束控制器设计困难，具体设计方法如下。

1) 时变对数型障碍李雅普诺夫函数

选择如下对数型障碍李雅普诺夫函数：

$$V_{LT} = \frac{1}{2} \ln\left[\frac{k_b^2(t)}{k_b^2(t) - z_L^2}\right] \tag{1.3.19}$$

式中，误差约束边界 $k_b(t)$ 满足 $|k_b(t)| \leqslant k_c(t) - Y_0(t)$。

根据式 (1.3.1) 和式 (1.3.2)，对 V_{LT} 求导，可得

$$\dot{V}_{LT} = \frac{z_L}{k_b^2(t) - z_L^2} \left[f(x) + u - \dot{y}_d\right] - \frac{z_L}{k_b^2(t) - z_L^2} \frac{\dot{k}_b(t)}{k_b(t)} \tag{1.3.20}$$

2) 时变正切型障碍李雅普诺夫函数

选择如下正切型障碍李雅普诺夫函数：

$$V_{TT}=\frac{k_b^2(t)}{\pi}\tan\left[\frac{\pi z_T^2}{2k_b^2(t)}\right] \tag{1.3.21}$$

式中，误差约束边界 $k_b(t)$ 满足 $|k_b(t)|\leqslant k_c(t)-Y_0(t)$。

根据式 (1.3.1) 和式 (1.3.2)，对 V_{TT} 求导，可得

$$\dot{V}_{TT}=\frac{2k_b(t)\dot{k}_b(t)}{\pi}\tan\left[\frac{\pi z_T^2}{k_b^2(t)}\right]+z_T\dot{z}_T\sec^2\left[\frac{\pi z_T^2}{k_b^2(t)}\right]-z_T^2\frac{\dot{k}_b(t)}{k_b(t)}\sec^2\left[\frac{\pi z_T^2}{k_b^2(t)}\right] \tag{1.3.22}$$

3) 时变积分型障碍李雅普诺夫函数

选择如下积分型障碍李雅普诺夫函数：

$$V_{IT}\left(z_I,y_d\right)=\int_0^{z_I}\frac{\delta k_c^2(t)}{k_c^2(t)-\left(\delta+y_d\right)^2}\,\mathrm{d}\delta \tag{1.3.23}$$

式中，$k_c(t)$ 为状态变量 x 的约束界；参考信号 y_d 满足 $|y_d|<k_c(t)$。

对 V_{IT} 求导，可得

$$\begin{aligned}\dot{V}_{IT}\left(z_I,y_d\right)=&\frac{z_I k_c^2(t)}{k_c^2(t)+x^2}\dot{z}_I+\dot{y}_d\int_0^{z_I}\frac{\partial}{\partial y_d}\frac{\delta k_c^2(t)}{k_c^2(t)-\left(\delta+y_d\right)^2}\,\mathrm{d}\delta\\&+\dot{k}_c(t)\int_0^{z_I}\frac{\partial}{\partial k_c(t)}\frac{\delta k_c^2(t)}{k_c^2(t)-\left(\delta+y_d\right)^2}\,\mathrm{d}\delta\end{aligned} \tag{1.3.24}$$

4) 时变变量替换方法

(1) 定义如下非线性映射：

$$\zeta_1=\frac{x}{k_c^2(t)-x^2} \tag{1.3.25}$$

式中，$k_c(t)$ 为状态变量 x 的约束界；ζ_1 为转换变量。

定义如下坐标变换：

$$z_{\zeta_1}=\zeta_1-\zeta_{d1} \tag{1.3.26}$$

式中，$\zeta_{d1}=y_d/\left(k_c^2-y_d^2\right)$，参考信号 y_d 满足 $|y_d|<k_c$。

设计如下李雅普诺夫函数：

$$V_{\zeta_1 T}=\frac{1}{2}z_{\zeta_1}^2 \tag{1.3.27}$$

对 $V_{\zeta_1 T}$ 求导，可得

$$\begin{aligned}\dot{V}_{\zeta_1 T} =& \frac{k_c^2(t)+x^2}{\left[k_c^2(t)-x^2\right]^2}[f(x)+u]z_{\zeta_1} - \frac{2k_c(t)\dot{k}_c(t)}{\left[k_c^2(t)-x^2\right]^2}z_{\zeta_1}x \\ &- \frac{k_c^2(t)+y_d^2}{\left[k_c^2(t)-y_d^2\right]^2}z_{\zeta_1}\dot{y}_d + \frac{2k_c(t)\dot{k}_c(t)}{\left[k_c^2(t)-y_d^2\right]^2}z_{\zeta_1}y_d\end{aligned} \tag{1.3.28}$$

(2) 采用相似的思想，构造如下非线性映射：

$$\zeta_2 = \ln\left[\frac{k_c(t)+x}{k_c(t)-x}\right] \tag{1.3.29}$$

定义如下坐标变换：

$$z_{\zeta_2} = \zeta_2 - \zeta_{d2} \tag{1.3.30}$$

式中，$\zeta_{d2} = \ln\left[k_c(t)+y_d\right]/\left[k_c(t)-y_d\right]$，参考信号 y_d 满足 $|y_d| < k_c(t)$。

设计如下李雅普诺夫函数：

$$V_{\zeta_2 T} = \frac{1}{2}z_{\zeta_2}^2 \tag{1.3.31}$$

对 $V_{\zeta_2 T}$ 求导，可得

$$\begin{aligned}\dot{V}_{\zeta_2 T} =& \frac{2k_c(t)}{k_c^2(t)-x^2}[f(x)+u]z_{\zeta_2} - \frac{2\dot{k}_c(t)}{k_c^2(t)-x^2}z_{\zeta_2}x \\ &+ \frac{2k_c(t)}{k_c^2(t)-y_d^2}z_{\zeta_2}\dot{y}_d - \frac{2\dot{k}_c(t)}{k_c^2(t)-y_d^2}z_{\zeta_2}y_d\end{aligned} \tag{1.3.32}$$

评注 1.3.1　本节针对常数约束和时变约束，分别介绍多种约束控制方法的基本思路。本节介绍的方法均面向对称约束非线性系统，针对非对称约束非线性系统的自适应控制方法可参见文献 [19]~[23]。

1.4　相关基础知识

1.4.1　智能建模方法

传统控制方法的被控对象是精确的数学模型，然而随着系统的不确定性、非线性和复杂性的提高，将难以建立系统的精确数学模型。要解决复杂非线性系统的控制问题，模糊逻辑系统和径向基函数神经网络等智能建模方法是有效的解决途径之一。

1. 模糊逻辑系统

模糊逻辑系统包含模糊规则库、模糊化、模糊推理机、解模糊化四个部分，如图 1.4.1 所示。在实际工程中，控制输入或被控对象接收的通常是精确变量。因此，构造模糊逻辑系统的第一步是将实际的精确真值进行模糊化，即使用隶属度函数将精确真值转换为模糊量，再通过模糊推理机对模糊规则进行推理和合成，最后对模糊系统的输出量进行解模糊化，这是模糊逻辑系统的工作过程[24-28]。

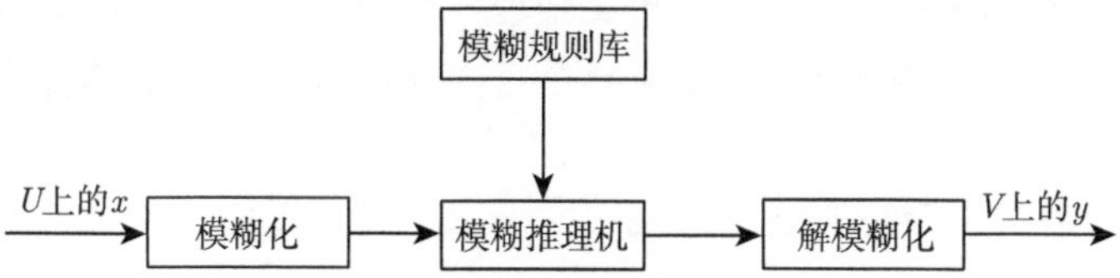

图 1.4.1 模糊逻辑系统的基本结构

设模糊系统的输入为 $x \in U = U_1 \times U_2 \times \cdots \times U_n \subseteq X_1 \times X_2 \times \cdots \times X_n$，输出为 $y \in V \subset \mathbf{R}$，则子空间 U 到子空间 V 上的一个映射就构成了模糊逻辑系统。

模糊规则是若干条模糊 IF-THEN 规则的总和，第 l $(l = 1, 2, \cdots, N)$ 条规则如下：

$$R^l\text{：假设 } x_1 \text{ 为 } F_1^l\text{，} x_2 \text{ 为 } F_2^l\text{，}\cdots\text{，} x_n \text{ 为 } F_n^l\text{，则 } y \text{ 是 } G^l$$

式中，F_i^l 和 G^l 为模糊论域；N 为模糊规则中所包含的模糊规则总数。通过采用单点模糊化、乘积推理规则、中心平均加权非模糊化及高斯隶属度函数构建的模糊逻辑系统，其具体形式如下：

$$f(x) = \frac{\sum_{l=1}^{N} y^l \left[\prod_{i=1}^{n} F_i^l(x_i) \right]}{\sum_{l=1}^{N} \prod_{i=1}^{n} F_i^l(x_i)} \tag{1.4.1}$$

式中，模糊集 $F_i^l(x_i)$ 的隶属度函数为

$$F_i^l(x_i) = a_i^l \mu_{F_i^l} = a_i^l \exp\left[-\left(\frac{x_i - x_i^l}{\sigma_i^l} \right)^2 \right] \tag{1.4.2}$$

王立新教授于 1992 年证明了模糊逻辑系统 (1.4.2) 具有全局逼近性质，即得到如下万能逼近定理[29]。

定理 1.4.1[30]　设 $g(x)$ 是定义在闭集 Ω 上的连续函数，对任意的常数 $\delta > 0$，存在形如式 (1.4.1) 的模糊逻辑系统 $f(x)$，使得如下不等式成立：

$$\sup_{x\in\Omega}|f(x)-g(x)| \leqslant \delta$$

2. 径向基函数神经网络

径向基函数神经网络是一种三层前馈网络，包含输入层、隐含层和输出层。在径向基函数神经网络中，输入层接收原始数据作为输入；隐含层由多个神经元组成，每个神经元都具有一个中心点和一个径向基函数，隐含层的神经元根据输入样本与对应中心点之间的距离计算输出值；输出层将隐含层的输出进行加权求和，并应用激活函数生成最终的输出结果[31-35]，如图 1.4.2 所示。

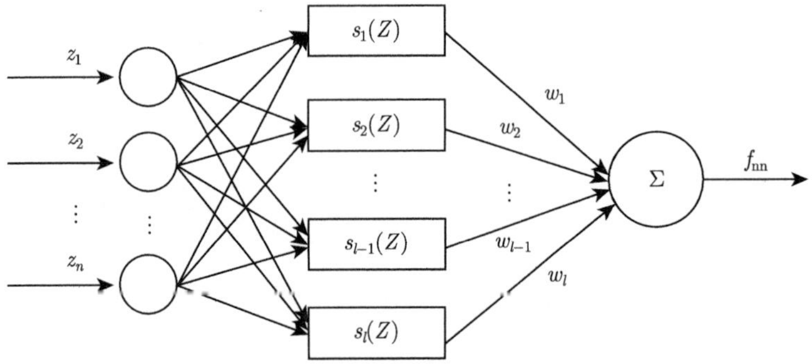

图 1.4.2　径向基函数神经网络结构

径向基函数神经网络结构可表示为

$$f_{nn}(W,Z) = W^{\mathrm{T}}S(Z) \tag{1.4.3}$$

式中，$W = [w_1, w_2, \cdots, w_l]^{\mathrm{T}}$ 为神经网络权重向量；$S(Z) = [s_1(Z), s_2(Z), \cdots, s_l(Z)]^{\mathrm{T}}$，$s_i(Z)$ 为神经元激活函数；$Z = [z_1, z_2, \cdots, z_n] \in \mathbf{R}^n$ 为神经网络输入向量；$l > 1$ 为神经元节点数。选取高斯函数为

$$s_i(Z) = \exp\left[\frac{-(Z-\eta_i)^{\mathrm{T}}(Z-\eta_i)}{\sigma_i^2}\right], \quad i = 1, 2, \cdots, l$$

式中，$\eta_i = [\eta_{i1}, \eta_{i2}, \cdots, \eta_{in}]^{\mathrm{T}}$ 为隐含层 i 单元高斯函数中心点；σ_i 为隐含层 i 单元高斯函数宽度。根据一致逼近研究成果可得到径向基函数神经网络逼近特性。

定理 1.4.2[31]　对于径向基函数神经网络 (1.4.3)，如果存在紧集 $\Omega \subset \mathbf{R}^n$，未知非线性函数 $f(Z)$ 是定义在紧集 Ω 上的连续函数，那么对于任意给定的常数

$\delta > 0$，存在常数向量 W ，使得如下不等式成立：

$$\max_{Z\in\Omega}|f(Z)-f_{\mathrm{nn}}(W,Z)|<\delta$$

进而，总存在最优权重 W^*，使得

$$f(Z)=W^{*\mathrm{T}}S(Z)+\delta$$

式中，$\delta\in\Omega$ 为未知逼近误差；W^* 定义如下：

$$W^*=\arg\min_{W\in\mathbf{R}^l}\left\{\sup_{Z\in\Omega}|\,f(Z)-W^{\mathrm{T}}S(Z)|\right\}$$

1.4.2 图论

图论作为数学理论中的重要分支[36]，在多智能体系统控制问题的研究工作中，可以将多智能体系统抽象结构的性质和关系清晰、直观地表述出来。多智能体系统中每个智能体可视为图中的一个节点，智能体之间的信息交互可以用图中的边来描述。下面简单介绍图论的相关知识。

假设多智能体系统中存在 N 个智能体，则可将其看作一个 N 阶的拓扑图 $\Omega=\{\upsilon,\Xi,A\}$，其中 $\upsilon=\{\upsilon_1,\upsilon_2,\cdots,\upsilon_N\}$ 为节点或顶点的集合，$\Xi=\{(\upsilon_j,\upsilon_i)\}\subset\upsilon\times\upsilon(i=1,2,\cdots,N;j=1,2,\cdots,N)$ 为边的集合，(υ_j,υ_i) 为从节点 υ_j 到节点 υ_i 的一条通信链路。定义 $N_i=\{j\mid(\upsilon_j,\upsilon_i)\in\Xi,i\neq j\}$ 为第 i 个智能体的邻居集。如果 (υ_j,υ_i) 是没有方向的，即智能体间的信息交互是双向的，那么该图称为无向图，否则称为有向图。换言之，无向图是一种特殊的有向图。若图中任意两节点都存在一条边连接，则称该图为连通图，否则称为非连通图。如果图中任意两节点都互相可达，那么称为强连通图。矩阵 $A=[a_{ij}]_{N\times N}$ 称为加权邻接矩阵[37]，其元素 a_{ij} 为智能体 i 与智能体 j 之间通信交流的权重。若节点 υ_i 能收到节点 υ_j 的信息，并且其权重不为 0 ，则 $a_{ij}>0$，$i\neq j$；若节点 υ_i 不能收到节点 υ_j 的信息，则 $a_{ij}=0$。在本书中，方便起见，a_{ij} 的取值均为 0 或 1。指向自己的边 (υ_j,υ_i) 称为自环，当两个顶点之间存在的边不止一条时，称图中包含重边[38]。同时，不包含重边和自环的图是简单图，若无特殊声明，本书研究的图都为简单图。

定义对角矩阵 $D=\mathrm{diag}\{d_1,d_2,\cdots,d_N\}$ 为度矩阵，且 $d_i=\sum\limits_{j=1,j\neq i}^{N}a_{ij}$。邻接矩阵与度矩阵为智能体之间的信息交互，并不适合直接用于设计多智能体系统的控制器，因此定义拉普拉斯矩阵[39]$L=D-A=[l_{ij}]_{N\times N}$，$l_{ij}$ 取值为

$$l_{ij}=\begin{cases}-a_{ij}, & i\neq j\\ \displaystyle\sum_{j=1,j\neq i}^{N} a_{ij}, & i=j\end{cases}$$

对于包含 1 个领导者与 N 个跟随者的领导-跟随多智能体系统，可以用 Ω' 表示节点集 $\upsilon^{+}=\{\upsilon_0\}\cup\upsilon$ 的拓扑图，其中，υ_0 为领导者节点[40]。领导者与跟随者之间的连接情况可以用对角矩阵 $B=\mathrm{diag}\{b_1,b_2,\cdots,b_N\}\in\mathbf{R}^{N\times N}$ 来表示。若跟随者节点 υ_i 能接收领导者的信息，则 $b_i>0$，否则 $b_i=0$。当所有跟随者智能体都能接收领导者的信息时，领导者称为全局可达节点。

参 考 文 献

[1] Mayne D Q, Rawlings J B, Rao C V, et al. Constrained model predictive control: Stability and optimality[J]. Automatica, 2000, 36(6): 789-814.

[2] Bemporad A. Reference governor for constrained nonlinear systems[J]. IEEE Transactions on Automatic Control, 1998, 43(3): 415-419.

[3] Hu T S, Lin Z L. Control Systems with Actuator Saturation: Analysis and Design[M]. Boston: Springer Science & Business Media, 2001.

[4] Ngo K B, Mahony R, Jiang Z P. Integrator backstepping using barrier functions for systems with multiple state constraints[C]. Proceedings of the 44th IEEE Conference on Decision and Control, Seville, 2005: 8306-8312.

[5] Do K D. Control of nonlinear systems with output tracking error constraints and its application to magnetic bearings[J]. International Journal of Control, 2010, 83(6): 1199-1216.

[6] Ren B B, Ge S S, Tee K P, et al. Adaptive neural control for output feedback nonlinear systems using a barrier Lyapunov function[J]. IEEE Transactions on Neural Networks, 2010, 21(8): 1339-1345.

[7] Ren B B, Ge S S, Tee K P, et al. Adaptive control for parametric output feedback systems with output constraint[C]. Proceedings of the 48h IEEE Conference on Decision and Control held jointly with the 28th Chinese Control Conference, Shanghai, 2009: 6650-6655.

[8] Li D, Han H, Qiao J. Deterministic learning-based adaptive neural control for nonlinear full-state constrained systems[J]. IEEE Transactions on Neural Networks and Learning Systems, 2023, 34(8): 5002-5011.

[9] Tee K P, Ge S S. Control of state-constrained nonlinear systems using integral barrier Lyapunov functionals[C]. Proceedings of the 51st IEEE Conference on Decision and Control, Maui, 2012: 3239-3244.

[10] Tee K P, Ge S S, Tay E H. Barrier Lyapunov functions for the control of output-constrained nonlinear systems[J]. Automatica, 2009, 45(4): 918-927.

[11] Tee K P, Ren B B, Ge S S. Control of nonlinear systems with time-varying output constraints[J]. Automatica, 2011, 47(11): 2511-2516.

[12] Tee K P, Ge S S. Control of nonlinear systems with full state constraint using a barrier Lyapunov function[C]. Proceedings of the 48th IEEE Conference on Decision and Control held jointly with the 28th Chinese Control Conference, Shanghai, 2009: 8618-8623.

[13] Liu Y J, Tong S C. Barrier Lyapunov functions for Nussbaum gain adaptive control of full state constrained nonlinear systems[J]. Automatica, 2017, 76: 143-152.

[14] Tee K P, Ge S S. Control of nonlinear systems with partial state constraints using a barrier Lyapunov function[J]. International Journal of Control, 2011, 84(12): 2008-2023.

[15] Liu Y J, Li J, Tong S, et al. Neural network control-based adaptive learning design for nonlinear systems with full-state constraints[J]. IEEE Transactions on Neural Networks and Learning Systems, 2016, 27(7): 1562-1571.

[16] Sun W, Su S F, Wu Y, et al. Adaptive fuzzy control with high-order barrier Lyapunov functions for high-order uncertain nonlinear systems with full-state constraints[J]. IEEE Transactions on Cybernetics, 2019, 50(8): 3424-3432.

[17] Tang Z L, Ge S S, Tee K P, et al. Robust adaptive neural tracking control for a class of perturbed uncertain nonlinear systems with state constraints[J]. IEEE Transactions on Systems, Man, and Cybernetics: Systems, 2016, 46(12): 1618-1629.

[18] Zhang T P, Xia M Z, Yi Y. Adaptive neural dynamic surface control of strict-feedback nonlinear systems with full state constraints and unmodeled dynamics[J]. Automatica, 2017, 81: 232-239.

[19] Tang L, Chen A Q, Li D J. Time-varying tan-type barrier Lyapunov function-based adaptive fuzzy control for switched systems with unknown dead zone[J]. IEEE Access, 2019, 7: 110928-110935.

[20] Liu Y J, Lu S, Li D, et al. Adaptive controller design-based ABLF for a class of nonlinear time-varying state constraint systems[J]. IEEE Transactions on Systems, Man, and Cybernetics: Systems, 2016, 47(7): 1546-1553.

[21] Song Y D, Zhou S Y. Tracking control of uncertain nonlinear systems with deferred asymmetric time-varying full state constraints[J]. Automatica, 2018, 98: 314-322.

[22] Xia X N, Zhang T P. Robust adaptive quantized DSC of uncertain pure-feedback nonlinear systems with time-varying output and state constraints[J]. International Journal of Robust and Nonlinear Control, 2018, 28(10): 3357-3375.

[23] Tang Z L, Tee K P, He W. Tangent barrier Lyapunov functions for the control of output-constrained nonlinear systems[J]. IFAC Proceedings Volumes, 2013, 46(20): 449-455.

[24] 李友善, 李军. 模糊控制理论及其在过程控制中的应用[M]. 北京: 国防工业出版社, 1993.

[25] 曹炳元. 应用模糊数学与系统[M]. 北京: 科学出版社, 2005.

[26] 张小红. 模糊逻辑及其代数分析[M]. 北京: 科学出版社, 2008.

[27] Li D J, Lu S M, Liu Y J, et al. Adaptive fuzzy tracking control based barrier functions of uncertain nonlinear MIMO systems with full-state constraints and applications to chemical process[J]. IEEE Transactions on Fuzzy Systems, 2018, 26(4): 2145-2159.

[28] Lan J, Liu Y J, Liu L, et al. Adaptive output feedback tracking control for a class of nonlinear time-varying state constrained systems with fuzzy dead-zone input[J]. IEEE Transactions on Fuzzy Systems, 2020, 29(7): 1841-1852.

[29] Wang L X. Stable adaptive fuzzy control of nonlinear systems[J]. IEEE Transactions on Fuzzy Systems, 1993, 1(2): 146-155.

[30] 王立新. 自适应模糊系统与控制: 设计与稳定性分析[M]. 北京: 国防工业出版社, 1995.

[31] Mendel J M. Fuzzy logic systems for engineering: A tutorial[J]. Proceedings of the IEEE, 1995, 83(3): 345-377.

[32] 魏海坤. 神经网络结构设计的理论与方法[M]. 北京: 国防工业出版社, 2005.

[33] Liu Y J, Lu S, Tong S. Neural network controller design for an uncertain robot with time-varying output constraint[J]. IEEE Transactions on Systems, Man, and Cybernetics: Systems, 2016, 47(8): 2060-2068.

[34] 陆亚男, 南敬昌, 高明明. 改进并行粒子群算法优化 RBF 神经网络建模[J]. 计算机工程与应用, 2017, 53(14): 45-50.

[35] Peng J X, Li K, Irwin G W. A novel continuous forward algorithm for RBF neural modelling[J]. IEEE Transactions on Automatic Control, 2007, 52(1): 117-122.

[36] 卜月华, 王维凡, 吕新忠. 图论及其应用[M]. 2 版. 南京: 东南大学出版社, 2015.

[37] 马治. 从邻接矩阵到拓扑网络: 基于 Network X 的网络与图分析[M]. 银川: 宁夏人民教育出版社, 2021.

[38] Wang X K, Zeng Z W, Cong Y R. Multi-agent distributed coordination control: Developments and directions via graph viewpoint[J]. Neurocomputing, 2016, 199: 204-218.

[39] Lin Z Y, Wang L L, Han Z M, et al. Distributed formation control of multi-agent systems using complex Laplacian[J]. IEEE Transactions on Automatic Control, 2014, 59(7): 1765-1777.

[40] Movric K H, Lewis F L. Cooperative optimal control for multi-agent systems on directed graph topologies[J]. IEEE Transactions on Automatic Control, 2014, 59(3): 769-774.

第 2 章 非线性严格反馈系统的智能自适应约束控制

本章针对不确定非线性严格反馈系统，借助神经网络的逼近性能，在反步递推控制框架下，基于常用的三种障碍李雅普诺夫函数 (对数型、正切型、积分型)，考虑常数、时变和状态依赖函数三种约束类型，介绍四种智能自适应约束控制设计方法，并给出闭环系统的稳定性分析。本章内容主要基于文献 [1]~[4]。

2.1 基于正切型障碍函数的非线性系统自适应约束控制

本节针对一类具有常数状态约束的非线性严格反馈系统，采用神经网络逼近系统未知函数，介绍一种基于正切型障碍李雅普诺夫函数的神经网络自适应约束控制方法，并给出闭环系统的稳定性与收敛性分析。

2.1.1 系统模型及控制问题描述

考虑如下非线性严格反馈系统：

$$\begin{cases} \dot{x}_i = f_i(\bar{x}_i) + x_{i+1}, \quad i = 1, 2, \cdots, n-1 \\ \dot{x}_n = f_n(\bar{x}_n) + u \\ y = x_1 \end{cases} \tag{2.1.1}$$

式中，$\bar{x}_i = [x_1, x_2, \cdots, x_i]^{\mathrm{T}} \in \mathbf{R}^i (i = 1, 2, \cdots, n)$ 为状态向量；$u \in \mathbf{R}$ 和 $y \in \mathbf{R}$ 分别为系统的输入和输出；$f_i(\bar{x}_i)$ 为未知的光滑非线性函数。系统所有状态需满足 $|x_i| < k_{c_i}$，k_{c_i} 为已知的正常数。

假设 2.1.1 对于参考信号 $y_d(t)$ 及其第 i 阶导数 $y_d^{(i)}(t)$，存在正常数 Y_0 和 $Y_i(i = 1, 2, \cdots, n)$，满足 $|y_d(t)| \leqslant Y_0 < k_{c_1}$ 和 $\left|y_d^{(i)}(t)\right| \leqslant Y_i$。

控制任务 设计一种神经网络自适应约束控制器，使得：

(1) 闭环系统的所有信号是半全局一致最终有界的；

(2) 误差信号收敛到包含原点的一个较小邻域内；

(3) 系统所有状态满足指定约束条件。

2.1.2 神经网络自适应反步递推控制设计

定义如下坐标变换：

$$\begin{cases} z_1 = x_1 - y_d \\ z_i = x_i - \alpha_{i-1}, \quad i = 2, 3, \cdots, n \end{cases} \tag{2.1.2}$$

式中，z_1 为跟踪误差；z_i 为误差变量；α_{i-1} 为虚拟控制器。

基于上面的坐标变换，n 步神经网络自适应反步递推控制设计过程如下。

第 1 步 由式 (2.1.1) 和式 (2.1.2)，对 z_1 求导，可得

$$\dot{z}_1 = f_1(x_1) + x_2 - \dot{y}_d = f_1(x_1) + z_2 + \alpha_1 - \dot{y}_d \tag{2.1.3}$$

选择如下正切型障碍李雅普诺夫函数：

$$V_1 = \frac{k_{b_1}^2}{\pi} \tan\left(\frac{\pi z_1^2}{2k_{b_1}^2}\right) + \frac{1}{2\gamma_1}\tilde{\theta}_1^2 \tag{2.1.4}$$

式中，$\gamma_1 > 0$ 为设计参数；$\tilde{\theta}_1 = \theta_1 - \hat{\theta}_1$ 为参数估计误差，$\hat{\theta}_1$ 为 θ_1 的估计；$\tan(\cdot)$ 为正切函数；$k_{b_1} = k_{c_1} - Y_0$，跟踪误差需满足 $|z_1| < k_{b_1}$，k_{b_1} 为已知的正常数。由此可知，V_1 在 $|z_1| < k_{b_1}$ 条件下是正定且一阶连续可导的。

由式 (2.1.3) 和式 (2.1.4)，对 V_1 求导，可得

$$\dot{V}_1 = z_1 [f_1(x_1) + z_2 + \alpha_1 - \dot{y}_d] \sec^2\left(\frac{\pi z_1^2}{2k_{b_1}^2}\right) - \frac{1}{\gamma_1}\tilde{\theta}_1\dot{\hat{\theta}}_1 \tag{2.1.5}$$

式中，$\sec(\cdot)$ 为正割函数。

定义未知非线性函数 $F_1(Z_1)$ 为

$$F_1(Z_1) = f_1(x_1) - \dot{y}_d \tag{2.1.6}$$

利用神经网络逼近未知函数 $F_1(Z_1)$，可得

$$F_1(Z_1) = W_1^{*\mathrm{T}} S_1(Z_1) + \delta_1(Z_1) \tag{2.1.7}$$

式中，$Z_1 = [x_1, \dot{y}_d]^{\mathrm{T}}$ 为神经网络的输入向量；$S_1(Z_1)$ 为神经元激活函数；W_1^* 为最优权重向量；$\delta_1(Z_1)$ 为逼近误差，存在正常数 $\bar{\delta}_1$ 和 $\bar{W}_1$，使得 $|\delta_1(Z_1)| \leqslant \bar{\delta}_1$ 和 $\|W_1^*\| \leqslant \bar{W}_1$ 成立。

根据式 (2.1.2)、式 (2.1.6) 和式 (2.1.7)，将式 (2.1.5) 改写为

$$\dot{V}_1 = z_1 \left[z_2 + \alpha_1 + W_1^{*\mathrm{T}} S_1(Z_1) + \delta_1(Z_1)\right] \sec^2\left(\frac{\pi z_1^2}{2k_{b_1}^2}\right) - \frac{1}{\gamma_1}\tilde{\theta}_1\dot{\hat{\theta}}_1 \tag{2.1.8}$$

由杨氏不等式，可得

$$z_1 z_2 \sec^2\left(\frac{\pi z_1^2}{2k_{b_1}^2}\right) \leqslant \frac{z_1^2}{2}\sec^4\left(\frac{\pi z_1^2}{2k_{b_1}^2}\right) + \frac{z_2^2}{2} \tag{2.1.9}$$

$$z_1 W_1^{*\mathrm{T}} S_1(Z_1)\sec^2\left(\frac{\pi z_1^2}{2k_{b_1}^2}\right) \leqslant \frac{a_1^2}{2} + \frac{\theta_1}{2a_1^2} S_1^{\mathrm{T}}(Z_1) S_1(Z_1) z_1^2 \sec^4\left(\frac{\pi z_1^2}{2k_{b_1}^2}\right) \tag{2.1.10}$$

$$z_1 \delta_1(Z_1)\sec^2\left(\frac{\pi z_1^2}{2k_{b_1}^2}\right) \leqslant \frac{z_1^2}{2}\sec^4\left(\frac{\pi z_1^2}{2k_{b_1}^2}\right) + \frac{\bar{\delta}_1^2}{2} \tag{2.1.11}$$

式中，$\theta_1 = \bar{W}_1^2$；$a_1 > 0$ 为设计参数。

设计如下虚拟控制器和自适应律：

$$\alpha_1 = -\frac{\kappa_1}{z_1}\cos\left(\frac{\pi z_1^2}{2k_{b_1}^2}\right)\sin\left(\frac{\pi z_1^2}{2k_{b_1}^2}\right) - z_1\sec^2\left(\frac{\pi z_1^2}{2k_{b_1}^2}\right) - \frac{\hat{\theta}_1}{2a_1^2} S_1^{\mathrm{T}}(Z_1) S_1(Z_1) z_1 \sec^2\left(\frac{\pi z_1^2}{2k_{b_1}^2}\right) \tag{2.1.12}$$

$$\dot{\hat{\theta}}_1 = \frac{\gamma_1}{2a_1^2} S_1^{\mathrm{T}}(Z_1) S_1(Z_1) z_1^2 \sec^4\left(\frac{\pi z_1^2}{2k_{b_1}^2}\right) - \sigma_1\hat{\theta}_1 \tag{2.1.13}$$

式中，$\kappa_1 > 0$ 和 $\sigma_1 > 0$ 为设计参数。

利用洛必达法则，可得

$$\lim_{z_1\to 0}\frac{\kappa_1}{z_1}\cos\left(\frac{\pi z_1^2}{2k_{b_1}^2}\right)\sin\left(\frac{\pi z_1^2}{2k_{b_1}^2}\right) \to 0 \tag{2.1.14}$$

因此，式 (2.1.12) 的第一项不存在奇异点。

根据式 (2.1.9) ~ 式 (2.1.13)，将式 (2.1.8) 改写为

$$\dot{V}_1 \leqslant -\kappa_1\tan\left(\frac{\pi z_1^2}{2k_{b_1}^2}\right) + \frac{\sigma_1}{\gamma_1}\tilde{\theta}_1\hat{\theta}_1 + \frac{a_1^2}{2} + \frac{\bar{\delta}_1^2}{2} + \frac{z_2^2}{2} \tag{2.1.15}$$

第 $i(2 \leqslant i \leqslant n-1)$ 步 由式 (2.1.1) 和式 (2.1.2)，对 z_i 求导，可得

$$\dot{z}_i = f_i(\bar{x}_i) + x_{i+1} - \dot{\alpha}_{i-1} = f_i(\bar{x}_i) + z_{i+1} + \alpha_i - \dot{\alpha}_{i-1} \tag{2.1.16}$$

式中，$\dot{\alpha}_{i-1} = \sum\limits_{j=1}^{i-1}\frac{\partial\alpha_{i-1}}{\partial x_j}[f_j(\bar{x}_j) + x_{j+1}] + \sum\limits_{j=0}^{i-1}\frac{\partial\alpha_{i-1}}{\partial y_d^{(j)}}y_d^{(j+1)} + \sum\limits_{j=1}^{i-1}\frac{\partial\alpha_{i-1}}{\partial\hat{\theta}_j}\dot{\hat{\theta}}_j$。

选择如下正切型障碍李雅普诺夫函数：

$$V_i = V_{i-1} + \frac{k_{b_i}^2}{\pi}\tan\left(\frac{\pi z_i^2}{2k_{b_i}^2}\right) + \frac{1}{2\gamma_i}\tilde{\theta}_i^2 \tag{2.1.17}$$

式中，$\gamma_i > 0$ 为设计参数；$\tilde{\theta}_i = \theta_i - \hat{\theta}_i$ 为参数估计误差，$\hat{\theta}_i$ 为 θ_i 的估计；误差变量需满足 $|z_i| < k_{b_i}$。

由式 (2.1.16) 和式 (2.1.17)，对 V_i 求导，可得

$$\dot{V}_i = \dot{V}_{i-1} + z_i \left[f_i\left(\bar{x}_i\right) + z_{i+1} + \alpha_i - \dot{\alpha}_{i-1}\right] \sec^2\left(\frac{\pi z_i^2}{2k_{b_i}^2}\right) - \frac{1}{\gamma_i}\tilde{\theta}_i\dot{\hat{\theta}}_i \tag{2.1.18}$$

定义未知非线性函数 $F_i\left(Z_i\right)$ 为

$$F_i\left(Z_i\right) = f_i\left(\bar{x}_i\right) - \dot{\alpha}_{i-1} \tag{2.1.19}$$

利用神经网络逼近未知函数 $F_i\left(Z_i\right)$，可得

$$F_i\left(Z_i\right) = W_i^{*\mathrm{T}} S_i\left(Z_i\right) + \delta_i\left(Z_i\right) \tag{2.1.20}$$

式中，$Z_i = \left[\bar{x}_i^{\mathrm{T}}; y_d, \dot{y}_d, \cdots, y_d^{(i)}; \hat{\theta}_1, \hat{\theta}_2, \cdots, \hat{\theta}_{i-1}\right]^{\mathrm{T}}$ 为神经网络的输入向量；$S_i\left(Z_i\right)$ 为神经元激活函数；W_i^* 为最优权重向量；$\delta_i\left(Z_i\right)$ 为逼近误差，存在正常数 $\bar{\delta}_i$ 和 $\bar{W}_i$ 使得 $\left|\delta_i\left(Z_i\right)\right| \leqslant \bar{\delta}_i$ 和 $\left\|W_i^*\right\| \leqslant \bar{W}_i$ 成立。

根据式 (2.1.2)、式 (2.1.19) 和式 (2.1.20)，将式 (2.1.18) 改写为

$$\dot{V}_i = z_i \left[z_{i+1} + \alpha_i + W_i^{*\mathrm{T}} S_i\left(Z_i\right) + \delta_i\left(Z_i\right)\right] \sec^2\left(\frac{\pi z_i^2}{2k_{b_i}^2}\right) - \frac{1}{\gamma_i}\tilde{\theta}_i\dot{\hat{\theta}}_i + \dot{V}_{i-1} \tag{2.1.21}$$

由杨氏不等式，可得

$$z_i z_{i+1} \sec^2\left(\frac{\pi z_i^2}{2k_{b_i}^2}\right) \leqslant \frac{z_i^2}{2} \sec^4\left(\frac{\pi z_i^2}{2k_{b_i}^2}\right) + \frac{z_{i+1}^2}{2} \tag{2.1.22}$$

$$z_i W_i^{*\mathrm{T}} S_i\left(Z_i\right) \sec^2\left(\frac{\pi z_i^2}{2k_{b_i}^2}\right) \leqslant \frac{a_i^2}{2} + \frac{\theta_i}{2a_i^2} S_i^{\mathrm{T}}\left(Z_i\right) S_i\left(Z_i\right) z_i^2 \sec^4\left(\frac{\pi z_i^2}{2k_{b_i}^2}\right) \tag{2.1.23}$$

$$z_i \delta_i\left(Z_i\right) \sec^2\left(\frac{\pi z_i^2}{2k_{b_i}^2}\right) \leqslant \frac{z_i^2}{2} \sec^4\left(\frac{\pi z_i^2}{2k_{b_i}^2}\right) + \frac{\bar{\delta}_i^2}{2} \tag{2.1.24}$$

式中，$\theta_i = W_i^*$；$a_i > 0$ 为设计参数。

设计如下虚拟控制器和自适应律：

$$\begin{aligned} \alpha_i = & -\frac{\kappa_i}{z_i} \cos\left(\frac{\pi z_i^2}{2k_{b_i}^2}\right) \sin\left(\frac{\pi z_i^2}{2k_{b_i}^2}\right) - \frac{1}{2} z_i \cos^2\left(\frac{\pi z_i^2}{2k_{b_i}^2}\right) \\ & - \frac{\hat{\theta}_i}{2a_i^2} S_i^{\mathrm{T}}\left(Z_i\right) S_i\left(Z_i\right) z_i \sec^2\left(\frac{\pi z_i^2}{2k_{b_i}^2}\right) - z_i \sec^2\left(\frac{\pi z_i^2}{2k_{b_i}^2}\right) \end{aligned} \tag{2.1.25}$$

$$\dot{\hat{\theta}}_i = \frac{\gamma_i}{2a_i^2} S_i^{\mathrm{T}}(Z_i) S_i(Z_i) z_i^2 \sec^4\left(\frac{\pi z_i^2}{2k_{b_i}^2}\right) - \sigma_i \hat{\theta}_i \tag{2.1.26}$$

式中，$\kappa_i > 0$ 和 $\sigma_i > 0$ 为设计参数。此外，类似于式 (2.1.14)，式 (2.1.25) 的第一项不存在奇异点。

根据式 (2.1.22) ~ 式 (2.1.26)，将式 (2.1.21) 改写为

$$\dot{V}_i \leqslant -\sum_{j=1}^{i} \kappa_j \tan\left(\frac{\pi z_j^2}{2k_{b_j}^2}\right) + \frac{z_{i+1}^2}{2} + \sum_{j=1}^{i} \frac{\sigma_j}{\gamma_j} \tilde{\theta}_j \hat{\theta}_j + \sum_{j=1}^{i}\left(\frac{a_j^2}{2} + \frac{\bar{\delta}_j^2}{2}\right) \tag{2.1.27}$$

第 n 步 由式 (2.1.1) 和式 (2.1.2)，对 z_n 求导，可得

$$\dot{z}_n = f_n(\bar{x}_n) + u - \dot{\alpha}_{n-1} \tag{2.1.28}$$

式中，$\dot{\alpha}_{n-1} = \sum_{j=1}^{n-1} \frac{\partial \alpha_{n-1}}{\partial x_j}\left[f_j(\bar{x}_j) + x_{j+1}\right] + \sum_{j=0}^{n-1} \frac{\partial \alpha_{n-1}}{\partial y_d^{(j)}} y_d^{(j+1)} + \sum_{j=1}^{n-1} \frac{\partial \alpha_{n-1}}{\partial \hat{\theta}_j} \dot{\hat{\theta}}_j$。

选择如下正切型障碍李雅普诺夫函数：

$$V_n = V_{n-1} + \frac{k_{b_n}^2}{\pi} \tan\left(\frac{\pi z_n^2}{2k_{b_n}^2}\right) + \frac{1}{2\gamma_n} \tilde{\theta}_n^2 \tag{2.1.29}$$

式中，$\gamma_n > 0$ 为设计参数；$\tilde{\theta}_n = \theta_n - \hat{\theta}_n$ 为参数估计误差，$\hat{\theta}_n$ 为 θ_n 的估计；误差变量需满足 $|z_n| < k_{b_n}$。

由式 (2.1.28) 和式 (2.1.29)，对 V_n 求导，可得

$$\dot{V}_n = \dot{V}_{n-1} + z_n\left[f_n(\bar{x}_n) + u - \dot{\alpha}_{n-1}\right] \sec^2\left(\frac{\pi z_n^2}{2k_{b_n}^2}\right) - \frac{1}{\gamma_n} \tilde{\theta}_n \dot{\hat{\theta}}_n \tag{2.1.30}$$

定义未知非线性函数 $F_n(Z_n)$ 为

$$F_n(Z_n) = f_n(\bar{x}_n) - \dot{\alpha}_{n-1} \tag{2.1.31}$$

利用神经网络逼近未知函数 $F_n(Z_n)$，可得

$$F_n(Z_n) = W_n^{*\mathrm{T}} S_n(Z_n) + \delta_n(Z_n) \tag{2.1.32}$$

式中，$Z_n = \left[\bar{x}_n^{\mathrm{T}}; y_d, \dot{y}_d, \cdots, y_d^{(n)}; \hat{\theta}_1, \hat{\theta}_2, \cdots, \hat{\theta}_{n-1}\right]^{\mathrm{T}}$ 为神经网络的输入向量；$S_n(Z_n)$ 为神经元激活函数；W_n^* 为权重向量；$\delta_n(Z_n)$ 为逼近误差，存在正常数 $\bar{\delta}_n$ 和 $\bar{W}_n$ 使得 $|\delta_n(Z_n)| \leqslant \bar{\delta}_n$ 和 $\|W_n^*\| \leqslant \bar{W}_n$ 成立。

根据式 (2.1.2)、式 (2.1.31) 和式 (2.1.32)，将式 (2.1.30) 改写为

$$\dot{V}_n = \dot{V}_{n-1} + z_n \left[u + W_n^{*\mathrm{T}} S_n(Z_n) + \delta_n(Z_n)\right] \sec^2\left(\frac{\pi z_n^2}{2k_{b_n}^2}\right) - \frac{1}{\gamma_n}\tilde{\theta}_n\dot{\hat{\theta}}_n \tag{2.1.33}$$

由杨氏不等式，可得

$$z_n W_n^{*\mathrm{T}} S_n(Z_n) \sec^2\left(\frac{\pi z_n^2}{2k_{b_n}^2}\right) \leqslant \frac{a_n^2}{2} + \frac{\theta_n}{2a_n^2} S_n^{\mathrm{T}}(Z_n) S_n(Z_n) z_n^2 \sec^4\left(\frac{\pi z_n^2}{2k_{b_n}^2}\right) \tag{2.1.34}$$

$$z_n \delta_n(Z_n) \sec^2\left(\frac{\pi z_n^2}{2k_{b_n}^2}\right) \leqslant \frac{z_n^2}{2}\sec^4\left(\frac{\pi z_n^2}{2k_{b_n}^2}\right) + \frac{\bar{\delta}_n^2}{2} \tag{2.1.35}$$

式中，$\theta_n = \bar{W}_n^2$；$a_n > 0$ 为设计参数。

设计如下实际控制器和自适应律：

$$\begin{aligned} u = & -\frac{\kappa_n}{z_n}\cos\left(\frac{\pi z_n^2}{2k_{b_n}^2}\right)\sin\left(\frac{\pi z_n^2}{2k_{b_n}^2}\right) - \frac{1}{2}z_n\cos^2\left(\frac{\pi z_n^2}{2k_{b_n}^2}\right) \\ & - \frac{\hat{\theta}_n}{2a_n^2} S_n^{\mathrm{T}}(Z_n) S_n(Z_n) z_n \sec^2\left(\frac{\pi z_n^2}{2k_{b_n}^2}\right) - \frac{z_n}{2}\sec^2\left(\frac{\pi z_n^2}{2k_{b_n}^2}\right) \end{aligned} \tag{2.1.36}$$

$$\dot{\hat{\theta}}_n = \frac{\gamma_n}{2a_n^2} S_n^{\mathrm{T}}(Z_n) S_n(Z_n) z_n^2 \sec^4\left(\frac{\pi z_n^2}{2k_{b_n}^2}\right) - \sigma_n\hat{\theta}_n \tag{2.1.37}$$

式中，$\kappa_n > 0$ 和 $\sigma_n > 0$ 为设计参数。类似于式 (2.1.14)，式 (2.1.36) 的第一项不存在奇异点。

根据式 (2.1.34) ~ 式 (2.1.37)，将式 (2.1.33) 改写为

$$\dot{V}_n \leqslant -\sum_{j=1}^{n}\kappa_j \tan\left(\frac{\pi z_j^2}{2k_{b_j}^2}\right) + \sum_{j=1}^{n}\frac{\sigma_j}{\gamma_j}\tilde{\theta}_j\hat{\theta}_j + \sum_{j=1}^{n}\left(\frac{a_j^2}{2} + \frac{\bar{\delta}_j^2}{2}\right) \tag{2.1.38}$$

由杨氏不等式，可得

$$\frac{\sigma_j}{\gamma_j}\tilde{\theta}_j\hat{\theta}_j \leqslant -\frac{\sigma_j}{2\gamma_j}\tilde{\theta}_j^2 + \frac{\sigma_j}{2\gamma_j}\theta_j^2 \tag{2.1.39}$$

将式 (2.1.39) 代入式 (2.1.38)，可得

$$\dot{V}_n \leqslant -\sum_{j=1}^{n}\left[\kappa_j \tan\left(\frac{\pi z_j^2}{2k_{b_j}^2}\right) + \frac{\sigma_j}{2\gamma_j}\tilde{\theta}_j^2\right] + \sum_{j=1}^{n}\left(\frac{a_j^2}{2} + \frac{\bar{\delta}_j^2}{2} + \frac{\sigma_j}{2\gamma_j}\theta_j^2\right) \tag{2.1.40}$$

根据式 (2.1.29) 和式 (2.1.40)，可得

$$\dot{V}_n \leqslant -\rho V_n + C \tag{2.1.41}$$

式中，ρ= $\min\left\{\kappa_j \pi / k_{b_j}^2, \sigma_j\right\}$ (j=1, 2, $\cdots$, n)；C= $\sum\limits_{i=1}^{n}\left[\left(a_i^2+\bar{\delta}_i^2\right)/2+\sigma_i\theta_i^2/\left(2\gamma_i\right)\right]$。

2.1.3 稳定性与收敛性分析

定理 2.1.1 对于非线性严格反馈系统 (2.1.1)，假设 2.1.1 成立。如果采用实际控制器 (2.1.36)，虚拟控制器 (2.1.12) 和 (2.1.25)，参数自适应律 (2.1.13)、(2.1.26) 和 (2.1.37)，那么总体控制方案具有如下性能：

(1) 闭环系统中的所有信号是半全局一致最终有界的；

(2) 跟踪误差收敛到包含原点的一个较小的邻域内；

(3) 系统所有状态满足指定约束条件。

证明 式 (2.1.41) 两边同时乘以 $\mathrm{e}^{\rho t}$ 并积分，可得

$$\begin{aligned} V_n(t) &\leqslant \mathrm{e}^{-\rho t}\left[V_n(0)-C/\rho\right]+C/\rho \\ &\leqslant V_n(0)\mathrm{e}^{-\rho t}+C/\rho \end{aligned} \tag{2.1.42}$$

其中，$\lim\limits_{t\to\infty} V_n(t) \leqslant C/\rho$。

根据式 (2.1.29) 和式 (2.1.42)，可得

$$|z_j| \leqslant k_{b_j}\sqrt{\frac{2}{\pi}\arctan\left(\frac{C\pi}{\rho k_{b_j}^2}\right)} < k_{b_j} \tag{2.1.43}$$

$$\left|\tilde{\theta}_j\right| \leqslant \sqrt{2\gamma_j C/\rho} \tag{2.1.44}$$

在控制设计中，如果选择适当的设计参数，那么可得跟踪误差 $z_1 = x_1 - y_d$ 收敛到包含原点的一个较小的邻域内。由 $z_1 = x_1 - y_d(t)$ 和 $|y_d(t)| \leqslant Y_0$，可得 $|x_1| \leqslant |z_1| + |y_d| < k_{b_1} + Y_0$ ，根据 k_{b_1} 的定义，可得 $|x_1| < k_{c_1}$。由于 α_1 有界，假设 $|\alpha_1| \leqslant A_1$，由 $x_2 = z_2 + \alpha_1$，可得 $|x_2| < k_{b_2} + A_1 = k_{c_2}$，同理可得 $|x_i| < k_{c_i} (i = 3, 4, \cdots, n)$。因此，系统的状态不违反其预先给定的约束界。类似地，可证明 $\alpha_{i-1} (i = 3, 4, \cdots, n)$ 和 u 有界。由式 (2.1.44) 和 $\tilde{\theta}_j$ 的定义可得，$\hat{\theta}_j (j = 1, 2, \cdots, n)$ 也是有界的，最终证明了闭环系统所有信号的有界性。

评注 2.1.1 本节针对一类具有全状态约束的非线性严格反馈系统，介绍了一种神经网络自适应控制方法。与本节相类似，基于正切型障碍李雅普诺夫函数的智能自适应约束控制方法可参见文献 [5]~[8]。

2.1.4　仿真

例 2.1.1　考虑如下非线性严格反馈系统：

$$\begin{cases} \dot{x}_1 = 0.1x_1^2 + x_2 \\ \dot{x}_2 = 0.1x_1x_2 - 0.2x_1 + u \\ y = x_1 \end{cases} \tag{2.1.45}$$

式中，x_1 和 x_2 为系统的状态变量；u 为系统输入；y 为系统输出；状态约束条件为 $|x_1(t)| < k_{c_1} = 2$ 和 $|x_2(t)| < k_{c_2} = 2$ ；参考信号为 $y_d(t) = 0.9\sin(t)$；误差约束为 $|z_1| < k_{b_1} = 1.1$ 和 $|z_2| < k_{b_2} = 1.1$。

设计如下控制器和自适应律：

$$\begin{aligned} \alpha_1 =& -\frac{\kappa_1}{z_1}\cos\left(\frac{\pi z_1^2}{2k_{b_1}^2}\right)\sin\left(\frac{\pi z_1^2}{2k_{b_1}^2}\right) - z_1\sec^2\left(\frac{\pi z_1^2}{2k_{b_1}^2}\right) \\ & - \frac{\hat{\theta}_1}{2a_1^2}S_1^{\mathrm{T}}(Z_1)S_1(Z_1)z_1\sec^2\left(\frac{\pi z_1^2}{2k_{b_1}^2}\right) \end{aligned}$$

$$\begin{aligned} u =& -\frac{\kappa_2}{z_2}\cos\left(\frac{\pi z_2^2}{2k_{b_2}^2}\right)\sin\left(\frac{\pi z_2^2}{2k_{b_2}^2}\right) - \frac{1}{2}z_2\cos^2\left(\frac{\pi z_2^2}{2k_{b_2}^2}\right) \\ & - \frac{\hat{\theta}_2}{2a_2^2}S_2^{\mathrm{T}}(Z_2)S_2(Z_2)z_2\sec^2\left(\frac{\pi z_2^2}{2k_{b_2}^2}\right) - \frac{z_2}{2}\sec^2\left(\frac{\pi z_2^2}{2k_{b_2}^2}\right) \end{aligned}$$

$$\dot{\hat{\theta}}_i = \frac{\gamma_i}{2a_i^2}S_i^{\mathrm{T}}(Z_i)S_i(Z_i)z_i^2\sec^4\left(\frac{\pi z_i^2}{2k_{b_i}^2}\right) - \sigma_i\hat{\theta}_i, \quad i = 1, 2$$

式中，$z_1 = x_1 - y_d$；$z_2 = x_2 - \alpha_1$；$Z_1 = [x_1, \dot{y}_d]^{\mathrm{T}}$；$Z_2 = \left[x_1, x_2, y_d, \dot{y}_d, \ddot{y}_d, \hat{\theta}_1\right]^{\mathrm{T}}$。

选择设计参数为 $\kappa_1 = 5$、$\kappa_2 = 1$、$a_1 = 0.8$、$a_2 = 0.8$、$\gamma_1 = 1$、$\gamma_2 = 0.1$、$\sigma_1 = 0.5$、$\sigma_2 = 0.5$，初始条件为 $x_1(0) = 0.1$、$x_2(0) = 0.1$、$\hat{\theta}_1(0) = 0.4$、$\hat{\theta}_2(0) = 0.4$。

本节利用神经网络进行逼近，最优逼近估计 $F_1(Z_1)$ 的节点数为 20，中心平均分布在 $[-3, 3]\times[-2, 2]$ 区间，高斯函数的宽度为 4；最优逼近估计 $F_2(Z_2)$ 的节点数为 20，中心平均分布在 $[-4, 4]\times[-3, 3]\times[-3.5, 3.5]\times[-2, 2]\times[-2.5, 2.5]\times[-1, 1]$ 区间，高斯函数的宽度为 6。

仿真结果如图 2.1.1 ~ 图 2.1.5 所示。

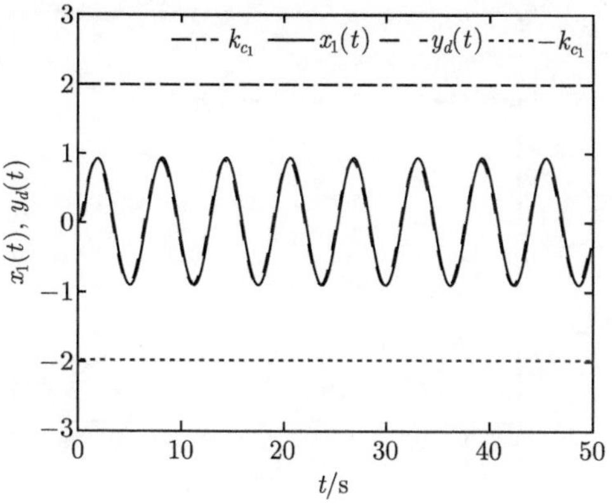

图 2.1.1 $x_1(t)$ 和 $y_d(t)$ 的轨迹

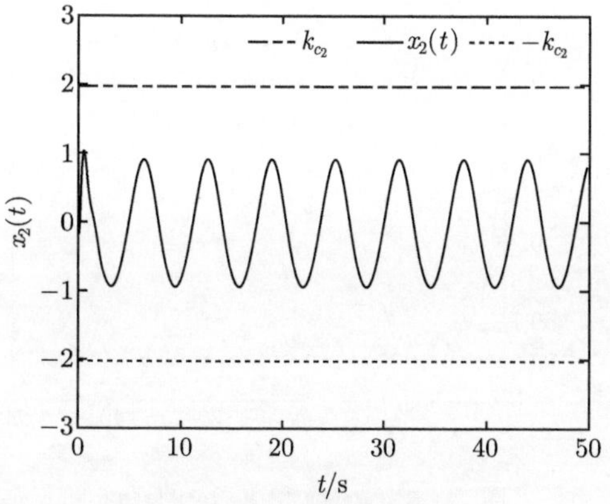

图 2.1.2 $x_2(t)$ 的轨迹

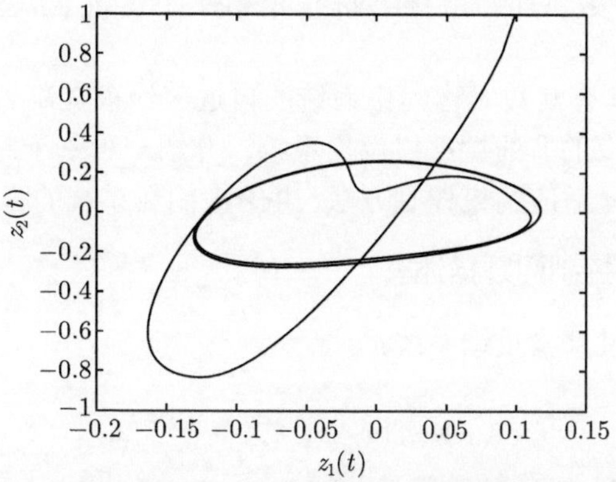

图 2.1.3 $z_1(t)$ 和 $z_2(t)$ 的相位图

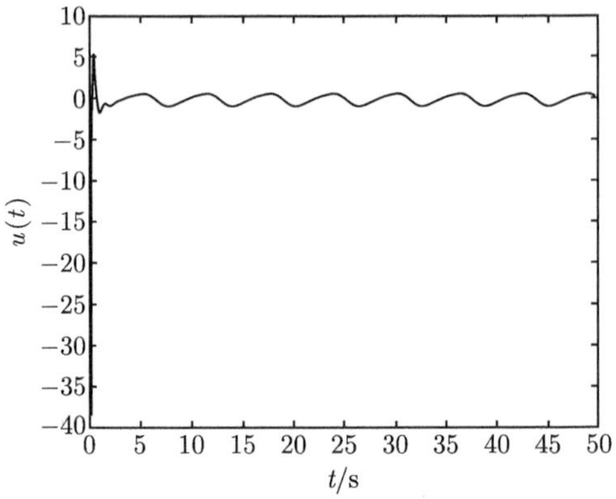

图 2.1.4　$u(t)$ 的轨迹

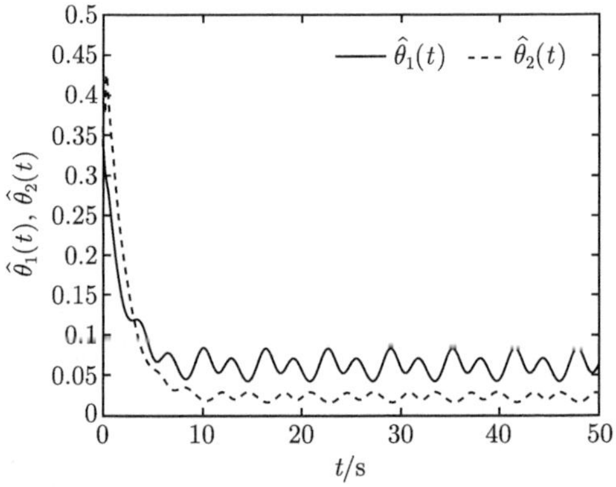

图 2.1.5　$\hat{\theta}_1(t)$ 和 $\hat{\theta}_2(t)$ 的轨迹

2.2　基于对数型障碍函数的非线性系统自适应约束控制

2.1 节介绍了具有常数对称约束系统的自适应约束控制方法，本节针对一类具有时变非对称约束的非线性严格反馈系统，介绍一种基于对数型障碍李雅普诺夫函数的神经网络自适应约束控制方法，并给出闭环系统的稳定性与收敛性分析。

2.2.1　系统模型及控制问题描述

考虑如下非线性严格反馈系统：

$$\begin{cases} \dot{x}_i = f_i\left(\bar{x}_i\right) + g_i\left(\bar{x}_i\right) x_{i+1}, \quad i = 1, 2, \cdots, n-1 \\ \dot{x}_n = f_n\left(\bar{x}_n\right) + g_n\left(\bar{x}_n\right) u \\ y = x_1 \end{cases} \tag{2.2.1}$$

式中，$\bar{x}_i=[x_1,x_2,\cdots,x_i]^{\mathrm{T}}\in\mathbf{R}^i(i=1,2,\cdots,n)$ 为状态向量；$u\in\mathbf{R}$ 和 $y\in\mathbf{R}$ 分别为控制输入和系统输出；$f_i(\bar{x}_i)$ 和 $g_i(\bar{x}_i)$ 为未知光滑非线性函数。系统所有状态需满足 $\underline{k}_{c_i}(t)<x_i<\bar{k}_{c_i}(t),\underline{k}_{c_i}(t)$: $\mathbf{R}^+\to\mathbf{R},\bar{k}_{c_i}(t):\mathbf{R}^+\to\mathbf{R}$ 且 $\underline{k}_{c_i}(t)<\bar{k}_{c_i}(t)$。

假设 2.2.1 对于任意 $t\geqslant 0$，存在正常数 $\bar{K}_i^j$ 和 $\underline{K}_i^j(i=1,2,\cdots,n;j=0,1,\cdots,n)$，使不等式 $\underline{k}_{c_i}(t)\geqslant\underline{K}_i^0$、$\bar{k}_{c_i}(t)\leqslant\bar{K}_i^0$ 和 $\left|\bar{k}_{c_i}^{(j)}(t)\right|\leqslant\bar{K}_i^j$、$\left|\underline{k}_{c_i}^{(j)}(t)\right|\geqslant\underline{K}_i^j$ 成立。$\underline{k}_{c_i}^{(j)}(t)$ 和 $\bar{k}_{c_i}^{(j)}(t)$ 分别是约束下界和上界的第 j 阶导数。

假设 2.2.2 对于参考信号 $y_d(t)$ 及其第 i 阶导数 $y_d^{(i)}(t)$，存在时变函数 $\underline{Y}_0(t):\mathbf{R}^+\to\mathbf{R},\bar{Y}_0(t):\mathbf{R}^+\to\mathbf{R}$ 和正常数 $Y_i(i=1,2,\cdots,n)$，满足 $\underline{k}_{c_1}(t)<\underline{Y}_0(t)\leqslant y_d(t)\leqslant\bar{Y}_0(t)<\bar{k}_{c_1}(t)$ 和 $\left|y_d^{(i)}(t)\right|\leqslant Y_i$。

假设 2.2.3 控制增益函数 $g_i(\bar{x}_i)(i=1,2,\cdots,n)$ 是已知的，并且存在正常数 g_{i0} 和 g_{i1}，使得 $0<g_{i0}\leqslant|g_i(\bar{x}_i)|\leqslant g_{i1}$。不失一般性，假设 $0<g_{i0}\leqslant g_i(\bar{x}_i)\leqslant g_{i1}$。

引理 2.2.1[2] 对于所有的 $|\varepsilon|<1$ 和正整数 n，不等式 $\ln\left(\dfrac{1}{1-\varepsilon^{2n}}\right)<\dfrac{\varepsilon^{2n}}{1-\varepsilon^{2n}}$ 成立。

控制任务 设计一种神经网络自适应约束控制器，使得：

(1) 闭环系统的所有信号是半全局一致最终有界的；

(2) 跟踪误差收敛到包含原点的一个较小的邻域内；

(3) 系统所有状态满足指定约束条件。

2.2.2 神经网络自适应反步递推控制设计

定义如下坐标变换：

$$\begin{cases}z_1=x_1-y_d\\z_i=x_i-\alpha_{i-1}, \quad i=2,3,\cdots,n\end{cases} \tag{2.2.2}$$

式中，z_1 为跟踪误差；z_i 为误差变量；α_{i-1} 为虚拟控制器。

基于上面的坐标变换，n 步神经网络自适应反步递推控制设计过程如下。

第 1 步 由式 (2.2.1) 和式 (2.2.2)，对 z_1 求导，可得

$$\dot{z}_1=\dot{x}_1-\dot{y}_d=f_1(x_1)+g_1(x_1)x_2-\dot{y}_d \tag{2.2.3}$$

选择如下时变非对称障碍李雅普诺夫函数：

$$V_1=\frac{q_1(z_1)}{2p}\ln\left[\frac{k_{b_1}^{2p}(t)}{k_{b_1}^{2p}(t)-z_1^{2p}}\right]+\frac{1}{2}g_{10}\tilde{\theta}_1^2+\frac{1-q_1(z_1)}{2p}\ln\left[\frac{k_{a_1}^{2p}(t)}{k_{a_1}^{2p}(t)-z_1^{2p}}\right] \tag{2.2.4}$$

式中，p 为满足 $2p \geqslant n$ 的正整数；$\tilde{\theta}_1 = \hat{\theta}_1 - \theta_1$ 为参数估计误差，$\hat{\theta}_1$ 为对 θ_1 的估计；函数 $q_i(z_i)\,(i=1,2,\cdots,n)$ 为

$$q_i(z_i) = \begin{cases} 1, & z_i > 0 \\ 0, & z_i \leqslant 0 \end{cases} \tag{2.2.5}$$

选择如下时变函数：

$$\begin{cases} k_{a_1}(t) = y_d(t) - \underline{k}_{c_1}(t) \\ k_{b_1}(t) = \bar{k}_{c_1}(t) - y_d(t) \end{cases} \tag{2.2.6}$$

存在正常数 $\underline{k}_{b_1}$、$\bar{k}_{b_1}$、$\underline{k}_{a_1}$ 和 $\bar{k}_{a_1}$，使得

$$\begin{cases} \underline{k}_{b_1} \leqslant k_{b_1}(t) \leqslant \bar{k}_{b_1} \\ \underline{k}_{a_1} \leqslant k_{a_1}(t) \leqslant \bar{k}_{a_1} \end{cases}, \quad \forall t \geqslant 0 \tag{2.2.7}$$

由误差变换，可得

$$\begin{array}{l} \xi_{a_i}(t) = \dfrac{z_i}{k_{a_i}(t)}, \quad \xi_{b_i}(t) = \dfrac{z_i}{k_{b_i}(t)} \\ \xi_i(t) = q_i(z_i)\,\xi_{b_i}(t) + [1 - q_i(z_i)]\,\xi_{a_i}(t) \end{array}, \quad i = 1,2,\cdots,n \tag{2.2.8}$$

根据式 (2.2.8)，式 (2.2.4) 可以改写为

$$V_1 = \frac{1}{2p}\ln\left(\frac{1}{1-\xi_1^{2p}}\right) + \frac{1}{2}g_{10}\tilde{\theta}_1^2 \tag{2.2.9}$$

由式 (2.2.9)，对 V_1 求导，可得

$$\begin{aligned} \dot{V}_1 = & \frac{q_1(z_1)\,\xi_{b_1}^{2p-1}}{k_{b_1}(t)\left(1-\xi_{b_1}^{2p}\right)}\left[\dot{z}_1 - z_1\frac{\dot{k}_{b_1}(t)}{k_{b_1}(t)}\right] \\ & + \frac{[1-q_1(z_1)]\,\xi_{a_1}^{2p-1}}{k_{a_1}(t)\left(1-\xi_{a_1}^{2p}\right)}\left[\dot{z}_1 - z_1\frac{\dot{k}_{a_1}(t)}{k_{a_1}(t)}\right] + g_{10}\tilde{\theta}_1\dot{\hat{\theta}}_1 \end{aligned} \tag{2.2.10}$$

定义未知非线性函数 $F_1(Z_1)$ 为

$$F_1(Z_1) = f_1(x_1) - \dot{y}_d \tag{2.2.11}$$

利用神经网络逼近未知函数 $F_1(Z_1)$，可得

$$F_1(Z_1) = W_1^{*\mathrm{T}} S_1(Z_1) + \delta_1(Z_1) \tag{2.2.12}$$

式中，$Z_1=[x_1,\dot{y}_d]^{\mathrm{T}}$ 为神经网络输入向量；$S_1(Z_1)$ 为神经元激活函数；W_1^* 为最优权重向量；$\delta_1(Z_1)$ 为逼近误差，存在正常数 $\bar{W}_1$ 和 $\bar{\delta}_1$ 使得 $\|W_1^*\|\leqslant\bar{W}_1$ 和 $|\delta_1(Z_1)|\leqslant\bar{\delta}_1$ 成立。

将式 (2.2.11) 和式 (2.2.12) 代入式 (2.2.10)，可得

$$\begin{aligned}\dot{V}_1=&\mu_1 z_1^{2p-1}W_1^{*\mathrm{T}}S_1(Z_1)+\mu_1 z_1^{2p-1}\delta_1(Z_1)+g_{10}\tilde{\theta}_1\dot{\hat{\theta}}_1+\mu_1 z_1^{2p-1}g_1(x_1)x_2\\&-z_1\left\{\frac{\dot{k}_{b_1}(t)}{k_{b_1}(t)}\frac{q_1(z_1)\xi_{b_1}^{2p-1}}{k_{b_1}(t)\left(1-\xi_{b_1}^{2p}\right)}+\frac{\dot{k}_{a_1}(t)}{k_{a_1}(t)}\frac{[1-q_1(z_1)]\xi_{a_1}^{2p-1}}{k_{a_1}(t)\left(1-\xi_{a_1}^{2p}\right)}\right\}\end{aligned}\tag{2.2.13}$$

式中，$\mu_1=q_1(z_1)/\left[k_{b_1}^{2p}(t)-z_1^{2p}\right]+1-q_1(z_1)/\left[k_{a_1}^{2p}(t)-z_1^{2p}\right]$。

由杨氏不等式，可得

$$\mu_1 z_1^{2p-1}W_1^{*\mathrm{T}}S_1(Z_1)\leqslant\frac{1}{2}a_1^2+\frac{1}{2a_1^2}g_{10}\mu_1^2 z_1^{4p-2}\theta_1\|S_1(Z_1)\|^2\tag{2.2.14}$$

$$\mu_1 z_1^{2p-1}\delta_1(Z_1)\leqslant\frac{1}{2}g_{10}\mu_1^2 z_1^{4p-2}+\frac{1}{2g_{10}}\bar{\delta}_1^2\tag{2.2.15}$$

式中，$\theta_1=g_{10}^{-1}\bar{W}_1^2$；$a_1>0$ 为设计参数。

设计如下虚拟控制器：

$$\alpha_1=-[\kappa_1+\bar{\kappa}_1(t)]z_1-\frac{1}{2}\mu_1 z_1^{2p-1}-\frac{1}{2a_1^2}\mu_1 z_1^{2p-1}\hat{\theta}_1\|S_1(Z_1)\|^2-\frac{2p-1}{2p}z_1\tag{2.2.16}$$

式中，$\bar{\kappa}_i(t)=\sqrt{\left[\dot{k}_{a_i}(t)/k_{a_i}(t)\right]^2+\left[\dot{k}_{b_i}(t)/k_{b_i}(t)\right]^2+\beta_i}$，$\beta_i>0$ 和 $\kappa_i>0$ $(i=1,2,\cdots,n)$ 为设计参数。进而可得

$$\bar{\kappa}_i+q_i(z_i)\frac{\dot{k}_{b_i}(t)}{k_{b_i}(t)}+[1-q_i(z_i)]\frac{\dot{k}_{a_i}(t)}{k_{a_i}(t)}\geqslant 0$$

由式 (2.2.16)，可得

$$\begin{aligned}&\mu_1 z_1^{2p-1}g_1(x_1)x_2=\mu_1 z_1^{2p-1}g_1(x_1)(z_2+\alpha_1)\\\leqslant&\mu_1 z_1^{2p-1}g_1(x_1)z_2-\kappa_1\mu_1 z_1^{2p}g_{10}-\frac{g_{10}}{2}\mu_1^2 z_1^{4p-2}-\frac{2p-1}{2p}\mu_1 z_1^{2p}g_1(x_1)\\&-\mu_1 z_1^{2p-1}g_1(x_1)\bar{\kappa}_1(t)z_1-\frac{1}{2a_1^2}\mu_1^2 z_1^{4p-2}g_{10}\hat{\theta}_1\|S_1(Z_1)\|^2\end{aligned}\tag{2.2.17}$$

由杨氏不等式，可得

$$\mu_1 z_1^{2p-1}g_1(x_1)z_2\leqslant\mu_1 g_1(x_1)\left(\frac{2p-1}{2p}z_1^{2p}+\frac{1}{2p}z_2^{2p}\right)\tag{2.2.18}$$

将式 (2.2.14) ~ 式 (2.2.18) 代入式 (2.2.13)，可得

$$
\begin{aligned}
\dot{V}_1 \leqslant & \frac{1}{2p}\mu_1 g_1(x_1) z_2^{2p} - \kappa_1\mu_1 g_{10} z_1^{2p} + \frac{1}{2g_{10}}\bar{\delta}_1^2 \\
& - g_{10}\tilde{\theta}_1\left[\frac{1}{2a_1^2}\mu_1^2 z_1^{4p-2}\left\|S_1(Z_1)\right\|^2 - \dot{\hat{\theta}}_1\right] + \frac{1}{2}a_1^2
\end{aligned} \tag{2.2.19}
$$

第 $i(2 \leqslant i \leqslant n-1)$ 步　由式 (2.2.2)，对 z_i 求导，可得

$$
\dot{z}_i = \dot{x}_i - \dot{\alpha}_{i-1} = f_i(\bar{x}_i) + g_i(\bar{x}_i) x_{i+1} - \dot{\alpha}_{i-1} \tag{2.2.20}
$$

式中

$$
\begin{aligned}
\dot{\alpha}_{i-1} = & \sum_{j=1}^{i-1}\frac{\partial\alpha_{i-1}}{\partial x_j}\left[f_j(\bar{x}_j) + g_j(\bar{x}_j)\bar{x}_{j+1}\right] + \sum_{j=0}^{i-1}\frac{\partial\alpha_{i-1}}{\partial y_d^{(j)}} y_d^{(j+1)} \\
& + \sum_{j=1}^{i-1}\sum_{l=0}^{i-j}\frac{\partial\alpha_{i-1}}{\partial k_{a_j}^{(l)}(t)} k_{a_j}^{(l+1)}(t) + \sum_{j=1}^{i-1}\frac{\partial\alpha_{i-1}}{\partial\hat{\theta}_j}\dot{\hat{\theta}}_j + \sum_{j=1}^{i-1}\sum_{l=0}^{i-j}\frac{\partial\alpha_{i-1}}{\partial k_{b_j}^{(l)}(t)} k_{b_j}^{(l+1)}(t)
\end{aligned}
$$

选择如下时变非对称障碍李雅普诺夫函数：

$$
\begin{aligned}
V_i = & V_{i-1} + \frac{q_i(z_i)}{2p}\ln\left[\frac{k_{b_i}^{2p}(t)}{k_{b_i}^{2p}(t) - z_i^{2p}}\right] \\
& + \frac{1-q_i(z_i)}{2p}\ln\left[\frac{k_{a_i}^{2p}(t)}{k_{a_i}^{2p}(t) - z_i^{2p}}\right] + \frac{1}{2}g_{i0}\tilde{\theta}_i^2
\end{aligned} \tag{2.2.21}
$$

式中，$\tilde{\theta}_i = \hat{\theta}_i - \theta_i$ 为参数估计误差，$\hat{\theta}_i$ 为对 θ_i 的估计。

由式 (2.2.23)，对 V_i 求导，可得

$$
\begin{aligned}
\dot{V}_i = & \dot{V}_{i-1} + \frac{q_i(z_i)\xi_{b_i}^{2p-1}}{k_{b_i}(t)\left(1-\xi_{b_i}^{2p}\right)}\left[\dot{z}_i - z_i\frac{\dot{k}_{b_i}(t)}{k_{b_i}(t)}\right] \\
& + \frac{\left[1-q_i(z_i)\right]\xi_{a_i}^{2p-1}}{k_{a_i}(t)\left(1-\xi_{a_i}^{2p}\right)}\left[\dot{z}_i - z_i\frac{\dot{k}_{a_i}(t)}{k_{a_i}(t)}\right] + g_{i0}\tilde{\theta}_i\dot{\hat{\theta}}_i
\end{aligned} \tag{2.2.22}
$$

定义未知非线性函数 $F_i(Z_i)$ 为

$$
F_i(Z_i) = f_i(\bar{x}_i) - \dot{\alpha}_{i-1} + \frac{\mu_{i-1}}{2p\mu_i} g_{i-1}(\bar{x}_{i-1}) z_i \tag{2.2.23}
$$

利用神经网络逼近未知函数 $F_i(Z_i)$，可得

$$F_i(Z_i) = W_i^{*\mathrm{T}} S_i(Z_i) + \delta_i(Z_i) \tag{2.2.24}$$

式中，$Z_i = [x_1, x_2, \cdots, x_i; y_d, \dot{y}_d, \cdots, y_d^{(i)}; \hat{\theta}_1^{\mathrm{T}}, \hat{\theta}_2^{\mathrm{T}}, \cdots, \hat{\theta}_{i-1}^{\mathrm{T}}; k_{a_1}, \dot{k}_{a_1}, \cdots, k_{a_1}^{(i)}; k_{b_1}, \dot{k}_{b_1}, \cdots, k_{b_1}^{(i)}; \cdots; k_{a_{i-1}}, \dot{k}_{a_{i-1}}, \ddot{k}_{a_{i-1}}; k_{b_{i-1}}, \dot{k}_{b_{i-1}}, \ddot{k}_{b_{i-1}}; k_{a_i}, k_{b_i}]^{\mathrm{T}}$ 为神经网络输入向量；$S_i(Z_i)$ 为神经元激活函数；W_i^* 为最优权重向量；$\delta_i(Z_i)$ 为逼近误差，存在正常数 $\bar{W}_i$ 和 $\bar{\delta}_i$ 使得 $\|W_i^*\| \leqslant \bar{W}_i$ 和 $|\delta_i(Z_i)| \leqslant \bar{\delta}_i$ 成立。

将式 (2.2.20)、式 (2.2.23) 和式 (2.2.24) 代入式 (2.2.22)，可得

$$\begin{aligned}\dot{V}_i =& \dot{V}_{i-1} + \mu_i z_i^{2p-1} W_i^{*\mathrm{T}} S_i(Z_i) + \mu_i z_i^{2p-1} \delta_i(Z_i) + g_{i0} \tilde{\theta}_i \dot{\hat{\theta}}_i \\ & + \mu_i z_i^{2p-1} g_i(\bar{x}_i) x_{i+1} - \left\{ \frac{\dot{k}_{b_i}(t)}{k_{b_i}(t)} \frac{q_i(z_i) \xi_{b_i}^{2p-1}}{k_{b_i}(t)\left(1-\xi_{b_i}^{2p}\right)} \right. \\ & \left. + \frac{\dot{k}_{a_i}(t)}{k_{a_i}(t)} \frac{[1-q_i(z_i)] \xi_{a_i}^{2p-1}}{k_{a_i}(t)\left(1-\xi_{a_i}^{2p}\right)} \right\} z_i - \frac{1}{2p} \mu_{i-1} g_{i-1}(\bar{x}_{i-1}) z_i^{2p}\end{aligned} \tag{2.2.25}$$

由杨氏不等式，可得

$$\mu_i z_i^{2p-1} W_i^{*\mathrm{T}} S_i(Z_i) \leqslant \frac{1}{2} a_i^2 + \frac{1}{2a_i^2} g_{i0} \mu_i^2 z_i^{4p-2} \theta_i \|S_i(Z_i)\|^2 \tag{2.2.26}$$

$$\mu_i z_i^{2p-1} \delta_i(Z_i) \leqslant \frac{1}{2} g_{i0} \mu_i^2 z_i^{4p-2} + \frac{1}{2g_{i0}} \bar{\delta}_i^2 \tag{2.2.27}$$

式中，$\theta_i = g_{i0}^{-1} \bar{W}_i^2$；$a_i > 0$ 为设计参数。

设计如下虚拟控制器：

$$\alpha_i = -[\kappa_i + \bar{\kappa}_i(t)] z_i - \frac{1}{2} \mu_i z_i^{2p-1} - \frac{2p-1}{2p} z_i - \frac{1}{2a_i^2} \mu_i z_i^{2p-1} \hat{\theta}_i \|S_i(Z_i)\|^2 \tag{2.2.28}$$

式中，$\bar{\kappa}_i(t) = \sqrt{\left[\dot{k}_{b_i}(t)/k_{b_i}(t)\right]^2 + \left[\dot{k}_{a_i}(t)/k_{a_i}(t)\right]^2 + \varepsilon_i}$，$k_i > 0$ 和 $\varepsilon_i > 0$ $(i = 2, 3, \cdots, n-1)$ 为设计参数，且有如下不等式成立：

$$\bar{\kappa}_i(t) + \frac{q_i(z_i) \dot{k}_{b_i}(t)}{k_{b_i}(t)} + \frac{[1-q_i(z_i)] \dot{k}_{a_i}(t)}{k_{a_i}(t)} \geqslant 0$$

由杨氏不等式，可得

$$\mu_i z_i^{2p-1} g_i(\bar{x}_i) z_{i+1} \leqslant \mu_i g_i(\bar{x}_i) \left(\frac{2p-1}{2p} z_i^{2p} + \frac{1}{2p} z_{i+1}^{2p} \right) \tag{2.2.29}$$

将式 (2.2.26) ~ 式 (2.2.29) 代入式 (2.2.25)，可得

$$\begin{aligned}\dot{V}_i \leqslant& \dot{V}_{i-1} + \frac{1}{2p}\mu_i g_i(\bar{x}_i) z_{i+1}^{2p} - \kappa_i g_{i0}\mu_i z_i^{2p} + \frac{1}{2}a_i^2 + \frac{1}{2g_{i0}}\bar{\delta}_i^2 \\ &- g_{i0}\tilde{\theta}_i\left[\frac{1}{2a_i^2}\mu_i^2 z_i^{4p-2}\|S_i(Z_i)\|^2 - \dot{\hat{\theta}}_i\right] - \frac{1}{2p}\mu_{i-1}g_{i-1}(\bar{x}_{i-1}) z_i^{2p}\end{aligned} \tag{2.2.30}$$

在第 $i-1$ 步中，如下不等式成立：

$$\begin{aligned}\dot{V}_{i-1} \leqslant& -\sum_{j=1}^{i-1}\kappa_j g_{j0}\mu_j z_j^{2p} + \frac{1}{2}\sum_{j=1}^{i-1}\frac{1}{g_{j0}}\bar{\delta}_j^2 + \frac{1}{2p}\mu_{i-1}g_{i-1}(\bar{x}_{i-1}) z_i^{2p} \\ &- \sum_{j=1}^{i-1} g_{j0}\tilde{\theta}_j\left[\frac{1}{2a_j^2}\mu_j^2 z_j^{4p-2}\|S_j(Z_j)\|^2 - \dot{\hat{\theta}}_j\right] + \frac{1}{2}\sum_{j=1}^{i-1}a_j^2\end{aligned} \tag{2.2.31}$$

将式 (2.2.31) 代入式 (2.2.30)，可得

$$\begin{aligned}\dot{V}_i \leqslant& -\sum_{j=1}^{i}\kappa_j g_{j0}\mu_j z_j^{2p} + \frac{1}{2}\sum_{j=1}^{i}\frac{1}{g_{j0}}\bar{\delta}_j^2 + \frac{1}{2p}\mu_i g_i(\bar{x}_i) z_{i+1}^{2p} \\ &- \sum_{j=1}^{i} g_{j0}\tilde{\theta}_j\left[\frac{1}{2a_j^2}\mu_j^2 z_j^{4p-2}\|S_j(Z_j)\|^2 - \dot{\hat{\theta}}_j\right] + \frac{1}{2}\sum_{j=1}^{i}a_j^2\end{aligned} \tag{2.2.32}$$

第 n 步　根据式 (2.2.2)，对 z_n 求导，可得

$$\dot{z}_n = \dot{x}_n - \dot{\alpha}_{n-1} = f_n(\bar{x}_n) + g_n(\bar{x}_n)u - \dot{\alpha}_{n-1} \tag{2.2.33}$$

选择如下非对称障碍李雅普诺夫函数：

$$\begin{aligned}V_n =& V_{n-1} + \frac{q_n(z_n)}{2p}\ln\left[\frac{k_{b_n}^{2p}(t)}{k_{b_n}^{2p}(t) - z_n^{2p}}\right] \\ &+ \frac{1-q_n(z_n)}{2p}\ln\left[\frac{k_{a_n}^{2p}(t)}{k_{a_n}^{2p}(t) - z_n^{2p}}\right] + \frac{1}{2}g_{n0}\tilde{\theta}_n^2\end{aligned} \tag{2.2.34}$$

式中，$\tilde{\theta}_n = \hat{\theta}_n - \theta_n$ 为参数估计误差，$\hat{\theta}_n$ 为对 θ_n 的估计。

由式 (2.2.34)，对 V_n 求导，可得

$$\dot{V}_n = \dot{V}_{n-1} + \frac{q_n(z_n)\xi_{b_n}^{2p-1}}{k_{b_n}(t)\left(1-\xi_{b_n}^{2p}\right)}\left(\dot{z}_n - z_n\frac{\dot{k}_{b_n}}{k_{b_n}}\right)$$

$$+\frac{\left[1-q_n\left(z_n\right)\right]\xi_{a_n}^{2p-1}}{k_{a_n}(t)\left(1-\xi_{a_n}^{2p}\right)}\left(\dot{z}_n-z_n\frac{\dot{k}_{a_n}}{k_{a_n}}\right)+g_{n0}\tilde{\theta}_n\dot{\hat{\theta}}_n \tag{2.2.35}$$

定义未知非线性函数 $F_n\left(Z_n\right)$ 为

$$F_n\left(Z_n\right)=f_n\left(\bar{x}_n\right)-\dot{\alpha}_{n-1}+\frac{\mu_{n-1}}{2p\mu_n}g_{n-1}\left(\bar{x}_{n-1}\right)z_n \tag{2.2.36}$$

利用神经网络逼近未知函数 $F_n\left(Z_n\right)$，可得

$$F_n\left(Z_n\right)=W_n^{*\mathrm{T}}S_n\left(Z_n\right)+\delta_n\left(Z_n\right) \tag{2.2.37}$$

式中，$Z_n=[x_1,x_2,\cdots,x_n;y_d,\dot{y}_d,\cdots,y_d^{(n)};\hat{\theta}_1^{\mathrm{T}},\hat{\theta}_2^{\mathrm{T}},\cdots,\hat{\theta}_{n-1}^{\mathrm{T}};k_{a_1},\dot{k}_{a_1},\cdots,k_{a_1}^{(n)};k_{b_1},\dot{k}_{b_1},\cdots,k_{b_1}^{(n)};\cdots;k_{a_{n-1}},\dot{k}_{a_{n-1}},\ddot{k}_{a_{n-1}};k_{b_{n-1}},\dot{k}_{b_{n-1}},\ddot{k}_{b_{n-1}};k_{a_n},k_{b_n}]^{\mathrm{T}}$；$S_n\left(Z_n\right)$ 为神经元激活函数；W_n^* 为最优神经网络权重向量；$\delta_n\left(Z_n\right)$ 为逼近误差，存在正常数 $\bar{W}_n$ 和 $\bar{\delta}_n$ 使得 $\|W_n^*\|\leqslant\bar{W}_n$ 和 $|\delta_n\left(Z_n\right)|\leqslant\bar{\delta}_n$ 成立。

由式 (2.2.33)、式 (2.2.36) 和式 (2.2.37)，可得

$$\begin{aligned}\dot{V}_n=&\dot{V}_{n-1}+g_{n0}\tilde{\theta}_n\dot{\hat{\theta}}_n+\frac{q_n\left(z_n\right)\xi_{b_n}^{2p-1}}{k_{b_n}(t)\left(1-\xi_{b_n}^{2p}\right)}\Bigg[{W_n}^{*\mathrm{T}}S_n\left(Z_n\right)+\delta_n\left(Z_n\right)\\&+g_n\left(\bar{x}_n\right)u-\frac{\mu_{n-1}}{2p\mu_n}g_{n-1}\left(\bar{x}_{n-1}\right)z_n-z_n\frac{\dot{k}_{b_n}(t)}{k_{b_n}(t)}\Bigg]\\&+\frac{\left[1-q_n\left(z_n\right)\right]\xi_{a_n}^{2p-1}}{k_{a_n}(t)\left(1-\xi_{a_n}^{2p}\right)}\Bigg[{W_n}^{*\mathrm{T}}S_n\left(Z_n\right)+\delta_n\left(Z_n\right)\\&+g_n\left(\bar{x}_n\right)u-\frac{\mu_{n-1}}{2p\mu_n}g_{n-1}\left(\bar{x}_{n-1}\right)z_n-z_n\frac{\dot{k}_{a_n}(t)}{k_{a_n}(t)}\Bigg]\end{aligned} \tag{2.2.38}$$

由杨氏不等式，可得

$$\mu_n z_n^{2p-1}W_n^{*\mathrm{T}}S_n\left(Z_n\right)\leqslant\frac{1}{2}a_n^2+\frac{1}{2a_n^2}g_{n0}\mu_n^2z_n^{4p-2}\theta_n\left\|S_n\left(Z_n\right)\right\|^2 \tag{2.2.39}$$

$$\mu_n z_n^{2p-1}\delta_n\left(Z_n\right)\leqslant\frac{1}{2}g_{n0}\mu_n^2z_n^{4p-2}+\frac{1}{2g_{n0}}\bar{\delta}_n^2 \tag{2.2.40}$$

式中，$\theta_n=g_{n0}^{-1}\bar{W}_n^2$；$a_n>0$ 为设计参数。

设计如下实际控制器和自适应律：

$$u=-\left[\kappa_n+\bar{\kappa}_n(t)\right]z_n-\frac{\mu_n z_n^{2p-1}}{2a_n^2}\hat{\theta}_n\left\|S_n\left(Z_n\right)\right\|^2-\frac{1}{2}\mu_n z_n^{2p-1} \tag{2.2.41}$$

$$\dot{\hat{\theta}}_j=-\sigma_j\hat{\theta}_j+\frac{1}{2a_j^2}\mu_j^2 z_j^{4p-2}\left\|S_j\left(Z_j\right)\right\|^2,\quad j=1,2,\cdots,n \tag{2.2.42}$$

式中，$\sigma_j>0$ 和 $k_n>0$ 为设计参数。

将式 (2.2.39) ~ 式 (2.2.42) 代入式 (2.2.38)，可得

$$\begin{aligned}\dot{V}_n\leqslant&-\sum_{j=1}^{n}\kappa_j g_{j0}\mu_j z_j^{2p}+\frac{1}{2}\sum_{j=1}^{n}a_j^2\\&-\sum_{j=1}^{n}g_{j0}\tilde{\theta}_j\sigma_j\hat{\theta}_j+\frac{1}{2}\sum_{j=1}^{n}\frac{1}{g_{j0}}\bar{\delta}_j^2\end{aligned} \tag{2.2.43}$$

由杨氏不等式，可得

$$\begin{aligned}-g_{j0}\tilde{\theta}_j\sigma_j\hat{\theta}_j&=-g_{j0}\sigma_j\tilde{\theta}_j^2-g_{j0}\sigma_j\tilde{\theta}_j\theta_j\\&\leqslant-g_{j0}\sigma_j\tilde{\theta}_j^2+g_{j0}\sigma_j\left(\frac{1}{2}\tilde{\theta}_j^2+\frac{1}{2}\theta_j^2\right)\\&\leqslant-\frac{1}{2}g_{j0}\sigma_j\tilde{\theta}_j^2+\frac{1}{2}g_{j0}\sigma_j\theta_j^2\end{aligned} \tag{2.2.44}$$

将式 (2.2.44) 代入式 (2.2.43)，可得

$$\begin{aligned}\dot{V}_n\leqslant&-\sum_{j=1}^{n}\kappa_j g_{j0}\mu_j z_j^{2p}-\frac{1}{2}\sum_{j=1}^{n}g_{j0}\sigma_j\tilde{\theta}_j^2+\frac{1}{2}\sum_{j=1}^{n}g_{j0}\sigma_j\theta_j^2\\&+\frac{1}{2}\sum_{j=1}^{n}a_j^2+\frac{1}{2}\sum_{j=1}^{n}\frac{1}{g_{j0}}\bar{\delta}_j^2\end{aligned} \tag{2.2.45}$$

基于引理 2.2.1，可得

$$\begin{aligned}-\mu_j z_j^{2p}=&-\frac{q_j\left(z_j\right)}{k_{b_j}^{2p}(t)-z_j^{2p}}z_j^{2p}-\frac{1-q_j\left(z_j\right)}{k_{a_j}^{2p}(t)-z_j^{2p}}z_j^{2p}\\=&-q_j\left(z_j\right)\frac{\xi_{b_j}^{2p}}{1-\xi_{b_j}^{2p}}-\left[1-q_j\left(z_j\right)\right]\frac{\xi_{a_j}^{2p}}{1-\xi_{a_j}^{2p}}\end{aligned}$$

$$\leqslant -q_j(z_j)\ln\left(\frac{1}{1-\xi_{b_j}^{2p}}\right)-[1-q_j(z_j)]\ln\left(\frac{1}{1-\xi_{b_j}^{2p}}\right) \tag{2.2.46}$$

根据式 (2.2.4)、式 (2.2.21) 和式 (2.2.34)，可得

$$V_n=\sum_{j=1}^{n}\frac{q_j(z_j)}{2p}\ln\left[\frac{k_{b_j}^{2p}(t)}{k_{b_j}^{2p}(t)-z_j^{2p}}\right]+\frac{1}{2}\sum_{j=1}^{n}g_{j0}\tilde{\theta}_j^2$$

$$+\sum_{j=1}^{n}\frac{1-q_j(z_j)}{2p}\ln\left[\frac{k_{a_j}^{2p}(t)}{k_{a_j}^{2p}(t)-z_j^{2p}}\right] \tag{2.2.47}$$

因此，整理可得

$$\dot{V}_n\leqslant -\rho V_n+C \tag{2.2.48}$$

式中，$\rho=\min\{2p\kappa_j g_{j0},\sigma_j\}\,(j=1,2,\cdots,n)$；$C=\sum\limits_{i=1}^{n}\frac{a_i^2}{2}+\sum\limits_{i=1}^{n}\frac{\bar{\delta}_i^2}{2g_{i0}}+\sum\limits_{i=1}^{n}\frac{g_{i0}}{2}\sigma_i\theta_i^2$。

2.2.3 稳定性与收敛性分析

定理 2.2.1 对于非线性系统 (2.2.1)，假设 2.2.1 ~ 假设 2.2.3 成立。如果采用实际控制器 (2.2.41)、虚拟控制器 (2.2.16) 和 (2.2.28)、参数自适应律 (2.2.43)，那么总体控制方案具有如下性能：

(1) 闭环系统中的所有信号是半全局一致最终有界的；

(2) 跟踪误差收敛到包含原点的一个较小的邻域内；

(3) 系统所有状态满足指定约束条件。

证明 式 (2.2.48) 的两边同时乘以 $\mathrm{e}^{\rho t}$ 并积分，可得

$$V_n(t)\leqslant [V_n(0)-C/\rho]\,\mathrm{e}^{-\rho t}+C/\rho\leqslant V_n(0)\mathrm{e}^{-\rho t}+C/\rho \tag{2.2.49}$$

由式 (2.2.48) 和式 (2.2.49) 可知，$\ln[1/(1-\xi_j^{2p})]$ 和 $\tilde{\theta}_j$ 是有界的。因此，可得

$$\frac{1}{2p}\ln\left(\frac{1}{1-\xi_i^{2p}}\right)\leqslant V_n(t)\leqslant V_n(0)\mathrm{e}^{-\rho t}+C/\rho \tag{2.2.50}$$

式中，$V_n(0)=\frac{1}{2p}\sum\limits_{i=1}^{n}\ln\left[\frac{1}{1-\xi_i^{2p}(0)}\right]+\frac{1}{2}\sum\limits_{j=1}^{n}g_{j0}\tilde{\theta}_j^2(0)$。

由上述分析可得 $\xi_i^{2p}\leqslant 1-\mathrm{e}^{-2pV_n(0)\mathrm{e}^{-\rho t}-2pC/\rho}$ 和 $\xi_i\leqslant\sqrt[2p]{1-\mathrm{e}^{-2pV_n(0)\mathrm{e}^{-\rho t}-2pC/\rho}}$。由式 (2.2.8) 可知，$-\underline{D}(t)\leqslant z_i(t)\leqslant\bar{D}(t)$，$\underline{D}(t)=k_{a_i}(t)\sqrt[2p]{1-\mathrm{e}^{-2pV_n(0)\mathrm{e}^{-\rho t}-2pC/\rho}}$

和 $\bar{D}(t) = k_{b_i}(t)\sqrt[2p]{1-\mathrm{e}^{-2pV_n(0)\mathrm{e}^{-\rho t}-2pC/\rho}}$。在控制器设计中，如果选择适当的设计参数，可得跟踪误差 $z_1 = x_1 - y_d$ 收敛到包含原点的一个较小邻域内。由 $z_1 = x_1 - y_d(t)$ 和 $\underline{k}_{c_1}(t) < \underline{Y}_0(t) \leqslant y_d(t) \leqslant \bar{Y}_0(t) < \bar{k}_{c_1}(t)$，可得 $-k_{a_1}(t)+y_d(t) < x_1(t) < k_{b_1}(t) + y_d(t)$，根据 k_{b_1} 的定义，可得 $\underline{k}_{c_1}(t) < x_1(t) < \bar{k}_{c_1}(t)$。由于 α_1 是有界的，假设 $|\alpha_1| \leqslant A_1$，可得 $A_1 - k_{a_2}(t) \leqslant x_2 \leqslant A_1 + k_{b_2}(t)$，根据误差约束的定义以及 $k_{a_2}(t) = A_1 - \underline{k}_{c_2}$ 和 $k_{b_2}(t) = \bar{k}_{c_2} - A_1$，可得 $\underline{k}_{c_2}(t) < x_2 < \bar{k}_{c_2}(t)$，所以状态 x_2 没有超出约束范围，同理可得 $\underline{k}_{c_i} < x_i < \bar{k}_{c_i}(i = 3, 4, \cdots, n)$。因此，系统状态不违反其预先给定的约束界。类似地，可证明 $\alpha_{i-1}(i = 3, 4, \cdots, n)$ 和 u 有界。由于 $\tilde{\theta}_i$ 和 θ_i 有界，可得 $\hat{\theta}_i = \tilde{\theta}_i + \theta_i(i = 1, 2, \cdots, n)$ 是有界的，最终证明了闭环系统所有信号的有界性。

评注 2.2.1　本节针对一类具有时变全状态约束的非线性严格反馈系统，介绍了一种神经网络自适应控制方法。与本节相类似，基于时变对数型障碍李雅普诺夫函数的自适应约束控制方法可参见文献 [9] 和 [10]。

2.2.4　仿真

例 2.2.1　考虑如下非线性严格反馈系统：

$$\begin{cases} \dot{x}_1 = x_1\mathrm{e}^{0.5x_1} + \left(1 + x_1^2\right)x_2 \\ \dot{x}_2 = x_1x_2^2 + [3 + \cos(x_1)]\,u \\ y = x_1 \end{cases} \tag{2.2.51}$$

式中，x_1 和 x_2 为状态变量；u 为系统输入；y 为系统输出；状态约束条件为 $\underline{k}_{c_1}(t) < x_1(t) < \bar{k}_{c_1}(t)$ 和 $\underline{k}_{c_2}(t) < x_2(t) < \bar{k}_{c_2}(t)$；$\underline{k}_{c_1}(t) = -0.8 + 0.2\cos(t)$；$\bar{k}_{c_1}(t) = 1 + 0.4\cos(t)$；$\underline{k}_{c_2}(t) = -0.8 + 0.2\cos(t)$；$\bar{k}_{c_2}(t) = 1.8 + 0.1\cos(t)$；参考信号为 $y_d(t) = 0.2\cos(0.5t) + 0.5\sin(t)$。

设计如下控制器和自适应律：

$$\alpha_1 = -\left[\kappa_1 + \bar{\kappa}_1(t)\right]z_1 - \frac{1}{2}\mu_1 z_1^{2p-1} - \frac{1}{2a_1^2}\mu_1 z_1^{2p-1}\hat{\theta}_1\left\|S_1\left(Z_1\right)\right\|^2 - \frac{2p-1}{2p}z_1$$

$$u = -\left[\kappa_2 + \bar{\kappa}_2(t)\right]z_2 - \frac{\mu_2 z_2^{2p-1}}{2a_2^2}\hat{\theta}_2\left\|S_2\left(Z_2\right)\right\|^2 - \frac{1}{2}\mu_2 z_2^{2p-1}$$

$$\dot{\hat{\theta}}_j = -\sigma_j\hat{\theta}_j + \frac{1}{2a_j^2}\mu_j^2 z_j^{4p-2}\left\|S_j\left(Z_j\right)\right\|^2, \quad j = 1, 2$$

其中，$z_1 = x_1 - y_d$；$z_2 = x_2 - \alpha_1$；$Z_1 = \left[x_1, \dot{y}_d\right]^{\mathrm{T}}$；$Z_2 = \left[x_1, x_2, y_d, \dot{y}_d, \ddot{y}_d, \hat{\theta}_1^{\mathrm{T}}, k_{a_1}, \dot{k}_{a_1}, \ddot{k}_{a_1}, k_{b_1}, \dot{k}_{b_1}, \ddot{k}_{b_1}, k_{a_2}, k_{b_2}\right]^{\mathrm{T}}$。

选择设计参数为 $p=2$、$a_1=1$、$a_2=2$、$\kappa_1=\kappa_2=20$、$\sigma_1=\sigma_2=3$、$\beta_1=\beta_2=0.4$，初始条件为 $x_1(0)=0.1$、$x_2(0)=1.7$、$\hat{\theta}_1(0)=0.1$、$\hat{\theta}_2(0)=0.15$。

本节利用神经网络进行逼近，最优逼近估计 $F_1(Z_1)$ 的节点数为 30 ，中心平均分布在 $[-2,2]\times[-1.5,1.5]$ 区间，高斯函数的宽度为 5 ；最优逼近估计 $F_2(Z_2)$ 的节点数为 25 ，中心平均分布在 $[-4,4]\times[-3,3]\times[-3,3]\times[-2,2]\times[-2,2]\times[-2,2]\times[-1.5,1.5]\times[-1.5,1.5]\times[-1,1]\times[-1,1]$ 区间，高斯函数的宽度为 2 。

仿真结果如图 2.2.1 ~ 图 2.2.5 所示。

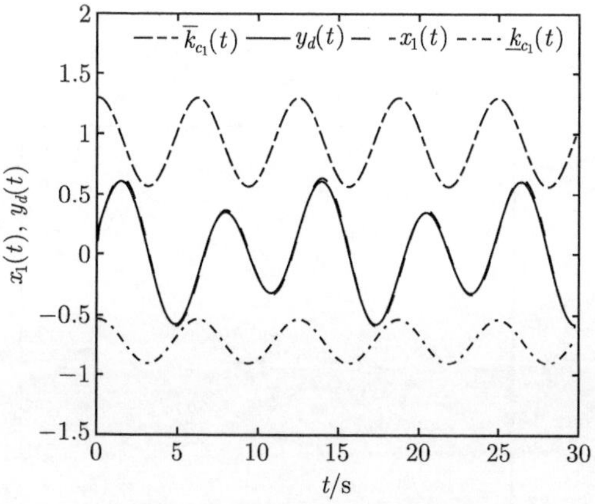

图 2.2.1　$x_1(t)$ 和 $y_d(t)$ 的轨迹

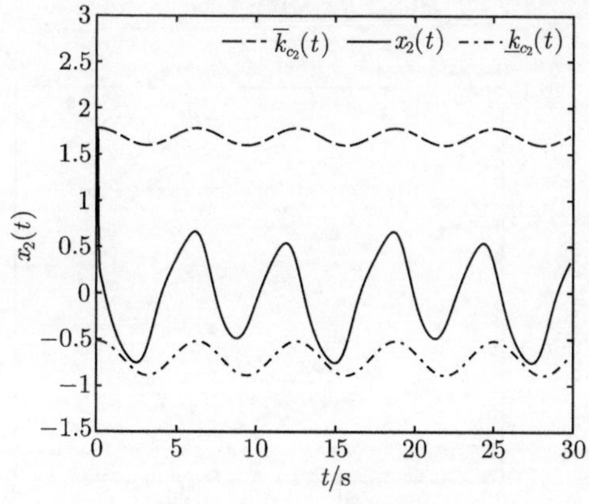

图 2.2.2　$x_2(t)$ 的轨迹

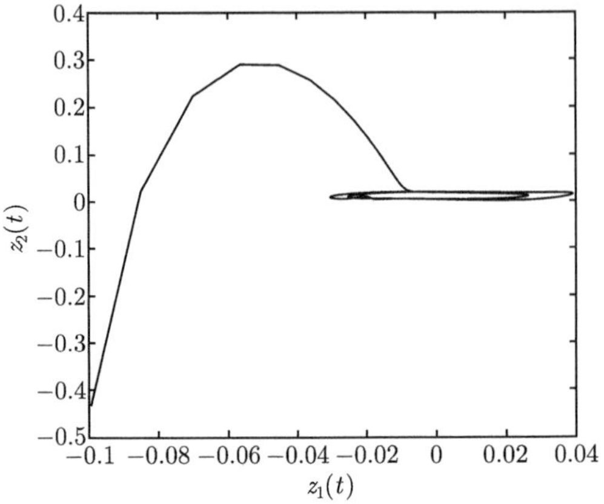

图 2.2.3　$z_1(t)$ 和 $z_2(t)$ 的相位图

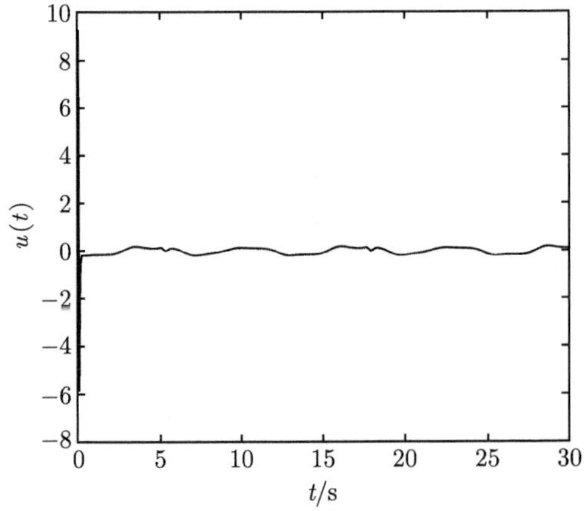

图 2.2.4　$u(t)$ 的轨迹

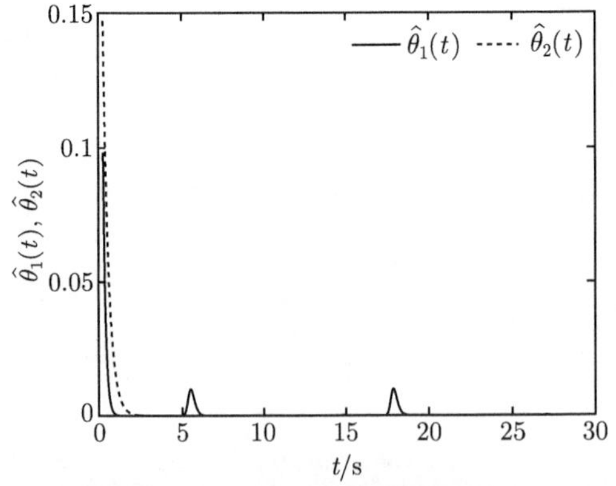

图 2.2.5　$\hat{\theta}_1(t)$ 和 $\hat{\theta}_2(t)$ 的轨迹

2.3 基于积分型障碍函数的非线性系统自适应约束控制

2.1 节和 2.2 节选择的正切型和对数型这两种障碍李雅普诺夫函数需要将状态约束转化为误差约束，本节针对具有时变状态约束的非线性严格反馈系统，介绍一种基于积分型障碍李雅普诺夫函数的神经网络自适应约束控制方法，并给出闭环系统的稳定性与收敛性分析。

2.3.1 系统模型及控制问题描述

考虑如下非线性严格反馈系统：

$$\begin{cases} \dot{x}_i = f_i(\bar{x}_i) + g_i(\bar{x}_i)x_{i+1}, \quad i = 1,2,\cdots,n-1 \\ \dot{x}_n = f_n(\bar{x}_n) + g_n(\bar{x}_n)u \\ y = x_1 \end{cases} \tag{2.3.1}$$

式中，$\bar{x}_i = [x_1, x_2, \cdots, x_i]^{\mathrm{T}} \in \mathbf{R}^i (i = 1,2,\cdots,n)$ 为状态向量；$u \in \mathbf{R}$ 和 $y \in \mathbf{R}$ 分别为系统的输入和输出；$f_i(\bar{x}_i)$ 为未知的光滑非线性函数；$g_i(\bar{x}_i)$ 为有界光滑的连续函数。系统所有状态需满足 $|x_i| < k_{c_i}(t)$，$k_{c_i}(t): \mathbf{R}^+ \to \mathbf{R}$ 为时变约束界。

假设 2.3.1 对于参考信号 $y_d(t)$ 及其 i 阶导数 $y_d^{(i)}(t)$，存在时变函数 $Y_0(t): \mathbf{R}^+ \to \mathbf{R}$ 和正常数 $Y_i(i = 1,2,\cdots,n)$，满足 $|y_d(t)| \leqslant Y_0(t) < k_{c_1}(t)$ 和 $\left|y_d^{(i)}(t)\right| \leqslant Y_i$。

假设 2.3.2 控制增益函数 $g_i(\bar{x}_i)(i = 1,2,\cdots,n)$ 是已知的，并且存在正常数 g_{i0} 和 g_{i1}，使得 $0 < g_{i0} \leqslant |g_i(\bar{x}_i)| \leqslant g_{i1}$。在不失一般性的情况下，假设 $0 < g_{i0} \leqslant g_i(\bar{x}_i) \leqslant g_{i1}$。

假设 2.3.3 存在正常数 K_i^0 和 $K_i^j(i = 1,2,\cdots,n;\ j = 1,2,\cdots,n)$，使得时变约束界 $k_{c_i}(t)$ 及其 j 阶时间导数 $k_{c_i}^{(j)}(t)$，满足 $|k_{c_i}(t)| \leqslant K_i^0$ 和 $\left|k_{c_i}^{(j)}(t)\right| \leqslant K_i^j$。

控制任务 设计一种神经网络自适应约束控制器，使得：

(1) 闭环系统的所有信号是半全局一致最终有界的；

(2) 误差信号收敛到包含原点的一个较小的邻域内；

(3) 系统所有状态满足指定约束条件。

2.3.2 神经网络自适应反步递推控制设计

定义如下坐标变换：

$$\begin{cases} z_1 = x_1 - y_d \\ z_i = x_i - \alpha_{i-1}, \quad i = 2,3,\cdots,n \end{cases} \tag{2.3.2}$$

式中，z_1 为跟踪误差；z_i 为误差变量；α_{i-1} 为虚拟控制器。

基于上面的坐标变换，n 步神经网络自适应反步递推控制设计过程如下。

第 1 步 由式 (2.3.1) 和式 (2.3.2)，对 z_1 求导，可得

$$\dot{z}_1 = f_1(x_1) + g_1(x_1)x_2 - \dot{y}_d = f_1(x_1) + g_1(x_1)(z_2 + \alpha_1) - \dot{y}_d \tag{2.3.3}$$

选择如下积分型障碍李雅普诺夫函数：

$$V_1^z = \int_0^{z_1} \frac{\delta k_{c_1}^2(t)}{k_{c_1}^2(t) - (\delta + y_d)^2} \mathrm{d}\delta \tag{2.3.4}$$

结合假设 2.3.1，可知在 $|x_1| < k_{c_1}(t)$ 中 V_1^z 是正定且连续可导的，同时满足如下不等式：

$$\frac{1}{2}z_1^2 \leqslant V_1^z \leqslant z_1^2 \int_0^1 \frac{\upsilon k_{c_1}^2(t)}{k_{c_1}^2(t) - [\upsilon z_1 + \mathrm{sgn}(z_1) Y_0(t)]^2} \mathrm{d}\upsilon \tag{2.3.5}$$

定义如下函数：

$$\chi_1(t) = \frac{\delta k_{c_1}^2(t)}{k_{c_1}^2(t) - (\delta + y_d)^2} \tag{2.3.6}$$

式中，$\delta = \upsilon z_1$；$\chi_1(t)$ 在 $|x_1| < k_{c_1}(t)$ 中显然是连续可微的。

根据式 (2.3.4) 和式 (2.3.6)，对 V_1^z 求导数，可得

$$\begin{aligned}\dot{V}_1^z &= \lim_{\Delta t \to 0} \frac{V_1^z(t+\Delta t) - V_1^z(t)}{\Delta t} \\ &= \lim_{\Delta t \to 0} \frac{1}{\Delta t} \int_{z_1(t)}^{z_1(t+\Delta t)} \chi_1(t+\Delta t) \mathrm{d}\delta + \lim_{\Delta t \to 0} \frac{1}{\Delta t} \int_0^{z_1(t)} [\chi_1(t+\Delta t) - \chi_1(t)] \mathrm{d}\delta\end{aligned} \tag{2.3.7}$$

根据积分中值定理和函数 $\chi_1(t)$ 的连续性，可得

$$\begin{aligned}\dot{V}_1^z &= \lim_{\Delta t \to 0} \chi_1(\varsigma_1) \frac{z_1(t+\Delta t) - z_1(t)}{\Delta t} + \int_0^{z_1(t)} \lim_{\Delta t \to 0} \frac{\chi_1(t+\Delta t) - \chi_1(t)}{\Delta t} \mathrm{d}\delta \\ &= \dot{z}_1(t)\chi_1[z_1(t)] + \int_0^{z_1(t)} \frac{\mathrm{d}\chi_1(t)}{\mathrm{d}t} \mathrm{d}\delta\end{aligned} \tag{2.3.8}$$

式中，$\varsigma_1 \in (z_1(t), z_1(t+\Delta t))$；$\chi_1(t)$ 为关于 $y_d(t)$ 和 $k_{c_1}(t)$ 的函数。

由式 (2.3.8)，可得

$$\dot{V}_1^z = \frac{z_1 k_{c_1}^2(t)}{k_{c_1}^2(t) - x_1^2}\dot{z}_1 + \dot{y}_d \int_0^{z_1} \frac{\partial}{\partial y_d} \frac{\delta k_{c_1}^2(t)}{k_{c_1}^2(t) - (\delta + y_d)^2} \mathrm{d}\delta$$

$$+ \dot{k}_{c_1}(t) \int_0^{z_1} \frac{\partial}{\partial k_{c_1}(t)} \frac{\delta k_{c_1}^2(t)}{k_{c_1}^2(t) - (\delta + y_d)^2} \mathrm{d}\delta \tag{2.3.9}$$

式 (2.3.9) 中的第二项可以展开为

$$\int_0^{z_1} \frac{\partial}{\partial y_d} \frac{\delta k_{c_1}^2(t)}{k_{c_1}^2(t) - (\delta + y_d)^2}\, \mathrm{d}\delta = z_1 \left[\frac{k_{c_1}^2(t)}{k_{c_1}^2(t) - x_1^2} - \varPsi_1(z_1, y_d, k_{c_1}) \right] \tag{2.3.10}$$

式中

$$\varPsi_1(z_1, y_d, k_{c_1}) = \int_0^1 \frac{k_{c_1}^2(t)}{k_{c_1}^2(t) - (\upsilon z_1 + y_d)^2} \mathrm{d}\upsilon$$

$$= \frac{k_{c_1}(t)}{2z_1} \ln \left\{ \frac{[k_{c_1}(t) + x_1][k_{c_1}(t) - y_d]}{[k_{c_1}(t) - x_1][k_{c_1}(t) + y_d]} \right\}$$

式 (2.3.9) 中的第三项可以展开为

$$\int_0^{z_1} \frac{\partial}{\partial k_{c_1}(t)} \frac{\delta k_{c_1}^2(t)}{k_{c_1}^2(t) - (\delta + y_d)^2}\, \mathrm{d}\delta = \int_0^{z_1} -\delta(\delta + y_d)\, \mathrm{d} \frac{k_{c_1}(t)}{k_{c_1}^2(t) - (\delta + y_d)^2}$$

$$= z_1 \left[-\frac{(z_1 + y_d) k_{c_1}(t)}{k_{c_1}^2(t) - x_1^2} + \int_0^1 \frac{(2\upsilon z_1 + y_d) k_{c_1}(t)}{k_{c_1}^2(t) - (\upsilon z_1 + y_d)^2} \mathrm{d}\upsilon \right]$$

$$= z_1 \left[-\frac{z_1 k_{c_1}(t)}{k_{c_1}^2(t) - x_1^2} + I_1(z_1, y_d, k_{c_1}) \right] \tag{2.3.11}$$

式中

$$I_1(z_1, y_d, k_{c_1}) = -\frac{y_d k_{c_1}(t)}{k_{c_1}^2(t) - x_1^2} + \int_0^1 \frac{(2\upsilon z_1 + y_d) k_{c_1}(t)}{k_{c_1}^2(t) - (\upsilon z_1 + y_d)^2}\, \mathrm{d}\upsilon$$

$$= -\frac{y_d k_{c_1}(t)}{k_{c_1}^2(t) - x_1^2} - \frac{k_{c_1}(t)}{z_1} \ln \left[\frac{k_{c_1}^2(t) - x_1^2}{k_{c_1}^2(t) - y_d^2} \right]$$

$$+\frac{y_d}{2z_1}\ln\left\{\frac{[k_{c_1}(t)+y_d][k_{c_1}(t)-x_1]}{[k_{c_1}(t)-y_d][k_{c_1}(t)+x_1]}\right\}$$

利用洛必达法则，可得

$$\lim_{z_1\to 0}\Psi_1(z_1,y_d,k_{c_1})=\frac{k_{c_1}^2(t)}{k_{c_1}^2(t)-y_d^2}$$

$$\lim_{z_1\to 0}I_1(z_1,y_d,k_{c_1})=0$$

同时结合假设 2.3.1 中的 $|y_d(t)|\leqslant Y_0<k_{c_1}(t)$，可以确定 $\Psi_1(z_1,y_d,k_{c_1})$ 和 $I_1(z_1,y_d,k_{c_1})$ 在 $z_1=0$ 的邻域内有界。

将式 (2.3.10) 和式 (2.3.11) 代入式 (2.3.9)，可得

$$\begin{aligned}\dot{V}_1^z=&\frac{z_1k_{c_1}^2(t)}{k_{c_1}^2(t)-x_1^2}[g_1(x_1)z_2+g_1(x_1)\alpha_1]-z_1\Psi_1(z_1,y_d,k_{c_1})\dot{y}_d\\&-\frac{z_1^2k_{c_1}(t)\dot{k}_{c_1}(t)}{k_{c_1}^2(t)-x_1^2}+\frac{z_1k_{c_1}^2(t)}{k_{c_1}^2(t)-x_1^2}f_1(x_1)+z_1I_1(z_1,y_d,k_{c_1})\dot{k}_{c_1}(t)\end{aligned}\tag{2.3.12}$$

定义未知非线性函数 $F_1(Z_1)$ 为

$$\begin{aligned}F_1(Z_1)=&f_1(x_1)-\frac{k_{c_1}^2(t)-x_1^2}{k_{c_1}^2(t)}\Psi_1(z_1,y_d,k_{c_1})\dot{y}_d\\&+\frac{k_{c_1}^2(t)-x_1^2}{k_{c_1}^2(t)}I_1(z_1,y_d,k_{c_1})\dot{k}_{c_1}(t)\end{aligned}\tag{2.3.13}$$

利用神经网络逼近未知非线性函数 $F_1(Z_1)$，可得

$$F_1(Z_1)=W_1^{*\mathrm{T}}S_1(Z_1)+\delta_1(Z_1)\tag{2.3.14}$$

式中，$Z_1=\left[x_1;y_d,\dot{y}_d;k_{c_1},\dot{k}_{c_1}\right]^{\mathrm{T}}$ 为径向基神经网络输入向量；$S_1(Z_1)$ 为神经元激活函数；W_1^* 为最优权重向量；$\delta_1(Z_1)$ 为逼近误差，存在正常数 $\bar{\delta}_1$ 使得 $|\delta_1(Z_1)|\leqslant\bar{\delta}_1$ 成立。

将式 (2.3.13) 和式 (2.3.14) 代入式 (2.3.12)，可得

$$\dot{V}_1^z=\frac{z_1k_{c_1}^2(t)}{k_{c_1}^2(t)-x_1^2}\left[W_1^{*\mathrm{T}}S_1(Z_1)+\delta_1(Z_1)\right]-\frac{z_1^2k_{c_1}(t)\dot{k}_{c_1}(t)}{k_{c_1}^2(t)-x_1^2}$$

$$+\frac{z_1k_{c_1}^2(t)}{k_{c_1}^2(t)-x_1^2}\left[g_1(x_1)z_2+g_1(x_1)\alpha_1\right] \tag{2.3.15}$$

设计如下虚拟控制器：

$$\alpha_1=\frac{1}{g_1(x_1)}\left\{-\left[\kappa_1+\bar{\kappa}_1(t)\right]z_1-\hat{W}_1^{\mathrm{T}}S_1(Z_1)-\frac{1}{2}\frac{z_1k_{c_1}^2(t)}{k_{c_1}^2(t)-x_1^2}\right\} \tag{2.3.16}$$

式中，$\bar{\kappa}_1(t)=\sqrt{\left[\dot{k}_{c_1}(t)/k_{c_1}(t)\right]^2+\beta_1}$，$\beta_1>0$ 为设计参数；$\tilde{W}_1=\hat{W}_1-W_1^*$ 为参数估计误差，$\hat{W}_1$ 为 W_1^* 的估计。

由杨氏不等式，可得

$$\frac{z_1k_{c_1}^2(t)}{k_{c_1}^2(t)-x_1^2}\delta_1(Z_1)\leqslant\frac{1}{2}\left[\frac{z_1k_{c_1}^2(t)}{k_{c_1}^2(t)-x_1^2}\right]^2+\frac{1}{2}\bar{\delta}_1^2 \tag{2.3.17}$$

由式 (2.3.16) 和式 (2.3.17)，以及 $\bar{\kappa}_1(t)+\dot{k}_{c_1}(t)/k_{c_1}(t)\geqslant 0$，可得

$$\begin{aligned}\dot{V}_1^z\leqslant&-\frac{z_1k_{c_1}^2(t)}{k_{c_1}^2(t)-x_1^2}\tilde{W}_1^{\mathrm{T}}S_1(Z_1)+\frac{1}{2}\bar{\delta}_1^2\\&-\frac{\kappa_1z_1^2k_{c_1}^2(t)}{k_{c_1}^2(t)-x_1^2}+\frac{z_1k_{c_1}^2(t)}{k_{c_1}^2(t)-x_1^2}g_1(x_1)z_2\end{aligned} \tag{2.3.18}$$

选择如下李雅普诺夫函数：

$$V_1=V_1^z+V_1^W \tag{2.3.19}$$

式中，$V_1^W=\frac{1}{2}\tilde{W}_1^{\mathrm{T}}\mathit{\Gamma}_1^{-1}\tilde{W}_1$，$\mathit{\Gamma}_1=\mathit{\Gamma}_1^{\mathrm{T}}>0$ 为增益矩阵。

由式 (2.3.18) 和式 (2.3.19)，可得

$$\begin{aligned}\dot{V}_1\leqslant&\tilde{W}_1^{\mathrm{T}}\left[-\frac{z_1k_{c_1}^2(t)}{k_{c_1}^2(t)-x_1^2}S_1(Z_1)+\mathit{\Gamma}_1^{-1}\dot{\hat{W}}_1\right]+\frac{1}{2}\bar{\delta}_1^2\\&-\frac{\kappa_1z_1^2k_{c_1}^2(t)}{k_{c_1}^2(t)-x_1^2}+\frac{z_1k_{c_1}^2(t)}{k_{c_1}^2(t)-x_1^2}g_1(x_1)z_2\end{aligned} \tag{2.3.20}$$

第 $\boldsymbol{i(2\leqslant i\leqslant n-1)}$ 步 由式 (2.3.1) 和式 (2.3.2)，可得

$$\dot{z}_i=f_i(\bar{x}_i)+g_i(\bar{x}_i)(z_{i+1}+\alpha_i)-\dot{\alpha}_{i-1} \tag{2.3.21}$$

式中，$\dot{\alpha}_{i-1}=\sum_{j=1}^{i-1}\frac{\partial\alpha_{i-1}}{\partial x_j}\dot{x}_j+\sum_{j=1}^{i-1}\frac{\partial\alpha_{i-1}}{\partial\hat{W}_j}\dot{\hat{W}}_j+\sum_{j=0}^{i-1}\frac{\partial\alpha_{i-1}}{\partial y_d^{(j)}}y_d^{(j+1)}+\sum_{j=1}^{i-1}\sum_{l=0}^{i-j}\frac{\partial\alpha_{i-1}}{\partial k_{c_j}^{(l)}(t)}k_{c_j}^{(l+1)}(t)$。

选择如下积分型障碍李雅普诺夫函数：

$$V_i^z=\int_0^{z_i}\frac{\delta k_{c_i}^2(t)}{k_{c_i}^2(t)-(\delta+\alpha_{i-1})^2}\,\mathrm{d}\delta \tag{2.3.22}$$

式中，虚拟控制器 $\alpha_{i-1}(i=2,3,\cdots,n-1)$ 为连续可导函数，满足 $|\alpha_{i-1}|\leqslant A_{i-1}(t)<k_{c_i}(t)$，$A_{i-1}(t):\mathbf{R}^+\to\mathbf{R}$。

定义 $\delta=\upsilon z_i$，对于 $|x_i|<k_{c_i}(t)$，有如下不等式成立：

$$\frac{1}{2}z_i^2\leqslant V_i^z\leqslant z_i^2\int_0^1\frac{\upsilon k_{c_i}^2(t)}{k_{c_i}^2(t)-[\upsilon z_i+\mathrm{sgn}(z_i)A_{i-1}(t)]^2}\,\mathrm{d}\upsilon \tag{2.3.23}$$

由式 (2.3.21) 和式 (2.3.22)，对 V_i^z 求导，可得

$$\begin{aligned}\dot{V}_i^z=&\frac{z_ik_{c_i}^2(t)}{k_{c_i}^2(t)-x_i^2}\dot{z}_i+\dot{\alpha}_{i-1}\int_0^{z_i}\frac{\partial}{\partial\alpha_{i-1}}\frac{\delta k_{c_i}^2(t)}{k_{c_i}^2(t)-(\delta+\alpha_{i-1})^2}\,\mathrm{d}\delta\\&+\dot{k}_{c_i}(t)\int_0^{z_i}\frac{\partial}{\partial k_{c_i}(t)}\frac{\delta k_{c_i}^2(t)}{k_{c_i}^2(t)-(\delta+\alpha_{i-1})^2}\,\mathrm{d}\delta\end{aligned} \tag{2.3.24}$$

式 (2.3.24) 等号右侧的第二项可以展开为

$$\int_0^{z_i}\frac{\partial}{\partial\alpha_{i-1}}\frac{\delta k_{c_i}^2(t)}{k_{c_i}^2(t)-(\delta+\alpha_{i-1})^2}\,\mathrm{d}\delta=z_i\left[\frac{k_{c_i}^2(t)}{k_{c_i}^2(t)-x_i^2}-\Psi_i(z_i,\alpha_{i-1},k_{c_i})\right] \tag{2.3.25}$$

式中

$$\begin{aligned}\Psi_i(z_i,\alpha_{i-1},k_{c_i})&=\int_0^1\frac{k_{c_i}^2(t)}{k_{c_i}^2(t)-(\upsilon z_i+\alpha_{i-1})^2}\,\mathrm{d}\upsilon\\&=\frac{k_{c_i}(t)}{2z_i}\ln\left\{\frac{[k_{c_i}(t)+x_i][k_{c_i}(t)-\alpha_{i-1}]}{[k_{c_i}(t)-x_i][k_{c_i}(t)+\alpha_{i-1}]}\right\}\end{aligned}$$

式 (2.3.24) 等号右侧的第三项可以展开为

$$\int_0^{z_i}\frac{\partial}{\partial k_{c_i}(t)}\frac{\delta k_{c_i}^2(t)}{k_{c_i}^2(t)-(\delta+\alpha_{i-1})^2}\,\mathrm{d}\delta$$

$$
\begin{aligned}
&=\int_0^{z_i} -\delta\left(\delta+\alpha_{i-1}\right)\mathrm{d}\frac{k_{c_i}(t)}{k_{c_i}^2(t)-\left(\delta+\alpha_{i-1}\right)^2} \\
&=z_i\left[-\frac{\left(z_i+\alpha_{i-1}\right)k_{c_i}(t)}{k_{c_i}^2(t)-x_i^2}+\int_0^1 \frac{\left(2\upsilon z_i+\alpha_{i-1}\right)k_{c_i}(t)}{k_{c_i}^2(t)-\left(\upsilon z_i+\alpha_{i-1}\right)^2}\,\mathrm{d}\upsilon\right] \\
&=z_i\left[-\frac{z_i k_{c_i}(t)}{k_{c_i}^2(t)-x_i^2}+I_i\left(z_i,\alpha_{i-1},k_{c_i}\right)\right]
\end{aligned} \tag{2.3.26}
$$

式中

$$
\begin{aligned}
I_i\left(z_i,\alpha_{i-1},k_{c_i}\right) &= -\frac{\alpha_{i-1}k_{c_i}(t)}{k_{c_i}^2(t)-x_i^2}+\int_0^1 \frac{\left(2\upsilon z_i+\alpha_{i-1}\right)k_{c_i}(t)}{k_{c_i}^2(t)-\left(\upsilon z_i+\alpha_{i-1}\right)^2}\,\mathrm{d}\upsilon \\
&= -\frac{\alpha_{i-1}k_{c_i}(t)}{k_{c_i}^2(t)-x_i^2}-\frac{k_{c_i}(t)}{z_i}\ln\left[\frac{k_{c_i}^2(t)-x_i^2}{k_{c_i}^2(t)-\alpha_{i-1}^2}\right] \\
&\quad +\frac{\alpha_{i-1}}{2z_i}\ln\left\{\frac{\left[k_{c_i}(t)+\alpha_{i-1}\right]\left[k_{c_i}(t)-x_i\right]}{\left[k_{c_i}(t)-\alpha_{i-1}\right]\left[k_{c_i}(t)+x_i\right]}\right\}
\end{aligned}
$$

类似于第 1 步，可知 $\varPsi_i\left(z_i,\alpha_{i-1},k_{c_i}\right)$ 和 $I_i\left(z_i,\alpha_{i-1},k_{c_i}\right)$ 在 $z_i=0$ 邻域内是有界的。

将式 (2.3.25) 和式 (2.3.26) 代入式 (2.3.24)，可得

$$
\begin{aligned}
\dot{V}_i^z =& \frac{z_i k_{c_i}^2(t)}{k_{c_i}^2(t)-x_i^2}\left[f_i\left(\bar{x}_i\right)+g_i\left(\bar{x}_i\right)z_{i+1}\right]+\frac{z_i k_{c_i}^2(t)}{k_{c_i}^2(t)-x_i^2}g_i\left(\bar{x}_i\right)\alpha_i \\
&+z_i I_i\left(z_i,\alpha_{i-1},k_{c_i}\right)\dot{k}_{c_i}(t)-\frac{z_i^2 k_{c_i}(t)\dot{k}_{c_i}(t)}{k_{c_i}^2(t)-x_i^2}-z_i\varPsi_i\left(z_i,\alpha_{i-1},k_{c_i}\right)\dot{\alpha}_{i-1}
\end{aligned} \tag{2.3.27}
$$

定义未知非线性函数 $F_i\left(Z_i\right)$ 为

$$
\begin{aligned}
F_i\left(Z_i\right) =& f_i\left(\bar{x}_i\right)-\frac{k_{c_i}^2(t)-x_i^2}{k_{c_i}^2(t)}\varPsi_i\left(z_i,\alpha_{i-1},k_{c_i}\right)\dot{\alpha}_{i-1} \\
&+\frac{k_{c_i}^2(t)-x_i^2}{k_{c_i}^2(t)}I_i\left(z_i,\alpha_{i-1},k_{c_i}\right)\dot{k}_{c_i}(t)
\end{aligned} \tag{2.3.28}
$$

利用神经网络逼近未知函数 $F_i\left(Z_i\right)$，可得

$$
F_i\left(Z_i\right)=W_i^{*\mathrm{T}}S_i\left(Z_i\right)+\delta_i\left(Z_i\right) \tag{2.3.29}
$$

式中，$Z_i = [\bar{x}_i^{\mathrm{T}}; y_d, \dot{y}_d, \cdots, y_d^{(i)}; k_{c_1}, \dot{k}_{c_1}, \cdots, k_{c_1}^{(i)}; k_{c_2}, \dot{k}_{c_2}, \cdots, k_{c_2}^{(i-1)}; \cdots; k_{c_i}, \dot{k}_{c_i}; \hat{W}_1^{\mathrm{T}}, \hat{W}_2^{\mathrm{T}}, \cdots, \hat{W}_{i-1}^{\mathrm{T}}]^{\mathrm{T}}$；$S_i(Z_i)$ 为神经元激活函数；W_i^* 为最优权重向量；$\delta_i(Z_i)$ 为逼近误差，存在正常数 $\bar{\delta}_i$ 使得 $|\delta_i(Z_i)| \leqslant \bar{\delta}_i$。

将式 (2.3.28) 和式 (2.3.29) 代入式 (2.3.27)，可得

$$\dot{V}_i^z = \frac{z_i k_{c_i}^2(t)}{k_{c_i}^2(t) - x_i^2}\left[W_i^{*\mathrm{T}} S_i(Z_i) + \delta_i(Z_i)\right] - \frac{z_i^2 k_{c_i}(t)\dot{k}_{c_i}(t)}{k_{c_i}^2(t) - x_i^2}$$
$$+ \frac{z_i k_{c_i}^2(t)}{k_{c_i}^2(t) - x_i^2}\left[g_i(\bar{x}_i) z_{i+1} + g_i(\bar{x}_i)\alpha_i\right] \tag{2.3.30}$$

设计如下虚拟控制器：

$$\alpha_i = \frac{1}{g_i(\bar{x}_i)}\left\{-\left[\kappa_i + \bar{\kappa}_i(t)\right] z_i - \frac{1}{2}\frac{z_i k_{c_i}^2(t)}{k_{c_i}^2(t) - x_i^2}\right.$$
$$\left. - \hat{W}_i^{\mathrm{T}} S_i(Z_i) - \frac{k_{c_{i-1}}^2(t)\left[k_{c_i}^2(t) - x_i^2\right]}{k_{c_i}^2(t)\left[k_{c_{i-1}}^2(t) - x_{i-1}^2\right]} g_{i-1}(\bar{x}_{i-1}) z_{i-1}\right\} \tag{2.3.31}$$

式中，$\bar{\kappa}_i(t) = \sqrt{\left[\dot{k}_{c_i}(t)/k_{c_i}(t)\right]^2 + \beta_i}$，$\beta_i > 0$ 为设计参数；$\tilde{W}_i = \hat{W}_i - W_i^*$ 为参数估计误差，$\hat{W}_i$ 为 W_i^* 的估计。

由杨氏不等式，可得

$$\frac{z_i k_{c_i}^2(t)}{k_{c_i}^2(t) - x_i^2}\delta_i(Z_i) \leqslant \frac{1}{2}\left[\frac{z_i k_{c_i}^2(t)}{k_{c_i}^2(t) - x_i^2}\right]^2 + \frac{1}{2}\bar{\delta}_i^2 \tag{2.3.32}$$

由式 (2.3.30) ~ 式 (2.3.32)，以及 $\bar{\kappa}_i(t) + \dot{k}_{c_i}(t)/k_{c_i}(t) \geqslant 0$，可得

$$\dot{V}_i^z \leqslant -\frac{z_i k_{c_i}^2(t)}{k_{c_i}^2(t) - x_i^2}\tilde{W}_i^{\mathrm{T}} S_i(Z_i) - \frac{\kappa_i z_i^2 k_{c_i}^2(t)}{k_{c_i}^2(t) - x_i^2} + \frac{1}{2}\bar{\delta}_i^2$$
$$+ \frac{z_i k_{c_i}^2(t)}{k_{c_i}^2(t) - x_i^2} g_i(\bar{x}_i) z_{i+1} - \frac{z_i k_{c_{i-1}}^2(t)}{k_{c_{i-1}}^2(t) - x_{i-1}^2} g_{i-1}(\bar{x}_{i-1}) z_{i-1} \tag{2.3.33}$$

选择如下李雅普诺夫函数：

$$V_i = V_{i-1} + V_i^z + V_i^W \tag{2.3.34}$$

式中，$V_i^W = \dfrac{1}{2}\tilde{W}_i^{\mathrm{T}} \varGamma_i^{-1} \tilde{W}_i$，$\varGamma_i^{\mathrm{T}} = \varGamma_i > 0$ 为增益矩阵。

由前 $i-1$ 步，可得

$$\dot{V}_{i-1} \leqslant \sum_{j=1}^{i-1} \tilde{W}_j^{\mathrm{T}} \left[-\frac{z_j k_{c_j}^2(t)}{k_{c_j}^2(t) - x_j^2} S_j(Z_j) + \varGamma_j^{-1} \dot{\hat{W}}_j \right] + \frac{1}{2} \sum_{j=1}^{i-1} \bar{\delta}_j^2$$

$$- \sum_{j=1}^{i-1} \frac{\kappa_j z_j^2 k_{c_j}^2(t)}{k_{c_j}^2(t) - x_j^2} + \frac{z_{i-1} k_{c_{i-1}}^2(t)}{k_{c_{i-1}}^2(t) - x_{i-1}^2} g_{i-1}(\bar{x}_{i-1}) z_i \tag{2.3.35}$$

由式 (2.3.33) ~ 式 (2.3.35)，可得

$$\dot{V}_i \leqslant \sum_{j=1}^{i} \tilde{W}_j^{\mathrm{T}} \left[-\frac{z_j k_{c_j}^2(t)}{k_{c_j}^2(t) - x_j^2} S_j(Z_j) + \varGamma_j^{-1} \dot{\hat{W}}_j \right] + \frac{1}{2} \sum_{j=1}^{i} \bar{\delta}_j^2$$

$$- \sum_{j=1}^{i} \frac{\kappa_j z_j^2 k_{c_j}^2(t)}{k_{c_j}^2(t) - x_j^2} + \frac{z_i k_{c_i}^2(t)}{k_{c_i}^2(t) - x_i^2} g_i(\bar{x}_i) z_{i+1} \tag{2.3.36}$$

第 n 步 由式 (2.3.1) 和式 (2.3.2)，对 z_n 求导，可得

$$\dot{z}_n = f_n(\bar{x}_n) + g_n(\bar{x}_n) u - \dot{\alpha}_{n-1} \tag{2.3.37}$$

式中，$\dot{\alpha}_{n-1} = \sum_{j=1}^{n-1} \frac{\partial \alpha_{n-1}}{\partial x_j} \dot{x}_j + \sum_{j=1}^{n-1} \frac{\partial \alpha_{n-1}}{\partial \hat{W}_j} \dot{\hat{W}}_j + \sum_{j=0}^{n-1} \frac{\partial \alpha_{n-1}}{\partial y_d^{(j)}} y_d^{(j+1)} + \sum_{j=1}^{n-1} \sum_{l=0}^{n-j} \frac{\partial \alpha_{n-1}}{\partial k_{c_j}^{(l)}(t)} k_{c_j}^{(l+1)}(t)$。

选择如下积分型障碍李雅普诺夫函数：

$$V_n^z = \int_0^{z_n} \frac{\delta k_{c_n}^2(t)}{k_{c_n}^2(t) - (\delta + \alpha_{n-1})^2} \mathrm{d}\delta \tag{2.3.38}$$

式中，虚拟控制器 α_{n-1} 为连续可导函数，满足 $|\alpha_{n-1}| \leqslant A_{n-1}(t) < k_{c_n}(t)$，$A_{n-1}(t) : \mathbf{R}^+ \to \mathbf{R}$。

定义 $\delta = \upsilon z_n$，对于 $|x_n| < k_{c_n}(t)$ 有如下不等式成立：

$$\frac{1}{2} z_n^2 \leqslant V_n^z \leqslant z_n^2 \int_0^1 \frac{\upsilon k_{c_n}^2(t)}{k_{c_n}^2(t) - [\upsilon z_n + \mathrm{sgn}(z_n) A_{n-1}(t)]^2} \mathrm{d}\upsilon \tag{2.3.39}$$

由式 (2.3.37) 和式 (2.3.38)，对 V_n^z 求导，可得

$$\dot{V}_n^z = \frac{z_n k_{c_n}^2(t)}{k_{c_n}^2(t) - x_n^2} \dot{z}_n + \dot{\alpha}_{n-1} \int_0^{z_n} \frac{\partial}{\partial \alpha_{n-1}} \frac{\delta k_{c_n}^2(t)}{k_{c_n}^2(t) - (\delta + \alpha_{n-1})^2} \mathrm{d}\delta$$

$$+\dot{k}_{c_n}(t)\int_0^{z_n}\frac{\partial}{\partial k_{c_n}(t)}\frac{\delta k_{c_n}^2(t)}{k_{c_n}^2(t)-(\delta+\alpha_{n-1})^2}\,\mathrm{d}\delta \tag{2.3.40}$$

式 (2.3.40) 等号右侧的第二项可以展开为

$$\int_0^{z_n}\frac{\partial}{\partial \alpha_{n-1}}\frac{\delta k_{c_n}^2(t)}{k_{c_n}^2(t)-(\delta+\alpha_{n-1})^2}\,\mathrm{d}\delta=z_n\left[\frac{k_{c_n}^2(t)}{k_{c_n}^2(t)-x_n^2}-\varPsi_n(z_n,\alpha_{n-1},k_{c_n})\right] \tag{2.3.41}$$

式中

$$\begin{aligned}\varPsi_n(z_n,\alpha_{n-1},k_{c_n})&=\int_0^1\frac{k_{c_n}^2(t)}{k_{c_n}^2(t)-(\upsilon z_n+\alpha_{n-1})^2}\,\mathrm{d}\upsilon\\&=\frac{k_{c_n}(t)}{2z_n}\ln\left\{\frac{[k_{c_n}(t)+x_n][k_{c_n}(t)-\alpha_{n-1}]}{[k_{c_n}(t)-x_n][k_{c_n}(t)+\alpha_{n-1}]}\right\}\end{aligned}$$

式 (2.3.40) 等号右侧的第三项可以展开为

$$\begin{aligned}&\int_0^{z_n}\frac{\partial}{\partial k_{c_n}(t)}\frac{\delta k_{c_n}^2(t)}{k_{c_n}^2(t)-(\delta+\alpha_{n-1})^2}\,\mathrm{d}\delta\\&=\int_0^{z_n}-\delta(\delta+\alpha_{n-1})\,\mathrm{d}\frac{k_{c_n}(t)}{k_{c_n}^2(t)-(\delta+\alpha_{n-1})^2}\\&=z_n\left[-\frac{(z_n+\alpha_{n-1})k_{c_n}(t)}{k_{c_n}^2(t)-x_n^2}+\int_0^1\frac{(2\upsilon z_n+\alpha_{n-1})k_{c_n}(t)}{k_{c_n}^2(t)-(\upsilon z_n+\alpha_{n-1})^2}\,\mathrm{d}\upsilon\right]\\&=z_n\left[-\frac{z_nk_{c_n}(t)}{k_{c_n}^2(t)-x_n^2}+I_n(z_n,\alpha_{n-1},k_{c_n})\right]\end{aligned} \tag{2.3.42}$$

式中

$$\begin{aligned}I_n(z_n,\alpha_{n-1},k_{c_n})&=-\frac{\alpha_{n-1}k_{c_n}(t)}{k_{c_n}^2(t)-x_n^2}+\int_0^1\frac{(2\upsilon z_n+\alpha_{n-1})k_{c_n}(t)}{k_{c_n}^2(t)-(\upsilon z_n+\alpha_{n-1})^2}\,\mathrm{d}\upsilon\\&=-\frac{\alpha_{n-1}k_{c_n}(t)}{k_{c_n}^2(t)-x_n^2}-\frac{k_{c_n}(t)}{z_n}\ln\left[\frac{k_{c_n}^2(t)-x_n^2}{k_{c_n}^2(t)-\alpha_{n-1}^2}\right]\\&\quad+\frac{\alpha_{n-1}}{2z_n}\ln\left\{\frac{[k_{c_n}(t)+\alpha_{n-1}][k_{c_n}(t)-x_n]}{[k_{c_n}(t)-\alpha_{n-1}][k_{c_n}(t)+x_n]}\right\}\end{aligned}$$

类似于第 1 步，$\varPsi_n(z_n,\alpha_{n-1},k_{c_n})$ 和 $I_n(z_n,\alpha_{n-1},k_{c_n})$ 在 $z_n=0$ 邻域内是有界的。

将式 (2.3.41) 和式 (2.3.42) 代入式 (2.3.40)，可得

$$\dot{V}_n^z = \frac{z_n k_{c_n}^2(t)}{k_{c_n}^2(t) - x_n^2}\left[f_n\left(\bar{x}_n\right) + g_n\left(\bar{x}_n\right) u\right] - \frac{z_n^2 k_{c_n}(t)\dot{k}_{c_n}(t)}{k_{c_n}^2(t) - x_n^2}$$
$$- z_n \varPsi_n\left(z_n, \alpha_{n-1}, k_{c_n}\right)\dot{\alpha}_{n-1} + z_n I_n\left(z_n, \alpha_{n-1}, k_{c_n}\right)\dot{k}_{c_n}(t) \tag{2.3.43}$$

定义未知非线性函数 $F_n\left(Z_n\right)$ 为

$$F_n\left(Z_n\right) = f_n\left(\bar{x}_n\right) - \frac{k_{c_n}^2(t) - x_n^2}{k_{c_n}^2(t)}\varPsi_n\left(z_n, \alpha_{n-1}, k_{c_n}\right)\dot{\alpha}_{n-1}$$
$$+ \frac{k_{c_n}^2(t) - x_n^2}{k_{c_n}^2(t)} I_n\left(z_n, \alpha_{n-1}, k_{c_n}\right)\dot{k}_{c_n}(t) \tag{2.3.44}$$

利用神经网络逼近未知函数 $F_n\left(Z_n\right)$，可得

$$F_n\left(Z_n\right) = W_n^{*\mathrm{T}} S_n\left(Z_n\right) + \delta_n\left(Z_n\right) \tag{2.3.45}$$

式中，$Z_n=[\bar{x}_n^{\mathrm{T}}; y_d, \dot{y}_d, \cdots, y_d^{(n)}; k_{c_1}, \dot{k}_{c_1}, \cdots, k_{c_1}^{(n)}; k_{c_2}, \dot{k}_{c_2}, \cdots, k_{c_2}^{(n-1)}; \cdots; k_{c_n}, \dot{k}_{c_n}; \hat{W}_1^{\mathrm{T}}, \hat{W}_2^{\mathrm{T}}, \cdots, \hat{W}_{n-1}^{\mathrm{T}}]^{\mathrm{T}}$ 为神经网络的输入向量；$S_n\left(Z_n\right)$ 为神经元激活函数；W_n^* 为最优权重向量；$\delta_n\left(Z_n\right)$ 为逼近误差，存在正常数 $\bar{\delta}_n$ 使得 $\left|\delta_n\left(Z_n\right)\right| \leqslant \bar{\delta}_n$。

将式 (2.3.44) 和式 (2.3.45) 代入式 (2.3.43)，可得

$$\dot{V}_n^z = \frac{z_n k_{c_n}^2(t)}{k_{c_n}^2(t) - x_n^2}\left[W_n^{*\mathrm{T}} S_n\left(Z_n\right) + \delta_n\left(Z_n\right)\right]$$
$$- \frac{z_n^2 k_{c_n}(t)\dot{k}_{c_n}(t)}{k_{c_n}^2(t) - x_n^2} + \frac{z_n k_{c_n}^2(t)}{k_{c_n}^2(t) - x_n^2} g_n\left(\bar{x}_n\right) u \tag{2.3.46}$$

设计如下实际控制器：

$$u = \frac{1}{g_n\left(\bar{x}_n\right)}\left\{ -\left[\kappa_n + \bar{\kappa}_n(t)\right] z_n - \frac{1}{2}\frac{z_n k_{c_n}^2(t)}{k_{c_n}^2(t) - x_n^2}\right.$$
$$\left. - \hat{W}_n^{\mathrm{T}} S_n\left(Z_n\right) - \frac{k_{c_{n-1}}^2(t)\left[k_{c_n}^2(t) - x_n^2\right]}{k_{c_n}^2(t)\left[k_{c_{n-1}}^2(t) - x_{n-1}^2\right]} g_{n-1}\left(\bar{x}_{n-1}\right) z_{n-1}\right\} \tag{2.3.47}$$

式中，$\bar{\kappa}_n(t) = \sqrt{\left[\dot{k}_{c_n}(t)/k_{c_n}(t)\right]^2 + \beta_n}$，$\beta_n > 0$ 为设计参数；$\tilde{W}_n = \hat{W}_n - W_n^*$ 为参数估计误差，$\hat{W}_n$ 为 W_n^* 的估计。

由杨氏不等式，可知

$$\frac{z_n k_{c_n}^2(t)}{k_{c_n}^2(t)-x_n^2}\delta_n(Z_n) \leqslant \frac{1}{2}\left[\frac{z_n k_{c_n}^2(t)}{k_{c_n}^2(t)-x_n^2}\right]^2 + \frac{1}{2}\bar{\delta}_n^2 \tag{2.3.48}$$

同时，考虑不等式 $\bar{\kappa}_n(t)+\dot{k}_{c_n}(t)/k_{c_n}(t) \geqslant 0$，式 (2.3.46) 可写为

$$\begin{aligned}\dot{V}_n^z = & \frac{z_n k_{c_n}^2(t)}{k_{c_n}^2(t)-x_n^2}\tilde{W}_n^{\mathrm{T}} S_n(Z_n) - \frac{\kappa_n z_n^2 k_{c_n}^2(t)}{k_{c_n}^2(t)-x_n^2} \\ & + \frac{1}{2}\bar{\delta}_n^2 - \frac{z_n k_{c_{n-1}}^2(t)}{k_{c_{n-1}}^2(t)-x_{n-1}^2} g_{n-1}(\bar{x}_{n-1}) z_{n-1}\end{aligned} \tag{2.3.49}$$

选择如下李雅普诺夫函数：

$$V_n = V_{n-1} + V_n^z + V_n^W \tag{2.3.50}$$

式中，$V_n^W = \dfrac{1}{2}\tilde{W}_n^{\mathrm{T}} \varGamma_n^{-1} \tilde{W}_n$，$\varGamma_n = \varGamma_n^{\mathrm{T}} > 0$ 为增益矩阵。

由第 $n-1$ 步，可得

$$\begin{aligned}\dot{V}_{n-1} \leqslant & \sum_{j=1}^{n-1} \tilde{W}_j^{\mathrm{T}}\left[-\frac{z_j k_{c_j}^2(t)}{k_{c_j}^2(t)-x_j^2} S_j(Z_j) + \varGamma_j^{-1}\dot{\hat{W}}_j\right] + \frac{1}{2}\sum_{j=1}^{n-1}\bar{\delta}_j^2 \\ & - \sum_{j=1}^{n-1}\frac{\kappa_j z_j^2 k_{c_j}^2(t)}{k_{c_j}^2(t)-x_j^2} + \frac{z_{n-1} k_{c_{n-1}}^2(t)}{k_{c_{n-1}}^2(t)-x_{n-1}^2} g_{n-1}(\bar{x}_{n-1}) z_n\end{aligned} \tag{2.3.51}$$

由式 (2.3.49) ~ 式 (2.3.51)，可得

$$\dot{V}_n \leqslant \sum_{j=1}^{n} \tilde{W}_j^{\mathrm{T}}\left[-\frac{z_j k_{c_j}^2(t)}{k_{c_j}^2(t)-x_j^2} S_j(Z_j) + \varGamma_j^{-1}\dot{\hat{W}}_j\right] - \sum_{j=1}^{n}\frac{\kappa_j z_j^2 k_{c_j}^2(t)}{k_{c_j}^2(t)-x_j^2} + \frac{1}{2}\sum_{j=1}^{n}\bar{\delta}_j^2 \tag{2.3.52}$$

设计如下自适应律：

$$\dot{\hat{W}}_j = \varGamma_j\left[\frac{z_j k_{c_j}^2(t)}{k_{c_j}^2(t)-x_j^2} S_j(Z_j) - \tau_j \hat{W}_j\right], \quad j=1,2,\cdots,n \tag{2.3.53}$$

式中，$\tau_j > 0$ 为设计参数。

由杨氏不等式，可得

$$\tilde{W}_j^{\mathrm{T}}\left[-\frac{z_j k_{c_j}^2(t)}{k_{c_j}^2(t)-x_j^2} S_j(Z_j) + \varGamma_j^{-1}\dot{\hat{W}}_j\right] = -\tau_j \tilde{W}_j^{\mathrm{T}}\hat{W}_j \leqslant -\frac{\tau_j\left\|\tilde{W}_j\right\|^2}{2} + \frac{\tau_j\left\|W_j^*\right\|^2}{2} \tag{2.3.54}$$

将式 (2.3.53) 和式 (2.3.54) 代入式 (2.3.52)，可得

$$\dot{V}_n \leqslant -\sum_{j=1}^{n}\left[\frac{\kappa_j z_j^2 k_{c_j}^2(t)}{k_{c_j}^2(t)-x_j^2}+\frac{1}{2}\tau_j\left\|\tilde{W}_j\right\|^2\right]+\frac{1}{2}\sum_{j=1}^{n}\left(\tau_j\left\|W_j^*\right\|^2+\bar{\delta}_j^2\right) \tag{2.3.55}$$

由引理 1.1.1，可得

$$\dot{V}_n \leqslant -\rho V_n + C \tag{2.3.56}$$

式中，$\rho=\min\left\{\kappa_j,\tau_j\lambda_{\min}\left(\varGamma_j\right)\right\}(j=1,2,\cdots,n)$；$C=\dfrac{1}{2}\sum\limits_{i=1}^{n}\left(\tau_i\left\|W_i^*\right\|^2+\bar{\delta}_i^2\right)$。

2.3.3 稳定性与收敛性分析

定理 2.3.1 对于非线性严格反馈系统 (2.3.1)，假设 2.3.1 ∼ 假设 2.3.3 成立。如果采用实际控制器 (2.3.47)、虚拟控制器 (2.3.16) 和 (2.3.31)、参数自适应律 (2.3.53)，那么总体控制方案具有如下性能：

(1) 闭环系统中的所有信号是半全局一致最终有界的；

(2) 跟踪误差收敛到包含原点的一个较小的邻域内；

(3) 系统所有状态满足指定约束条件。

证明 将式 (2.3.56) 两边同时乘以 $\mathrm{e}^{\rho t}$ 并积分，可得

$$\begin{aligned} V_n(t) &\leqslant \mathrm{e}^{-\rho t}\left[V_n(0)-C/\rho\right]+C/\rho \\ &\leqslant V_n(0)\mathrm{e}^{-\rho t}+C/\rho \end{aligned} \tag{2.3.57}$$

由式 (2.3.5)、式 (2.3.23) 和式 (2.3.39)，可得

$$z_j^2 \leqslant 2V_n(t) \leqslant 2\mathrm{e}^{-\rho t}\left[V_n(0)-C/\rho\right]+2C/\rho \leqslant 2\mathrm{e}^{-\rho t}V_n(0)+2C/\rho \tag{2.3.58}$$

$$\left\|\tilde{W}_j\right\|^2 \leqslant 2\lambda_{\max}\left(\varGamma_j\right)\left[\mathrm{e}^{-\rho t}V_n(0)+C/\rho\right] \tag{2.3.59}$$

进一步，可得如下不等式：

$$|z_j| \leqslant \sqrt{2V_n(0)\mathrm{e}^{-\rho t}+2C/\rho} \tag{2.3.60}$$

$$\left\|\tilde{W}_j\right\| \leqslant \sqrt{2\lambda_{\max}\left(\varGamma_j\right)\left[V_n(0)\mathrm{e}^{-\rho t}+C/\rho\right]} \tag{2.3.61}$$

可得 z_j 和 $\tilde{W}_j$ 是有界的，进而 $\hat{W}_j$ 是有界的。与此同时，可得跟踪误差的有界性，即 $|z_1| \leqslant \Theta_1$，$\Theta_1 = \sqrt{2V_n(0)\mathrm{e}^{-\rho t} + 2C/\rho}$。在控制设计中，选择适当的设计参数，可得跟踪误差 $z_1 = x_1 - y_d$ 收敛到包含原点的一个较小的邻域内。

利用反证法证明不违反全状态约束。

首先，假设存在 $t = T$ 和 $j \in \{1, 2, \cdots, n\}$ 使得 $|x_j(T)| = k_{c_j}(T)$。然后，可得如下不等式：

$$
\begin{aligned}
V_n\big|_{t=T} &= \sum_{j=1}^{n} V_j^z\big|_{t=T} + \sum_{j=1}^{n} V_j^W\big|_{t=T} \\
&= \sum_{j=1}^{n} \int_0^{z_j(T)} \frac{\delta k_{c_j}^2(T)}{k_{c_j}^2(T) - (\delta + \alpha_{j-1})^2} \mathrm{d}\delta + \frac{1}{2} \sum_{j=1}^{n} \tilde{W}_j^{\mathrm{T}} \Gamma_j^{-1} \tilde{W}_j\big|_{t=T} \\
&\leqslant \sum_{j=1}^{n} V_j^z\big|_{t=T} + \frac{1}{2} \sum_{j=1}^{n} \tilde{W}_j^{\mathrm{T}} \Gamma_j^{-1} \tilde{W}_j\big|_{t=T}
\end{aligned} \tag{2.3.62}
$$

对 $V_j^z\big|_{t=T}$ 进行分部积分，可得

$$
\begin{aligned}
V_j^z\big|_{t=T} &= k_{c_j}(T) \left[\delta \operatorname{arctanh} \frac{\delta + \alpha_{j-1}}{k_{c_j}(T)}\right]\Bigg|_0^{z_j} - k_{c_j}(T) \int_0^{z_j} \operatorname{arctanh} \frac{\delta + \alpha_{j-1}}{k_{c_j}(T)} \mathrm{d}\delta \\
&= \frac{k_{c_j}(T)\alpha_{j-1}(T)}{2} \ln \left\{ \frac{\left[k_{c_j}(T) + \alpha_{j-1}(T)\right]\left[k_{c_j}(T) - x_j(T)\right]}{\left[k_{c_j}(T) - \alpha_{j-1}(T)\right]\left[k_{c_j}(T) + x_j(T)\right]} \right\} \\
&\quad + \frac{k_{c_j}^2(T)}{2} \ln \left[\frac{k_{c_j}^2(T) - \alpha_{j-1}^2(T)}{k_{c_j}^2(T) - x_j^2(T)} \right]
\end{aligned} \tag{2.3.63}
$$

当 $|x_j(T)| = k_{c_j}(T)$ 时，可得 $V_j^z\big|_{t=T}$ 是无界的，与其有界性相矛盾。所以，$|x_j(T)| \neq k_{c_j}(T)$，对于给定的初始状态 $x_j(0) \in \left\{x_j \in \mathbf{R} \middle| |x_j| < k_{c_j}(T)\right\}$，很容易得到 $|x_j(T)| < k_{c_j}(T)$。由假设 2.3.1 和假设 2.3.3，可得 $|y_d(t)| \leqslant Y_0(t) \leqslant K_{c1}^0$、$|\dot{y}_d(t)| \leqslant Y_1$ 和 $\dot{k}_{c_1}(t) \leqslant K_{c_1}^1$。因此，虚拟控制器 $\alpha_1\big(x_1, y_d, \dot{y}_d, k_{c_1}, \dot{k}_{c_1}, \hat{W}_1\big)$ 是有界的。类似地，虚拟控制器 $\alpha_{j-1}(j = 3, 4, \cdots, n)$ 和实际控制器 u 是有界的。最终证明了闭环系统所有信号的有界性。

评注 2.3.1　本节针对一类具有时变全状态约束的非线性严格反馈系统，介绍了一种神经网络自适应反步递推控制方法。与本节相类似，基于积分型障碍李雅普诺夫函数的智能自适应反步递推约束控制方法可参见文献 [11]~[14]。

2.3.4 仿真

例 2.3.1 考虑如下非线性严格反馈系统：

$$\begin{cases} \dot{x}_1 = 0.5\sin\left(x_1^2\right) + x_2 \\ \dot{x}_2 = 0.1\left(x_1 + x_2\right)^2 + \left[0.2 + \cos\left(2.4x_1x_2\right)\right]u \\ y = x_1 \end{cases} \tag{2.3.64}$$

式中，x_1 和 x_2 为系统的状态变量；u 为系统输入；y 为系统输出；状态约束条件为 $|x_1(t)| \leqslant k_{c_1}(t)$、$|x_2(t)| \leqslant k_{c_2}(t)$，$k_{c_1}(t) = 0.63 + 0.1\sin(0.9t)$、$k_{c_2}(t) = 1.2 + 0.1\sin(1.5t)$；参考信号为 $y_d(t) = 0.5\sin(2t)$。

设计如下控制器和自适应律：

$$\alpha_1 = \frac{1}{g_1\left(x_1\right)}\left\{-\left[\kappa_1 + \bar{\kappa}_1(t)\right]z_1 - \hat{W}_1^{\mathrm{T}}S_1\left(Z_1\right) - \frac{1}{2}\frac{z_1k_{c_1}^2(t)}{k_{c_1}^2(t) - x_1^2}\right\}$$

$$u = \frac{1}{g_2\left(\bar{x}_2\right)}\left\{-\left[\kappa_2 + \bar{\kappa}_2(t)\right]z_2 - \frac{1}{2}\frac{z_2k_{c_2}^2(t)}{k_{c_2}^2(t) - x_2^2}\right.$$

$$\left. - \hat{W}_2^{\mathrm{T}}S_2\left(Z_2\right) - \frac{k_{c_1}^2(t)\left[k_{c_2}^2(t) - x_2^2\right]}{k_{c_2}^2(t)\left[k_{c_1}^2(t) - x_1^2\right]}g_1\left(x_1\right)z_1\right\}$$

$$\dot{\hat{W}}_j = \varGamma_j\left[\frac{z_jk_{c_j}^2(t)}{k_{c_j}^2(t) - x_j^2}S_j\left(Z_j\right) - \tau_j\hat{W}_j\right], \quad j = 1, 2$$

式中，$z_1 = x_1 - y_d$；$z_2 = x_2 - \alpha_1$；$Z_1 = \left[x_1, y_d, \dot{y}_d, k_{c_1}, \dot{k}_{c_1}\right]^{\mathrm{T}}$；$Z_2 = \left[x_1, x_2, y_d, \dot{y}_d, \ddot{y}_d, k_{c_1}, \dot{k}_{c_1}, \ddot{k}_{c_1}, k_{c_2}, \dot{k}_{c_2}, \hat{W}_1^{\mathrm{T}}\right]^{\mathrm{T}}$。

选择设计参数为 $\kappa_1 = 25$、$\kappa_2 = 20$、$\varGamma_1 = \operatorname{diag}\{0.4, 0.4, \cdots, 0.4\}_{20\times20}$、$\varGamma_2 = \operatorname{diag}\{0.5, 0.5, \cdots, 0.5\}_{20\times20}$、$\beta_1 = 0.1$、$\beta_2 = 0.2$、$\tau_1 = 0.8$、$\tau_2 = 0.3$，初始条件为 $x_1(0) = 0$、$x_2(0) = 0$、$\hat{W}_1(0) = [0.5, 0, \cdots, 0]_{1\times20}^{\mathrm{T}}$、$\hat{W}_2(0) = [0.1, 0, \cdots, 0]_{1\times20}^{\mathrm{T}}$。

本节利用神经网络进行逼近，最优逼近估计 $F_1\left(Z_1\right)$ 的节点数为 20，x_1、y_d、$\dot{y}_d$、k_{c_1}、$\dot{k}_{c_1}$ 的中心平均分布在 $[-1, 2] \times [-2, 2] \times [-1.6, 1.6] \times [1.6, 2.8] \times [1.6, 2.8]$ 区间，高斯函数的宽度为 2；最优逼近估计 $F_2\left(Z_2\right)$ 的节点数为 20，x_1、x_2 的中心平均分布在 $[-0.6, 0.6] \times [-1, 1]$ 区间，y_d、$\dot{y}_d$、$\ddot{y}_d$ 的中心平均分布在 $[-0.6, 0.6]\times[-1, 1] \times [-2, 2]$ 区间，k_{c_1}、$\dot{k}_{c_1}$、$\ddot{k}_{c_1}$ 的中心平均分布在 $[0.6, 0.8] \times [-1.5, 1.5] \times [-2.1, 2.1]$ 区间，k_{c_2}、$\dot{k}_{c_2}$ 的中心平均分布在 $[1, 1.5] \times [-2, 2]$ 区间，$\hat{W}_1$ 包含 20 个变量，中心都平均分布在 $[-1, 1]$，高斯函数的宽度为 4。

仿真结果如图 2.3.1 ~ 图 2.3.5 所示。

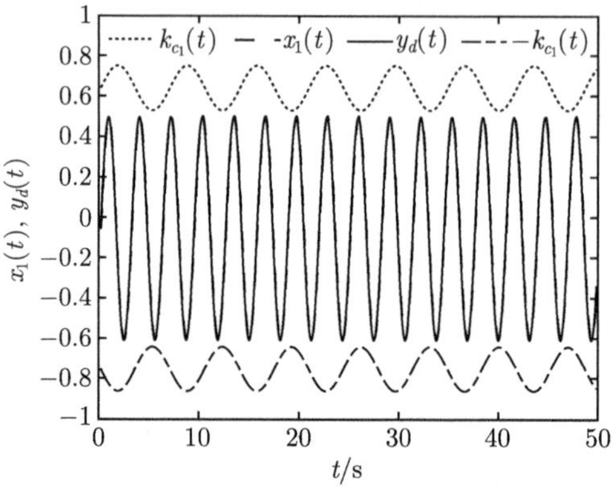

图 2.3.1　$x_1(t)$ 和 $y_d(t)$ 的轨迹

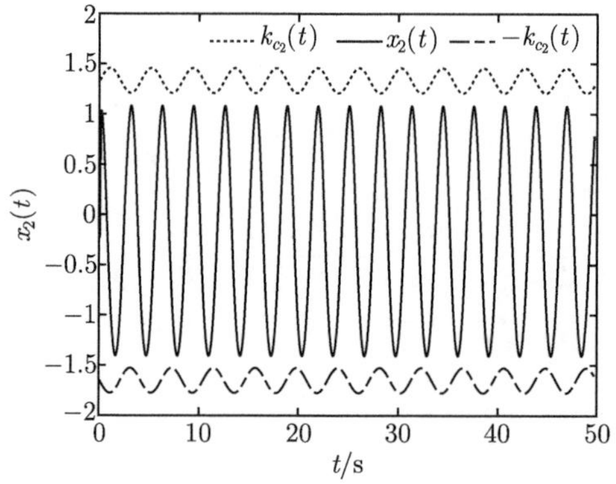

图 2.3.2　$x_2(t)$ 的轨迹

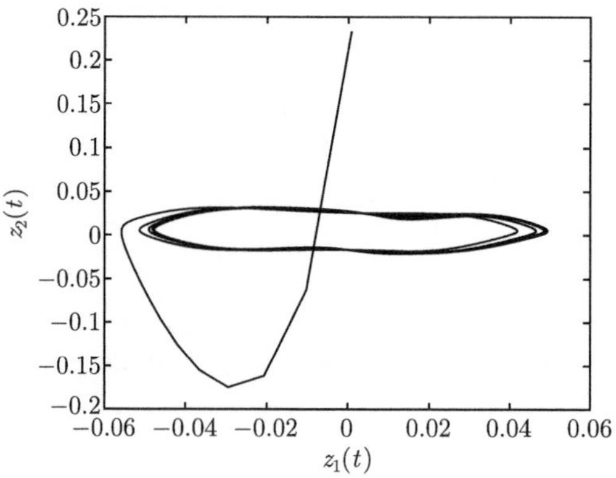

图 2.3.3　$z_1(t)$ 和 $z_2(t)$ 的相位图

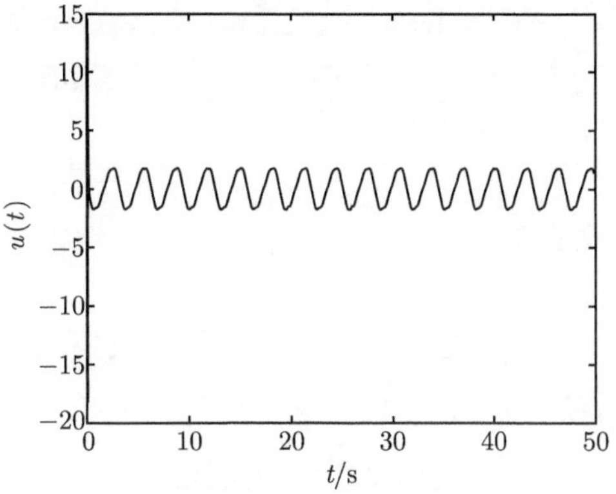

图 2.3.4　$u(t)$ 的轨迹

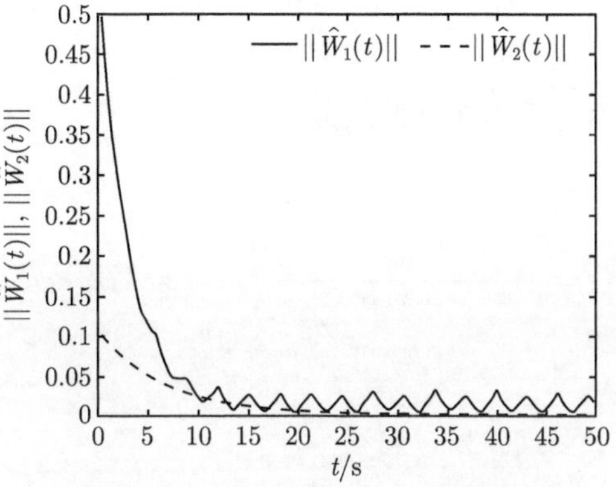

图 2.3.5　$\|\hat{W}_1(t)\|$ 和 $\|\hat{W}_2(t)\|$ 的轨迹

2.4　基于变量替换函数的非线性系统自适应约束控制

2.1 节 ~ 2.3 节介绍了基于障碍李雅普诺夫函数的控制方案依赖于虚拟控制器的可行性条件，本节针对一类具有常数状态约束的非线性严格反馈系统，介绍一种基于变量替换的神经网络自适应约束控制设计方法，并给出闭环系统的稳定性与收敛性分析。

2.4.1　系统模型及控制问题描述

考虑如下非线性严格反馈系统：

$$\begin{cases} \dot{x}_i = f_i\left(\bar{x}_i\right) + g_i\left(\bar{x}_i\right) x_{i+1}, \quad i = 1, 2, \cdots, n-1 \\ \dot{x}_n = f_n\left(\bar{x}_n\right) + g_n\left(\bar{x}_n\right) u \\ y = x_1 \end{cases} \tag{2.4.1}$$

式中，$\bar{x}_i=[x_1,x_2,\cdots,x_i]^{\mathrm{T}}\in\mathbf{R}^i(i=1,2,\cdots,n)$ 为状态向量；$u\in\mathbf{R}$ 和 $y\in\mathbf{R}$ 分别为系统的输入和输出；$f_i(\bar{x}_i)$ 和 $g_i(\bar{x}_i)$ 为未知的光滑非线性函数。系统所有状态需满足 $|x_i|<k_{c_i}$，k_{c_i} 为已知的正常数。

假设 2.4.1 函数 $g_i(\bar{x}_i)(i=1,2,\cdots,n)$ 的符号是已知的，存在正常数 g_{i0} 和 g_{i1}，使得 $g_i(\bar{x}_i)$ 满足 $0<g_{i0}\leqslant|g_i(\bar{x}_i)|\leqslant g_{i1}$。在不失一般性的情况下，假设 $0<g_{i0}\leqslant g_i(\bar{x}_i)\leqslant g_{il}$。

假设 2.4.2 对于参考信号 $y_d(t)$ 及其 i 阶导数 $y_d^{(i)}(t)$，存在正常数 Y_0 和 $Y_i(i=1,2,\cdots,n)$，满足 $|y_d(t)|\leqslant Y_0<k_{c_1}$ 和 $\left|y_d^{(i)}(t)\right|\leqslant Y_i$。

控制任务 设计一种神经网络自适应约束控制器，使得：

(1) 闭环系统所有信号是半全局一致最终有界的；

(2) 跟踪误差收敛到包含原点的一个较小的邻域内；

(3) 系统所有状态满足指定约束条件。

2.4.2 神经网络自适应反步递推控制设计

定义如下非线性映射：

$$\zeta_i=\frac{x_i}{(k_{c_i}+x_i)(k_{c_i}-x_i)},\quad i=1,2,\cdots,n \tag{2.4.2}$$

式中，ζ_i 为转换变量。

对式 (2.4.2) 求导和逆映射，可得

$$\begin{cases}\dot{\zeta}_i=\mu_i\dot{x}_i\\ x_i=\beta_i\zeta_i\end{cases} \tag{2.4.3}$$

式中，$\mu_i=\left(k_{c_i}^2+x_i^2\right)/\left(k_{c_i}^2-x_i^2\right)^2$；$\beta_i=k_{c_i}^2-x_i^2$。由函数 μ_i 和 β_i 的定义，对于 $|x_i|<k_{c_i}$，可得 μ_i 和 β_i 是已知且严格为正的。

定义如下坐标变换：

$$\begin{cases}z_1=\zeta_1-\zeta_d\\ z_i=\zeta_i-\alpha_{i-1}/\beta_i,\quad i=2,3,\cdots,n\end{cases} \tag{2.4.4}$$

式中，z_1 为跟踪误差；z_i 为误差变量；α_{i-1} 为虚拟控制器；$\zeta_d=y_d/\left(k_{c_1}^2-y_d^2\right)$。

基于上面的坐标变换，n 步自适应神经反步递推控制设计过程如下。

第 1 步 由式 (2.4.1) 和式 (2.4.4)，对 z_1 求导，可得

$$\dot{z}_1=\mu_1\left[f_1(x_1)+g_1(x_1)(\beta_2z_2+\alpha_1)\right]-\mu_d\dot{y}_d \tag{2.4.5}$$

式中，$\mu_d = \left(k_{c_1}^2 + y_d^2\right) / \left(k_{c_1}^2 - y_d^2\right)^2$。

选择如下李雅普诺夫函数：

$$V_1 = \frac{1}{2}z_1^2 + \frac{1}{2\gamma_1}g_{10}\tilde{\theta}_1^2 \tag{2.4.6}$$

式中，$\gamma_1 > 0$ 为设计参数；$\tilde{\theta}_1 = \hat{\theta}_1 - \theta_1$ 为参数估计误差，$\hat{\theta}_1$ 为 θ_1 的估计，θ_1 为未知参数，定义将在后面给出。

由式 (2.4.5) 和式 (2.4.6)，可得

$$\begin{aligned}\dot{V}_1 = {} & z_1\mu_1 f_1(x_1) + \mu_1 g_1(x_1)\beta_2 z_1 z_2 + \mu_1 g_1(x_1) z_1\alpha_1 \\ & - z_1\mu_d\dot{y}_d + \frac{1}{\gamma_1}g_{10}\tilde{\theta}_1\dot{\hat{\theta}}_1\end{aligned} \tag{2.4.7}$$

定义未知非线性函数 $F_1(Z_1)$ 为

$$F_1(Z_1) = \mu_1 f_1(x_1) - \mu_d\dot{y}_d \tag{2.4.8}$$

利用神经网络逼近未知非线性函数 $F_1(Z_1)$，可得

$$F_1(Z_1) = W_1^{*\mathrm{T}} S_1(Z_1) + \delta_1(Z_1) \tag{2.4.9}$$

式中，$Z_1 = [x_1, y_d, \dot{y}_d]^{\mathrm{T}}$ 为神经网络输入向量；$S_1(Z_1)$ 为神经元激活函数；W_1^* 为最优权重向量；$\delta_1(Z_1)$ 为逼近误差，存在正常数 $\bar{\delta}_1$ 和 $\bar{W}_1$ 使得 $|\delta_1(Z_1)| \leqslant \bar{\delta}_1$ 和 $\|W_1^*\| \leqslant \bar{W}_1$。

由杨氏不等式，可得

$$z_1 W_1^{*\mathrm{T}} S_1(Z_1) \leqslant \frac{z_1^2}{2a_1^2}g_{10}\theta_1\|S_1(Z_1)\|^2 + \frac{a_1^2}{2g_{10}} \tag{2.4.10}$$

$$z_1\delta_1(Z_1) \leqslant \frac{1}{2}g_{10}z_1^2 + \frac{1}{2g_{10}}\bar{\delta}_1^2 \tag{2.4.11}$$

$$-g_{10}\sigma_1\hat{\theta}_1\tilde{\theta}_1 = -g_{10}\sigma_1\tilde{\theta}_1\left(\tilde{\theta}_1 + \theta_1\right) \leqslant \frac{g_{10}\sigma_1}{2}\theta_1^2 - \frac{g_{10}\sigma_1}{2}\tilde{\theta}_1^2 \tag{2.4.12}$$

式中，$\theta_1 = \bar{W}_1^2$；$a_1 > 0$ 为设计参数。

设计如下虚拟控制器和自适应律：

$$\alpha_1 = \frac{1}{\mu_1}\left[-k_1 z_1 - \frac{1}{2a_1^2}z_1\hat{\theta}_1\|S_1(Z_1)\|^2 - \frac{1}{2}z_1\right] \tag{2.4.13}$$

$$\dot{\hat{\theta}}_1 = \gamma_1 \left[-\sigma_1 \hat{\theta}_1 + \frac{1}{2a_1^2} z_1^2 \left\| S_1 \left(Z_1 \right) \right\|^2 \right] \tag{2.4.14}$$

式中，$k_1 > 0$ 和 $\sigma_1 > 0$ 为设计参数。

将式 (2.4.8) ~ 式 (2.4.14) 代入式 (2.4.7)，可得

$$\begin{aligned} \dot{V}_1 \leqslant & - k_1 g_1 \left(x_1 \right) z_1^2 + \frac{1}{2} \sigma_1 g_{10} \theta_1^2 - \frac{1}{2} g_{10} \sigma_1 \tilde{\theta}_1^2 \\ & + \mu_1 g_1 \left(x_1 \right) \beta_2 z_1 z_2 + \frac{a_1^2}{2g_{10}} + \frac{1}{2g_{10}} \bar{\delta}_1^2 \end{aligned} \tag{2.4.15}$$

第 $\boldsymbol{i(2 \leqslant i \leqslant n-1)}$ 步 由式 (2.4.4)，对 z_i 求导，可得

$$\begin{aligned} \dot{z}_i &= \dot{\zeta}_i - \left(\alpha_{i-1} / \beta_i \right)' \\ &= \mu_i \left[f_i \left(\bar{x}_i \right) + g_i \left(\bar{x}_i \right) \left(\beta_{i+1} z_{i+1} + \alpha_i \right) \right] - \left(\alpha_{i-1} / \beta_i \right)' \end{aligned} \tag{2.4.16}$$

式中，$\dot{\alpha}_{i-1} = \sum_{j=1}^{i-1} \frac{\partial \alpha_{i-1}}{\partial x_j} \left[f_j \left(\bar{x}_j \right) + g_j \left(\bar{x}_j \right) x_{j+1} \right] + \sum_{j=0}^{i-1} \frac{\partial \alpha_{i-1}}{\partial y_d^{(j)}} y_d^{(j+1)} + \sum_{j=1}^{i-1} \frac{\partial \alpha_{i-1}}{\partial \hat{\theta}_j} \dot{\hat{\theta}}_j$；$(\cdot)'$ 表示求导。

选择如下李雅普诺夫函数：

$$V_i = V_{i-1} + \frac{1}{2} z_i^2 + \frac{1}{2\gamma_i} g_{i0} \tilde{\theta}_i^2 \tag{2.4.17}$$

式中，$\gamma_i > 0$ 为设计参数；$\tilde{\theta}_i = \theta_i - \hat{\theta}_i$ 为参数估计误差，$\hat{\theta}_i$ 为 θ_i 的估计，θ_i 为未知参数，定义将后面给出。

由式 (2.4.17)，对 V_i 求导，可得

$$\begin{aligned} \dot{V}_i =& \dot{V}_{i-1} - z_i \left(\alpha_{i-1} / \beta_i \right)' + \frac{1}{\gamma_i} g_{i0} \dot{\hat{\theta}}_i \tilde{\theta}_i \\ & + z_i \mu_i \left[f_i \left(\bar{x}_i \right) + g_i \left(\bar{x}_i \right) \left(\beta_{i+1} z_{i+1} + \alpha_i \right) \right] \end{aligned} \tag{2.4.18}$$

定义未知非线性函数 $F_i \left(Z_i \right)$ 为

$$F_i \left(Z_i \right) = \mu_i f_i \left(\bar{x}_i \right) - \left(\alpha_{i-1} / \beta_i \right)' + \mu_{i-1} g_{i-1} \left(\bar{x}_{i-1} \right) \beta_i z_{i-1} \tag{2.4.19}$$

利用神经网络逼近未知非线性函数 $F_i \left(Z_i \right)$，可得

$$F_i \left(Z_i \right) = W_i^{*\mathrm{T}} S_i \left(Z_i \right) + \delta_i \left(Z_i \right) \tag{2.4.20}$$

式中，$Z_i = \left[\bar{x}_i^{\mathrm{T}}; y_d, \dot{y}_d, \cdots, y_d^{(i)}; \hat{\theta}_1, \hat{\theta}_2, \cdots, \hat{\theta}_{i-1}\right]^{\mathrm{T}}$ 为神经网络输入向量；$S_i(Z_i)$ 为神经元激活函数；W_i^* 为最优权重向量；$\delta_i(Z_i)$ 为逼近误差，存在正常数 $\bar{\delta}_i$ 和 $\bar{W}_i$ 使得 $|\delta_i(Z_i)| \leqslant \bar{\delta}_i$ 和 $\|W_i^*\| \leqslant \bar{W}_i$。

设计如下虚拟控制器和自适应律：

$$\alpha_i = \frac{1}{\mu_i}\left[-k_i z_i - \frac{1}{2a_i^2} z_i \hat{\theta}_i \|S_i(Z_i)\|^2 - \frac{1}{2} z_i\right] \tag{2.4.21}$$

$$\dot{\hat{\theta}}_i = \gamma_i \left[-\sigma_i \hat{\theta}_i + \frac{1}{2a_i^2} z_i^2 \|S_i(Z_i)\|^2\right] \tag{2.4.22}$$

式中，$k_i > 0$、$a_i > 0$ 和 $\sigma_i > 0$ 为设计参数。

由杨氏不等式，可得

$$z_i W_i^{*\mathrm{T}} S_i(Z_i) \leqslant \frac{z_i^2}{2a_i^2} g_{i0} \theta_i \|S_i(Z_i)\|^2 + \frac{a_i^2}{2g_{i0}} \tag{2.4.23}$$

$$z_i \delta_i(Z_i) \leqslant \frac{1}{2} g_{i0} z_i^2 + \frac{1}{2g_{i0}} \bar{\delta}_i^2 \tag{2.4.24}$$

$$-g_{i0}\sigma_i \hat{\theta}_i \tilde{\theta}_i = -g_{i0}\sigma_i \tilde{\theta}_i \left(\tilde{\theta}_i + \theta_i\right) \leqslant \frac{g_{i0}\sigma_i}{2}\theta_i^2 - \frac{g_{i0}\sigma_i}{2}\tilde{\theta}_i^2 \tag{2.4.25}$$

式中，$\theta_i = \bar{W}_i^2$。

将式 (2.4.19) ~ 式 (2.4.25) 代入式 (2.4.18)，可得

$$\begin{aligned}\dot{V}_i \leqslant &- k_i g_i(\bar{x}_i) z_i^2 + \frac{a_i^2}{2g_{i0}} - \frac{g_{i0}\sigma_i}{2}\tilde{\theta}_i^2 + \mu_i g_i(\bar{x}_i) \beta_{i+1} z_i z_{i+1} \\ &- \mu_{i-1} g_{i-1}(\bar{x}_{i-1}) \beta_i z_{i-1} z_i + \frac{g_{i0}\sigma_i}{2}\theta_i^2 + \frac{1}{2g_{i0}}\bar{\delta}_i^2 + \dot{V}_{i-1}\end{aligned} \tag{2.4.26}$$

在第 $i-1$ 步，可得 $\dot{V}_{i-1}$ 为

$$\begin{aligned}\dot{V}_{i-1} \leqslant &-\sum_{j=1}^{i-1} k_j g_{j0} z_j^2 - \sum_{j=1}^{i-1} \frac{\sigma_j g_{i0}}{2}\tilde{\theta}_j^2 + \sum_{j=1}^{i-1} \frac{\sigma_j g_{j0}}{2}\theta_j^2 \\ &+ \sum_{j=1}^{i-1} \frac{a_j^2}{2g_{j0}} + \mu_{i-1} g_{i-1}(\bar{x}_{i-1}) \beta_i z_{i-1} z_i + \sum_{j=1}^{i-1} \frac{1}{2g_{j0}}\bar{\delta}_j^2\end{aligned} \tag{2.4.27}$$

将式 (2.4.19) ~ 式 (2.4.27) 代入式 (2.4.18)，可得

$$\dot{V}_i \leqslant -\sum_{j=1}^{i} k_j g_{j0} z_j^2 - \sum_{j=1}^{i} \frac{\sigma_j g_{j0}}{2} \tilde{\theta}_j^2 + \sum_{j=1}^{i} \frac{\sigma_j g_{j0}}{2} \theta_j^2 + \sum_{j=1}^{i} \frac{a_j^2}{2g_{j0}} + \mu_i g_i(\bar{x}_i) \beta_{i+1} z_i z_{i+1} + \sum_{j=1}^{i} \frac{1}{2g_{j0}} \bar{\delta}_j^2 \tag{2.4.28}$$

第 n 步 由式 (2.4.4)，对 z_n 求导，可得

$$\dot{z}_n = \dot{\zeta}_n - (\alpha_{n-1}/\beta_n)' = \mu_n [f_n(\bar{x}_n) + g_n(\bar{x}_n) u] - (\alpha_{n-1}/\beta_n)' \tag{2.4.29}$$

式中，$\dot{\alpha}_{n-1} = \sum_{j=1}^{n-1} \frac{\partial \alpha_{n-1}}{\partial x_j} [f_j(\bar{x}_j) + g_j(\bar{x}_j) x_{j+1}] + \sum_{j=0}^{n-1} \frac{\partial \alpha_{n-1}}{\partial y_d^{(j)}} y_d^{(j+1)} + \sum_{j=1}^{n-1} \frac{\partial \alpha_{i-1}}{\partial \hat{\theta}_j} \dot{\hat{\theta}}_j$。

选择如下李雅普诺夫函数：

$$V_n = V_{n-1} + \frac{1}{2} z_n^2 + \frac{1}{2\gamma_n} g_{n0} \tilde{\theta}_n^2 \tag{2.4.30}$$

式中，$\gamma_n > 0$ 为设计参数，$\tilde{\theta}_n = \hat{\theta}_n - \theta_n$ 为参数估计误差，$\hat{\theta}_n$ 为 θ_n 的估计，θ_n 为未知参数，将在后面定义。

由式 (2.4.30)，对 V_n 求导，可得

$$\dot{V}_n = \dot{V}_{n-1} + z_n \mu_n f_n(\bar{x}_n) + z_n \mu_n g_n(\bar{x}_n) u - z_n (\alpha_{n-1}/\beta_n)' + \frac{1}{\gamma_n} g_{n0} \dot{\hat{\theta}}_n \tilde{\theta}_n \tag{2.4.31}$$

定义未知非线性函数 $F_n(Z_n)$ 为

$$F_n(Z_n) = \mu_n f_n(\bar{x}_n) - (\alpha_{n-1}/\beta_n)' + \mu_{n-1} g_{n-1}(\bar{x}_{n-1}) \beta_n z_{n-1} \tag{2.4.32}$$

利用神经网络逼近未知非线性函数 $F_n(Z_n)$，可得

$$F_n(Z_n) = W_n^{*\mathrm{T}} S_n(Z_n) + \delta_n(Z_n) \tag{2.4.33}$$

式中，$Z_n = \left[\bar{x}_n^{\mathrm{T}}; y_d, \dot{y}_d, \cdots, y_d^{(n)}; \hat{\theta}_1, \hat{\theta}_2, \cdots, \hat{\theta}_{n-1}\right]^{\mathrm{T}}$ 为神经网络的输入向量；$S_n(Z_n)$ 为神经元激活函数；W_n^* 为最优权重向量；$\delta_n(Z_n)$ 为逼近误差，存在正常数 $\bar{\delta}_n$ 和 $\bar{W}_n$ 使得 $|\delta_n(Z_n)| \leqslant \bar{\delta}_n$ 和 $\|W_n^*\| \leqslant \bar{W}_n$。

设计如下实际控制器和自适应律：

$$u=\frac{1}{\mu_n}\left[-k_n z_n-\frac{1}{2a_n^2}z_n\hat{\theta}_n\left\|S_n\left(Z_n\right)\right\|^2-\frac{1}{2}z_n\right] \tag{2.4.34}$$

$$\dot{\hat{\theta}}_n=\gamma_n\left[-\sigma_n\hat{\theta}_n+\frac{1}{2a_n^2}z_n^2\left\|S_n\left(Z_n\right)\right\|^2\right] \tag{2.4.35}$$

式中，$k_n>0$、$a_n>0$ 和 $\sigma_n>0$ 为设计参数。

由杨氏不等式，可得

$$z_n W_n^{*\mathrm{T}} S_n\left(Z_n\right)\leqslant\frac{z_n^2}{2a_n^2}g_{n0}\theta_n\left\|S_n\left(Z_n\right)\right\|^2+\frac{a_n^2}{2g_{n0}} \tag{2.4.36}$$

$$z_n\delta_n\left(Z_n\right)\leqslant\frac{1}{2}g_{n0}z_n^2+\frac{1}{2g_{n0}}\bar{\delta}_n^2 \tag{2.4.37}$$

$$-g_{n0}\sigma_n\hat{\theta}_n\tilde{\theta}_n=-g_{n0}\sigma_n\tilde{\theta}_n\left(\tilde{\theta}_n+\theta_n\right)\leqslant\frac{g_{n0}\sigma_n}{2}\theta_n^2-\frac{g_{n0}\sigma_n}{2}\tilde{\theta}_n^2 \tag{2.4.38}$$

式中，$\theta_n=\bar{W}_n^2$。

将式 (2.4.32) ~ 式 (2.4.38) 代入式 (2.4.31)，可得

$$\begin{aligned}\dot{V}_n\leqslant&-\sum_{j=1}^n k_j g_{j0}z_j^2-\sum_{j=1}^n\frac{\sigma_j g_{j0}}{2}\tilde{\theta}_j^2+\sum_{j=1}^n\frac{\sigma_j g_{j0}}{2}\theta_j^2\\&+\sum_{j=1}^n\frac{a_j^2}{2g_{j0}}+\sum_{j=1}^n\frac{1}{2g_{j0}}\bar{\delta}_j^2\end{aligned} \tag{2.4.39}$$

因此，整理可得

$$\dot{V}_n\leqslant-\rho V_n+C \tag{2.4.40}$$

式中，$\rho=\min\left\{2k_j g_{j0},\gamma_j\sigma_j\right\}(j=1,2,\cdots,n)$；$C=\sum\limits_{i=1}^n\frac{\sigma_i g_{i0}\theta_i^2}{2}+\sum\limits_{i=1}^n\frac{a_i^2+\bar{\delta}_i^2}{2g_{i0}}$。

2.4.3 稳定性与收敛性分析

定理 2.4.1 对于非线性系统 (2.4.1)，假设 2.4.1 和假设 2.4.2 成立。如果采用实际控制器 (2.4.34)，虚拟控制器 (2.4.13) 和 (2.4.21)，参数自适应律 (2.4.14)、(2.4.22) 和 (2.4.35)，那么总体控制方案具有如下性能：

(1) 闭环系统中的所有信号是半全局一致最终有界的；

(2) 跟踪误差收敛到包含原点的一个较小的邻域内；

(3) 系统所有状态满足指定约束条件。

证明 式 (2.4.40) 两边同时乘以 $\mathrm{e}^{\rho t}$ 并积分，可得

$$V_n(t) \leqslant V_n(0)\mathrm{e}^{-\rho t} + \frac{C}{\rho}\left(1 - \mathrm{e}^{-\rho t}\right) \tag{2.4.41}$$

由式 (2.4.6)、式 (2.4.17) 和式 (2.4.30)，可得

$$V_n = \sum_{i=1}^{n} \frac{1}{2} z_i^2 + \sum_{i=1}^{n} \frac{1}{2\gamma_i} g_{i0} \tilde{\theta}_i^2 \tag{2.4.42}$$

由式 (2.4.42) 中所有项为正，可得

$$\frac{1}{2} z_1^2 \leqslant V_n(0)\mathrm{e}^{-\rho t} + \frac{C}{\rho} \tag{2.4.43}$$

跟踪误差 z_1 满足：

$$z_1 \leqslant \sqrt{2V_n(0)\mathrm{e}^{-\rho t} + 2C/\rho} \tag{2.4.44}$$

在控制设计中，可以通过选择适当的设计参数，使得跟踪误差 z_1 收敛到包含原点的一个较小的邻域内。结合式 (2.4.41) 和式 (2.4.42)，很容易得到 V_i、z_i 和 $\tilde{\theta}_i$ 是有界的。根据 $\hat{\theta}_i = \tilde{\theta}_i + \theta_i$，可得 $\hat{\theta}_i$ 是有界的。根据 $\zeta_1 = z_1 + \zeta_d$、$\zeta_d = y_d/\left(k_{c_1}^2 - y_d^2\right)$、假设 2.4.2 和式 (2.4.44)，可得转换变量 ζ_1 是有界的。再结合式 (2.4.2)，可知 ζ_1 有界，也就意味着输出变量 $y = x_1$ 满足给定约束条件。以此类推，可得 ζ_i 是有界的，可以确定系统所有状态 x_i 满足给定约束条件。同时可以推断出包含有界变量的虚拟控制器 $\alpha_i (i = 1, 2, \cdots, n-1)$ 和实际控制器 u 是有界的。

评注 2.4.1 本节针对具有状态约束的非线性严格反馈系统，介绍了一种基于变量替换方法的自适应神经约束控制方法。本节介绍的状态约束智能自适应控制方法是常数约束，即 $|x_i(t)| < k_{c_i}$。对于具有时变状态约束的非线性系统，即 $|x_i(t)| < k_{c_i}(t)$，以及状态相关约束的非线性系统，即 $|x_i(t)| < k_{c_i}\left[\bar{x}_{i-1}(t), t\right]$，相应的基于变量替换状态约束智能自适应控制方法可参见文献 [15] 和 [16]。

2.4.4 仿真

例 2.4.1 考虑如下非线性严格反馈系统：

$$\begin{cases} \dot{x}_1 = 0.2\mathrm{e}^{-x_1} + \left[2 + 0.2\sin\left(0.5x_1\right)\right] x_2 \\ \dot{x}_2 = -0.25\left[2 + \cos\left(x_1^2\right)\right] \mathrm{e}^{x_1 x_2 + x_2} u - \sin\left(x_1\right) x_2 \\ y = x_1 \end{cases} \tag{2.4.45}$$

式中，x_1 和 x_2 为系统的状态变量；u 为控制输入；y 为系统输出；状态约束条件为 $|x_1(t)|<k_{c_1}=1.5$ 和 $|x_2(t)|<k_{c_2}=1.2$；参考信号为 $y_d(t)=0.8\sin(2\pi t/5)\mathrm{e}^{-0.04t}$。

设计如下控制器和自适应律：

$$\alpha_1=\frac{1}{\mu_1}\left[-k_1z_1-\frac{z_1}{2a_1^2}\hat{\theta}_1\left\|S_1\left(Z_1\right)\right\|^2-\frac{z_1}{2}\right]$$

$$u=\frac{1}{\mu_2}\left[-k_2z_2-\frac{1}{2a_2^2}\hat{\theta}_2\left\|S_2\left(Z_2\right)\right\|^2z_2-\frac{z_2}{2}\right]$$

$$\dot{\hat{\theta}}_i=\gamma_i\left[-\sigma_i\hat{\theta}_i+\frac{1}{2a_i^2}z_i^2\left\|S_i\left(Z_i\right)\right\|^2\right],\quad i=1,2$$

式中，$z_1=\zeta_1-\zeta_d$；$z_2=\zeta_2-\alpha_1/\beta_2$；$Z_1=[x_1,y_d,\dot{y}_d]^{\mathrm{T}}$；$Z_2=\left[x_1,x_2,y_d,\dot{y}_d,\ddot{y}_d,\hat{\theta}_1\right]^{\mathrm{T}}$。

选择设计参数为 $k_1=16$、$k_2=26.5$、$a_1=0.5$、$a_2=0.5$、$\gamma_1=5$、$\gamma_2=5$、$\sigma_1=0.01$、$\sigma_2=0.01$，初始条件为 $x_1(0)=0.5$、$x_2(0)=0.01$、$\hat{\theta}_1(0)=0.2$、$\hat{\theta}_2(0)=0.2$。

本节利用神经网络进行逼近，最优逼近估计 $F_1\left(Z_1\right)$ 的节点数为 7，x_1、y_d、$\dot{y}_d$ 的中心平均分布在 $[-2,2]\times[-2.5,2.5]\times[-3,3]$ 区间，高斯函数的宽度为 4；最优逼近估计 $F_2\left(Z_2\right)$ 的节点数为 7，x_1、x_2、y_d、$\dot{y}_d$、$\ddot{y}_d$、$\hat{\theta}_1$ 的中心平均分布在 $[-1,1]\times[-2,2]\times[-1.5,1.5]\times[-2.5,2.5]\times[-3,3]\times[-1,1]$ 区间，高斯函数的宽度为 4。

仿真结果如图 2.4.1 ~ 图 2.4.5 所示。

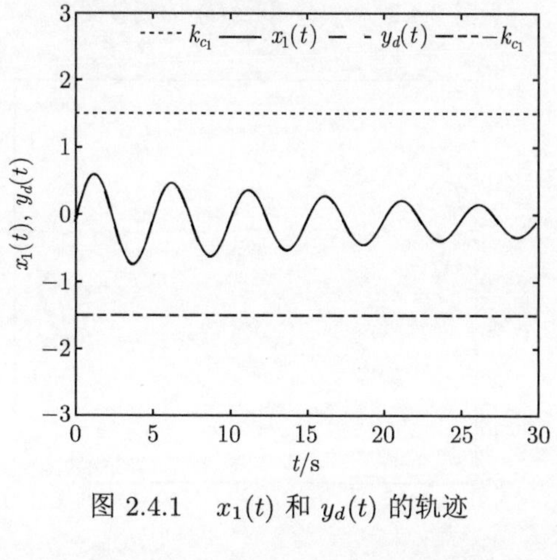

图 2.4.1 $x_1(t)$ 和 $y_d(t)$ 的轨迹

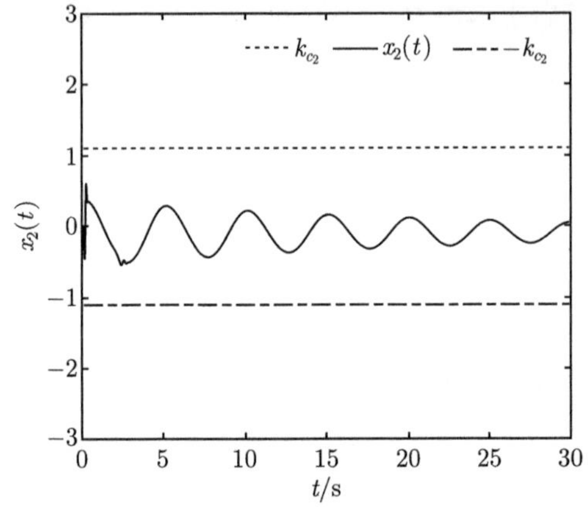

图 2.4.2 $x_2(t)$ 的轨迹

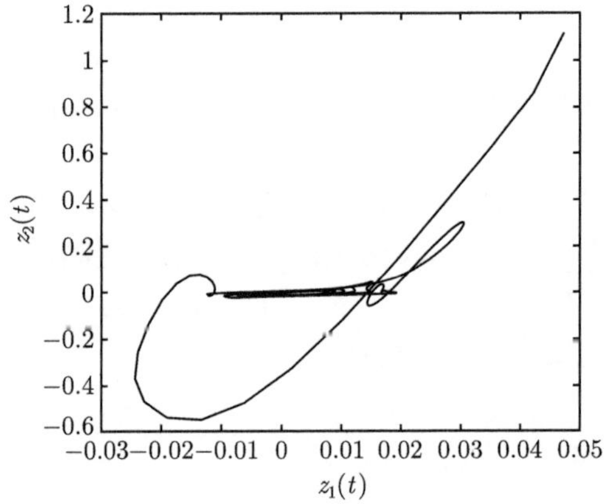

图 2.4.3 $z_1(t)$ 和 $z_2(t)$ 的相位图

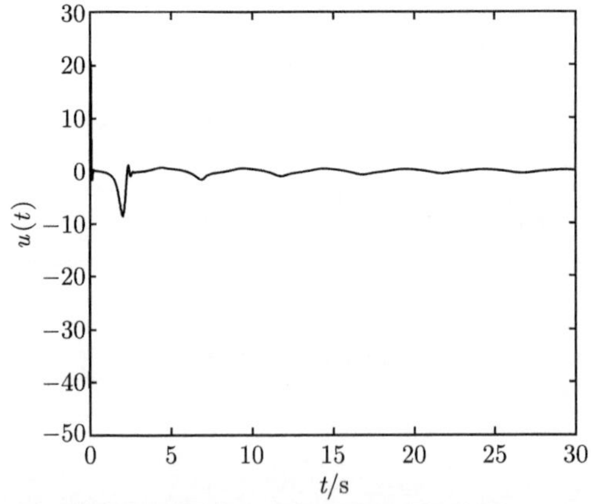

图 2.4.4 $u(t)$ 的轨迹

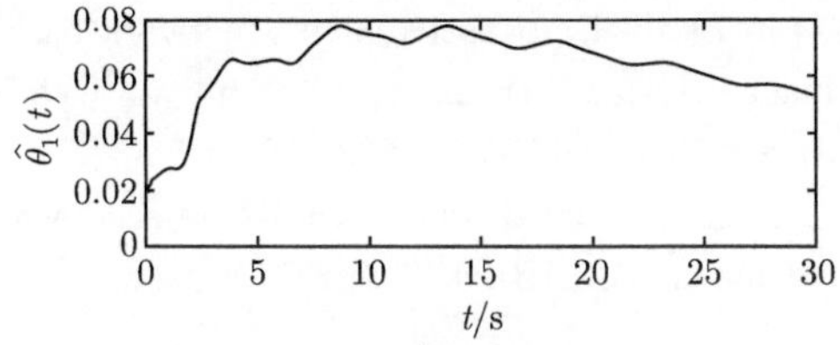

(a) $\hat{\theta}_1(t)$的轨迹

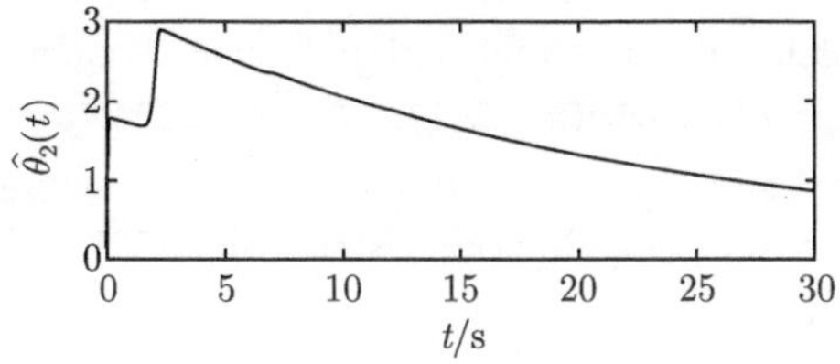

(b) $\hat{\theta}_2(t)$的轨迹

图 2.4.5 $\hat{\theta}_1(t)$ 和 $\hat{\theta}_2(t)$ 的轨迹

参 考 文 献

[1] Gao T T, Liu Y J, Li D P, et al. Adaptive neural control using tangent time-varying BLFs for a class of uncertain stochastic nonlinear systems with full state constraints[J]. IEEE Transactions on Cybernetics, 2021, 51(4): 1943-1953.

[2] Liu Y J, Ma L, Liu L, et al. Adaptive neural network learning controller design for a class of nonlinear systems with time-varying state constraints[J]. IEEE Transactions on Neural Networks and Learning Systems, 2020, 31(1): 66-75.

[3] Liu L, Gao T T, Liu Y J, et al. Time-varying IBLFs-based adaptive control of uncertain nonlinear systems with full state constraints[J]. Automatica, 2021, 129: 109595.

[4] Li D P, Han H G, Qiao J F. Adaptive NN controller of nonlinear state-dependent constrained systems with unknown control direction[J]. IEEE Transactions on Neural Networks and Learning Systems, 2022, 35(1): 913-922.

[5] Liu Y J, Xu F Y, Tang L. Tangent barrier Lyapunov function based adaptive event-triggered control for uncertain flexible beam systems[J]. Automatica, 2023, 152: 110976.

[6] Xu F Y, Tang L, Liu Y J. Adaptive time-varying constraint control for uncertain flexible beam systems[J]. International Journal of Control, 2024, 97(2): 153-164.

[7] Xu F Y, Tang L, Liu Y J. Tangent barrier Lyapunov function-based constrained control of flexible manipulator system with actuator failure[J]. International Journal of Robust and Nonlinear Control, 2021, 31(17): 8523-8536.

[8] Wang C, Wu Y. Finite-time tracking control for strict-feedback nonlinear systems with full state constraints[J]. International Journal of Control, 2019, 92(6): 1426-1433.

[9] Liu Y J, Tong S C. Barrier Lyapunov functions-based adaptive control for a class of nonlinear pure-feedback systems with full state constraints[J]. Automatica, 2016, 64: 70-75.

[10] Gao T T, Liu Y J, Liu L, et al. Adaptive neural network-based control for a class of nonlinear pure-feedback systems with time-varying full state constraints[J]. IEEE/CAA Journal of Automatica Sinica, 2018, 5(5): 923-933.

[11] Yu T Q, Liu Y J, Liu L, et al. Adaptive fuzzy control of nonlinear systems with function constraints based on time-varying IBLFs[J]. IEEE Transactions on Fuzzy Systems, 2022, 30(11): 4939-4952.

[12] Liu Y J, Tong S C, Chen C L P, et al. Adaptive NN control using integral barrier Lyapunov functionals for uncertain nonlinear block-triangular constraint systems[J]. IEEE Transactions on Cybernetics, 2017, 47(11): 3747-3757.

[13] Zhang X Y, Xie X P, Liu Y J, et al. Integral barrier Lyapunov function-based adaptive event-triggered control of flexible riser systems[J]. IEEE Transactions on Automation Science and Engineering, 2024, (99): 1-9.

[14] Zhao W, Liu Y J, Liu L. Observer-based adaptive fuzzy tracking control using integral barrier Lyapunov functionals for a nonlinear system with full state constraints[J]. IEEE/CAA Journal of Automatica Sinica, 2021, 8(3): 617-627.

[15] Zhao K, Song Y D. Neuroadaptive robotic control under time-varying asymmetric motion constraints: A feasibility-condition-free approach[J]. IEEE Transactions on Cybernetics, 2020, 50(1): 15-24.

[16] Li D P, Han H G, Qiao J F. Observer-based adaptive fuzzy control for nonlinear state-constrained systems without involving feasibility conditions[J]. IEEE Transactions on Cybernetics, 2022, 52(11): 11724-11733.

第 3 章　非线性时滞约束系统的智能自适应控制

第 2 章针对非线性严格反馈系统，介绍了几种智能自适应约束控制方法。本章针对具有常数状态时滞、时变状态约束和常数输入时滞的不确定非线性系统，在第 2 章的基础上介绍四种智能自适应约束控制方法，并给出闭环系统的稳定性分析。本章内容主要基于文献 [1]~[4]。

3.1　具有常数状态时滞非线性系统的自适应约束控制

本节针对一类具有常数状态约束和常数状态时滞的不确定非线性严格反馈系统，基于神经网络和李雅普诺夫-克拉索夫斯基泛函，介绍一种基于对数型障碍李雅普诺夫函数的神经网络自适应约束控制设计方法，并给出闭环系统的稳定性与收敛性分析。

3.1.1　系统模型及控制问题描述

考虑如下非线性严格反馈时滞系统：

$$\begin{cases} \dot{x}_i = f_i(\bar{x}_i) + x_{i+1} + h_i[\bar{x}_i(t-\tau_i)], \quad i=1,2,\cdots,n-1 \\ \dot{x}_n = f_n(\bar{x}_n) + u + h_n[\bar{x}_n(t-\tau_n)] \\ y = x_1 \end{cases} \tag{3.1.1}$$

式中，$\bar{x}_i=[x_1,x_2,\cdots,x_i]^{\mathrm{T}}\in\mathbf{R}^i(i=1,2,\cdots,n)$ 为状态向量；$u\in\mathbf{R}$ 和 $y\in\mathbf{R}$ 分别为系统的输入和输出；$f_i(\bar{x}_i)$ 为未知的光滑非线性函数；$h_i[\bar{x}_i(t-\tau_i)]$ 为光滑非线性状态时滞函数；τ_i 为未知时滞，且满足 $\tau_i\leqslant\tau_{\max}$，$\tau_{\max}$ 为已知的常数。系统所有状态需满足 $|x_i|<k_{c_i}$，k_{c_i} 为已知的正常数。

假设 3.1.1　对于参考信号 $y_d(t)$ 及其第 i 阶导数 $y_d^{(i)}(t)$，存在正常数 Y_0 和 $Y_i(i=1,2,\cdots,n)$，满足 $|y_d(t)|\leqslant Y_0<k_{c_1}$ 和 $\left|y_d^{(i)}(t)\right|\leqslant Y_i$。

假设 3.1.2　对于非线性函数 $h_i(\bar{x}_i)$，满足 $|h_i[\bar{x}_i(t)]|\leqslant\sum\limits_{j=1}^{i}|z_j(t)|\,q_{ij}[\bar{z}_j(t)]$，式中 $q_{ij}[\bar{z}_j(t)]$ 为未知连续函数。

控制任务　设计一种神经网络自适应约束控制器，使得：

(1) 闭环系统的所有信号是半全局一致最终有界的；

(2) 误差信号收敛到包含原点的一个较小的邻域内；

(3) 系统所有状态满足指定约束条件。

3.1.2 神经网络自适应反步递推控制设计

定义如下坐标变换：

$$\begin{cases} z_1 = x_1 - y_d \\ z_i = x_i - \alpha_{i-1}, \quad i = 2,\ 3, \cdots, n \end{cases} \tag{3.1.2}$$

式中，z_1 为跟踪误差；z_i 为误差变量；α_{i-1} 为虚拟控制器。

基于上面的坐标变换，n 步神经网络自适应反步递推控制设计过程如下。

第 1 步 由式 (3.1.1) 和式 (3.1.2)，对 z_1 求导，可得

$$\dot{z}_1 = \dot{x}_1 - \dot{y}_d = f_1(x_1) + x_2 + h_1[x_1(t-\tau_1)] - \dot{y}_d \tag{3.1.3}$$

选择如下对数型障碍李雅普诺夫函数：

$$V_1 = \frac{1}{2}\ln\left(\frac{k_{b_1}^2}{k_{b_1}^2 - z_1^2}\right) + \frac{1}{2}\tilde{W}_1^{\mathrm{T}}\Gamma_1^{-1}\tilde{W}_1 + V_{\tau_1} \tag{3.1.4}$$

$$V_{\tau_1} = \sum_{j=1}^{n}(n+1-j)\,\mathrm{e}^{-(t-\tau_j)}\int_{t-\tau_j}^{t}\mathrm{e}^{s} z_1^2(s)\, q_{j1}^2[z_1(s)]\mathrm{d}s \tag{3.1.5}$$

式中，$\tilde{W}_1 = \hat{W}_1 - W_1^*$ 为参数估计误差，$\hat{W}_1$ 为 W_1^* 的估计；$q_{j1}(\cdot) > 0$ 为未知连续函数；$k_{b_1} = k_{c_1} - Y_0$，跟踪误差需满足 $|z_1| < k_{b_1}$，k_{b_1} 为已知的正常数；$\Gamma_1 = \Gamma_1^{\mathrm{T}} > 0$ 为增益矩阵。由此可知，V_1 在 $|z_1| < k_{b_1}$ 条件下是正定且一阶连续可导的。

由式 (3.1.4) 和式 (3.1.5)，对 V_1 求导，可得

$$\begin{aligned} \dot{V}_1 = & \frac{z_1\dot{z}_1}{k_{b_1}^2 - z_1^2} + \tilde{W}_1^{\mathrm{T}}\Gamma_1^{-1}\dot{\hat{W}}_1 + \sum_{j=1}^{n}(n+1-j)\,\mathrm{e}^{\tau_j} z_1^2 q_{j1}^2(z_1) \\ & - \sum_{j=1}^{n}(n+1-j)\, z_1^2(t-\tau_j)\, q_{j1}^2[z_1(t-\tau_j)] - V_{\tau_1} \end{aligned} \tag{3.1.6}$$

将式 (3.1.3) 代入式 (3.1.6)，可得

$$\dot{V}_1 = \frac{z_1}{k_{b_1}^2 - z_1^2}[f_1(x_1) + x_2 - \dot{y}_d] + \frac{z_1}{k_{b_1}^2 - z_1^2}h_1[x_1(t-\tau_1)]$$

$$+\tilde{W}_1^{\mathrm{T}}\Gamma_1^{-1}\dot{\hat{W}}_1+\sum_{j=1}^{n}(n+1-j)\,\mathrm{e}^{\tau_j}z_1^2q_{j1}^2(z_1)$$
$$-\sum_{j=1}^{n}(n+1-j)\,z_1^2(t-\tau_j)\,q_{j1}^2[z_1(t-\tau_j)]-V_{\tau_1} \tag{3.1.7}$$

由杨氏不等式，可得

$$\frac{z_1}{k_{b_1}^2-z_1^2}h_1[x_1(t-\tau_1)]\leqslant\frac{1}{4}\left(\frac{z_1}{k_{b_1}^2-z_1^2}\right)^2+h_1^2[x_1(t-\tau_1)] \tag{3.1.8}$$

将式 (3.1.8) 代入式 (3.1.7)，可得

$$\dot{V}_1\leqslant\frac{z_1}{k_{b_1}^2-z_1^2}[f_1(x_1)+x_2-\dot{y}_d]+h_1^2[x_1(t-\tau_1)]+\tilde{W}_1^{\mathrm{T}}\Gamma_1^{-1}\dot{\hat{W}}_1$$
$$+\sum_{j=1}^{n}(n+1-j)\,\mathrm{e}^{\tau_j}z_1^2q_{j1}^2(z_1)+\frac{1}{4}\left(\frac{z_1}{k_{b_1}^2-z_1^2}\right)^2$$
$$-\sum_{j=1}^{n}(n+1-j)\,z_1^2(t-\tau_j)\,q_{j1}^2[z_1(t-\tau_j)]-V_{\tau_1} \tag{3.1.9}$$

定义未知非线性函数 $F_1(Z_1)$ 为

$$F_1(Z_1)=f_1(x_1)-\dot{y}_d+\left(k_{b_1}^2-z_1^2\right)\sum_{j=1}^{n}(n+1-j)\,\mathrm{e}^{\tau_j}z_1q_{j1}^2(z_1) \tag{3.1.10}$$

利用神经网络逼近未知函数 $F_1(Z_1)$，可得

$$F_1(Z_1)=W_1^{*\mathrm{T}}S_1(Z_1)+\delta_1(Z_1) \tag{3.1.11}$$

式中，$Z_1=[x_1,y_d,\dot{y}_d]^{\mathrm{T}}$ 为神经网络的输入向量；$S_1(Z_1)$ 为神经元激活函数；W_1^* 为最优权重向量；$\delta_1(Z_1)$ 为逼近误差，存在正常数 $\bar{\delta}_1$ 使得 $|\delta_1(Z_1)|\leqslant\bar{\delta}_1$。

将式 (3.1.10) 和式 (3.1.11) 代入式 (3.1.9)，可得

$$\dot{V}_1\leqslant\frac{z_1}{k_{b_1}^2-z_1^2}x_2+D_1+\tilde{W}_1^{\mathrm{T}}\Gamma_1^{-1}\dot{\hat{W}}_1-V_{\tau_1}$$
$$+\frac{1}{4}\left(\frac{z_1}{k_{b_1}^2-z_1^2}\right)^2+\frac{z_1}{k_{b_1}^2-z_1^2}\left[W_1^{*\mathrm{T}}S_1(Z_1)+\delta_1(Z_1)\right] \tag{3.1.12}$$

式中，$D_1=h_1^2[x_1(t-\tau_1)]-\sum_{j=1}^{n}(n+1-j)\,z_1^2(t-\tau_j)\,q_{j1}^2[z_1(t-\tau_j)]$。

由杨氏不等式，可得

$$\frac{z_1}{k_{b_1}^2-z_1^2}\delta_1(Z_1)\leqslant\frac{1}{2\eta_1}\left(\frac{z_1}{k_{b_1}^2-z_1^2}\right)^2+\frac{1}{2}\eta_1\bar{\delta}_1^2 \tag{3.1.13}$$

式中，$\eta_1>0$ 为设计参数。

将式 (3.1.13) 代入式 (3.1.12)，可得

$$\begin{aligned}\dot{V}_1\leqslant&\frac{z_1}{k_{b_1}^2-z_1^2}x_2+D_1+\tilde{W}_1^{\mathrm{T}}\varGamma_1^{-1}\dot{\hat{W}}_1-V_{\tau_1}+\frac{1}{4}\left(\frac{z_1}{k_{b_1}^2-z_1^2}\right)^2\\&+\frac{z_1}{k_{b_1}^2-z_1^2}W_1^{*\mathrm{T}}S_1(Z_1)+\frac{1}{2}\eta_1\bar{\delta}_1^2+\frac{1}{2\eta_1}\left(\frac{z_1}{k_{b_1}^2-z_1^2}\right)^2\end{aligned} \tag{3.1.14}$$

设计如下虚拟控制器和自适应律：

$$\alpha_1=-k_1z_1-\hat{W}_1^{\mathrm{T}}S_1(Z_1)-\frac{1}{2\eta_1}\frac{z_1}{k_{b_1}^2-z_1^2}-\frac{1}{4}\frac{z_1}{k_{b_1}^2-z_1^2} \tag{3.1.15}$$

$$\dot{\hat{W}}_1=\varGamma_1\left[\frac{z_1}{k_{b_1}^2-z_1^2}S_1(Z_1)-\sigma_1\left(\hat{W}_1-W_1^0\right)\right] \tag{3.1.16}$$

式中，$\sigma_1>0$、$W_1^0>0$ 和 $k_1>0$ 为设计参数。

式 (3.1.14) 中 $\left[z_1/\left(k_{b_1}^2-z_1^2\right)\right]x_2$ 可改写为

$$\begin{aligned}\frac{z_1}{k_{b_1}^2-z_1^2}x_2=&\frac{z_1z_2}{k_{b_1}^2-z_1^2}-\frac{k_1z_1^2}{k_{b_1}^2-z_1^2}-\frac{z_1}{k_{b_1}^2-z_1^2}\hat{W}_1^{\mathrm{T}}S_1(Z_1)\\&-\frac{1}{4}\left(\frac{z_1}{k_{b_1}^2-z_1^2}\right)^2-\frac{1}{2\eta_1}\left(\frac{z_1}{k_{b_1}^2-z_1^2}\right)^2\end{aligned} \tag{3.1.17}$$

将式 (3.1.15) ~ 式 (3.1.17) 代入式 (3.1.14)，可得

$$\dot{V}_1\leqslant-\frac{k_1z_1^2}{k_{b_1}^2-z_1^2}+D_1+\frac{z_1z_2}{k_{b_1}^2-z_1^2}-V_{\tau_1}-\sigma_1\tilde{W}_1^{\mathrm{T}}\left(\hat{W}_1-W_1^0\right)+\frac{1}{2}\eta_1\bar{\delta}_1^2 \tag{3.1.18}$$

第$\boldsymbol{i}\,(\boldsymbol{2\leqslant i\leqslant n-1})$ 步　由式 (3.1.1) 和式 (3.1.2)，对 z_i 求导，可得

$$\dot{z}_i=\dot{x}_i-\dot{\alpha}_{i-1}=f_i(\bar{x}_i)+x_{i+1}+h_i[\bar{x}_i(t-\tau_i)]-\dot{\alpha}_{i-1} \tag{3.1.19}$$

式中

$$\dot{\alpha}_{i-1}=\sum_{j=1}^{i-1}\frac{\partial\alpha_{i-1}}{\partial x_j}[f_j(\bar{x}_j)+x_{j+1}]+\sum_{j=1}^{i-1}\frac{\partial\alpha_{i-1}}{\partial\hat{W}_j}\dot{\hat{W}}_j$$

$$+\sum_{j=0}^{i-1}\frac{\partial\alpha_{i-1}}{\partial y_d^{(j)}}y_d^{(j+1)}+\sum_{j=1}^{i-1}\frac{\partial\alpha_{i-1}}{\partial x_j}h_j\left[\bar{x}_j\left(t-\tau_j\right)\right]$$

选择如下对数型障碍李雅普诺夫函数：

$$V_i=\frac{1}{2}\ln\left(\frac{k_{b_i}^2}{k_{b_i}^2-z_i^2}\right)+\frac{1}{2}\tilde{W}_i^{\mathrm{T}}\varGamma_i^{-1}\tilde{W}_i+V_{i-1}+V_{\tau_i} \tag{3.1.20}$$

$$V_{\tau_i}=\sum_{j=i}^{n}\left(n+1-j\right)\mathrm{e}^{-(t-\tau_j)}\int_{t-\tau_j}^{t}\mathrm{e}^{s}z_i^2\left(s\right)q_{ji}^2\left[\bar{z}_i\left(s\right)\right]\mathrm{d}s \tag{3.1.21}$$

式中，$k_{b_i}>0$ 为设计参数；$\varGamma_i=\varGamma_i^{\mathrm{T}}>0$ 为增益矩阵；$\tilde{W}_i=\hat{W}_i-W_i^*$ 为参数估计误差，$\hat{W}_i$ 为 W_i^* 的估计；误差变量需满足 $|z_i|<k_{b_i}$，$\bar{z}_i=[z_1,z_2,\cdots,z_i]^{\mathrm{T}}$。

由式 (3.1.20) 和式 (3.1.21)，对 V_i 求导，可得

$$\begin{aligned}\dot{V}_i=&\frac{z_i\dot{z}_i}{k_{b_i}^2-z_i^2}+\sum_{j=i}^{n}\left(n+1-j\right)\mathrm{e}^{\tau_j}z_i^2q_{ji}^2\left(\bar{z}_i\right)+\dot{V}_{i-1}-V_{\tau_i}\\&-\sum_{j=i}^{n}\left(n+1-j\right)z_i^2\left(t-\tau_j\right)q_{ji}^2\left[\bar{z}_i\left(t-\tau_j\right)\right]+\tilde{W}_1^{\mathrm{T}}\varGamma_1^{-1}\dot{\hat{W}}_1\end{aligned} \tag{3.1.22}$$

将式 (3.1.19) 代入式 (3.1.22)，可得

$$\begin{aligned}\dot{V}_i=&\frac{z_i}{k_{b_i}^2-z_i^2}\left[f_i\left(\bar{x}_i\right)+x_{i+1}\right]+\frac{z_i}{k_{b_i}^2-z_i^2}h_i\left[\bar{x}_i\left(t-\tau_i\right)\right]\\&-\sum_{j=i}^{n}\left(n+1-j\right)z_i^2\left(t-\tau_j\right)q_{ji}^2\left[\bar{z}_i\left(t-\tau_j\right)\right]+\tilde{W}_i^{\mathrm{T}}\varGamma_i^{-1}\dot{\hat{W}}_i\\&-\frac{z_i}{k_{b_i}^2-z_i^2}\sum_{j=1}^{i-1}\frac{\partial\alpha_{i-1}}{\partial\hat{W}_j}\dot{\hat{W}}_j-\frac{z_i}{k_{b_i}^2-z_i^2}\sum_{j=0}^{i-1}\frac{\partial\alpha_{i-1}}{\partial y_d^{(j)}}y_d^{(j+1)}-V_{\tau_i}\\&-\frac{z_i}{k_{b_i}^2-z_i^2}\sum_{j=1}^{i-1}\frac{\partial\alpha_{i-1}}{\partial x_j}h_j\left[\bar{x}_j\left(t-\tau_j\right)\right]+\sum_{j=i}^{n}\left(n+1-j\right)\mathrm{e}^{\tau_j}z_i^2q_{ji}^2\left(\bar{z}_i\right)\\&-\frac{z_i}{k_{b_i}^2-z_i^2}\sum_{j=1}^{i-1}\frac{\partial\alpha_{i-1}}{\partial x_j}\left[f_j\left(\bar{x}_j\right)+x_{j+1}\right]+\dot{V}_{i-1}\end{aligned} \tag{3.1.23}$$

由杨氏不等式，可得

$$\frac{z_i}{k_{b_i}^2-z_i^2}h_i\left[\bar{x}_i\left(t-\tau_i\right)\right]\leqslant\frac{1}{4}\left(\frac{z_i}{k_{b_i}^2-z_i^2}\right)^2+h_i^2\left[\bar{x}_i\left(t-\tau_i\right)\right] \tag{3.1.24}$$

$$
\begin{aligned}
&-\frac{z_i}{k_{b_i}^2-z_i^2}\sum_{j=1}^{i-1}\frac{\partial\alpha_{i-1}}{\partial x_j}h_j\left\{\left[\bar{x}_j\left(t-\tau_j\right)\right]\right\}\\
&\leqslant\frac{1}{4}\sum_{j=1}^{i-1}\left(\frac{z_i}{k_{b_i}^2-z_i^2}\frac{\partial\alpha_{i-1}}{\partial x_j}\right)^2+\sum_{j=1}^{i-1}h_j^2\left[\bar{x}_j\left(t-\tau_j\right)\right]
\end{aligned}\tag{3.1.25}
$$

由式 (3.1.24) 和式 (3.1.25) 中的时滞项，可得

$$
h_i\left[\bar{x}_i\left(t-\tau_i\right)\right]+\sum_{j=1}^{i-1}h_j^2\left[\bar{x}_j\left(t-\tau_j\right)\right]=\sum_{j=1}^{i}h_j^2\left[\bar{x}_j\left(t-\tau_j\right)\right]\tag{3.1.26}
$$

将式 (3.1.24) $\sim$ 式 (3.1.26) 代入式 (3.1.23)，可得

$$
\begin{aligned}
\dot{V}_i\leqslant&\frac{z_i}{k_{b_i}^2-z_i^2}\left[f_i\left(\bar{x}_i\right)+x_{i+1}\right]+\sum_{j=i}^{n}\left(n+1-j\right)\mathrm{e}^{\tau_j}z_i^2q_{ji}^2\left(\bar{z}_i\right)-V_{\tau_i}+\dot{V}_{i-1}\\
&-\sum_{j=i}^{n}\left(n+1-j\right)z_i^2\left(t-\tau_j\right)q_{ji}^2\left[\bar{z}_i\left(t-\tau_j\right)\right]+\tilde{W}_i^{\mathrm{T}}\Gamma_i^{-1}\dot{\hat{W}}_i+\sum_{j=1}^{i}h_j^2\left[\bar{x}_j\left(t-\tau_j\right)\right]\\
&-\frac{z_i}{k_{b_i}^2-z_i^2}\sum_{j=1}^{i-1}\frac{\partial\alpha_{i-1}}{\partial\hat{W}_j}\dot{\hat{W}}_j-\frac{z_i}{k_{b_i}^2-z_i^2}\sum_{j=0}^{i-1}\frac{\partial\alpha_{i-1}}{\partial y_d^{(j)}}y_d^{(j+1)}+\frac{1}{4}\left(\frac{z_i}{k_{b_i}^2-z_i^2}\right)^2\\
&-\frac{z_i}{k_{b_i}^2-z_i^2}\sum_{j=1}^{i-1}\frac{\partial\alpha_{i-1}}{\partial x_j}\left[f_j\left(\bar{x}_j\right)+x_{j+1}\right]+\frac{1}{4}\sum_{j=1}^{i-1}\left(\frac{z_i}{k_{b_i}^2-z_i^2}\frac{\partial\alpha_{i-1}}{\partial x_j}\right)^2
\end{aligned}\tag{3.1.27}
$$

定义未知非线性函数 $F_i\left(Z_i\right)$ 为

$$
\begin{aligned}
F_i\left(Z_i\right)=&f_i\left(\bar{x}_i\right)+\frac{z_i}{4\left(k_{b_i}^2-z_i^2\right)}\sum_{j=1}^{i-1}\left(\frac{\partial\alpha_{i-1}}{\partial x_j}\right)^2+\frac{k_{b_i}^2-z_i^2}{k_{b_{i-1}}^2-z_{i-1}^2}z_{i-1}\\
&-\sum_{j=0}^{i-1}\frac{\partial\alpha_{i-1}}{\partial y_d^{(j)}}y_d^{(j+1)}-\sum_{j=1}^{i-1}\frac{\partial\alpha_{i-1}}{\partial x_j}\left[f_j\left(\bar{x}_j\right)+x_{j+1}\right]-\sum_{j=1}^{i-1}\frac{\partial\alpha_{i-1}}{\partial\hat{W}_j}\dot{\hat{W}}_j\\
&+\left(k_{b_i}^2-z_i^2\right)\sum_{j=i}^{n}\left(n+1-j\right)\mathrm{e}^{\tau_j}z_iq_{ji}^2\left(\bar{z}_i\right)
\end{aligned}\tag{3.1.28}
$$

利用神经网络逼近未知非线性函数 $F_i\left(Z_i\right)$，可得

$$
F_i\left(Z_i\right)=W_i^{*\mathrm{T}}S_i\left(Z_i\right)+\delta_i\left(Z_i\right)\tag{3.1.29}
$$

式中，$Z_i = \left[\bar{x}_i^{\mathrm{T}}; y_d, \dot{y}_d, \cdots, y_d^{(i)}; \hat{W}_1^{\mathrm{T}}, \hat{W}_2^{\mathrm{T}}, \cdots, \hat{W}_{i-1}^{\mathrm{T}}\right]^{\mathrm{T}}$ 为神经网络的输入向量；$S_i(Z_i)$ 为神经元激活函数；W_i^* 为最优权重向量；$\delta_i(Z_i)$ 为逼近误差，存在正常数 $\bar{\delta}_i$ 使得 $|\delta_i(Z_i)| \leqslant \bar{\delta}_i$。

将式 (3.1.28) 和式 (3.1.29) 代入式 (3.1.27)，可得

$$\begin{aligned}\dot{V}_i \leqslant{} & \frac{z_i}{k_{b_i}^2 - z_i^2} x_{i+1} + D_i + \frac{z_i}{k_{b_i}^2 - z_i^2}\left[W_i^{*\mathrm{T}} S_i(Z_i) + \delta_i(Z_i)\right] \\ & - V_{\tau_i} + \dot{V}_{i-1} + \frac{1}{4}\left(\frac{z_i}{k_{b_i}^2 - z_i^2}\right)^2 - \frac{z_{i-1} z_i}{k_{b_{i-1}}^2 - z_{i-1}^2} + \tilde{W}_i^{\mathrm{T}} \mathit{\Gamma}_i^{-1} \dot{\hat{W}}_i\end{aligned} \tag{3.1.30}$$

式中，$D_i = \sum_{j=1}^{i} h_j^2\left[\bar{x}_j(t-\tau_j)\right] - \sum_{j=i}^{n}(n+1-j) z_i^2(t-\tau_j) q_{ji}^2\left[\bar{z}_i(t-\tau_j)\right]$。

由杨氏不等式，可得

$$\frac{z_i}{k_{b_i}^2 - z_i^2}\delta_i(Z_i) \leqslant \frac{1}{2\eta_i}\left(\frac{z_i}{k_{b_i}^2 - z_i^2}\right)^2 + \frac{1}{2}\eta_i \bar{\delta}_i^2 \tag{3.1.31}$$

式中，$\eta_i > 0$ 为设计参数。

将式 (3.1.31) 代入式 (3.1.30)，可得

$$\begin{aligned}\dot{V}_i \leqslant{} & \frac{z_i}{k_{b_i}^2 - z_i^2} x_{i+1} + D_i + \frac{z_i}{k_{b_i}^2 - z_i^2} W_i^{*\mathrm{T}} S_i(Z_i) - V_{\tau_i} \\ & + \dot{V}_{i-1} + \frac{1}{4}\left(\frac{z_i}{k_{b_i}^2 - z_i^2}\right)^2 - \frac{z_{i-1} z_i}{k_{b_{i-1}}^2 - z_{i-1}^2} \\ & + \frac{1}{2\eta_i}\left(\frac{z_i}{k_{b_i}^2 - z_i^2}\right)^2 + \frac{1}{2}\eta_i \bar{\delta}_i^2 + \tilde{W}_i^{\mathrm{T}} \mathit{\Gamma}_i^{-1} \dot{\hat{W}}_i\end{aligned} \tag{3.1.32}$$

设计如下虚拟控制器和自适应律：

$$\alpha_i = -k_i z_i - \hat{W}_i^{\mathrm{T}} S_i(Z_i) - \frac{1}{2\eta_i}\frac{z_i}{k_{b_i}^2 - z_i^2} - \frac{1}{4}\frac{z_i}{k_{b_i}^2 - z_i^2} \tag{3.1.33}$$

$$\dot{\hat{W}}_i = \mathit{\Gamma}_i\left[\frac{z_i}{k_{b_i}^2 - z_i^2} S_i(Z_i) - \sigma_i\left(\hat{W}_i - W_i^0\right)\right] \tag{3.1.34}$$

式中，$\sigma_i > 0$、$W_i^0 > 0$ 和 $k_i > 0$ 为设计参数。

由 $x_{i+1} = z_{i+1} + \alpha_i$，可得

$$\frac{z_i}{k_{b_i}^2 - z_i^2} x_{i+1} = \frac{z_i}{k_{b_i}^2 - z_i^2}(z_{i+1} + \alpha_i)$$

$$
\begin{aligned}
&= \frac{z_i z_{i+1}}{k_{b_i}^2 - z_i^2} - \frac{k_1 z_i^2}{k_{b_i}^2 - z_i^2} - \frac{z_i}{k_{b_i}^2 - z_i^2} \hat{W}_i^{\mathrm{T}} S_i \left(Z_i\right) \\
&\quad - \frac{1}{2\eta_i} \left(\frac{z_i}{k_{b_i}^2 - z_i^2} \right)^2 - \frac{1}{4} \left(\frac{z_i}{k_{b_i}^2 - z_i^2} \right)^2
\end{aligned} \tag{3.1.35}
$$

将式 (3.1.33) ~ 式 (3.1.35) 代入式 (3.1.32)，可得

$$
\begin{aligned}
\dot{V}_i \leqslant & - \frac{k_1 z_i^2}{k_{b_i}^2 - z_i^2} + \frac{z_i z_{i+1}}{k_{b_i}^2 - z_i^2} + D_i - V_{\tau_i} + \dot{V}_{i-1} \\
& - \frac{z_{i-1} z_i}{k_{b_{i-1}}^2 - z_{i-1}^2} - \sigma_i \tilde{W}_i \left(\hat{W}_i - W_i^0 \right) + \frac{1}{2} \eta_i \bar{\delta}_i^2
\end{aligned} \tag{3.1.36}
$$

在第 $i-1$ 步中，有

$$
\begin{aligned}
\dot{V}_{i-1} \leqslant & - \sum_{j=1}^{i-1} \frac{k_j z_j^2}{k_{b_j}^2 - z_j^2} + \sum_{j=1}^{i-1} \frac{1}{2} \eta_j \bar{\delta}_j^2 + \sum_{j=1}^{i-1} D_j \\
& - \sum_{j=1}^{i-1} \sigma_j \tilde{W}_i \left(\hat{W}_i - W_i^0 \right) + \frac{z_{i-1} z_i}{k_{b_{i-1}}^2 - z_{i-1}^2} - \sum_{j=1}^{i-1} V_{\tau_j}
\end{aligned} \tag{3.1.37}
$$

由式 (3.1.36) 和式 (3.1.37)，可得

$$
\begin{aligned}
\dot{V}_i \leqslant & - \sum_{j=1}^{i} \frac{k_j z_j^2}{k_{b_j}^2 - z_j^2} + \sum_{j=1}^{i} \frac{1}{2} \eta_j \bar{\delta}_j^2 + \sum_{j=1}^{i} D_j \\
& - \sum_{j=1}^{i} \sigma_j \tilde{W}_i \left(\hat{W}_i - W_i^0 \right) + \frac{z_i z_{i+1}}{k_{b_i}^2 - z_i^2} - \sum_{j=1}^{i} V_{\tau_j}
\end{aligned} \tag{3.1.38}
$$

第 n 步　由式 (3.1.1) 和式 (3.1.2)，对 z_n 求导，可得

$$
\dot{z}_n = \dot{x}_n - \dot{\alpha}_{n-1} = f_n\left(\bar{x}_n\right) + u + h_n\left[\bar{x}_n\left(t - \tau_n\right)\right] - \dot{\alpha}_{n-1} \tag{3.1.39}
$$

式中

$$
\begin{aligned}
\dot{\alpha}_{n-1} = & \sum_{j=1}^{n-1} \frac{\partial \alpha_{n-1}}{\partial x_j} \left[f_j\left(\bar{x}_j\right) + x_{j+1} \right] + \sum_{j=0}^{n-1} \frac{\partial \alpha_{n-1}}{\partial y_d^{(j)}} y_d^{(j+1)} \\
& + \sum_{j=1}^{n-1} \frac{\partial \alpha_{n-1}}{\partial x_j} h_j \left[\bar{x}_j \left(t - \tau_j\right) \right] + \sum_{j=1}^{n-1} \frac{\partial \alpha_{n-1}}{\partial \hat{W}_j} \dot{\hat{W}}_j
\end{aligned}
$$

选择如下对数型障碍李雅普诺夫函数：

$$V_n = \frac{1}{2}\ln\left(\frac{k_{b_n}^2}{k_{b_n}^2 - z_n^2}\right) + \frac{1}{2}\tilde{W}_n^{\mathrm{T}}\varGamma_n^{-1}\tilde{W}_n + V_{n-1} + V_{\tau_n} \tag{3.1.40}$$

$$V_{\tau_n} = \sum_{j=n}^{n}(n+1-j)\,\mathrm{e}^{-(t-\tau_j)}\int_{t-\tau_j}^{t}\mathrm{e}^{s}z_n^2(s)\,q_{jn}^2\left[\bar{z}_n(s)\right]\mathrm{d}s \tag{3.1.41}$$

式中，$k_{b_n} > 0$ 为设计参数；$\varGamma_n = \varGamma_n^{\mathrm{T}} > 0$ 为增益矩阵；$\tilde{W}_n = \hat{W}_n - W_n^*$ 为参数估计误差，$\hat{W}_n$ 为 W_n^* 的估计；误差变量需满足 $|z_n| < k_{b_n}$。

由式 (3.1.40) 和式 (3.1.41)，对 V_n 求导，可得

$$\begin{aligned}\dot{V}_n =& \frac{z_n\dot{z}_n}{k_{b_n}^2 - z_n^2} + \sum_{j=n}^{n}(n+1-j)\,\mathrm{e}^{\tau_j}z_n^2q_{jn}^2(\bar{z}_n) + \dot{V}_{n-1} - V_{\tau_n}\\ &- \sum_{j=n}^{n}(n+1-j)\,z_n^2(t-\tau_j)\,q_{jn}^2\left[\bar{z}_n(t-\tau_j)\right] + \tilde{W}_n^{\mathrm{T}}\varGamma_n^{-1}\dot{\hat{W}}_n\end{aligned} \tag{3.1.42}$$

将式 (3.1.39) 代入式 (3.1.42)，可得

$$\begin{aligned}\dot{V}_n =& \frac{z_n}{k_{b_n}^2 - z_n^2}\left[f_n(x_n) + u\right] + \sum_{j=n}^{n}(n+1-j)\,\mathrm{e}^{\tau_j}z_n^2q_{jn}^2(\bar{z}_n) + \tilde{W}_n^{\mathrm{T}}\varGamma_n^{-1}\dot{\hat{W}}_n\\ &- \sum_{j=n}^{n}(n+1-j)\,z_n^2(t-\tau_j)\,q_{jn}^2\left[\bar{z}_n(t-\tau_j)\right] - V_{\tau_n} - \frac{z_n}{k_{b_n}^2 - z_n^2}\sum_{j=0}^{n-1}\frac{\partial\alpha_{n-1}}{\partial y_d^{(j)}}y_d^{(j+1)}\\ &- \frac{z_n}{k_{b_n}^2 - z_n^2}\sum_{j=1}^{n-1}\frac{\partial\alpha_{n-1}}{\partial x_j}h_j\left[\bar{x}_j(t-\tau_j)\right] + \dot{V}_{n-1} - \frac{z_n}{k_{b_n}^2 - z_n^2}\sum_{j=1}^{n-1}\frac{\partial\alpha_{n-1}}{\partial\hat{W}_j}\dot{\hat{W}}_j\\ &- \frac{z_n}{k_{b_n}^2 - z_n^2}\sum_{j=1}^{n-1}\frac{\partial\alpha_{n-1}}{\partial x_j}\left[f_j(\bar{x}_j) + x_{j+1}\right] + \frac{z_n}{k_{b_n}^2 - z_n^2}h_n\left[\bar{x}_n(t-\tau_n)\right]\end{aligned} \tag{3.1.43}$$

由杨氏不等式，可得

$$\frac{z_n}{k_{b_n}^2 - z_n^2}h_n\left[\bar{x}_n(t-\tau_n)\right] \leqslant \frac{1}{4}\left(\frac{z_n}{k_{b_n}^2 - z_n^2}\right)^2 + h_n^2\left[\bar{x}_n(t-\tau_n)\right] \tag{3.1.44}$$

$$\begin{aligned}&-\frac{z_n}{k_{b_n}^2 - z_n^2}\sum_{j=1}^{n-1}\frac{\partial\alpha_{n-1}}{\partial x_j}h_j\left[\bar{x}_j(t-\tau_j)\right]\\ &\leqslant \frac{1}{4}\sum_{j=1}^{n-1}\left(\frac{z_n}{k_{b_n}^2 - z_n^2}\frac{\partial\alpha_{n-1}}{\partial x_j}\right)^2 + \sum_{j=1}^{n-1}h_j^2\left[\bar{x}_j(t-\tau_j)\right]\end{aligned} \tag{3.1.45}$$

由式 (3.1.44) 和式 (3.1.45) 中的时滞项，可得

$$h_n\left[\bar{x}_n\left(t-\tau_n\right)\right]+\sum_{j=1}^{n-1} h_j^2\left[\bar{x}_j\left(t-\tau_j\right)\right]=\sum_{j=1}^{n} h_j^2\left[\bar{x}_j\left(t-\tau_j\right)\right] \tag{3.1.46}$$

将式 (3.1.44) ~ 式 (3.1.46) 代入式 (3.1.43)，可得

$$\begin{aligned}
\dot{V}_n \leqslant & \frac{z_n}{k_{b_n}^2-z_n^2}\left[f_n\left(x_n\right)+u\right]+\sum_{j=n}^{n}(n+1-j) \mathrm{e}^{\tau_j} z_n^2 q_{jn}^2\left(\bar{z}_n\right)-V_{\tau_n} \\
& -\sum_{j=n}^{n}(n+1-j) z_n^2\left(t-\tau_j\right) q_{jn}^2\left[\bar{z}_n\left(t-\tau_j\right)\right]+\tilde{W}_n^{\mathrm{T}} \Gamma_n^{-1} \dot{\hat{W}}_n \\
& +\sum_{j=1}^{n} h_j^2\left[\bar{x}_j\left(t-\tau_j\right)\right]-\frac{z_n}{k_{b_n}^2-z_n^2} \sum_{j=1}^{n-1} \frac{\partial \alpha_{n-1}}{\partial x_j}\left[f_j\left(\bar{x}_j\right)+x_{j+1}\right] \\
& +\dot{V}_{n-1}-\frac{z_n}{k_{b_n}^2-z_n^2} \sum_{j=1}^{n-1} \frac{\partial \alpha_{n-1}}{\partial \hat{W}_j} \dot{\hat{W}}_j+\frac{1}{4} \sum_{j=1}^{n-1}\left(\frac{z_n}{k_{b_n}^2-z_n^2} \frac{\partial \alpha_{n-1}}{\partial x_j}\right)^2 \\
& +\frac{1}{4}\left(\frac{z_n}{k_{b_n}^2-z_n^2}\right)^2-\frac{z_n}{k_{b_n}^2-z_n^2} \sum_{j=0}^{n-1} \frac{\partial \alpha_{n-1}}{\partial y_d^{(j)}} y_d^{(j+1)}
\end{aligned} \tag{3.1.47}$$

定义未知非线性函数 $F_n\left(Z_n\right)$ 为

$$\begin{aligned}
F_n\left(Z_n\right)= & -\sum_{j=1}^{n-1} \frac{\partial \alpha_{n-1}}{\partial \hat{W}_j} \dot{\hat{W}}_j-\sum_{j=0}^{n-1} \frac{\partial \alpha_{n-1}}{\partial y_d^{(j)}} y_d^{(j+1)}-\sum_{j=1}^{n-1} \frac{\partial \alpha_{n-1}}{\partial x_j}\left[f_j\left(\bar{x}_j\right)+x_{j+1}\right] \\
& +f_n\left(\bar{x}_n\right)+\frac{z_n}{4\left(k_{b_n}^2-z_n^2\right)} \sum_{j=1}^{n-1}\left(\frac{\partial \alpha_{n-1}}{\partial x_j}\right)^2+\frac{k_{b_n}^2-z_n^2}{k_{b_{n-1}}^2-z_{n-1}^2} z_{n-1} \\
& +\left(k_{b_n}^2-z_n^2\right) \sum_{j=n}^{n}(n+1-j) \mathrm{e}^{\tau_j} z_n q_{jn}^2\left(\bar{z}_n\right)
\end{aligned} \tag{3.1.48}$$

利用神经网络逼近未知非线性函数 $F_n\left(Z_n\right)$，可得

$$F_n\left(Z_n\right)=W_n^{* \mathrm{T}} S_n\left(Z_n\right)+\delta_n\left(Z_n\right) \tag{3.1.49}$$

式中，$Z_n=\left[\bar{x}_n^{\mathrm{T}} ; y_d, \dot{y}_d, \cdots, y_d^{(n)} ; \hat{W}_1^{\mathrm{T}}, \hat{W}_2^{\mathrm{T}}, \cdots, \hat{W}_{n-1}^{\mathrm{T}}\right]^{\mathrm{T}}$ 为神经网络的输入向量；$S_n\left(Z_n\right)$ 为神经元激活函数；W_n^* 为最优权重向量；$\delta_n\left(Z_n\right)$ 为逼近误差，存在正常数 $\bar{\delta}_n$ 使得 $\left|\delta_n\left(Z_n\right)\right| \leqslant \bar{\delta}_n$。

将式 (3.1.48) 和式 (3.1.49) 代入式 (3.1.47)，可得

$$\dot{V}_n \leqslant \frac{z_n}{k_{b_n}^2 - z_n^2} u + D_n + \frac{z_n}{k_{b_n}^2 - z_n^2} \left[W_n^{*\mathrm{T}} S_n(Z_n) + \delta_n(Z_n) \right] - V_{\tau_n} + \dot{V}_{n-1} + \frac{1}{4} \left(\frac{z_n}{k_{b_n}^2 - z_n^2} \right)^2 - \frac{z_{n-1} z_n}{k_{b_{n-1}}^2 - z_{n-1}^2} + \tilde{W}_n^{\mathrm{T}} \Gamma_n^{-1} \dot{\hat{W}}_n \tag{3.1.50}$$

式中，$D_n = \sum_{j=1}^{n} h_j^2 \left[\bar{x}_j (t - \tau_j) \right] - \sum_{j=n}^{n} (n + 1 - j) z_n^2 (t - \tau_j) q_{jn}^2 \left[\bar{z}_n (t - \tau_j) \right]$。

由杨氏不等式，可得

$$\frac{z_n}{k_{b_n}^2 - z_n^2} \delta_n(Z_n) \leqslant \frac{1}{2\eta_n} \left(\frac{z_n}{k_{b_n}^2 - z_n^2} \right)^2 + \frac{1}{2} \eta_n \bar{\delta}_n^2 \tag{3.1.51}$$

式中，$\eta_n > 0$ 为设计参数。

将式 (3.1.51) 代入式 (3.1.50)，可得

$$\dot{V}_n \leqslant \frac{z_n}{k_{b_n}^2 - z_n^2} u + D_n + \frac{z_n}{k_{b_n}^2 - z_n^2} W_n^{*\mathrm{T}} S_n(Z_n) + \frac{1}{4} \left(\frac{z_n}{k_{b_n}^2 - z_n^2} \right)^2 + \dot{V}_{n-1} - V_{\tau_n} + \frac{1}{2} \eta_n \bar{\delta}_n^2 + \tilde{W}_n^{\mathrm{T}} \Gamma_n^{-1} \dot{\hat{W}}_n - \frac{z_{n-1} z_n}{k_{b_{n-1}}^2 - z_{n-1}^2} + \frac{1}{2\eta_n} \left(\frac{z_n}{k_{b_n}^2 - z_n^2} \right)^2 \tag{3.1.52}$$

设计如下实际控制器和自适应律：

$$u = -k_n z_n - \hat{W}_n^{\mathrm{T}} S_n(Z_n) - \frac{1}{2\eta_n} \frac{z_n}{k_{b_n}^2 - z_n^2} - \frac{1}{4} \frac{z_n}{k_{b_n}^2 - z_n^2} \tag{3.1.53}$$

$$\dot{\hat{W}}_n = \Gamma_n \left[\frac{z_n}{k_{b_n}^2 - z_n^2} S_n(Z_n) - \sigma_n \left(\hat{W}_n - W_n^0 \right) \right] \tag{3.1.54}$$

式中，$\sigma_n > 0$、$W_n^0 > 0$ 和 $k_n > 0$ 为设计参数。

由式 (3.1.53)，可得

$$\frac{z_n}{k_{b_n}^2 - z_n^2} u = -\frac{z_n}{k_{b_n}^2 - z_n^2} \left[k_n z_n^2 - \hat{W}_n^{\mathrm{T}} S_n(Z_n) \right] - \left(\frac{1}{2\eta_n} + \frac{1}{4} \right) \left(\frac{z_n}{k_{b_n}^2 - z_n^2} \right)^2 \tag{3.1.55}$$

由杨氏不等式，可得

$$-\sum_{j=1}^{n} \sigma_j \tilde{W}_j \left(\hat{W}_j - W_j^0 \right) = -\sum_{j=1}^{n} \sigma_j \tilde{W}_j \hat{W}_j + \sum_{j=1}^{n} \sigma_j \tilde{W}_j W_j^0 \tag{3.1.56}$$

进而，可以得到

$$-\sum_{j=1}^{n}\sigma_j\tilde{W}_j\hat{W}_j \leqslant \frac{1}{2}\sum_{j=1}^{n}\sigma_j\left\|\tilde{W}_j\right\|^2+\sum_{j=1}^{n}\sigma_j\left\|\hat{W}_j\right\|^2 \tag{3.1.57}$$

将式 (3.1.54) 和式 (3.1.55) 代入式 (3.1.52)，可得

$$\begin{aligned}\dot{V}_n \leqslant & -\sum_{j=1}^{n}\frac{k_j z_j^2}{k_{b_j}^2-z_j^2}+\sum_{j=1}^{n}\frac{1}{2}\eta_j\bar{\delta}_j^2\\ & -\sum_{j=1}^{n}\sigma_j\tilde{W}_j\left(\hat{W}_j-W_j^0\right)+\sum_{j=1}^{n}D_j-\sum_{j=1}^{n}V_{\tau_j}\end{aligned} \tag{3.1.58}$$

由文献 [5] 中假设 3，可得

$$\begin{aligned}\sum_{j=1}^{n}D_j=\sum_{i=1}^{n}D_i= & \sum_{i=1}^{n}\sum_{j=1}^{i}\sum_{k=1}^{j}x_k^2\left(t-\tau_j\right)q_{j,k}^2\left[\bar{x}_j\left(t-\tau_j\right)\right]\\ & -\sum_{i=1}^{n}\sum_{j=i}^{n}\left(n+1-j\right)x_i^2\left(t-\tau_j\right)q_{ji}^2\left[\bar{x}_i\left(t-\tau_j\right)\right]=0\end{aligned} \tag{3.1.59}$$

由式 (3.1.58) 和式 (3.1.59)，可得

$$\dot{V}_n \leqslant -\rho V_n + C \tag{3.1.60}$$

式中，$\rho=\min\left\{2k_j,\sigma_j / \lambda_{\min}\left(\varGamma_j\right),1\right\}(j=1,2,\cdots,n)$; $C=\sum_{j=1}^{n}(\eta_j\bar{\delta}_j^2+\sigma_j\|W_j^*-W_j^0\|^2)/2$。

3.1.3 稳定性与收敛性分析

定理 3.1.1 对于非线性严格反馈系统 (3.1.1)，假设 3.1.1 和假设 3.1.2 成立。如果采用实际控制器 (3.1.53)，虚拟控制器 (3.1.15) 和 (3.1.33)，参数自适应律 (3.1.16)、(3.1.34) 和 (3.1.54)，那么总体控制方案具有如下性能：

(1) 闭环系统中的所有信号是半全局一致最终有界的；

(2) 跟踪误差收敛到包含原点的一个较小的邻域内；

(3) 系统所有状态满足指定约束条件。

证明 式 (3.1.60) 两边同时乘以 $\mathrm{e}^{\rho t}$ 并积分，可得

$$V_n(t) \leqslant \left[V_n(0) - \frac{C}{\rho}\right]\mathrm{e}^{-\rho t} + \frac{C}{\rho} \leqslant V_n(0) + \frac{C}{\rho} \tag{3.1.61}$$

由李雅普诺夫函数中各项均为正，可得

$$\frac{1}{2}\ln\left(\frac{k_{b_i}^2}{k_{b_i}^2 - z_i^2}\right) \leqslant V_n(0) + \frac{C}{\rho} \tag{3.1.62}$$

$$\frac{1}{2}\tilde{W}_i^{\mathrm{T}}\varGamma_i^{-1}\tilde{W}_i \leqslant V_n(0) + \frac{C}{\rho} \tag{3.1.63}$$

由式 (3.1.62) 和式 (3.1.63)，可得

$$|z_i| \leqslant k_{b_i}\sqrt{1 - \mathrm{e}^{-2V_n(0) - 2C/\rho}} \tag{3.1.64}$$

$$\left\|\tilde{W}_i\right\| \leqslant \sqrt{2\lambda_{\max}(\varGamma_i)\left[V_n(0) + C/\rho\right]} \tag{3.1.65}$$

由式 (3.1.64) 和式 (3.1.65) 可知，z_i 和 $\tilde{W}_i\,(i = 1, 2, \cdots, n)$ 都是有界的。结合 $\tilde{W}_i = \hat{W}_i - W_i^*$，可知 $\hat{W}_i$ 是有界的。由 $x_1 = z_1 + y_d$，$|z_1| < k_{b_1}$，$|y_d| \leqslant Y_0$ 和 $k_{b_1} = k_{c_1} - Y_0$，可得 $|x_1| < k_{b_1} + Y_0 = k_{c_1}$。虚拟控制器 α_1 是关于 z_1、y_d 和 $\hat{W}_i$ 的函数，虚拟控制器 α_1 是有界的，且 $|\alpha_1| \leqslant M_1$。由 $x_2 = z_2 + \alpha_1$ 和 $k_{c_2} > M_1 + k_{b_2}$，可得 $|x_2| < k_{c_2}$。同理可得，$|x_i| < k_{c_i}\,(i = 3, 4, \cdots, n)$，系统状态不违反给定的约束界。虚拟控制器 $\alpha_i\,(i = 2, 3, \cdots, n-1)$ 和实际控制器 u 是有界的。最终证明闭环系统所有信号的有界性。

评注 3.1.1 本节针对具有常数状态时滞非线性严格反馈系统，介绍了一种神经网络自适应约束控制方法。针对具有时滞的高阶非线性系统以及随机系统，几种智能约束控制方法可参见文献 [6]~[8]。

3.1.4 仿真

例 3.1.1 考虑如下非线性严格反馈系统：

$$\begin{cases} \dot{x}_1(t) = f_1(x_1) + x_2 + h_1\left[x_1(t - \tau_1)\right] \\ \dot{x}_2(t) = f_2(x_2) + u + h_2\left[x_2(t - \tau_2)\right] \\ y = x_1 \end{cases} \tag{3.1.66}$$

式中，x_1 和 x_2 为系统的状态变量；u 为系统输入；y 为系统输出；$h_1 = x_1(t - \tau_1)/\left[1 + x_1^2(t - \tau_1)\right]$；$h_2 = \sin\left[x_2(t - \tau_2)\right]/\left[1 + x_2^4(t - \tau_2)\right]$；$\tau_1 = 2$；$\tau_2 = 0.5$；$f_1 = \sin(x_1)$；$f_2 = 0.2x_1x_2$。参考信号为 $y_d = 0.5\left[\sin t + \sin(0.5t)\right]$。

设计如下控制器和自适应律：

$$\alpha_1=-k_1z_1-\hat{W}_1^{\mathrm{T}}S_1\left(Z_1\right)-\frac{1}{2\eta_1}\frac{z_1}{k_{b_1}^2-z_1^2}-\frac{1}{4}\frac{z_1}{k_{b_1}^2-z_1^2}$$

$$u=-k_2z_2-\hat{W}_2^{\mathrm{T}}S_2\left(Z_2\right)-\frac{1}{2\eta_2}\frac{z_2}{k_{b_2}^2-z_2^2}-\frac{1}{4}\frac{z_2}{k_{b_2}^2-z_2^2}$$

$$\dot{\hat{W}}_i=\varGamma_i\left[\frac{z_i}{k_{b_i}^2-z_i^2}S_i\left(Z_i\right)-\sigma_i\left(\hat{W}_i-W_i^0\right)\right],\quad i=1,2$$

式中，$z_1=x_1-y_d$；$z_2=x_2-\alpha_1$；$Z_1=[x_1,y_d,\dot{y}_d]^{\mathrm{T}}$；$Z_2=\left[x_1,x_2\ ,y_d,\dot{y}_d,\ddot{y}_d,\hat{W}_1^{\mathrm{T}}\right]^{\mathrm{T}}$。

选择设计参数为 $k_{c_1}=k_{c_2}=2$、$\sigma_1=1.2$、$\sigma_2=0.2$、$k_1=62$、$k_2=4$、$\eta_1=\eta_2=2$、$l_1=l_2=30$、$\varGamma_1=0.4\mathrm{diag}\{\mathrm{ones}(1,30)\}$、$\varGamma_2=0.2\mathrm{diag}\{\mathrm{ones}(1,30)\}$、$W_j^0=\mathrm{zeros}\,(30,1)$，初始条件为 $x_1(0)=0$、$x_2(0)=0$、$\hat{W}_1(0)=\hat{W}_2(0)=0.11$。其中，$\mathrm{ones}(a,b)$ 用于创建一个全为 1 的 $a\times b$ 的数组；$\mathrm{zeros}(a,b)$ 用于创建一个全为 0 的 $a\times b$ 数组。

本节利用神经网络进行逼近，最优逼近估计 $S_1\left(Z_1\right)$ 的节点数为 30，x_1 、y_d 、y_d 的中心平均分布在 $[-1.5,1.5]\times[-2.5,2.5]\times[-1,1]$ 区间，高斯函数的宽度为 16；最优逼近估计 $S_2\left(Z_2\right)$ 的节点数为 30，x_1、x_2 的中心平均分布在 $[-1.5,1.5]\times[-2,2]$ 区间，y_d、$\dot{y}_d$、$\ddot{y}_d$ 的中心平均分布在 $[-1,2]\times[-2,2]\times[-1.5,1.5]$ 区间，$\hat{W}_1$ 包含 30 个变量，它们的中心都平均分布在 $[-1,1]$ 区间，高斯函数的宽度为 12。

仿真结果如图 3.1.1 ～ 图 3.1.5 所示。

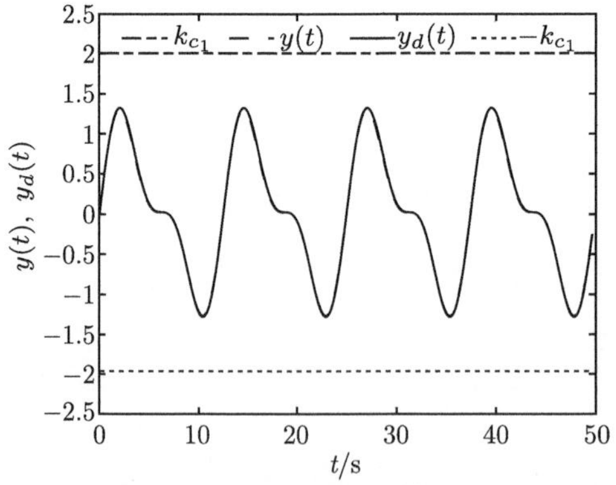

图 3.1.1　$y(t)$ 和 $y_d(t)$ 的轨迹

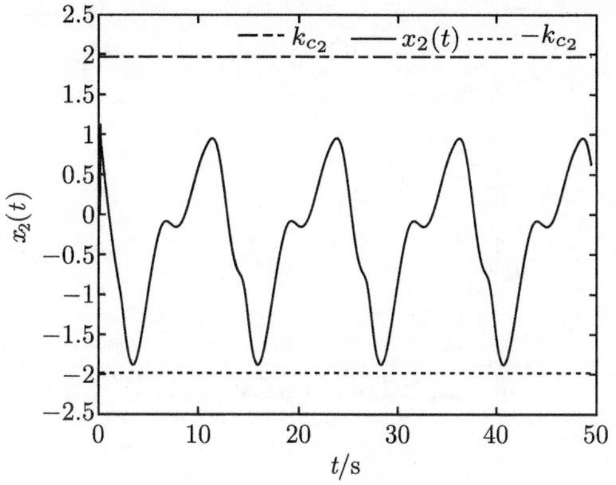

图 3.1.2 $x_2(t)$ 的轨迹

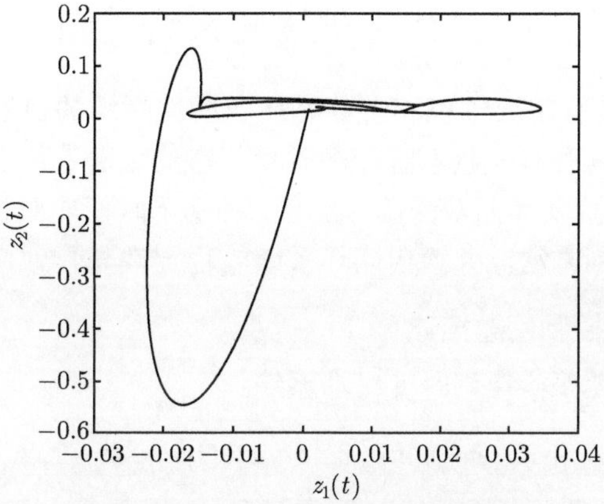

图 3.1.3 $z_1(t)$ 和 $z_2(t)$ 的相位图

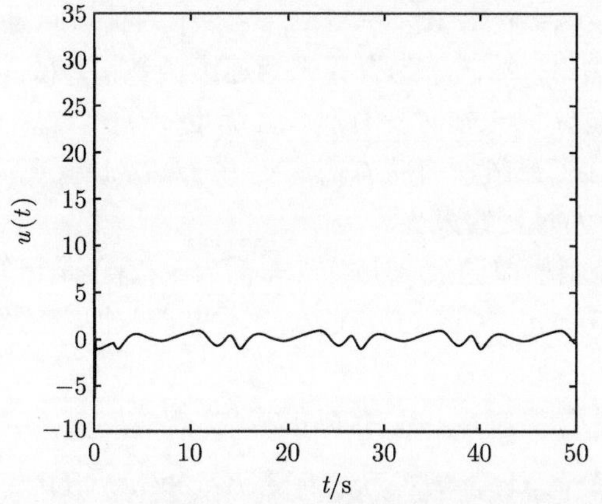

图 3.1.4 $u(t)$ 的轨迹

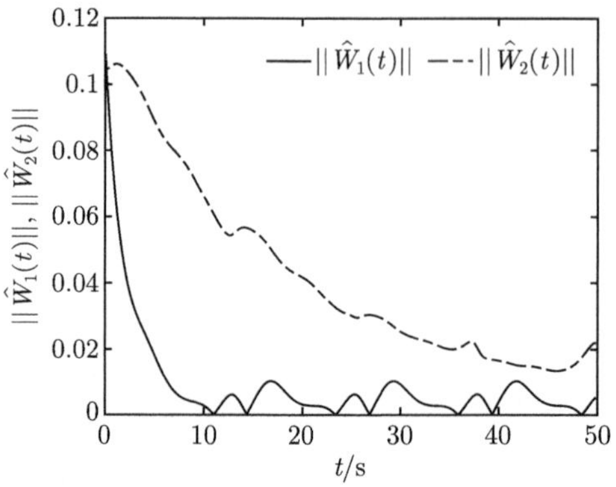

图 3.1.5 $\left\|\hat{W}_1(t)\right\|$ 和 $\left\|\hat{W}_2(t)\right\|$ 的轨迹

3.2 具有时变状态时滞非线性系统的自适应约束控制

3.1 节介绍了具有常数约束和常数时滞非线性系统的自适应反步递推控制方法。本节针对一类具有时变状态时滞和时变状态约束的非线性系统，基于神经网络和李雅普诺夫-克拉索夫斯基泛函，提出一种基于时变非对称障碍李雅普诺夫函数的自适应神经控制方法，并给出闭环系统的稳定性与收敛性分析。

3.2.1 系统模型及控制问题描述

考虑如下非线性严格反馈时变时滞系统：

$$\begin{cases} \dot{x}_i = g_i\left(\bar{x}_i\right) x_{i+1} + f_i\left(\bar{x}_i\right) + h_i\left\{\bar{x}_i\left[t-\tau_i(t)\right]\right\}, \quad i=1,2,\cdots,n-1 \\ \dot{x}_n = g_n\left(\bar{x}_n\right) u + f_n\left(\bar{x}_n\right) + h_n\left\{\bar{x}_n\left[t-\tau_n(t)\right]\right\} \\ y = x_1 \end{cases} \tag{3.2.1}$$

式中，$\bar{x}_i=\left[x_1,x_2,\cdots,x_i\right]^{\mathrm{T}}\in\mathbf{R}^i\ (i=1,2,\cdots,n)$ 为状态向量；$u\in\mathbf{R}$ 和 $y\in\mathbf{R}$ 分别为系统的输入和输出；$g_i\left(\bar{x}_i\right)$ 为有界光滑连续函数；$f_i\left(\bar{x}_i\right)$ 和 $h_i\left(\bar{x}_i\right)$ 为未知的光滑非线性函数；$\tau_i(t)$ 为未知时变时滞，且满足 $\tau_i(t)\leqslant\tau_{\max}$ 和 $\dot{\tau}_i(t)\leqslant\tau\leqslant 1$，$\tau$ 和 $\tau_{\max}$ 均为已知常数。系统所有状态需满足 $\underline{k}_{c_i}(t)<x_i<\bar{k}_{c_i}(t)$，$\underline{k}_{c_i}(t):\mathbf{R}^{+}\rightarrow\mathbf{R}$ 和 $\bar{k}_{c_i}(t):\mathbf{R}^{+}\rightarrow\mathbf{R}$ 为时变约束界。

假设 3.2.1 控制增益函数 $g_i\left(\bar{x}_i\right)(i=1,2,\cdots,n)$ 是已知的，并且存在正常数 g_{i0} 和 g_{i1}，使得 $0<g_{i0}\leqslant\left|g_i\left(\bar{x}_i\right)\right|\leqslant g_{i1}$。不失一般性，假设 $0<g_{i0}\leqslant g_i\left(\bar{x}_i\right)\leqslant g_{i1}$。

假设 3.2.2 对于任意 $t\geqslant 0$，存在正常数 $\bar{K}_i^j$ 和 $\underline{K}_i^j(i=1,2,\cdots,n;j=0,1,\cdots,n)$，使得不等式 $\underline{k}_{c_i}(t)\geqslant\underline{K}_i^0$、$\bar{k}_{c_i}(t)\leqslant\bar{K}_i^0$ 和 $\left|\bar{k}_{c_i}^{(j)}(t)\right|\leqslant\bar{K}_i^j$、$\left|\underline{k}_{c_i}^{(j)}(t)\right|\geqslant\underline{K}_i^j$ 成立。$\underline{k}_{c_i}^{(j)}(t)$ 和 $\bar{k}_{c_i}^{(j)}(t)$ 分别为约束下界和上界的第 j 阶导数。

假设 3.2.3 对于参考信号 $y_d(t)$ 及其第 i 阶导数 $y_d^{(i)}(t)$，存在时变函数 $\bar{Y}_0(t):\mathbf{R}^+\to\mathbf{R}$、$\underline{Y}_0(t):\mathbf{R}^+\to\mathbf{R}$ 和正常数 $Y_i(i=1,2,\cdots,n)$，满足 $\underline{k}_{c_1}(t)<\underline{Y}_0(t)\leqslant y_d(t)\leqslant\bar{Y}_0(t)<\bar{k}_{c_1}(t)$ 和 $\left|y_d^{(i)}(t)\right|\leqslant Y_i$。

引理 3.2.1[2] 对于区间 $\Omega_Z=\{-k_{a_i}(t)<z_i(t)<k_{b_i}(t)\}\,(i=1,2,\cdots,n)$ 中的 z_i，存在一个正整数 p，使得如下不等式成立：

$$\begin{aligned}&\frac{q_i(z_i)}{2p}\ln\left[\frac{k_{b_i}^{2p}(t)}{k_{b_i}^{2p}(t)-z_i^{2p}}\right]+\frac{1-q_i(z_i)}{2p}\ln\left[\frac{k_{a_i}^{2p}(t)}{k_{a_i}^{2p}(t)-z_i^{2p}}\right]\\&\leqslant\frac{q_i(z_i)}{2p}\frac{z_i^{2p}}{k_{b_i}^{2p}(t)-z_i^{2p}}+\frac{1-q_i(z_i)}{2p}\frac{z_i^{2p}}{k_{a_i}^{2p}(t)-z_i^{2p}}\end{aligned}\tag{3.2.2}$$

控制任务 设计一种神经网络自适应约束控制器，使得：

(1) 闭环系统的所有信号是半全局一致最终有界的；

(2) 误差信号收敛到包含原点的一个较小的邻域内；

(3) 系统所有状态满足指定约束条件。

3.2.2 神经网络自适应反步递推控制设计

定义如下坐标变换：

$$\begin{cases}z_1=x_1-y_d\\z_i=x_i-\alpha_{i-1},\quad i=2,3,\cdots,n\end{cases}\tag{3.2.3}$$

式中，z_1 为跟踪误差；z_i 为误差变量；α_{i-1} 为虚拟控制器。

基于上面的坐标变换，n 步神经网络自适应反步递推控制设计过程如下。

第 1 步 由式 (3.2.1) 和式 (3.2.3)，对 z_1 求导，可得

$$\dot{z}_1=\dot{x}_1-\dot{y}_d=f_1(x_1)+g_1(x_1)x_2+h_1\{x_1[t-\tau_1(t)]\}-\dot{y}_d\tag{3.2.4}$$

选择如下对数型障碍李雅普诺夫函数：

$$V_1=\frac{q_1(z_1)}{2p}\ln\left[\frac{k_{b_1}^{2p}(t)}{k_{b_1}^{2p}(t)-z_1^{2p}}\right]+\frac{1}{2}\tilde{W}_1^{\mathrm{T}}\varGamma_1^{-1}\tilde{W}_1+\frac{1-q_1(z_1)}{2p}\ln\left[\frac{k_{a_1}^{2p}(t)}{k_{a_1}^{2p}(t)-z_1^{2p}}\right]\tag{3.2.5}$$

式中，$\tilde{W}_1=\hat{W}_1-W_1^*$ 为参数估计误差，$\hat{W}_1$ 为 W_1^* 的估计；$\varGamma_1=\varGamma_1^{\mathrm{T}}>0$ 为增益矩阵；p 为满足 $2p\geqslant n$ 的正整数；跟踪误差需满足 $-k_{a_1}(t)<z_1<k_{b_1}(t)$，$k_{b_1}(t)$ 和 $k_{a_1}(t)$ 为已知的正函数。由此可知，V_1 在 $-k_{a_1}(t)<z_1<k_{b_1}(t)$ 条件下是正定且一阶连续可导的。

函数 $q_i(z_i)\,(i=1,2,\cdots,n)$ 定义为

$$q_i(z_i)=\begin{cases}1, & z_i>0\\ 0, & z_i\leqslant 0\end{cases}\tag{3.2.6}$$

定义如下时变函数：

$$\begin{cases}k_{a_1}(t)=y_d(t)-\underline{k}_{c_1}(t)\\ k_{b_1}(t)=\bar{k}_{c_1}(t)-y_d(t)\end{cases}\tag{3.2.7}$$

由式 (3.2.7)、假设 3.2.2 和假设 3.2.3，可得 $\underline{k}_{a_1}\leqslant k_{a_1}(t)\leqslant\bar{k}_{a_1}$ 和 $\underline{k}_{b_1}\leqslant k_{b_1}(t)\leqslant\bar{k}_{b_1}$，式中 $\underline{k}_{a_1}>0$、$\bar{k}_{a_1}>0$、$\underline{k}_{b_1}>0$ 和 $\bar{k}_{b_1}>0$ 为正常数。

定义如下坐标变换：

$$\begin{cases}\xi_{a_i}(t)=\dfrac{z_i}{k_{a_i}(t)}, \quad \xi_{b_i}(t)=\dfrac{z_i}{k_{b_i}(t)}\\ \xi_i(t)=[1-q_i(z_i)]\,\xi_{a_i}(t)+q_i(z_i)\,\xi_{b_i}(t)\end{cases}\tag{3.2.8}$$

由式 (3.2.4) 和式 (3.2.6) ~ 式 (3.2.8)，对 V_1 求导，可得

$$\begin{aligned}\dot{V}_1=&\tilde{W}_1^{\mathrm{T}}\Gamma_1^{-1}\dot{\hat{W}}_1+\left\{\frac{q_1(z_1)\,\xi_{b_1}^{2p-1}}{k_{b_1}(t)\left(1-\xi_{b_1}^{2p}\right)}+\frac{[1-q_1(z_1)]\,\xi_{a_1}^{2p-1}}{k_{a_1}(t)(1-\xi_{a_1}^{2p})}\right\}\\&\times\left(f_1(x_1)+g_1(x_1)\,x_2+h_1\{x_1[t-\tau_1(t)]\}-\dot{y}_d\right)\\&-\frac{[1-q_1(z_1)]\,\dot{k}_{a_1}(t)\xi_{a_1}^{2p}}{k_{a_1}(t)(1-\xi_{a_1}^{2p})}-\frac{q_1(z_1)\,\dot{k}_{b_1}(t)\xi_{b_1}^{2p}}{k_{b_1}(t)\left(1-\xi_{b_1}^{2p}\right)}\end{aligned}\tag{3.2.9}$$

由杨氏不等式，并定义 $\bar{\upsilon}=1-\tau$，可得

$$\begin{aligned}\frac{q_1(z_1)\,\xi_{b_1}^{2p-1}}{k_{b_1}(t)\left(1-\xi_{b_1}^{2p}\right)}h_1\{x_1[t-\tau_1(t)]\}\leqslant&\frac{2p-1}{2p}\frac{q_1(z_1)}{\sqrt[2p-1]{\bar{\upsilon}}}\left[\frac{\xi_{b_1}^{2p-1}}{k_{b_1}(t)\left(1-\xi_{b_1}^{2p}\right)}\right]^{\frac{2p}{2p-1}}\\&+\frac{q_1(z_1)}{2p}\bar{\upsilon}h_1^{2p}\{x_1[t-\tau_1(t)]\}\end{aligned}\tag{3.2.10}$$

$$\begin{aligned}\frac{[1-q_1(z_1)]\,\xi_{a_1}^{2p-1}}{k_{a_1}(t)(1-\xi_{a_1}^{2p})}h_1\{x_1[t-\tau_1(t)]\}\leqslant&\frac{2p-1}{2p}\frac{[1-q_1(z_1)]}{\sqrt[2p-1]{\bar{\upsilon}}}\left[\frac{\xi_{a_1}^{2p-1}}{k_{a_1}(t)(1-\xi_{a_1}^{2p})}\right]^{\frac{2p}{2p-1}}\\&+\frac{[1-q_1(z_1)]}{2p}\bar{\upsilon}h_1^{2p}\{x_1[t-\tau_1(t)]\}\end{aligned}\tag{3.2.11}$$

将式 (3.2.10) 和式 (3.2.11) 代入式 (3.2.9)，可得

$$\begin{aligned}\dot{V}_1 \leqslant & \mu_1 z_1^{2p-1}\left[f_1(x_1)+\frac{1}{\mu_1}H_1+g_1(x_1)(z_2+\alpha_1)+\frac{2p-1}{2p}\frac{z_1}{\sqrt[2p-1]{\bar{\upsilon}}}\mu_1^{\frac{1}{2p-1}}\right] \\ & -z_1^{2p-1}H_1+\tilde{W}_1^{\mathrm{T}}\Gamma_1^{-1}\dot{\hat{W}}_1+\frac{\bar{\upsilon}}{2p}h_1^{2p}\{x_1[t-\tau_1(t)]\}-\mu_1 z_1^{2p-1}\dot{y}_d \\ & -\frac{q_1(z_1)\dot{k}_{b_1}(t)\xi_{b_1}^{2p}}{k_{b_1}(t)\left(1-\xi_{b_1}^{2p}\right)}-\frac{[1-q_1(z_1)]\dot{k}_{a_1}(t)\xi_{a_1}^{2p}}{k_{a_1}(t)\left(1-\xi_{a_1}^{2p}\right)}\end{aligned} \tag{3.2.12}$$

其中，$H_i = \dfrac{1}{2p}\sum\limits_{j=i}^{n}(n+1-j)\,\mathrm{e}^{\tau_{\max}}z_i(t)q_{ji}^{2p}[\bar{z}_j(t)]\ (i=1,2,\cdots,n)$；$\mu_i = \dfrac{q_i(z_i)}{k_{b_i}^{2p}(t)-z_i^{2p}}+\dfrac{1-q_i(z_i)}{k_{a_i}^{2p}(t)-z_i^{2p}}\,(i=1,2,\cdots,n)$。

定义未知非线性函数 $F_1(Z_1)$ 为

$$F_1(Z_1)=f_1(x_1)-\dot{y}_d+\frac{1}{\mu_1}H_1+\frac{2p-1}{2p}\frac{z_1}{\sqrt[2p-1]{\bar{\upsilon}}}\mu_1^{\frac{1}{2p-1}} \tag{3.2.13}$$

利用神经网络逼近未知非线性函数 $F_1(Z_1)$，可得

$$F_1(Z_1)=W_1^{*\mathrm{T}}S_1(Z_1)+\delta_1(Z_1) \tag{3.2.14}$$

式中，$Z_1=[x_1,y_d,\dot{y}_d,k_{a_1},k_{b_1}]^{\mathrm{T}}$ 为神经网络的输入向量；$S_1(Z_1)$ 为神经元激活函数；W_1^* 为最优权重向量；$\delta_1(Z_1)$ 为逼近误差，存在正常数 $\bar{\delta}_1$ 使得 $|\delta_1(Z_1)|\leqslant\bar{\delta}_1$。

由杨氏不等式，可得

$$\mu_1 z_1^{2p-1}\delta_1(Z_1)\leqslant\frac{1}{2\gamma_1}\left(\mu_1 z_1^{2p-1}\right)^2+\frac{1}{2}\gamma_1\bar{\delta}_1^2 \tag{3.2.15}$$

$$\mu_1 g_1(x_1)z_1^{2p-1}z_2\leqslant\mu_1 g_1(x_1)\left(\frac{2p-1}{2p}z_1^{2p}+\frac{1}{2p}z_2^{2p}\right) \tag{3.2.16}$$

其中，$\gamma_i>0\,(i=1,2,\cdots,n)$ 为设计参数。

设计如下虚拟控制器和自适应律：

$$\alpha_1=\frac{1}{g_1(x_1)}\left[-k_1z_1-\frac{2p-1}{2p}g_1(x_1)z_1-\Delta_1(t)z_1-\hat{W}_1^{\mathrm{T}}S_1(Z_1)-\frac{1}{2\gamma_1}\mu_1z_1^{2p-1}\right] \tag{3.2.17}$$

$$\dot{\hat{W}}_1 = \Gamma_1 \left[\mu_1 z_1^{2p-1} S_1(Z_1) - \sigma_1 \hat{W}_1 \right] \tag{3.2.18}$$

式中，$\Delta_1 = \sqrt{\left[\dot{k}_{b_1}(t)/k_{b_1}(t)\right]^2 + \left[\dot{k}_{a_1}(t)/k_{a_1}(t)\right]^2 + \varepsilon_1}$；$k_1 > 0$、$\sigma_1 > 0$ 和 $\varepsilon_1 > 0$ 为设计参数；且有如下不等式成立：

$$\Delta_1 + \frac{q_1(z_1)\dot{k}_{b_1}(t)}{k_{b_1}(t)} + \frac{[1-q_1(z_1)]\dot{k}_{a_1}(t)}{k_{a_1}(t)} \geqslant 0$$

由式 (3.2.13) ~ 式 (3.2.18)，将式 (3.2.12) 改写为

$$\begin{aligned} \dot{V}_1 \leqslant & \frac{1}{2p}\mu_1 g_1(x_1) z_2^{2p} + \frac{\bar{\upsilon}}{2p} h_1^{2p}\{x_1[t-\tau_1(t)]\} \\ & - k_1\mu_1 z_1^{2p} + \frac{1}{2}\gamma_1\bar{\delta}_1^2 - \sigma_1 \tilde{W}_1^{\mathrm{T}}\hat{W}_1 - z_1^{2p-1}H_1 \end{aligned} \tag{3.2.19}$$

第 $i(2 \leqslant i \leqslant n-1)$ 步 由式 (3.2.1) 和式 (3.2.3)，对 z_i 求导，可得

$$\dot{z}_i = g_i(\bar{x}_i)x_{i+1} + f_i(\bar{x}_i) + h_i\{\bar{x}_i[t-\tau_i(t)]\} - \dot{\alpha}_{i-1} \tag{3.2.20}$$

式中

$$\begin{aligned} \dot{\alpha}_{i-1} = & \sum_{j=1}^{i-1}\frac{\partial\alpha_{i-1}}{\partial x_j}\left(f_j(\bar{x}_j) + g_j(\bar{x}_j)x_{j+1} + h_j\{\bar{x}_j[t-\tau_j(t)]\}\right) + \sum_{j=0}^{i-1}\frac{\partial\alpha_{i-1}}{\partial y_d^{(j)}}y_d^{(j+1)} \\ & + \sum_{j=1}^{i-1}\frac{\partial\alpha_{i-1}}{\partial\hat{W}_j}\dot{\hat{W}}_j + \sum_{m=1}^{i-1}\sum_{j=0}^{i-m}\frac{\partial\alpha_{i-1}}{\partial k_{a_m}^{(j)}}k_{a_m}^{(j+1)} + \sum_{m=1}^{i-1}\sum_{j=0}^{i-m}\frac{\partial\alpha_{i-1}}{\partial k_{b_m}^{(j)}}k_{b_m}^{(j+1)} \end{aligned}$$

选择如下对数型障碍李雅普诺夫函数：

$$\begin{aligned} V_i = & V_{i-1} + \frac{1-q_i(z_i)}{2p}\ln\left[\frac{k_{a_i}^{2p}(t)}{k_{a_i}^{2p}(t) - z_i^{2p}}\right] \\ & + \frac{q_i(z_i)}{2p}\ln\left[\frac{k_{b_i}^{2p}(t)}{k_{b_i}^{2p}(t) - z_i^{2p}}\right] + \frac{1}{2}\tilde{W}_i^{\mathrm{T}}\Gamma_i^{-1}\tilde{W}_i \end{aligned} \tag{3.2.21}$$

式中，$\Gamma_i = \Gamma_i^{\mathrm{T}} > 0$ 为增益矩阵；$\tilde{W}_i = \hat{W}_i - W_i^*$ 为参数估计误差，$\hat{W}_i$ 为 W_i^* 的估计。

由式 (3.2.20)，对 V_i 求导，可得

$$\dot{V}_i = \dot{V}_{i-1} + \left\{\frac{q_i(z_i)\xi_{b_i}^{2p-1}}{k_{b_i}(t)\left[1-\xi_{b_i}^{2p}\right]} + \frac{[1-q_i(z_i)]\xi_{a_i}^{2p-1}}{k_{a_i}(t)(1-\xi_{a_i}^{2p})}\right\}$$

$$\times\Bigg(f_i(\bar{x}_i)+g_i(\bar{x}_i)(z_{i+1}+\alpha_i)+h_i\{\bar{x}_i[t-\tau_i(t)]\}$$

$$-\sum_{j=1}^{i-1}\frac{\partial\alpha_{i-1}}{\partial x_j}f_j(\bar{x}_j)-\sum_{j=1}^{i-1}\frac{\partial\alpha_{i-1}}{\partial x_j}g_j(\bar{x}_j)x_{j+1}-\sum_{j=0}^{i-1}\frac{\partial\alpha_{i-1}}{\partial y_d^{(j)}}y_d^{(j+1)}$$

$$-\sum_{m=1}^{i-1}\sum_{j=0}^{i-m}\frac{\partial\alpha_{i-1}}{\partial k_{b_m}^{(j)}}k_{b_m}^{(j+1)}-\sum_{m=1}^{i-1}\sum_{j=0}^{i-m}\frac{\partial\alpha_{i-1}}{\partial k_{a_m}^{(j)}}k_{a_m}^{(j+1)}+\tilde{W}_i^{\mathrm{T}}\varGamma_i^{-1}\dot{\hat{W}}_i$$

$$-\sum_{j=1}^{i-1}\frac{\partial\alpha_{i-1}}{\partial\hat{W}_j}\dot{\hat{W}}_j-\sum_{j=1}^{i-1}\frac{\partial\alpha_{i-1}}{\partial x_j}h_j\{\bar{x}_j[t-\tau_j(t)]\}\Bigg)$$

$$-\frac{q_i(z_i)\dot{k}_{b_i}(t)\xi_{b_i}^{2p}}{k_{b_i}(t)\left(1-\xi_{b_i}^{2p}\right)}-\frac{[1-q_i(z_i)]\dot{k}_{a_i}(t)\xi_{a_i}^{2p}}{k_{a_i}(t)\left(1-\xi_{a_i}^{2p}\right)} \tag{3.2.22}$$

由杨氏不等式，可得

$$\frac{q_i(z_i)\xi_{b_i}^{2p-1}}{k_{b_i}(t)\left(1-\xi_{b_i}^{2p}\right)}h_i\{\bar{x}_i[t-\tau_i(t)]\}$$

$$\leqslant\frac{2p-1}{2p}\frac{q_i(z_i)}{\sqrt[2p-1]{\bar{\upsilon}}}\left[\frac{\xi_{b_i}^{2p-1}}{k_{b_i}(t)\left(1-\xi_{b_i}^{2p}\right)}\right]^{\frac{2p}{2p-1}}+\frac{q_i(z_i)}{2p}\bar{\upsilon}h_i^{2p}\{\bar{x}_i[t-\tau_i(t)]\} \tag{3.2.23}$$

$$\frac{[1-q_i(z_i)]\xi_{a_i}^{2p-1}}{k_{a_i}(t)\left(1-\xi_{a_i}^{2p}\right)}h_i\{\bar{x}_i[t-\tau_i(t)]\}$$

$$\leqslant\frac{2p-1}{2p}\frac{[1-q_i(z_i)]}{\sqrt[2p-1]{\bar{\upsilon}}}\left[\frac{\xi_{a_i}^{2p-1}}{k_{a_i}(t)\left(1-\xi_{a_i}^{2p}\right)}\right]^{\frac{2p}{2p-1}}+\frac{[1-q_i(z_i)]}{2p}\bar{\upsilon}h_i^{2p}\{\bar{x}_i[t-\tau_i(t)]\} \tag{3.2.24}$$

$$-\frac{q_i(z_i)\xi_{b_i}^{2p-1}}{k_{b_i}(t)\left(1-\xi_{b_i}^{2p}\right)}\sum_{j=1}^{i-1}\frac{\partial\alpha_{i-1}}{\partial x_j}h_j\{\bar{x}_j[t-\tau_j(t)]\}$$

$$\leqslant\frac{q_i(z_i)}{2p}\sum_{j=1}^{i-1}\bar{\upsilon}h_j^{2p}\{\bar{x}_j[t-\tau(t)]\}+\frac{2p-1}{2p}\frac{q_i(z_i)}{\sqrt[2p-1]{\bar{\upsilon}}}\left[\frac{\xi_{b_i}^{2p-1}}{k_{b_i}(t)\left(1-\xi_{b_i}^{2p}\right)}\sum_{j=1}^{i-1}\frac{\partial\alpha_{i-1}}{\partial x_j}\right]^{\frac{2p}{2p-1}} \tag{3.2.25}$$

$$-\frac{[1-q_i(z_i)]\xi_{a_i}^{2p-1}}{k_{a_i}(t)\left(1-\xi_{a_i}^{2p}\right)}\sum_{j=1}^{i-1}\frac{\partial\alpha_{i-1}}{\partial x_j}h_j\{\bar{x}_j[t-\tau_j(t)]\}$$

$$
\begin{aligned}
&\leqslant \frac{[1-q_i(z_i)]}{2p}\sum_{j=1}^{i-1}\bar{\upsilon}h_j^{2p}\left\{\bar{x}_j\left[t-\tau_j(t)\right]\right\} \\
&\quad+\frac{2p-1}{2p}\frac{[1-q_i(z_i)]}{\sqrt[2p-1]{\bar{\upsilon}}}\left[\frac{\xi_{a_i}^{2p-1}}{k_{a_i}(t)\left(1-\xi_{a_i}^{2p}\right)}\sum_{j=1}^{i-1}\frac{\partial\alpha_{i-1}}{\partial x_j}\right]^{\frac{2p}{2p-1}}
\end{aligned} \tag{3.2.26}
$$

整合式 (3.2.23) ~ 式 (3.2.26) 中的时滞项，可得

$$
\begin{aligned}
&\sum_{j=1}^{i}\frac{\bar{\upsilon}}{2p}h_j^{2p}\left\{\bar{x}_i\left[t-\tau_i(t)\right]\right\} \\
&=\frac{q_i(z_i)}{2p}\bar{\upsilon}h_i^{2p}\left\{\bar{x}_i\left[t-\tau_i(t)\right]\right\}+\frac{[1-q_i(z_i)]}{2p}\bar{\upsilon}h_i^{2p}\left\{\bar{x}_i\left[t-\tau_i(t)\right]\right\} \\
&\quad+\frac{q_i(z_i)}{2p}\sum_{j=1}^{i-1}\bar{\upsilon}h_j^{2p}\left\{\bar{x}_i\left[t-\tau_i(t)\right]\right\}+\frac{[1-q_i(z_i)]}{2p}\sum_{j=1}^{i-1}\bar{\upsilon}h_j^{2p}\left\{\bar{x}_i\left[t-\tau_i(t)\right]\right\}
\end{aligned} \tag{3.2.27}
$$

定义未知非线性函数 $F_i(Z_i)$ 为

$$
\begin{aligned}
F_i(Z_i)=&-\sum_{j=1}^{i-1}\frac{\partial\alpha_{i-1}}{\partial x_j}\left[f_j(\bar{x}_j)+g_j(\bar{x}_j)x_{j+1}\right]-\sum_{m=1}^{i-1}\sum_{j=0}^{i-m}\frac{\partial\alpha_{i-1}}{\partial k_{b_m}^{(j)}}k_{b_m}^{(j+1)} \\
&+\frac{2p-1}{2p}\frac{z_i}{\sqrt[2p-1]{\bar{\upsilon}}}\mu_i^{\frac{1}{2p-1}}\left[1+\left(\sum_{j=1}^{i-1}\frac{\partial\alpha_{i-1}}{\partial x_j}\right)^{\frac{2p}{2p-1}}\right]+f_i(\bar{x}_i)+\frac{1}{\mu_i}H_i \\
&-\sum_{j=0}^{i-1}\frac{\partial\alpha_{i-1}}{\partial y_d^{(j)}}y_d^{(j+1)}-\sum_{j=1}^{i-1}\frac{\partial\alpha_{i-1}}{\partial\hat{W}_j}\dot{\hat{W}}_j-\sum_{m=1}^{i-1}\sum_{j=0}^{i-m}\frac{\partial\alpha_{i-1}}{\partial k_{a_m}^{(j)}}k_{a_m}^{(j+1)}
\end{aligned} \tag{3.2.28}
$$

利用神经网络逼近未知非线性函数 $F_i(Z_i)$，可得

$$
F_i(Z_i)=W_i^{*\mathrm{T}}S_i(Z_i)+\delta_i(Z_i) \tag{3.2.29}
$$

式中，$Z_i=\Big[x_1,x_2,\cdots,x_i;y_d,\dot{y}_d,\cdots,y_d^{(i)};\hat{W}_1^{\mathrm{T}},\hat{W}_2^{\mathrm{T}},\cdots,\hat{W}_{i-1}^{\mathrm{T}};k_{a_1},\dot{k}_{a1},\cdots,k_{a_1}^{(i)};$ $k_{b_1},\dot{k}_{b1},\cdots,k_{b_1}^{(i)};\cdots;k_{a_{i-1}},\dot{k}_{a_{i-1}},\ddot{k}_{a_{i-1}};k_{b_{i-1}},\dot{k}_{b_{i-1}},\ddot{k}_{b_{i-1}};k_{a_i},k_{b_i}\Big]^{\mathrm{T}}$ 为神经网络输入向量；$S_i(Z_i)$ 为神经元激活函数；W_i^* 为最优权重向量；$\delta_i(Z_i)$ 为逼近误差，存在正常数 $\bar{\delta}_i$ 使得 $|\delta_i(Z_i)|\leqslant\bar{\delta}_i$。

由杨氏不等式，可得

$$\mu_i z_i^{2p-1}\delta_i\left(Z_i\right) \leqslant \frac{1}{2\gamma_i}\left(\mu_i z_i^{2p-1}\right)^2+\frac{1}{2}\gamma_i\bar{\delta}_i^2 \tag{3.2.30}$$

$$\mu_i g_i\left(\bar{x}_i\right) z_i^{2p-1} z_{i+1} \leqslant \mu_i g_i\left(\bar{x}_i\right)\left(\frac{2p-1}{2p} z_i^{2p}+\frac{1}{2p} z_{i+1}^{2p}\right) \tag{3.2.31}$$

设计如下虚拟控制器和自适应律：

$$\begin{aligned}\alpha_i= & \frac{1}{g_i\left(\bar{x}_i\right)}\left[-\frac{2p-1}{2p} g_i\left(\bar{x}_i\right) z_i-\frac{1}{2\gamma_i} \mu_i z_i^{2p-1}\right. \\ & \left.-k_i z_i-\hat{W}_i^{\mathrm{T}} S_i\left(Z_i\right)-\Delta_i z_i-\frac{\mu_{i-1} g_{i-1}\left(\bar{x}_{i-1}\right) z_i}{2p\mu_i}\right]\end{aligned} \tag{3.2.32}$$

$$\dot{\hat{W}}_i=\Gamma_i\left[\mu_i z_i^{2p-1} S_i\left(Z_i\right)-\sigma_i \hat{W}_i\right] \tag{3.2.33}$$

式中，$\Delta_i=\sqrt{\left[\dot{k}_{b_i}(t)/k_{b_i}(t)\right]^2+\left[\dot{k}_{a_i}(t)/k_{a_i}(t)\right]^2+\varepsilon_i}$；$k_i>0$、$\sigma_i>0$ 和 $\varepsilon_i>0\,(i=2,3,\cdots,n-1)$ 为设计参数；且有如下不等式成立：

$$\Delta_i+\frac{q_i\left(z_i\right)\dot{k}_{b_i}(t)}{k_{b_i}(t)}+\frac{\left[1-q_i\left(z_i\right)\right]\dot{k}_{a_i}(t)}{k_{a_i}(t)} \geqslant 0$$

将式 (3.2.23) ~ 式 (3.2.33) 代入式 (3.2.22)，可得

$$\begin{aligned}\dot{V}_i \leqslant & -k_i\mu_i z_i^{2p}+\dot{V}_{i-1}-\sigma_i\tilde{W}_i^{\mathrm{T}}\hat{W}_i-z_i^{2p-1}H_i \\ & -\frac{1}{2p}\mu_{i-1}g_{i-1}\left(\bar{x}_{i-1}\right)z_i^{2p}+\frac{1}{2p}\mu_i g_i\left(\bar{x}_i\right)z_{i+1}^{2p} \\ & +\sum_{j=1}^{i}\frac{\bar{v}}{2p}h_j^{2p}\left\{\bar{x}_j\left[t-\tau_j(t)\right]\right\}+\frac{1}{2}\gamma_i\bar{\delta}_i^2\end{aligned} \tag{3.2.34}$$

在第 $i-1$ 步中，可得

$$\begin{aligned}\dot{V}_{i-1} \leqslant & -\sum_{j=1}^{i-1}k_j\mu_j z_j^{2p}+\frac{1}{2p}\mu_{i-1}g_{i-1}\left(\bar{x}_{i-1}\right)z_i^{2p}-\sum_{j=1}^{i-1}\sigma_j\tilde{W}_j^{\mathrm{T}}\hat{W}_j \\ & +\frac{1}{2}\sum_{j=1}^{i-1}\gamma_j\bar{\delta}_j^2-\sum_{j=1}^{i-1}z_j^{2p-1}H_j+\sum_{k=1}^{i-1}\sum_{j=1}^{k}\frac{\bar{v}}{2p}h_j^{2p}\left\{\bar{x}_j\left[t-\tau_j(t)\right]\right\}\end{aligned} \tag{3.2.35}$$

由式 (3.2.34) 和式 (3.2.25)，可得

$$\begin{aligned}\dot{V}_i \leqslant & -\sum_{j=1}^{i} k_j \mu_j z_j^{2p} + \frac{1}{2p}\mu_i g_i\left(\bar{x}_i\right) z_{i+1}^{2p} - \sum_{j=1}^{i} \sigma_j \tilde{W}_j^{\mathrm{T}} \hat{W}_j \\ & + \frac{1}{2}\sum_{j=1}^{i} \gamma_j \bar{\delta}_j^2 - \sum_{j=1}^{i} z_j^{2p-1} H_j + \sum_{k=1}^{i}\sum_{j=1}^{k} \frac{\bar{\upsilon}}{2p} h_j^{2p}\left\{\bar{x}_j\left[t-\tau_j(t)\right]\right\}\end{aligned} \tag{3.2.36}$$

第 n 步 由式 (3.2.1) 和式 (3.2.3)，对 z_n 求导，可得

$$\dot{z}_n = g_n\left(\bar{x}_n\right) u(t) + f_n\left(\bar{x}_n\right) + h_n\left\{\bar{x}_n\left[t-\tau_n(t)\right]\right\} - \dot{\alpha}_{n-1} \tag{3.2.37}$$

式中

$$\begin{aligned}\dot{\alpha}_{n-1} = & \sum_{j=1}^{n-1} \frac{\partial \alpha_{n-1}}{\partial x_j}\left(g_j\left(\bar{x}_j\right) x_{j+1} + h_j\left\{\bar{x}_j\left[t-\tau_j(t)\right]\right\} + f_j\left(\bar{x}_j\right)\right) \\ & + \sum_{m=1}^{n-1}\sum_{j=0}^{n-m} \frac{\partial \alpha_{n-1}}{\partial k_{b_m}^{(j)}} k_{b_m}^{(j+1)} + \sum_{m=1}^{n-1}\sum_{j=0}^{n-m} \frac{\partial \alpha_{n-1}}{\partial k_{a_m}^{(j)}} k_{a_m}^{(j+1)} \\ & + \sum_{j=1}^{n-1} \frac{\partial \alpha_{n-1}}{\partial \hat{W}_j} \dot{\hat{W}}_j + \sum_{j=0}^{n-1} \frac{\partial \alpha_{n-1}}{\partial y_d^{(j)}} y_d^{(j+1)}\end{aligned}$$

选择如下对数型障碍李雅普诺夫函数：

$$\begin{aligned}V_n = & V_{n-1} + \frac{1-q_n\left(z_n\right)}{2p} \ln\left[\frac{k_{a_n}^{2p}(t)}{k_{a_n}^{2p}(t) - z_n^{2p}}\right] \\ & + \frac{q_n\left(z_n\right)}{2p} \ln\left[\frac{k_{b_n}^{2p}(t)}{k_{b_n}^{2p}(t) - z_n^{2p}}\right] + \frac{1}{2}\tilde{W}_n^{\mathrm{T}} \varGamma_n^{-1} \tilde{W}_n\end{aligned} \tag{3.2.38}$$

式中，$\varGamma_n = \varGamma_n^{-1} > 0$ 为增益矩阵；$\tilde{W}_n = \hat{W}_n - W_n^*$ 为参数估计误差，$\hat{W}_n$ 为 W_n^* 的估计。

由式 (3.2.37)，对 V_n 求导，可得

$$\begin{aligned}\dot{V}_n = & \left\{\frac{q_n\left(z_n\right)\xi_{b_n}^{2p-1}}{k_{b_n}(t)\left(1-\xi_{b_n}^{2p}\right)} + \frac{\left[1-q_n\left(z_n\right)\right]\xi_{a_n}^{2p-1}}{k_{a_n}(t)(1-\xi_{a_n}^{2p})}\right\}\left(g_n\left(\bar{x}_n\right) u + f_n\left(\bar{x}_n\right)\right. \\ & + h_n\left\{\bar{x}_n\left[t-\tau_n(t)\right]\right\} - \sum_{j=1}^{n-1} \frac{\partial \alpha_{n-1}}{\partial x_j} f_j\left(\bar{x}_j\right) - \sum_{m=1}^{n-1}\sum_{j=0}^{n-m} \frac{\partial \alpha_{n-1}}{\partial k_{a_m}^{(j)}} k_{a_m}^{(j+1)}\end{aligned}$$

$$-\sum_{j=1}^{n-1}\frac{\partial \alpha_{n-1}}{\partial x_j}g_j(\bar{x}_j)x_{j+1} - \sum_{j=0}^{n-1}\frac{\partial \alpha_{n-1}}{\partial y_d^{(j)}}y_d^{(j+1)} + \tilde{W}_n^{\mathrm{T}}\varGamma_n^{-1}\dot{\hat{W}}_n$$

$$-\sum_{j=1}^{n-1}\frac{\partial \alpha_{n-1}}{\partial \hat{W}_j}\dot{\hat{W}}_j - \sum_{m=1}^{n-m}\sum_{j=0}^{n-1}\frac{\partial \alpha_{n-1}}{\partial k_{b_m}^{(j)}}k_{b_m}^{(j+1)} - \sum_{j=1}^{n-1}\frac{\partial \alpha_{n-1}}{\partial x_j}h_j\{\bar{x}_j[t-\tau_j(t)]\}\Bigg)$$

$$-\frac{q_n(z_n)\dot{k}_{b_n}(t)\xi_{b_n}^{2p}}{k_{b_n}(t)\left(1-\xi_{b_n}^{2p}\right)} - \frac{[1-q_n(z_n)]\dot{k}_{a_n}(t)\xi_{a_n}^{2p}}{k_{a_n}(t)\left(1-\xi_{a_n}^{2p}\right)} + \dot{V}_{n-1} \tag{3.2.39}$$

由杨氏不等式，可得

$$\frac{q_n(z_n)\xi_{b_n}^{2p-1}}{k_{b_n}(t)\left(1-\xi_{b_n}^{2p}\right)}h_n\{\bar{x}_n[t-\tau_n(t)]\}$$

$$\leqslant q_n(z_n)\frac{2p-1}{2p}\frac{1}{^{2p-1}\!\sqrt{\bar{v}}}\left[\frac{\xi_{b_n}^{2p-1}}{k_{b_n}(t)\left(1-\xi_{b_n}^{2p}\right)}\right]^{\frac{2p}{2p-1}}$$

$$+\frac{q_n(z_n)}{2p}\bar{v}h_n^{2p}\{\bar{x}_n[t-\tau_n(t)]\} \tag{3.2.40}$$

$$\frac{[1-q_n(z_n)]\xi_{a_n}^{2p-1}}{k_{a_n}(t)(1-\xi_{a_n}^{2p})}h_n\{\bar{x}_n[t-\tau_n(t)]\}$$

$$\leqslant [1-q_n(z_n)]\frac{2p-1}{2p}\frac{1}{^{2p-1}\!\sqrt{\bar{v}}}\left[\frac{\xi_{a_n}^{2p-1}}{k_{a_n}(t)\left(1-\xi_{a_n}^{2p}\right)}\right]^{\frac{2p}{2p-1}}$$

$$+\frac{[1-q_n(z_n)]}{2p}\bar{v}h_n^{2p}\{\bar{x}_n[t-\tau_n(t)]\} \tag{3.2.41}$$

$$-\frac{[1-q_n(z_n)]\xi_{a_n}^{2p-1}}{k_{a_n}(t)\left(1-\xi_{a_n}^{2p}\right)}\sum_{j=1}^{n-1}\frac{\partial \alpha_{n-1}}{\partial x_j}h_j\{\bar{x}_j[t-\tau_j(t)]\}$$

$$\leqslant \frac{2p-1}{2p}\frac{1-q_n(z_n)}{^{2p-1}\!\sqrt{\bar{v}}}\left[\frac{\xi_{a_n}^{2p-1}}{k_{a_n}(t)\left(1-\xi_{a_n}^{2p}\right)}\sum_{j=1}^{n-1}\frac{\partial \alpha_{n-1}}{\partial x_j}\right]^{\frac{2p}{2p-1}}$$

$$+\frac{1-q_n(z_n)}{2p}\sum_{j=1}^{n-1}\bar{v}h_j^{2p}\{\bar{x}_j[t-\tau_j(t)]\} \tag{3.2.42}$$

$$-\frac{q_n(z_n)\xi_{b_n}^{2p-1}}{k_{b_n}(t)\left(1-\xi_{b_n}^{2p}\right)}\sum_{j=1}^{n-1}\frac{\partial \alpha_{n-1}}{\partial x_j}h_j\{\bar{x}_j[t-\tau_j(t)]\}$$

$$\leqslant \frac{2p-1}{2p}\frac{q_n(z_n)}{\sqrt[2p-1]{\bar{\upsilon}}}\left[\frac{\xi_{b_n}^{2p-1}}{k_{b_n}(t)\left(1-\xi_{b_n}^{2p}\right)}\sum_{j=1}^{n-1}\frac{\partial \alpha_{n-1}}{\partial x_j}\right]^{\frac{2p}{2p-1}}$$

$$+\frac{q_n(z_n)}{2p}\sum_{j=1}^{n-1}\bar{\upsilon}h_j^{2p}\left\{\bar{x}_j\left[t-\tau_j(t)\right]\right\} \tag{3.2.43}$$

定义未知非线性函数 $F_n(z_n)$ 为

$$F_n(Z_n)=f_n(\bar{x}_n)-\sum_{j=1}^{n-1}\frac{\partial \alpha_{n-1}}{\partial x_j}\left[f_j(\bar{x}_j)+g_j(\bar{x}_j)x_{j+1}\right]-\sum_{j=0}^{n-1}\frac{\partial \alpha_{n-1}}{\partial y_d^{(j)}}y_d^{(j+1)}$$

$$-\sum_{j=0}^{n-1}\sum_{m=1}^{n-1}\frac{\partial \alpha_{i-1}}{\partial k_{b_m}^{(j)}}k_{b_m}^{(j+1)}-\sum_{j=0}^{n-1}\sum_{m=1}^{n-1}\frac{\partial \alpha_{i-1}}{\partial k_{a_m}^{(j)}}k_{a_m}^{(j+1)}-\sum_{j=1}^{n-1}\frac{\partial \alpha_{n-1}}{\partial \hat{W}_j}\dot{\hat{W}}_j$$

$$+\frac{2p-1}{2p}\frac{z_n}{\sqrt[2p-1]{\bar{\upsilon}}}\mu_n^{\frac{2p}{2p-1}}\left[1+\left(\sum_{j=1}^{n-1}\frac{\partial \alpha_{n-1}}{\partial x_j}\right)^{\frac{2p}{2p-1}}\right]+\frac{1}{\mu_n}H_n \tag{3.2.44}$$

利用神经网络逼近未知函数 $F_n(Z_n)$，可得

$$F_n(Z_n)=W_n^{*\mathrm{T}}S_n(Z_n)+\delta_n(Z_n) \tag{3.2.45}$$

式中，$Z_n=\left[x_1,x_2,\cdots,x_n;y_d,\dot{y}_d,\cdots,y_d^{(n)};\hat{W}_1^{\mathrm{T}},\hat{W}_2^{\mathrm{T}},\cdots,\hat{W}_{n-1}^{\mathrm{T}};k_{a_1},\dot{k}_{a1},\cdots,k_{a_1}^{(n)};k_{b_1},\dot{k}_{b1},\cdots,k_{b_1}^{(n)};\cdots;k_{a_{n-1}},\dot{k}_{a_{n-1}},\ddot{k}_{a_{n-1}};k_{b_{n-1}},\dot{k}_{b_{n-1}},\ddot{k}_{b_{n-1}};k_{a_n},k_{b_n}\right]^{\mathrm{T}}$ 为神经网络输入向量；$S_n(Z_n)$ 为神经元激活函数；W_n^* 为最优权重向量；$\delta_n(Z_n)$ 为逼近误差，存在正常数 $\bar{\delta}_n$ 使得 $|\delta_n(Z_n)|\leqslant\bar{\delta}_n$。

将式 (3.2.40) ~ 式 (3.2.45) 代入式 (3.2.39)，可得

$$\dot{V}_n\leqslant\mu_n z_n^{2p-1}\left[W_n^{*\mathrm{T}}S_n(Z_n)+\delta_n(Z_n)+g_n(\bar{x}_n)u\right]+\dot{V}_{n-1}$$

$$-z_n^{2p-1}H_n+\sum_{j=1}^{n}\frac{\bar{\upsilon}}{2p}h_j^{2p}\left\{\bar{x}_j\left[t-\tau_j(t)\right]\right\}+\tilde{W}_n^{\mathrm{T}}\varGamma_n^{-1}\dot{\hat{W}}_n$$

$$-\frac{\left[1-q_n(z_n)\right]\dot{k}_{a_n}(t)\xi_{a_n}^{2p}}{k_{a_n}(t)(1-\xi_{a_n}^{2p})}-\frac{q_n(z_n)\dot{k}_{b_n}(t)\xi_{b_n}^{2p}}{k_{b_n}(t)\left(1-\xi_{b_n}^{2p}\right)} \tag{3.2.46}$$

由杨氏不等式，可得

$$\mu_n z_n^{2p-1}\delta_n(Z_n)\leqslant\frac{1}{2\gamma_n}\left(\mu_n z_n^{2p-1}\right)^2+\frac{1}{2}\gamma_n\bar{\delta}_n^2 \tag{3.2.47}$$

设计如下实际控制器和自适应律：

$$u=\frac{1}{g_n\left(\bar{x}_n\right)}\Big[-k_n z_n-\hat{W}_n^{\mathrm{T}} S_n\left(Z_n\right)-\varDelta_n z_n -\frac{1}{2\gamma_n}\mu_n z_n^{2p-1}-\frac{\mu_{n-1} g_{n-1}\left(\bar{x}_{n-1}\right) z_n}{2p\mu_n}\Big] \tag{3.2.48}$$

$$\dot{\hat{W}}_n=\varGamma_n\left[\mu_n z_n^{2p-1} S_n\left(Z_n\right)-\sigma_n \hat{W}_n\right] \tag{3.2.49}$$

式中，$\varDelta_n=\sqrt{\left[\dot{k}_{b_n}(t) \big/ k_{b_n}(t)\right]^2+\left[\dot{k}_{a_n}(t) \big/ k_{a_n}(t)\right]^2+\varepsilon_n}$；$k_n>0$、$\sigma_n>0$ 和 $\varepsilon_n>0$ 为正设计参数；且有如下不等式成立：

$$\varDelta_n+\frac{q_n\left(z_n\right) \dot{k}_{b_n}(t)}{k_{b_n}(t)}+\frac{\left[1-q_n\left(z_n\right)\right] \dot{k}_{a_n}(t)}{k_{a_n}(t)} \geqslant 0$$

将式 (3.2.47) ~ 式 (3.2.49) 代入式 (3.2.46)，可得

$$\dot{V}_n \leqslant \mu_n z_n^{2p-1}\left[-k_n z_n-\frac{\mu_{n-1} g_{n-1}\left(\bar{x}_{n-1}\right) z_n}{2p\mu_n}\right]-z_n^{2p-1} H_n+\dot{V}_{n-1} -\sigma_n \tilde{W}_n^{\mathrm{T}} \hat{W}_n+\frac{1}{2}\gamma_n \bar{\delta}_n^2+\sum_{j=1}^n \frac{\bar{\upsilon}}{2p} h_j^{2p}\left\{\bar{x}_j\left[t-\tau_j(t)\right]\right\} \tag{3.2.50}$$

由第 $n-1$ 步，可得

$$\dot{V}_{n-1} \leqslant-\sum_{i=1}^{n-1} \mu_i k_i z_i^{2p}+\frac{\mu_{n-1} g_{n-1}\left(\bar{x}_{n-1}\right) z_n^{2p}}{2p}-\sum_{i=1}^{n-1} z_i^{2p-1} H_i +\frac{1}{2}\sum_{i=1}^{n-1} \gamma_i \bar{\delta}_i+\sum_{i=1}^{n-1}\sum_{j=1}^{i} \frac{\bar{\upsilon}}{2p} h_j^{2p}\left\{\bar{x}_j\left[t-\tau_j(t)\right]\right\}-\sum_{i=1}^{n-1} \sigma_i \tilde{W}_i^{\mathrm{T}} \hat{W}_i \tag{3.2.51}$$

根据杨氏不等式，可得

$$-\sigma_i \tilde{W}_i^{\mathrm{T}} \hat{W}_i=-\sigma_i \tilde{W}_i^{\mathrm{T}}\left(\tilde{W}_i+W_i^*\right) \leqslant-\frac{1}{2}\sigma_i\|\tilde{W}_i\|^2+\frac{1}{2}\sigma_i\|W_i^*\|^2, \quad i=1,2,\cdots,n \tag{3.2.52}$$

由文献 [5] 中的假设 3，可得

$$\sum_{i=1}^n \sum_{j=1}^i \frac{\bar{\upsilon}}{2p} h_j^{2p}\left\{\bar{x}_j\left[t-\tau_j(t)\right]\right\} \leqslant \sum_{k=1}^n \sum_{i=1}^k \sum_{j=1}^i \frac{\bar{\upsilon}}{2p} z_j^{2p}\left[t-\tau_i(t)\right] q_{ij}^{2p}\left\{\bar{z}_i\left[t-\tau_i(t)\right]\right\} \tag{3.2.53}$$

将式 (3.2.51) ~ 式 (3.2.53) 代入式 (3.2.50)，可得

$$\dot{V}_n \leqslant -\sum_{i=1}^{n}\mu_i k_i z_i^{2p}-\sum_{i=1}^{n} z_i^{2p-1}H_i-\frac{1}{2}\sum_{i=1}^{n}\sigma_i\|\tilde{W}_i\|^2+\frac{1}{2}\sum_{i=1}^{n}\sigma_i\left\|W_i^*\right\|^2$$
$$+\sum_{k=1}^{n}\sum_{i=1}^{k}\sum_{j=1}^{i}\frac{\bar{\upsilon}}{2p}z_j^{2p}\left[t-\tau_i\left(t\right)\right]q_{ij}^{2p}\left\{\bar{z}_i\left[t-\tau_i(t)\right]\right\}+\sum_{i=1}^{n}\frac{1}{2}\gamma_i\bar{\delta}_i \tag{3.2.54}$$

定义如下李雅普诺夫函数：

$$V=V_n+V_L \tag{3.2.55}$$

式 (3.2.55) 中的李雅普诺夫-克拉索夫斯基泛函为

$$V_L=\frac{1}{2p}\sum_{i=1}^{n}\sum_{j=i}^{n}(n+1-j)\,\mathrm{e}^{-[t-\tau_j(t)]}\int_{t-\tau_j(t)}^{t}\mathrm{e}^s z_i^{2p}\left(s\right)q_{ji}^{2p}\left[\bar{z}_j\left(s\right)\right]\mathrm{d}s \tag{3.2.56}$$

由式 (3.2.56)，对 V_L 求导，可得

$$\dot{V}_L=\frac{1}{2p}\sum_{i=1}^{n}\sum_{j=i}^{n}(n+1-j)\Big(\mathrm{e}^{-[t-\tau_j(t)]}\left[\dot{\tau}_j(t)-1\right]\int_{t-\tau_j(t)}^{t}\mathrm{e}^s z_i^{2p}\left(s\right)q_{ji}^{2p}\left[\bar{z}_j\left(s\right)\right]\mathrm{d}s$$
$$-\left[1-\dot{\tau}_j(t)\right]z_i^{2p}\left[t-\tau_j(t)\right]q_{ji}^{2p}\left\{\bar{z}_j\left[t-\tau_j(t)\right]\right\}+\mathrm{e}^{\tau_j(t)}z_i^{2p}(t)q_{ji}^{2p}\left[\bar{z}_j(t)\right]\Big) \tag{3.2.57}$$

基于 $\dot{\tau}_j(t)\leqslant\tau\leqslant 1$ 和 $\bar{\upsilon}=1-\tau$，可得 $-\left[1-\dot{\tau}_j(t)\right]\leqslant-(1-\tau)=-\bar{\upsilon}$。因此，式 (3.2.57) 可以改写为

$$\dot{V}_L\leqslant\frac{1}{2p}\sum_{i=1}^{n}\sum_{j=i}^{n}(n+1-j)\Big[\mathrm{e}^{\tau_j(t)}z_i^{2p}(t)q_{ji}^{2p}\left[\bar{z}_j(t)\right]$$
$$-\bar{\upsilon}\big(z_i^{2p}\left[t-\tau_j(t)\right]q_{ji}^{2p}\left\{\bar{z}_j\left[t-\tau_j(t)\right]\right\}\big)\Big]-\bar{\upsilon}V_L \tag{3.2.58}$$

由式 (3.2.54)、式 (3.2.55) 和式 (3.2.58)，可得

$$\dot{V}\leqslant-\sum_{i=1}^{n}\mu_i k_i z_i^{2p}-\frac{1}{2}\sum_{i=1}^{n}\sigma_i\|\tilde{W}_i\|^2-\bar{\upsilon}V_L+\frac{1}{2}\sum_{i=1}^{n}\sigma_i\left\|W_i^*\right\|^2+\sum_{i=1}^{n}\frac{1}{2}\gamma_i\bar{\delta}_i+A+B \tag{3.2.59}$$

式中

$$A=\sum_{i=1}^{n}\sum_{j=i}^{n}\frac{1}{2p}(n+1-j)\mathrm{e}^{\tau_j(t)}z_i^{2p}(t)q_{ji}^{2p}\left[\bar{z}_j(t)\right]$$

$$-\sum_{i=1}^{n}\sum_{j=i}^{n}\frac{(n+1-j)}{2p}\mathrm{e}^{\tau_{\max}}z_i^{2p}(t)q_{ji}^{2p}\left[\bar{z}_j(t)\right]<0 \tag{3.2.60}$$

$$\begin{aligned}B=&\sum_{k=1}^{n}\sum_{i=1}^{k}\sum_{j=1}^{i}\frac{\bar{\upsilon}}{2p}z_j^{2p}\left[t-\tau_i(t)\right]q_{ij}^{2p}\left\{\bar{z}_i\left[t-\tau_i(t)\right]\right\}\\&-\sum_{i=1}^{n}\sum_{j=i}^{n}\frac{\bar{\upsilon}}{2p}(n+1-j)\,z_i^{2p}\left[t-\tau_j(t)\right]q_j^{2p}\left\{\bar{z}_j\left[t-\tau_j(t)\right]\right\}=0\end{aligned} \tag{3.2.61}$$

根据引理 3.2.1，以下不等式成立：

$$-\sum_{i=1}^{n}\mu_ik_iz_i^{2p}\leqslant-\sum_{i=1}^{n}q_i(z_i)k_i\ln\left[\frac{k_{b_i}^{2p}(t)}{k_{b_i}^{2p}(t)-z_i^{2p}}\right]-\sum_{i=1}^{n}\left[1-q_i(z_i)\right]k_i\ln\left[\frac{k_{a_i}^{2p}(t)}{k_{a_i}^{2p}(t)-z_i^{2p}}\right] \tag{3.2.62}$$

将式 (3.2.60) ~ 式 (3.2.62) 代入式 (3.2.59)，可得

$$\begin{aligned}\dot{V}\leqslant&-\sum_{i=1}^{n}q_i(z_i)\,k_i\ln\left[\frac{k_{b_i}^{2p}(t)}{k_{b_i}^{2p}(t)-z_i^{2p}}\right]+\frac{1}{2}\sum_{i=1}^{n}\sigma_i\left\|W_i^*\right\|^2+\sum_{i=1}^{n}\frac{1}{2}\gamma_i\bar{\delta}_i\\&-\frac{1}{2}\sum_{i=1}^{n}\sigma_i\|\tilde{W}_i\|^2-\sum_{i=1}^{n}\left[1-q_i(z_i)\right]k_i\ln\left[\frac{k_{a_i}^{2p}(t)}{k_{a_i}^{2p}(t)-z_i^{2p}}\right]-\bar{\upsilon}V_L\end{aligned} \tag{3.2.63}$$

根据式 (3.2.5)、式 (3.2.21)、式 (3.2.38)、式 (3.2.55) 和式 (3.2.56) 可得

$$\begin{aligned}V=&\sum_{i=1}^{n}\frac{1-q_i(z_i)}{2p}\ln\left[\frac{k_{a_i}^{2p}(t)}{k_{a_i}^{2p}(t)-z_i^{2p}}\right]+\sum_{i=1}^{n}\frac{q_i(z_i)}{2p}\ln\left[\frac{k_{b_i}^{2p}(t)}{k_{b_i}^{2p}(t)-z_i^{2p}}\right]+\frac{1}{2}\sum_{i=1}^{n}\tilde{W}_i^{\mathrm{T}}\varGamma_i^{-1}\tilde{W}_i\\&+\frac{1}{2p}\sum_{i=1}^{n}\sum_{j=i}^{n}(n+1-j)\,\mathrm{e}^{-[t-\tau_j(t)]}\int_{t-\tau_j(t)}^{t}\mathrm{e}^{s}z_i^{2p}(s)\,q_{ji}^{2p}\left[\bar{z}_j(s)\right]\mathrm{d}s\end{aligned} \tag{3.2.64}$$

由式 (3.2.63) 和式 (3.2.64)，可得

$$\dot{V}\leqslant-\rho V+C \tag{3.2.65}$$

式中，$\rho=\min\left\{2pk_i,\sigma_i\lambda_{\min}(\varGamma_i),\,\bar{\upsilon}\right\}(i=1,2,\cdots,n)$；$C=\frac{1}{2}\sum_{i=1}^{n}\sigma_i\left\|W_i^*\right\|^2+\sum_{i=1}^{n}\frac{1}{2}\gamma_i\bar{\delta}_i^2$。

3.2.3　稳定性与收敛性分析

定理 3.2.1　对于非线性严格反馈系统 (3.2.1)，假设 3.2.1 ~ 假设 3.2.3 成立。如果采用实际控制器 (3.2.48)，虚拟控制器 (3.2.17) 和 (3.2.32)，参数自适应律 (3.2.18)、(3.2.33) 和 (3.2.49)，那么总体控制方案具有如下性能：

(1) 闭环系统中的所有信号是半全局一致最终有界的；

(2) 跟踪误差收敛到包含原点的一个较小的邻域内；

(3) 系统所有状态满足指定约束条件。

证明　式 (3.2.65) 的两边同时乘以 $\mathrm{e}^{\rho t}$ 并积分，可得

$$V(t) \leqslant \left[V(0) - \frac{C}{\rho}\right]\mathrm{e}^{-\rho t} + \frac{C}{\rho} \leqslant V(0) + \frac{C}{\rho} \tag{3.2.66}$$

由式 (3.2.66) 中各项均为正，可得

$$\frac{1}{2p}\ln\left(\frac{1}{1-\xi_i^{2p}}\right) \leqslant V(t) \leqslant V(0)\mathrm{e}^{-\rho t} + \frac{C}{\rho} \tag{3.2.67}$$

$$\frac{1}{2}\tilde{W}_i^{\mathrm{T}}\varGamma_i^{-1}\tilde{W}_i \leqslant V(0)\mathrm{e}^{-\rho t} + \frac{C}{\rho} \tag{3.2.68}$$

由式 (3.2.67) 和式 (3.2.68)，可得

$$\underline{\varLambda}_i \leqslant z_i(t) \leqslant \bar{\varLambda}_i \tag{3.2.69}$$

$$\|\tilde{W}_i\| \leqslant \sqrt{2\lambda_{\max}(\varGamma_i)\left[V(0)\mathrm{e}^{-\rho t} + \frac{C}{\rho}\right]} \tag{3.2.70}$$

式中

$$\underline{\varLambda}_i = -k_{a_i}(t)\left\{1 - \mathrm{e}^{-2p[V(0)]\mathrm{e}^{-\rho t} - 2p\frac{C}{\rho}}\right\}^{1/(2p)}$$

$$\overline{\varLambda}_i = k_{b_i}(t)\left\{1 - \mathrm{e}^{-2p[V(0)]\mathrm{e}^{-\rho t} - 2p\frac{C}{\rho}}\right\}^{1/(2p)}$$

由式 (3.2.70) 和 $\tilde{W}_i = \hat{W}_i - W_i^*$，可得 $\hat{W}_i\,(i = 1, 2, \cdots, n)$ 是有界的。在控制设计中，如果选择适当的设计参数，那么可得跟踪误差 $z_1 = x_1 - y_d$ 收敛到包含原点的一个较小邻域内。由式 (3.2.69) 和 $z_1 = x_1 - y_d$，可得 $-k_{a_1}(t) + y_d(t) < x_1(t) < k_{b_1}(t) + y_d(t)$。进而，可得 $\underline{k}_{c_1}(t) < x_1(t) < \bar{k}_{c_1}(t)$。根据假设 3.2.2 和假设 3.2.3 及式 (3.2.7) 中的定义，$k_{a_1}(t)$ 和 $k_{b_1}(t)$ 对时间的导数满足

$\left|\dot{k}_{a_1}(t)\right| \leqslant Y_1+\dot{\underline{K}}_1$ 和 $\left|\dot{k}_{b_1}(t)\right| \leqslant Y_1+\dot{\bar{K}}_1$。由虚拟控制器 α_1 的定义，以及 x_1、y_d、$\dot{y}_d$、$k_{a_1}(t)$、$k_{b_1}(t)$、$\dot{k}_{a_1}(t)$、$\dot{k}_{b_1}(t)$ 和 $\hat{W}_1$ 的有界性，可得虚拟控制器 α_1 存在常数上界，假设 $|\alpha_1| \leqslant A_1$，由 $x_2=z_2+\alpha_1$，选择 $\bar{k}_{c_2}(t)=\alpha_1+k_{b_2}$ 和 $\underline{k}_{c_2}(t)=\alpha_1-k_{a_2}$，可推断出 $\underline{k}_{c_2}(t)<x_2(t)<\bar{k}_{c_2}(t)$。同理可得，$\underline{k}_{c_i}(t)<x_i<\bar{k}_{c_i}(t)\,(i=3,4,\cdots,n)$，即系统的状态不违反其预先给定的约束界。与此同时，确定包含有界变量的虚拟控制器 $\alpha_{i-1}\,(j=3,4,\cdots,n)$ 和实际控制器 u 有界。最终证明闭环系统所有信号的有界性。

评注 3.2.1 本节针对具有时变状态时滞和时变状态约束的非线性严格反馈系统，介绍了一种神经网络自适应约束控制方法。若被控的是多连杆机械臂等系统，则类似的智能约束控制方法可参见文献 [9]~[11]。

3.2.4 仿真

例 3.2.1 考虑如下非线性严格反馈系统：

$$\left\{\begin{array}{l}\dot{x}_1=\left(1+x_1^2\right)x_2+x_1\mathrm{e}^{-0.2x_1}+\cos\left\{x_1\left[t-\tau_1(t)\right]\right\}\\ \dot{x}_2=\left[3+\cos\left(x_1x_2\right)\right]u+x_1x_2^2+\sin\left\{x_1\left[t-\tau_1(t)\right]x_2\left[t-\tau_2(t)\right]\right\}\\ y=x_1\end{array}\right. \tag{3.2.71}$$

式中，x_1 和 x_2 为状态变量；u 为系统输入；y 为系统输出；状态约束条件为 $\underline{k}_{c_1}(t)<x_1(t)<\bar{k}_{c_1}(t)$ 和 $\underline{k}_{c_2}(t)<x_2(t)<\bar{k}_{c_2}(t)$，$\bar{k}_{c_1}(t)=0.6+0.2\cos(t)$，$\underline{k}_{c_1}(t)=-0.9+0.6\sin(t)$，$\bar{k}_{c_2}(t)=1.2+0.1\cos(t)$ 和 $\underline{k}_{c_2}(t)=-1.9+0.5\cos(t)$；参考信号为 $y_d(t)$=0.5cos(t)；时变时延为 $\tau_1(t)=1.2-\sin(0.5t)\cos(2t)$ 和 $\tau_2(t)=0.6-0.5\sin(0.5t)$。

设计如下控制器和自适应律：

$$\alpha_1=\frac{1}{g_1(x_1)}\left[-k_1z_1-\frac{2p-1}{2p}g_1(x_1)z_1-\Delta_1(t)z_1-\hat{W}_1^{\mathrm{T}}S_1(Z_1)-\frac{1}{2\gamma_1}\mu_1z_1^{2p-1}\right]$$

$$u=\frac{1}{g_2(\bar{x}_2)}\left[-k_2z_2-\hat{W}_2^{\mathrm{T}}S_2(Z_2)-\Delta_2z_2-\frac{1}{2\gamma_2}\mu_2z_2^{2p-1}-\frac{\mu_1g_1(\bar{x}_1)z_2}{2p\mu_2}\right]$$

$$\dot{\hat{W}}_j=\varGamma_j\left[\mu_jz_j^{2p-1}S_j(Z_j)-\sigma_j\hat{W}_j\right],\quad j=1,2$$

式中，$z_1=x_1-y_d$；$z_2=x_2-\alpha_1$；$Z_1=\left[x_1,y_d,\dot{y}_d,k_{a_1},k_{b_1}\right]^{\mathrm{T}}$；$Z_2=\left[x_1,x_2,y_d,\dot{y}_d,\ddot{y}_d,\hat{W}_1^{\mathrm{T}},k_{a_1},\dot{k}_{a_1},\ddot{k}_{a_1},k_{b_1},\dot{k}_{b_1},\ddot{k}_{b_1},k_{a_2},k_{b_2}\right]^{\mathrm{T}}$。

选择设计参数为 $k_1 = 42$、$k_2 = 52$、$\sigma_1 = \sigma_2 = 0.2$、$\gamma_1 = \gamma_2 = 2$、$\varepsilon_1 = 7$、$\varepsilon_2 = 9$、$l_1 = l_2 = 30$、$\Gamma_1 = 0.4\text{diag}\{\text{ones}(1,30)\}$、$\Gamma_2 = 0.2\text{diag}\{\text{ones}(1,30)\}$、$p = 2$，初始条件为 $x_1(0) = 0.5$、$x_2(0) = 0$、$\hat{W}_1(0) = \hat{W}_2(0) = 0.55$。

本节利用神经网络进行逼近，最优逼近估计 $S_1(Z_1)$ 的节点数为 30，x_1、y_d、$\dot{y}_d$、k_{a_1}、k_{b_1} 的中心平均分布在 $[-0.5, 0.5] \times [-1.5, 1.5] \times [-0.5, 0.5] \times [0, 1] \times [-2, 0]$ 区间，高斯函数的宽度为 4；最优逼近估计 $S_2(Z_2)$ 的节点数为 30，x_1、x_2 的中心平均分布在 $[-0.5, 0.5] \times [-2, 2]$ 区间，y_d、$\dot{y}_d$ 、$\ddot{y}_d$ 的中心平均分布在 $[-0.5, 0.5] \times [-1.5, 1.5] \times [-1, 1]$ 区间，k_{a_1}、$\dot{k}_{a_1}$、$\ddot{k}_{a_1}$、k_{b_1}、$\dot{k}_{b_1}$、$\ddot{k}_{b_1}$ 的中心平均分布在 $[-1, 1] \times [-2, 2] \times [-1.5, 1.5] \times [-1, 1] \times [-2, 2] \times [-1.5, 1.5]$ 区间，k_{a_2}、k_{b_2} 的中心平均分布在 $[-1, 1.4] \times [-2, 2]$ 区间，$\hat{W}_1$ 包含 30 个变量，它们的中心都平均分布在 $[-1, 1]$，高斯函数的宽度为 32。

仿真结果如图 3.2.1 ~ 图 3.2.5 所示。

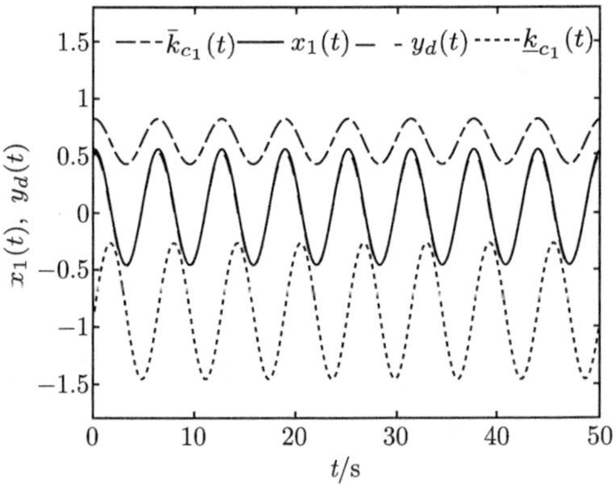

图 3.2.1 $x_1(t)$ 和 $y_d(t)$ 的轨迹

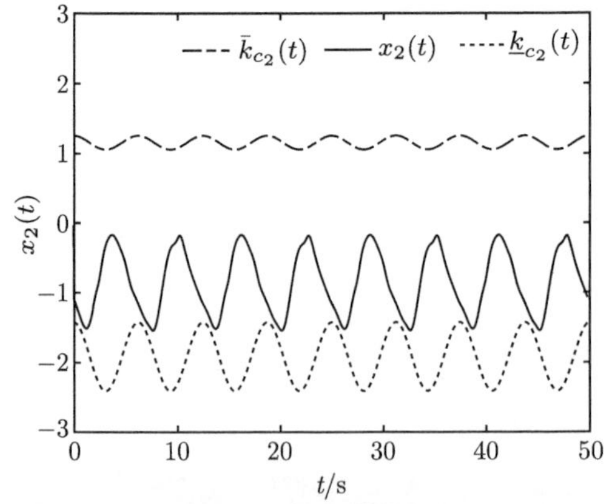

图 3.2.2 $x_2(t)$ 的轨迹

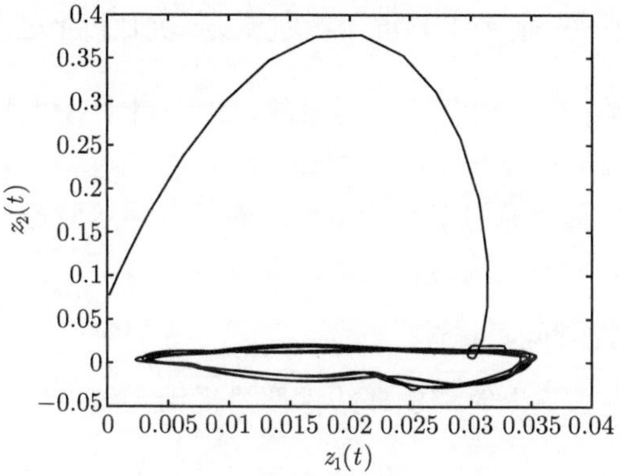

图 3.2.3 $z_1(t)$ 和 $z_2(t)$ 的相位图

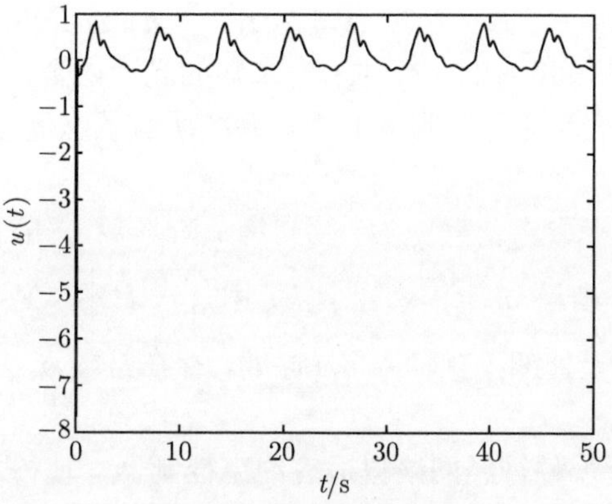

图 3.2.4 $u(t)$ 的轨迹

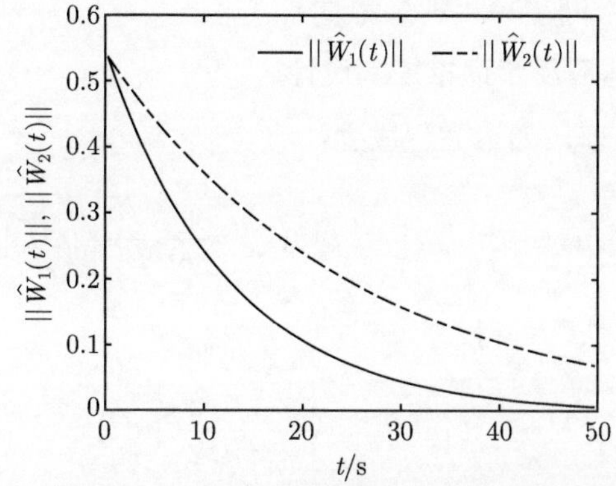

图 3.2.5 $\|\hat{W}_1(t)\|$ 和 $\|\hat{W}_2(t)\|$ 的轨迹

3.3 具有常数输入时滞非线性系统的自适应约束控制

3.1 节和 3.2 节主要针对状态时滞系统，本节针对一类具有常数输入时滞的非线性严格反馈状态约束系统，基于神经网络、帕德近似和自适应反步递推控制设计原理，提出一种基于障碍李雅普诺夫函数的自适应状态反馈反步递推约束控制设计方法，并给出闭环系统的稳定性与收敛性分析。

3.3.1 系统模型及控制问题描述

考虑如下具有常数输入时滞的非线性严格反馈系统：

$$\begin{cases} \dot{x}_i = f_i(\bar{x}_i) + x_{i+1} + d_i(\bar{x}_i, t), \quad i = 1, 2, \cdots, n-1 \\ \dot{x}_n = f_n(\bar{x}_n) + u(t-\tau) + d_n(\bar{x}_n, t) \\ y = x_1 \end{cases} \tag{3.3.1}$$

式中，$\bar{x}_i = [x_1, \ x_2, \cdots, \ x_i]^{\mathrm{T}} \in \mathbf{R}^i \ (i = 1, 2, \cdots, n)$ 为状态向量；$u \in \mathbf{R}$ 和 $y \in \mathbf{R}$ 分别为系统的控制输入和输出；$f_i(\bar{x}_i)$ 为未知的光滑函数；$d_i(\bar{x}_i, t)$ 为外部干扰输入；τ 为正常数，表示未知的输入时滞。系统所有状态满足约束条件 $|x_i| < k_{c_i}$，k_{c_i} 为已知的正常数。

假设 3.3.1 对于参考信号 $y_d(t)$ 及其第 i 阶导数 $y_d^{(i)}(t)$，存在正常数 Y_0 和 $Y_i \ (i = 1, 2, \cdots, n)$，满足 $|y_d(t)| \leqslant Y_0 < k_{c_1}$ 和 $\left|y_d^{(i)}(t)\right| \leqslant Y_i$。

假设 3.3.2 对于外部干扰输入 $d_i(\bar{x}_i, t)$，存在常数 $\bar{d}_{iM} \ (i = 1, 2, \cdots, n)$，满足 $|d_i(\bar{x}_i, t)| \leqslant \bar{d}_{iM}$。

控制任务 设计一种神经网络自适应约束控制器，使得：

(1) 闭环系统的所有信号是半全局一致最终有界的；

(2) 误差信号收敛到包含原点的一个较小的邻域内；

(3) 系统所有状态满足指定约束条件。

3.3.2 神经网络自适应反步递推控制设计

根据拉普拉斯定理，如下方程成立：

$$\ell[u(t-\tau)] = \mathrm{e}^{-\tau v} \ell[u(t)] = \frac{\mathrm{e}^{-\tau v/2}}{\mathrm{e}^{\tau v/2}} \ell[u(t)] \tag{3.3.2}$$

基于帕德近似方法，可得

$$\mathrm{e}^{-\tau v} \ell[u(t)] \approx \frac{1 - \tau v/2}{1 + \tau v/2} \ell[u(t)] \tag{3.3.3}$$

式中，v 为拉普拉斯变量；$\ell[u(t)]$ 为 $u(t)$ 的拉普拉斯变换。

定义中间变量 x_{n+1}，满足以下方程：

$$\frac{1-\tau\upsilon/2}{1+\tau\upsilon/2}\ell\left[u(t)\right]=\ell\left[x_{n+1}(t)\right]-\ell\left[u(t)\right] \tag{3.3.4}$$

式 (3.3.4) 可进一步写为

$$2\ell\left[u(t)\right]=\ell\left[x_{n+1}(t)\right]+\frac{\tau\upsilon}{2}\ell\left[x_{n+1}(t)\right] \tag{3.3.5}$$

使用拉普拉斯逆变换，将式 (3.3.5) 改写为

$$\dot{x}_{n+1}=\frac{4}{\tau}u-\frac{2}{\tau}x_{n+1} \tag{3.3.6}$$

引入变量 $\lambda=\dfrac{2}{\tau}$，可得

$$\dot{x}_{n+1}=2\lambda u-\lambda x_{n+1} \tag{3.3.7}$$

由式 (3.3.2) ~ 式 (3.3.7)，式 (3.3.1) 可进一步描述为如下形式：

$$\begin{cases}\dot{x}_i=x_{i+1}+f_i\left(\bar{x}_i\right)+d_i\left(\bar{x}_i,t\right), \quad i=1,2,\cdots,n-1\\ \dot{x}_n=f_n\left(\bar{x}\right)+x_{n+1}-u+d_n\left(\bar{x}_n,t\right)\\ \dot{x}_{n+1}=-\lambda x_{n+1}+2\lambda u\\ y=x_1\end{cases} \tag{3.3.8}$$

定义如下坐标变换：

$$\begin{cases}z_1=x_1-y_d\\ z_i=x_i-\alpha_{i-1}, \quad i=2,3,\cdots,n-1\\ z_n=x_n-\alpha_{n-1}+x_{n+1}/\lambda\end{cases} \tag{3.3.9}$$

式中，z_1 为跟踪误差；z_i 为误差变量；α_{i-1} 为虚拟控制器。

基于上面的坐标变换，n 步神经网络自适应反步递推控制设计过程如下。

第 1 步 由式 (3.3.1) 和式 (3.3.9)，对 z_1 求导，可得

$$\dot{z}_1=\dot{x}_1-\dot{y}_d=f_1\left(x_1\right)+x_2+d_1\left(x_1,t\right)-\dot{y}_d \tag{3.3.10}$$

选择如下对数型障碍李雅普诺夫函数：

$$V_1=\frac{1}{2}\ln\left(\frac{k_{b_1}^2}{k_{b_1}^2-z_1^2}\right)+\frac{1}{2}\tilde{W}_1^{\mathrm{T}}\Gamma_1^{-1}\tilde{W}_1 \tag{3.3.11}$$

式中，$\tilde{W}_1 = W_1^* - \hat{W}_1$ 为参数估计误差，$\hat{W}_1$ 为 W_1^* 的估计；$\varGamma_1 = \varGamma_1^{\mathrm{T}} > 0$ 为增益矩阵；$k_{b_1} = k_{c_1} - Y_0$，跟踪误差需满足 $|z_1| < k_{b_1}$，k_{b_1} 为已知正常数。由此可知，V_1 在 $|z_1| < k_{b_1}$ 条件下是正定且一阶连续可导的。

由式 (3.3.10) 和式 (3.3.11)，对 V_1 求导，可得

$$\dot{V}_1 = \frac{z_1}{k_{b_1}^2 - z_1^2}\left[f_1(x_1) + x_2 - \dot{y}_d\right] + \frac{z_1}{k_{b_1}^2 - z_1^2} d_1(x_1, t) - \tilde{W}_1^{\mathrm{T}} \varGamma_1^{-1} \dot{\hat{W}}_1 \tag{3.3.12}$$

由杨氏不等式和假设 3.3.2，可得

$$\frac{z_1}{k_{b_1}^2 - z_1^2} d_1(x_1, t) \leqslant \frac{1}{2}\left(\frac{z_1}{k_{b_1}^2 - z_1^2}\right)^2 + \frac{1}{2}\bar{d}_{1M}^2 \tag{3.3.13}$$

将式 (3.3.13) 代入式 (3.3.12)，可得

$$\dot{V}_1 \leqslant \frac{z_1}{k_{b_1}^2 - z_1^2}\left[f_1(x_1) + \frac{1}{2}\frac{z_1}{k_{b_1}^2 - z_1^2} - \dot{y}_d\right] + \frac{z_1}{k_{b_1}^2 - z_1^2} x_2 - \tilde{W}_1^{\mathrm{T}} \varGamma_1^{-1} \dot{\hat{W}}_1 + \frac{1}{2}\bar{d}_{1M}^2 \tag{3.3.14}$$

定义未知非线性函数 $F_1(Z_1)$ 为

$$F_1(Z_1) = f_1(x_1) + \frac{1}{2}\frac{z_1}{k_{b_1}^2 - z_1^2} - \dot{y}_d \tag{3.3.15}$$

利用神经网络逼近未知函数 $F_1(Z_1)$，可得

$$F_1(Z_1) = W_1^{*\mathrm{T}} S_1(Z_1) + \delta_1(Z_1) \tag{3.3.16}$$

式中，$Z_1 = [x_1, y_d, \dot{y}_d]^{\mathrm{T}}$ 为神经网络的输入向量；$S_1(Z_1)$ 为神经元激活函数；W_1^* 为最优权重向量；$\delta_1(Z_1)$ 为逼近误差，存在正常数 $\bar{\delta}_1$ 使得 $|\delta_1(Z_1)| \leqslant \bar{\delta}_1$。

根据式 (3.3.15) 和式 (3.3.16)，式 (3.3.14) 可以改写为

$$\dot{V}_1 \leqslant \frac{z_1}{k_{b_1}^2 - z_1^2}\left[W_1^{*\mathrm{T}} S_1(Z_1) + \delta_1(Z_1)\right] - \tilde{W}_1^{\mathrm{T}} \varGamma_1^{-1} \dot{\hat{W}}_1 + \frac{z_1}{k_{b_1}^2 - z_1^2} x_2 + \frac{1}{2}\bar{d}_{1M}^2 \tag{3.3.17}$$

由杨氏不等式，可得

$$\frac{z_1}{k_{b_1}^2 - z_1^2} \delta_1(Z_1) \leqslant \frac{1}{2\eta_1}\left(\frac{z_1}{k_{b_1}^2 - z_1^2}\right)^2 + \frac{1}{2}\eta_1 \bar{\delta}_1^2 \tag{3.3.18}$$

式中，$\eta_1 > 0$ 为设计参数。

将式 (3.3.18) 代入式 (3.3.17)，可得

$$\dot{V}_1 \leqslant \frac{z_1}{k_{b_1}^2 - z_1^2} W_1^{*\mathrm{T}} S_1(Z_1) + \frac{1}{2\eta_1}\left(\frac{z_1}{k_{b_1}^2 - z_1^2}\right)^2 + \frac{1}{2}\eta_1 \bar{\delta}_1^2 - \tilde{W}_1^{\mathrm{T}} \varGamma_1^{-1} \dot{\hat{W}}_1 + \frac{z_1}{k_{b_1}^2 - z_1^2} x_2 + \frac{1}{2}\bar{d}_{1M}^2 \tag{3.3.19}$$

设计如下虚拟控制器和自适应律：

$$\alpha_1 = -k_1 z_1 - \hat{W}_1^{\mathrm{T}} S_1(Z_1) - \frac{1}{2\eta_1}\frac{z_1}{k_{b_1}^2 - z_1^2} \tag{3.3.20}$$

$$\dot{\hat{W}}_1 = \varGamma_1\left[\frac{z_1}{k_{b_1}^2 - z_1^2} S_1(Z_1) - \sigma_1 \hat{W}_1\right] \tag{3.3.21}$$

式中，$\sigma_1 > 0$ 和 $k_1 > 0$ 为设计参数。

根据等式 $z_2 = x_2 - \alpha_1$，式 (3.3.19) 中 $\left[z_1/\left(k_{b_1}^2 - z_1^2\right)\right] x_2$ 项可变为

$$\frac{z_1}{k_{b_1}^2 - z_1^2} x_2 = -k_1 \frac{z_1^2}{k_{b_1}^2 - z_1^2} - \frac{1}{2\eta_1}\left(\frac{z_1}{k_{b_1}^2 - z_1^2}\right)^2 + \frac{z_1}{k_{b_1}^2 - z_1^2} z_2 - \frac{z_1}{k_{b_1}^2 - z_1^2} \hat{W}_1^{\mathrm{T}} S_1(Z_1) \tag{3.3.22}$$

将式 (3.3.20) ~ 式 (3.3.22) 代入式 (3.3.19)，可得

$$\dot{V}_1 \leqslant -k_1 \frac{z_1^2}{k_{b_1}^2 - z_1^2} + \frac{z_1}{k_{b_1}^2 - z_1^2} z_2 + \sigma_1 \tilde{W}_1^{\mathrm{T}} \hat{W}_1 + \frac{1}{2}\bar{d}_{1M}^2 + \frac{1}{2}\eta_1 \bar{\delta}_1^2 \tag{3.3.23}$$

第 $i(2 \leqslant i \leqslant n-1)$ 步 由式 (3.3.1) 和式 (3.3.9)，对 z_i 求导，可得

$$\dot{z}_i = \dot{x}_i - \dot{\alpha}_{i-1} = f_i(\bar{x}_i) + x_{i+1} + d_i(\bar{x}_i, t) - \dot{\alpha}_{i-1} \tag{3.3.24}$$

式中

$$\dot{\alpha}_{i-1} = \sum_{j=1}^{i-1} \frac{\partial \alpha_{i-1}}{\partial x_j}\left[f_j(\bar{x}_j) + x_{j+1} + d_j(\bar{x}_j, t)\right] + \sum_{j=1}^{i-1} \frac{\partial \alpha_{i-1}}{\partial \hat{W}_j} \dot{\hat{W}}_j + \sum_{j=0}^{i-1} \frac{\partial \alpha_{i-1}}{\partial y_d^{(j)}} y_d^{(j+1)} \tag{3.3.25}$$

选择如下对数型障碍李雅普诺夫函数:

$$V_i = \frac{1}{2}\ln\left(\frac{k_{b_i}^2}{k_{b_i}^2 - z_i^2}\right) + \frac{1}{2}\tilde{W}_i^{\mathrm{T}}\Gamma_i^{-1}\tilde{W}_i + V_{i-1} \tag{3.3.26}$$

式中，$\Gamma_i = \Gamma_i^{\mathrm{T}} > 0$ 为增益矩阵；$\tilde{W}_i = \hat{W}_i - W_i^*$ 为参数估计误差，$\hat{W}_i$ 为 W_i^* 的估计。

由式 (3.3.26)，对 V_i 求导，可得

$$\dot{V}_i = \frac{z_i\dot{z}_i}{k_{b_i}^2 - z_i^2} - \tilde{W}_i^{\mathrm{T}}\Gamma_i^{-1}\dot{\hat{W}}_i + \dot{V}_{i-1} \tag{3.3.27}$$

将式 (3.3.24) 和式 (3.3.25) 代入式 (3.3.27)，可得

$$\begin{aligned}\dot{V}_i = &\frac{z_i}{k_{b_i}^2 - z_i^2}\left[f_i\left(\bar{x}_i\right) + x_{i+1}\right] - \frac{z_i}{k_{b_i}^2 - z_i^2}\sum_{j=1}^{i-1}\frac{\partial\alpha_{i-1}}{\partial\hat{W}_j}\dot{\hat{W}}_j - \tilde{W}_i^{\mathrm{T}}\Gamma_i^{-1}\dot{\hat{W}}_i \\ &- \frac{z_i}{k_{b_i}^2 - z_i^2}\sum_{j=1}^{i-1}\frac{\partial\alpha_{i-1}}{\partial x_j}\left[f_j\left(\bar{x}_j\right) + x_{j+1} + d_j\left(\bar{x}_j, t\right)\right] \\ &- \frac{z_i}{k_{b_i}^2 - z_i^2}\sum_{j=0}^{i-1}\frac{\partial\alpha_{i-1}}{\partial y_d^{(j)}}y_d^{(j+1)} + \frac{z_i}{k_{b_i}^2 - z_i^2}d_i\left(\bar{x}_i, t\right) + \dot{V}_{i-1}\end{aligned} \tag{3.3.28}$$

根据杨氏不等式，可得

$$\frac{z_i}{k_{b_i}^2 - z_i^2}d_i\left(\bar{x}_i, t\right) \leqslant \frac{1}{2}\left(\frac{z_i}{k_{b_i}^2 - z_i^2}\right)^2 + \frac{1}{2}\bar{d}_{iM}^2 \tag{3.3.29}$$

定义未知非线性函数 $F_i\left(Z_i\right)$ 为

$$\begin{aligned}F_i\left(Z_i\right) = &-\sum_{j=1}^{i-1}\frac{\partial\alpha_{i-1}}{\partial x_j}\left[f_j\left(\bar{x}_j\right) + x_{j+1} + d_j\left(\bar{x}_j, t\right)\right] + \frac{1}{2}\frac{z_i}{k_{b_i}^2 - z_i^2} \\ &-\sum_{j=1}^{i-1}\frac{\partial\alpha_{i-1}}{\partial\hat{W}_j}\dot{\hat{W}}_j - \sum_{j=0}^{i-1}\frac{\partial\alpha_{i-1}}{\partial y_d^{(j)}}y_d^{(j+1)} + \frac{k_{b_i}^2 - z_i^2}{k_{b_{i-1}}^2 - z_{i-1}^2}z_{i-1} + f_i\left(\bar{x}_i\right)\end{aligned} \tag{3.3.30}$$

利用神经网络逼近未知函数 $F_i\left(Z_i\right)$，可得

$$F_i\left(Z_i\right) = W_i^{*\mathrm{T}}S_i\left(Z_i\right) + \delta_i\left(Z_i\right) \tag{3.3.31}$$

式中，$Z_i = \left[x_1,x_2,\cdots,x_i;y_d,\dot{y}_d,\cdots,y_d^{(i)};\hat{W}_1^{\mathrm{T}},\hat{W}_2^{\mathrm{T}},\cdots,\hat{W}_{i-1}^{\mathrm{T}}\right]^{\mathrm{T}}$ 为神经网络的输入向量；$S_i(Z_i)$ 为神经元激活函数；W_i^* 为最优权重向量；$\delta_i(Z_i)$ 为逼近误差，存在正常数 $\bar{\delta}_i$ 使得 $|\delta_i(Z_i)| \leqslant \bar{\delta}_i$。

根据式 (3.3.29) ~ 式 (3.3.31)，式 (3.3.28) 变为

$$\begin{aligned}\dot{V}_i \leqslant & \frac{z_i}{k_{b_i}^2 - z_i^2}\left[W_i^{*\mathrm{T}} S_i(Z_i) + \delta_i(Z_i)\right] - \frac{z_{i-1}z_i}{k_{b_{i-1}}^2 - z_{i-1}^2} \\ & + \frac{z_i}{k_{b_i}^2 - z_i^2} x_{i+1} - \tilde{W}_i^{\mathrm{T}} \mathit{\Gamma}_i^{-1}\dot{\hat{W}}_i + \dot{V}_{i-1} + \frac{1}{2}\bar{d}_{iM}^2 \end{aligned} \tag{3.3.32}$$

根据杨氏不等式，可得

$$\frac{z_i}{k_{b_i}^2 - z_i^2}\delta_i(Z_i) \leqslant \frac{1}{2\eta_i}\left(\frac{z_i}{k_{b_i}^2 - z_i^2}\right)^2 + \frac{1}{2}\eta_i \bar{\delta}_i^2 \tag{3.3.33}$$

式中，$\eta_i > 0$ 为设计参数。

将式 (3.3.33) 代入式 (3.3.32)，可得

$$\begin{aligned}\dot{V}_i \leqslant & \frac{z_i}{k_{b_i}^2 - z_i^2} W_i^{*\mathrm{T}} S_i(Z_i) + \dot{V}_{i-1} + \frac{1}{2}\bar{d}_{iM}^2 + \frac{1}{2\eta_i}\left(\frac{z_i}{k_{b_i}^2 - z_i^2}\right)^2 \\ & + \frac{z_i}{k_{b_i}^2 - z_i^2} x_{i+1} - \tilde{W}_i^{\mathrm{T}} \mathit{\Gamma}_i^{-1}\dot{\hat{W}}_i + \frac{1}{2}\eta_i\bar{\delta}_i^2 - \frac{z_{i-1}z_i}{k_{b_{i-1}}^2 - z_{i-1}^2} \end{aligned} \tag{3.3.34}$$

设计如下虚拟控制器和自适应律：

$$\alpha_i = -k_i z_i - \hat{W}_i^{\mathrm{T}} S_i(Z_i) - \frac{1}{2\eta_i}\frac{z_i}{k_{b_i}^2 - z_i^2} \tag{3.3.35}$$

$$\dot{\hat{W}}_i = \mathit{\Gamma}_i\left[\frac{z_i}{k_{b_i}^2 - z_i^2} S_i(Z_i) - \sigma_i \hat{W}_i\right], \quad i = 2,3,\cdots,n-1 \tag{3.3.36}$$

式中，$\sigma_i > 0$ 和 $k_i > 0$ 为设计参数。

式 (3.3.34) 中 $\left[z_i/\left(k_{b_i}^2 - z_i^2\right)\right] x_{i+1}$ 项可变为

$$\begin{aligned}\frac{z_i}{k_{b_i}^2 - z_i^2} x_{i+1} = & -k_i\frac{z_i^2}{k_{b_i}^2 - z_i^2} - \frac{z_i}{k_{b_i}^2 - z_i^2}\hat{W}_i^{\mathrm{T}} S_i(Z_i) \\ & - \frac{1}{2\eta_i}\left(\frac{z_i}{k_{b_i}^2 - z_i^2}\right)^2 + \frac{z_i}{k_{b_i}^2 - z_i^2} z_{i+1} \end{aligned} \tag{3.3.37}$$

将式 (3.3.35) ~ 式 (3.3.37) 代入式 (3.3.34)，可得

$$\begin{aligned}\dot{V}_i \leqslant & \frac{1}{2}\eta_i\bar{\delta}_i^2 + \sigma_i\tilde{W}_i^{\mathrm{T}}\hat{W}_i + \frac{1}{2}\bar{d}_{iM}^2 - \frac{k_i z_i^2}{k_{b_i}^2 - z_i^2} \\ & + \dot{V}_{i-1} + \frac{z_i z_{i+1}}{k_{b_i}^2 - z_i^2} - \frac{z_i z_{i-1}}{k_{b_{i-1}}^2 - z_{i-1}^2}\end{aligned} \tag{3.3.38}$$

由第 $i-1$ 步，有

$$\begin{aligned}\dot{V}_{i-1} \leqslant & \sum_{j=1}^{i-1}\frac{1}{2}\eta_j\bar{\delta}_j^2 + \frac{z_i z_{i-1}}{k_{b_{i-1}}^2 - z_{i-1}^2} + \frac{1}{2}\sum_{j=1}^{i-1}\bar{d}_{jM}^2 \\ & + \sum_{j=1}^{i-1}\sigma_j\tilde{W}_j^{\mathrm{T}}\hat{W}_j - \sum_{j=1}^{i-1}\frac{k_j z_j^2}{k_{b_j}^2 - z_j^2}\end{aligned} \tag{3.3.39}$$

将式 (3.3.39) 代入式 (3.3.38)，可得

$$\dot{V}_i \leqslant \sum_{j=1}^{i}\frac{1}{2}\eta_j\bar{\delta}_j^2 + \frac{z_i z_{i+1}}{k_{b_i}^2 - z_i^2} + \frac{1}{2}\sum_{j=1}^{i}\bar{d}_{jM}^2 + \sum_{j=1}^{i}\sigma_j\tilde{W}_j^{\mathrm{T}}\hat{W}_j - \sum_{j=1}^{i}\frac{k_j z_j^2}{k_{b_j}^2 - z_j^2} \tag{3.3.40}$$

第 n 步 由式 (3.3.1)、式 (3.3.7) 和式 (3.3.9)，对 z_n 求导，可得

$$\begin{aligned}\dot{z}_n &= \dot{x}_n - \dot{\alpha}_{n-1} + \frac{1}{\lambda}\dot{x}_{n+1} \\ &= f_n(\bar{x}_n) + x_{n+1} - u + d_n(\bar{x}_n, t) - \dot{\alpha}_{n-1} + \frac{1}{\lambda}(-\lambda x_{n+1} + 2\lambda u) \\ &= f_n(\bar{x}_n) + u + d_n(\bar{x}_n, t) - \dot{\alpha}_{n-1}\end{aligned} \tag{3.3.41}$$

式中

$$\dot{\alpha}_{n-1} = \sum_{j=1}^{n-1}\frac{\partial\alpha_{n-1}}{\partial x_j}\left[f_j(\bar{x}_j) + x_{j+1} + d_j(\bar{x}_j, t)\right] + \sum_{j=0}^{n-1}\frac{\partial\alpha_{n-1}}{\partial y_d^{(j)}}y_d^{(j+1)} + \sum_{j=1}^{n-1}\frac{\partial\alpha_{n-1}}{\partial\hat{W}_j}\dot{\hat{W}}_j \tag{3.3.42}$$

选择如下对数型障碍李雅普诺夫函数：

$$V_n = \frac{1}{2}\ln\left(\frac{k_{b_n}^2}{k_{b_n}^2 - z_n^2}\right) + V_{n-1} + \frac{1}{2}\tilde{W}_n^{\mathrm{T}}\Gamma_n^{-1}\tilde{W}_n \tag{3.3.43}$$

式中，$\Gamma_i = \Gamma_i^{\mathrm{T}} > 0$ 为增益矩阵；$\tilde{W}_n = \hat{W}_n - W_n^*$ 为参数估计误差，$\hat{W}_n$ 为 W_n^* 的估计。

由式 (3.3.43)，对 V_n 求导，可得

$$\dot{V}_n = \frac{z_n \dot{z}_n}{k_{b_n}^2 - z_n^2} - \tilde{W}_n^{\mathrm{T}} \varGamma_n^{-1} \dot{\hat{W}}_n + \dot{V}_{n-1} \tag{3.3.44}$$

将式 (3.3.41) 和式 (3.3.42) 代入式 (3.3.44)，可得

$$\begin{aligned}\dot{V}_n =& \frac{z_n}{k_{b_n}^2 - z_n^2}\left\{-\sum_{j=1}^{n-1}\frac{\partial\alpha_{n-1}}{\partial x_j}\left[f_j\left(\bar{x}_j\right) + x_{j+1} + d_j\left(\bar{x}_j, t\right)\right]\right\} \\ &- \frac{z_n}{k_{b_n}^2 - z_n^2}\sum_{j=0}^{n-1}\frac{\partial\alpha_{n-1}}{\partial y_d^{(j)}}y_d^{(j+1)} - \frac{z_n}{k_{b_n}^2 - z_n^2}\sum_{j=1}^{n-1}\frac{\partial\alpha_{n-1}}{\partial\hat{W}_j}\dot{\hat{W}}_j - \frac{z_n}{k_{b_n}^2 - z_n^2}f_n\left(\bar{x}_n\right) \\ &+ \frac{z_n}{k_{b_n}^2 - z_n^2}u + \frac{z_n}{k_{b_n}^2 - z_n^2}d_n\left(\bar{x}_n, t\right) - \tilde{W}_n^{\mathrm{T}}\varGamma_n^{-1}\dot{\hat{W}}_n + \dot{V}_{n-1}\end{aligned} \tag{3.3.45}$$

根据杨氏不等式，可得

$$\frac{z_n}{k_{b_n}^2 - z_n^2}d_n\left(\bar{x}_n, t\right) \leqslant \frac{1}{2}\left(\frac{z_n}{k_{b_n}^2 - z_n^2}\right)^2 + \frac{1}{2}\bar{d}_{nM}^2 \tag{3.3.46}$$

定义未知非线性函数 $F_n\left(Z_n\right)$ 为

$$\begin{aligned}F_n\left(Z_n\right) =& -\sum_{j=1}^{n-1}\frac{\partial\alpha_{n-1}}{\partial x_j}\left[f_j\left(\bar{x}_j\right) + x_{j+1} + d_j\left(\bar{x}_j, t\right)\right] + f_n\left(\bar{x}_n\right) \\ &- \sum_{j=1}^{n-1}\frac{\partial\alpha_{n-1}}{\partial\hat{W}_j}\dot{\hat{W}}_j + \frac{1}{2}\frac{z_n}{k_{b_n}^2 - z_n^2} - \sum_{j=0}^{n-1}\frac{\partial\alpha_{n-1}}{\partial y_d^{(j)}}y_d^{(j+1)}\end{aligned} \tag{3.3.47}$$

利用神经网络逼近未知函数 $F_n\left(Z_n\right)$，可得

$$F_n\left(Z_n\right) = W_n^{*\mathrm{T}} S_n\left(Z_n\right) + \delta_n\left(Z_n\right) \tag{3.3.48}$$

式中，$Z_n = \left[x_1, x_2, \cdots, x_n; \dot{y}_d, \ddot{y}_d, \cdots, y_d^{(n)}; \hat{W}_1^{\mathrm{T}}, \hat{W}_2^{\mathrm{T}}, \cdots, \hat{W}_{n-1}^{\mathrm{T}}\right]^{\mathrm{T}}$ 为神经网络的输入向量；$S_n\left(Z_n\right)$ 为神经元激活函数；W_n^* 为最优权重向量；$\delta_n\left(Z_n\right)$ 为逼近误差，存在正常数 $\bar{\delta}_n$ 使得 $\left|\delta_n\left(Z_n\right)\right| \leqslant \bar{\delta}_n$。

将式 (3.3.46) ~ 式 (3.3.48) 代入式 (3.3.45)，可得

$$\dot{V}_n \leqslant \frac{z_n}{k_{b_n}^2 - z_n^2}\left[W_n^{*\mathrm{T}} S_n\left(Z_n\right) + \delta_n\left(Z_n\right)\right]$$

$$+\frac{z_n}{k_{b_n}^2-z_n^2}u-\tilde{W}_n^{\mathrm{T}}\Gamma_n^{-1}\dot{\hat{W}}_n+\dot{V}_{n-1}+\frac{1}{2}\bar{d}_{nM}^2 \tag{3.3.49}$$

根据杨氏不等式，可得

$$\frac{z_n}{k_{b_n}^2-z_n^2}\delta_n\left(Z_n\right)\leqslant\frac{1}{2\eta_n}\left(\frac{z_n}{k_{b_n}^2-z_n^2}\right)^2+\frac{1}{2}\eta_n\bar{\delta}_n^2 \tag{3.3.50}$$

式中，$\eta_n>0$ 为设计参数。

将式 (3.3.50) 代入式 (3.3.49)，可得

$$\begin{aligned}\dot{V}_n\leqslant&\frac{z_n}{k_{b_n}^2-z_n^2}W_n^{*\mathrm{T}}S_n\left(Z_n\right)+\frac{1}{2}\bar{d}_{nM}^2+\frac{1}{2\eta_n}\left(\frac{z_n}{k_{b_n}^2-z_n^2}\right)^2\\&+\frac{1}{2}\eta_n\bar{\delta}_n^2-\tilde{W}_n^{\mathrm{T}}\Gamma_n^{-1}\dot{\hat{W}}_n+\dot{V}_{n-1}+\frac{z_n}{k_{b_n}^2-z_n^2}u\end{aligned} \tag{3.3.51}$$

设计如下实际控制器和自适应律：

$$u=-\frac{1}{2\eta_n}\frac{z_n}{k_{b_n}^2-z_n^2}-\hat{W}_n^{\mathrm{T}}S_n\left(Z_n\right)-k_nz_n-\left(\frac{k_{b_n}^2-z_n^2}{k_{b_{n-1}}^2-z_{n-1}^2}\right)z_{n-1} \tag{3.3.52}$$

$$\dot{\hat{W}}_n-\Gamma_n\left[\frac{z_n}{k_{b_n}^2-z_n^2}S_n\left(Z_n\right)\quad\sigma_n\hat{W}_n\right] \tag{3.3.53}$$

式中，$\sigma_n>0$ 和 $k_n>0$ 为设计参数。

式 (3.3.51) 中 $\left[z_n/\left(k_{b_n}^2-z_n^2\right)\right]u$ 项可变为

$$\begin{aligned}\frac{z_n}{k_{b_n}^2-z_n^2}u=&-\frac{k_nz_n^2}{k_{b_n}^2-z_n^2}-\frac{1}{2\eta_n}\left(\frac{z_n}{k_{b_n}^2-z_n^2}\right)^2\\&-\frac{z_{n-1}z_n}{k_{b_{n-1}}^2-z_{n-1}^2}-\frac{z_n}{k_{b_n}^2-z_n^2}\hat{W}_n^{\mathrm{T}}S_n\left(Z_n\right)\end{aligned} \tag{3.3.54}$$

将式 (3.3.52) ~ 式 (3.3.54) 代入式 (3.3.51)，可得

$$\dot{V}_n\leqslant\frac{1}{2}\eta_n\bar{\delta}_n^2+\sigma_n\tilde{W}_n^{\mathrm{T}}\hat{W}_n+\frac{1}{2}\bar{d}_{nM}^2-\frac{k_nz_n^2}{k_{b_n}^2-z_n^2}-\frac{z_nz_{n-1}}{k_{b_{n-1}}^2-z_{n-1}^2}+\dot{V}_{n-1} \tag{3.3.55}$$

由式 (3.3.39) 和 $i=n-1$，可得

$$\dot{V}_{n-1}\leqslant\sum_{j=1}^{n-1}\frac{1}{2}\eta_j\bar{\delta}_j^2+\frac{z_{n-1}z_n}{k_{b_{n-1}}^2-z_{n-1}^2}+\frac{1}{2}\sum_{j=1}^{n-1}\bar{d}_{jM}^2-\sum_{j=1}^{n-1}\frac{k_jz_j^2}{k_{b_j}^2-z_j^2}+\sum_{j=1}^{n-1}\sigma_j\tilde{W}_j^{\mathrm{T}}\hat{W}_j \tag{3.3.56}$$

将式 (3.3.56) 代入式 (3.3.55)，可得

$$\dot{V}_n \leqslant -\sum_{j=1}^{n} \frac{k_j z_j^2}{k_{b_j}^2 - z_j^2} + \frac{1}{2}\sum_{j=1}^{n} \bar{d}_{jM}^2 + \sum_{j=1}^{n} \sigma_j \tilde{W}_j^{\mathrm{T}} \hat{W}_j + \frac{1}{2}\sum_{j=1}^{n} \eta_j \bar{\delta}_j^2 \tag{3.3.57}$$

权重估计误差为 $\tilde{W}_i = W_i^* - \hat{W}_i$，式 (3.3.57) 中 $\sum\limits_{j=1}^{n} \sigma_j \tilde{W}_j^{\mathrm{T}} \hat{W}_j$ 项变为

$$\sigma_j \tilde{W}_j^{\mathrm{T}} \hat{W}_j = \sigma_j \tilde{W}_j^{\mathrm{T}} W_j^* - \sigma_j \|\tilde{W}_j\|^2 \leqslant \frac{\sigma_j}{2}\|W_j^*\|^2 - \frac{\sigma_j}{2}\|\tilde{W}_j\|^2 \tag{3.3.58}$$

由式 (3.3.58)，式 (3.3.57) 可表示为

$$\dot{V}_n \leqslant -\sum_{j=1}^{n} \frac{k_j z_j^2}{k_{b_j}^2 - z_j^2} - \frac{1}{2}\sum_{j=1}^{n} \sigma_j \|\tilde{W}_j\|^2 + \frac{1}{2}\sum_{j=1}^{n} \bar{d}_{jM}^2 + \frac{1}{2}\sum_{j=1}^{n} \sigma_j \|W_j^*\|^2 + \frac{1}{2}\sum_{j=1}^{n} \eta_j \bar{\delta}_j^2 \tag{3.3.59}$$

根据引理 1.1.1 和式 (3.3.59)，可得

$$\dot{V}_n \leqslant -\rho V_n + C \tag{3.3.60}$$

式中，$\rho = \min\{2k_i, \sigma_i \lambda_{\min}(\varGamma_i)\}(i=1,2,\cdots,n)$；$C = \sum\limits_{j=1}^{n} \frac{1}{2}\left(\bar{d}_{jM}^2 + \eta_j \bar{\delta}_j^2 + \sigma_j \left\|W_j^*\right\|^2\right)$。

3.3.3 稳定性与收敛性分析

定理 3.3.1 对于具有常数输入时滞和状态约束的非线性系统 (3.3.1)，假设 3.3.1 和假设 3.3.2 成立。如果采用实际控制器 (3.3.52)，虚拟控制器 (3.3.20) 和 (3.3.35)，参数自适应律 (3.3.21)，(3.3.36) 和 (3.3.53)，那么总体控制方案具有如下性能：

(1) 闭环系统中的所有信号是半全局一致最终有界的；

(2) 跟踪误差收敛到包含原点的一个较小的邻域内；

(3) 系统所有状态满足指定约束条件。

证明 由式 (3.3.11)、式 (3.3.26) 和式 (3.3.43)，可得

$$V_n = \frac{1}{2}\sum_{j=1}^{n} \frac{k_{b_j}^2}{k_{b_j}^2 - z_j^2} + \frac{1}{2}\sum_{j=1}^{n} \tilde{W}_j^{\mathrm{T}} \varGamma_j^{-1} \tilde{W}_j \tag{3.3.61}$$

将式 (3.3.60) 两侧乘以 $\mathrm{e}^{\rho t}$ 并对结果进行积分，可得

$$V_n(t) \leqslant \left[V_n(0) - \frac{C}{\rho}\right] \mathrm{e}^{-\rho t} + \frac{C}{\rho} \tag{3.3.62}$$

由于李雅普诺夫函数中所有项都是正值，以下不等式成立：

$$\frac{1}{2}\ln\left(\frac{k_{b_j}^2}{k_{b_j}^2-z_j^2}\right)\leqslant\left[V_n(0)-\frac{C}{\rho}\right]\mathrm{e}^{-\rho t}+\frac{C}{\rho}$$

$$\frac{1}{2}\tilde{W}_j^{\mathrm{T}}\Gamma_j^{-1}\tilde{W}_j\leqslant\left[V_n(0)-\frac{C}{\rho}\right]\mathrm{e}^{-\rho t}+\frac{C}{\rho}$$

经整理可得

$$|z_j|\leqslant k_{b_j}\sqrt{1-\mathrm{e}^{-2\left[V_n(0)-\frac{C}{\rho}\right]\mathrm{e}^{-\rho t}-2\frac{C}{\rho}}} \tag{3.3.63}$$

$$\left\|\tilde{W}_j\right\|\leqslant\sqrt{2\lambda_{\max}\left(\Gamma_j\right)\left\{\left[V_n(0)-\frac{C}{\rho}\right]\mathrm{e}^{-\rho t}+\frac{C}{\rho}\right\}} \tag{3.3.64}$$

在控制设计中，如果选择适当的设计参数，那么可得跟踪误差 $z_1=x_1-y_d$ 收敛到包含原点的一个较小的邻域内。由 $z_1=x_1-y_d(t)$ 和 $|y_d(t)|\leqslant Y_0$，可得 $|x_1|\leqslant|z_1|+|y_d|<k_{b_1}+Y_0$，由 k_{b_1} 的定义，可得 $|x_1|<k_{c_1}$。由于 α_1 有界，假设 $|\alpha_1|\leqslant A_1$，由 $x_2=z_2+\alpha_1$，可得 $|x_2|<k_{b_2}+A_1=k_{c_2}$，同理可得，$|x_i|<k_{c_i}\,(i=3,4,\cdots,n)$。因此，系统的状态不违反其预先给定的约束界。类似地，可证明 $\alpha_{i-1}\,(j=3,4,\cdots,n)$ 和 u 有界。由式 (3.3.64) 和 $\tilde{W}_j$ 的定义可得，$\hat{W}_j\,(j=1,2,\cdots,n)$ 也是有界的，最终证明闭环系统所有信号的有界性。

评注 3.3.1 本节针对具有常数输入时滞的非线性严格反馈系统，介绍了一种自适应反步递推状态约束控制方法。与本节类似的具有输入时滞非线性严格反馈系统的自适应模糊输出约束控制方法和具有状态和输入时滞非线性随机系统的鲁棒 H_∞ 控制方法可参见文献 [12]~[14]。

3.3.4 仿真

例 3.3.1 考虑如下具有常数输入时滞的非线性严格反馈约束系统：

$$\left\{\begin{array}{l}\dot{x}_1=x_2-0.02x_1-x_1\big/\left(1+x_1^2\right)+0.5\cos\left(x_2\right)\\ \dot{x}_2=0.08\mathrm{e}^{\sin(x_1)}+x_1x_2+\sin\left(x_1^2\right)+u\left(t-\tau\right)\\ y=x_1\end{array}\right. \tag{3.3.65}$$

式中，x_1 和 x_2 为状态变量；u 为系统输入；y 为系统输入；状态约束条件为 $|x_1|<k_{c_1}=3.3$ 和 $|x_2|<k_{c_2}=4$；参考信号为 $y_d(t)=2.5\sin(t)+2\cos(t)$。

设计如下控制器和自适应律：

$$\alpha_1 = -k_1 z_1 - \hat{W}_1^{\mathrm{T}} S_1(Z_1) - \frac{1}{2\eta_1}\frac{z_1}{k_{b_1}^2 - z_1^2}$$

$$u = -k_2 z_2 - \frac{1}{2\eta_2}\frac{z_2}{k_{b_2}^2 - z_2^2} - \hat{W}_2^{\mathrm{T}} S_2(Z_2) - \left(\frac{k_{b_2}^2 - z_2^2}{k_{b_1}^2 - z_1^2}\right) z_1$$

$$\dot{\hat{W}}_j = \Gamma_j \left[\frac{z_j}{k_{b_j}^2 - z_j^2} S_j(Z_j) - \sigma_j \hat{W}_j\right], \quad j = 1, 2$$

式中，$z_1 = x_1 - y_d$；$z_2 = x_2 - \alpha_1 + x_3/\lambda$；$Z_1 = [x_1, y_d, \dot{y}_d]^{\mathrm{T}}$；$Z_2 = \left[x_1, x_2; y_d, \dot{y}_d, \ddot{y}_d; \hat{W}_1^{\mathrm{T}}\right]^{\mathrm{T}}$。

选择设计参数为 $k_1 = 30$、$k_2 = 60$、$k_{b_1} = 0.3$、$k_{b_2} = 0.9$、$\eta_1 = 0.25$、$\eta_2 = 12.5$、$\Gamma_1 = 0.4\mathrm{diag}\{\mathrm{ones}(1,30)\}$、$\Gamma_2 = 0.6\mathrm{diag}\{\mathrm{ones}(1,30)\}$、$\sigma_1 = 1.2$、$\sigma_2 = 0.2$，初始条件为 $x_1(0) = 2$、$x_2(0) = 2.5$、$\hat{W}_1(0) = 0.1$ 和 $\hat{W}_2(0) = 0.1$，选取输入时滞为 $\tau = 0.02$。

本节利用神经网络进行逼近，最优逼近估计 $F_1(Z_1)$ 的节点数为 30，x_1、y_d、$\dot{y}_d$ 的中心平均分布在 $[-1.5, 1.5] \times [-0.5, 1.2] \times [-2.5, 2.1]$ 区间，高斯函数的宽度为 4；最优逼近估计 $F_2(Z_2)$ 的节点数为 30，x_1、x_2 的中心平均分布在 $[-2, 2] \times [-1.6, 2.1]$ 区间，y_d、$\dot{y}_d$、$\ddot{y}_d$ 的中心平均分布在 $[-0.2, 0.3] \times [-0.5, 0.5] \times [-0.2, 0.4]$ 区间，$\hat{W}_1$ 包含 30 个变量，中心都平均分布在 $[-0.2, 0.2]$ 区间，高斯函数的宽度为 2。

仿真结果如图 3.3.1 ~ 图 3.3.5 所示。

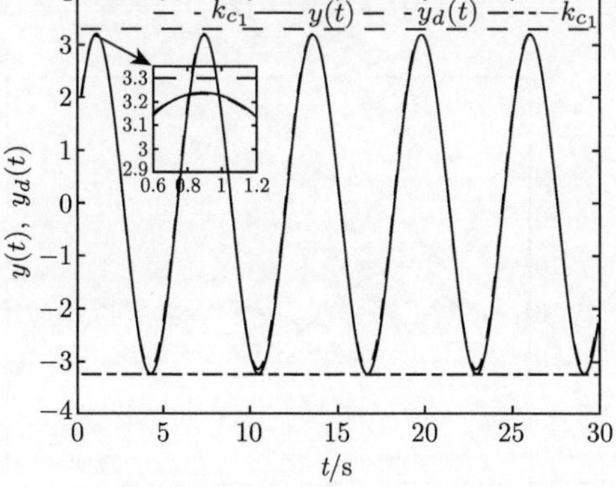

图 3.3.1 $y(t)$ 和 $y_d(t)$ 的轨迹

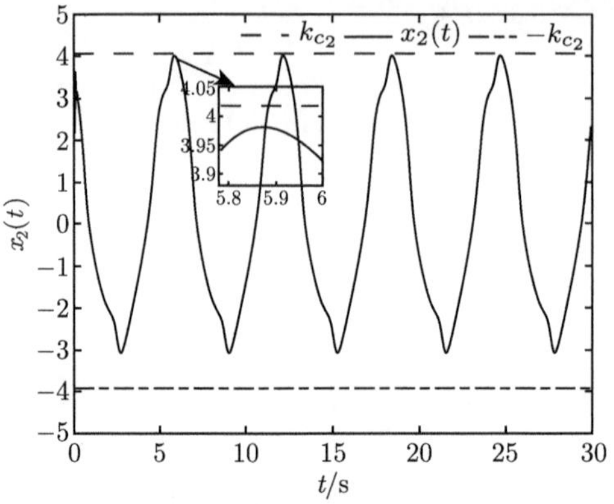

图 3.3.2　$x_2(t)$ 的轨迹

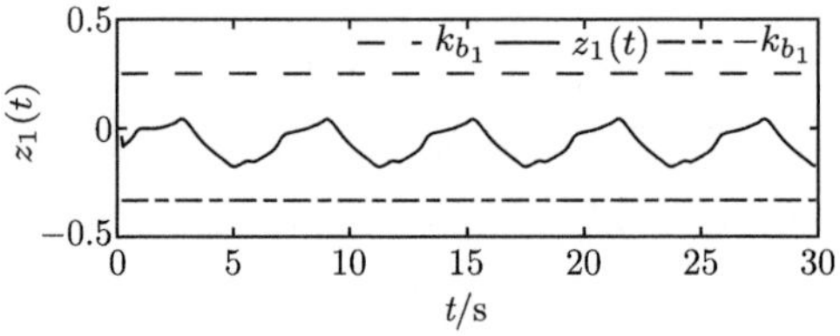

(a) $z_1(t)$的轨迹

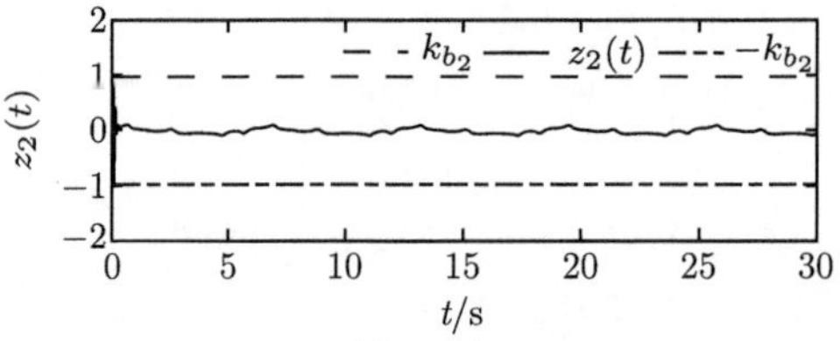

(b) $z_2(t)$的轨迹

图 3.3.3　$z_1(t)$ 和 $z_2(t)$ 的轨迹

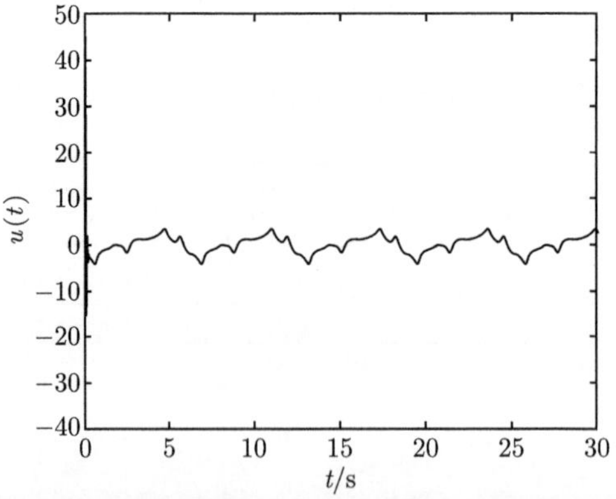

图 3.3.4　$u(t)$ 的轨迹

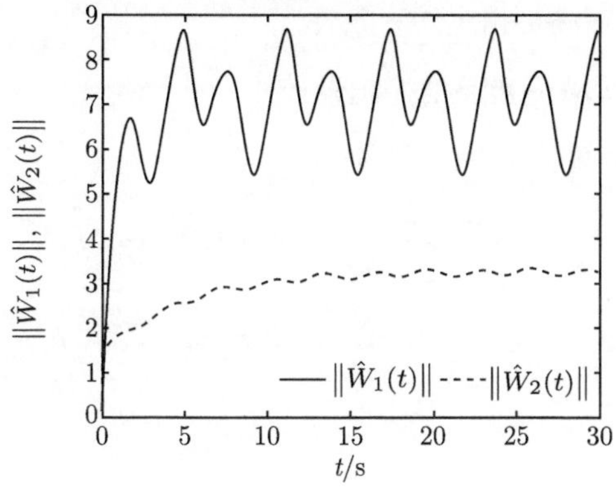

图 3.3.5 $\|\hat{W}_1(t)\|$ 和 $\|\hat{W}_2(t)\|$ 的轨迹

3.4 具有常数状态时滞非线性系统的自适应变量替换约束控制

3.1 节和 3.2 节介绍非线性时滞系统基于障碍李雅普诺夫函数的智能自适应约束控制方法。本节针对一类具有状态时滞的非线性严格反馈约束系统，基于神经网络和李雅普诺夫-克拉索夫斯基泛函，提出一种基于变量替换的自适应状态约束控制设计方法，并给出闭环系统的稳定性与收敛性分析。

3.4.1 系统模型及控制问题描述

考虑如下具有未知时滞和状态约束的非线性系统：

$$\begin{cases} \dot{x}_i = f_i(\bar{x}_i) + x_{i+1} + h_i[\bar{x}_i(t-\tau_i)], \quad i = 1, 2, \cdots, n-1 \\ \dot{x}_n = f_n(\bar{x}_n) + u + h_n[\bar{x}_n(t-\tau_n)] \\ y = x_1 \end{cases} \tag{3.4.1}$$

式中，$\bar{x}_i = [x_1, x_2, \cdots, x_i]^T \in \mathbf{R}^i\,(i = 1, 2, \cdots, n)$ 为状态向量；$u \in \mathbf{R}$ 和 $y \in \mathbf{R}$ 分别为系统的输入和输出；$f_i(\bar{x}_i)$ 为未知的光滑非线性函数；$h_i[\bar{x}_i(t-\tau_i)]$ 为光滑非线性状态时滞函数；τ_i 为未知时滞常数，且满足 $\tau_i \leqslant \tau_{\max}$，$\tau_{\max}$ 为已知的常数。系统所有状态需满足 $|x_i| < k_{c_i}$，k_{c_i} 为已知的正常数。

假设 3.4.1 对于参考信号 $y_d(t)$ 及其第 i 阶导数 $y_d^{(i)}(t)$，存在正常数 Y_0 和 $Y_i\,(i = 1, 2, \cdots, n)$，满足 $|y_d(t)| \leqslant Y_0 < k_{c_1}$ 和 $\left|y_d^{(i)}(t)\right| \leqslant Y_i$。

控制任务 设计一种神经网络自适应约束控制器，使得：

(1) 闭环系统的所有信号是半全局一致最终有界的；

(2) 跟踪误差收敛到包含原点的一个较小的邻域内；

(3) 系统所有状态满足指定约束条件。

3.4.2 神经网络自适应反步递推控制设计

构造如下非线性映射：

$$\zeta_i=\frac{x_i}{k_{c_i}^2-x_i^2},\quad i=1,2,\cdots,n \tag{3.4.2}$$

式 (3.4.2) 的逆映射为

$$x_i=\beta_i\zeta_i,\quad i=1,2,\cdots,n \tag{3.4.3}$$

式中，$\beta_i=k_{c_i}^2-x_i^2$。

根据式 (3.4.2) 和式 (3.4.3)，将式 (3.4.1) 改写为

$$\begin{cases}\dot{\zeta}_i=\mu_i f_i\left(\bar{x}_i\right)+\mu_i x_{i+1}+\mu_i H_i\left(\bar{x}_{i,\tau}\right), & i=1,2,\cdots,n-1\\ \dot{\zeta}_n=\mu_n f_n\left(\bar{x}_n\right)+\mu_n u+\mu_n H_n\left(\bar{x}_{n,\tau}\right)\end{cases} \tag{3.4.4}$$

式中，$\mu_i=\left(k_{c_i}^2+x_i^2\right)\Big/\left(k_{c_i}^2-x_i^2\right)^2$ 和 $H_i\left(\bar{x}_{i,\tau}\right)=h_i\left[\bar{x}_i\left(t-\tau_i\right)\right]$。

引入如下滤波器变量：

$$\begin{cases}\upsilon_i\dot{\vartheta}_i+\vartheta_i=\alpha_{i-1}/\beta_i\\ \vartheta_i(0)=\alpha_{i-1}(0)\end{cases},\quad i=2,3,\cdots,n \tag{3.4.5}$$

式中，υ_i 为正常数；α_{i-1} 为在第 $i-1$ 步中将要设计的虚拟控制器；ϑ_i 为一阶滤波器输出。

定义滤波误差为

$$y_i=\vartheta_i-\alpha_{i-1}/\beta_i\,,\quad i=2,3,\cdots,n \tag{3.4.6}$$

定义如下坐标变换：

$$\begin{cases}z_1=\zeta_1-\hat{y}_d,\\ z_i=\zeta_i-\vartheta_i, & i=2,3,\cdots,n\end{cases} \tag{3.4.7}$$

式中，z_1 为跟踪误差；z_i 为误差变量；$\hat{y}_d=y_d\big/\left(k_{c_i}^2-y_d^2\right)$。

基于上面的坐标变换，n 步神经网络自适应反步递推控制设计过程如下。

第 1 步 定义 $\vartheta_1=\hat{y}_d$，并根据式 (3.4.3)、式 (3.4.4)、式 (3.4.6) 和式 (3.4.7)，对 z_1 求导，可得

$$\dot{z}_1=\dot{\zeta}_1-\dot{\vartheta}_1=\mu_1 f_1\left(x_1\right)+\mu_1\beta_2 z_2+\mu_1\beta_2 y_2+\mu_1\alpha_1+\mu_1 H_1\left(x_{1,\tau}\right)-\dot{\vartheta}_1 \tag{3.4.8}$$

选择如下李雅普诺夫函数：

$$V_1=\frac{1}{2}z_1^2+\frac{1}{2\gamma_1}\tilde{\theta}_1^2 \tag{3.4.9}$$

式中，$\gamma_1>0$ 为设计参数；$\tilde{\theta}_1=\hat{\theta}_1-\theta_1$ 为参数估计误差，$\hat{\theta}_1$ 为 θ_1 的估计。由此可知，V_1 是正定且一阶连续可导的。

由式 (3.4.8)，对 V_1 求导，可得

$$\begin{aligned}\dot{V}_1=&z_1\Big[\mu_1f_1(x_1)+\mu_1\beta_2z_2+\mu_1\beta_2y_2\\&+\mu_1\alpha_1+\mu_1H_1(x_{1,\tau})-\dot{\vartheta}_1\Big]+\frac{1}{\gamma_1}\tilde{\theta}_1\dot{\hat{\theta}}_1\end{aligned} \tag{3.4.10}$$

定义未知非线性函数 $F_1(Z_1)$ 为

$$F_1(Z_1)=\mu_1f_1(x_1)-\dot{\vartheta}_1+\varPhi_1 \tag{3.4.11}$$

式中，$\varPhi_1=\left[1/\left(2b_1^2\right)\right]\mathrm{e}^{\tau_{\max}}z_1q_{11}^2(z_1+\vartheta_1)$，$b_1>0$ 为设计参数。

利用神经网络逼近未知函数 $F_1(Z_1)$，可得

$$F_1(Z_1)=W_1^{*\mathrm{T}}S_1(Z_1)+\delta_1(Z_1) \tag{3.4.12}$$

式中，$Z_1=[x_1,y_d,\dot{y}_d]^{\mathrm{T}}$ 为神经网络的输入向量；$S_1(Z_1)$ 为神经元激活函数；W_1^* 为最优权重向量；$\delta_1(Z_1)$ 为逼近误差，存在正常数 $\bar{\delta}_1$ 和 $\bar{W}_1$ 使得 $|\delta_1(Z_1)|\leqslant\bar{\delta}_1$ 和 $\|W_1^*\|\leqslant\bar{W}_1$。

根据式 (3.4.11) 和式 (3.4.12)，将式 (3.4.10) 改写为

$$\begin{aligned}\dot{V}_1=&z_1\left[W_1^{*\mathrm{T}}S_1(Z_1)+\delta_1(Z_1)+\mu_1y_2\beta_2\right]+\frac{1}{\gamma_1}\tilde{\theta}_1\dot{\hat{\theta}}_1\\&+z_1\mu_1H_1(x_{1,\tau})-z_1\varPhi_1+z_1z_2\mu_1\beta_2+z_1\mu_1\alpha_1\end{aligned} \tag{3.4.13}$$

根据杨氏不等式，可得

$$z_1W_1^{*\mathrm{T}}S_1(Z_1)\leqslant\frac{a_1^2}{2}+\frac{1}{2a_1^2}z_1^2\theta_1\|S_1(Z_1)\|^2 \tag{3.4.14}$$

$$z_1\delta_1(Z_1)\leqslant\frac{1}{2}z_1^2+\frac{1}{2}\bar{\delta}_1^2 \tag{3.4.15}$$

$$z_1y_2\mu_1\beta_2\leqslant\frac{1}{2}z_1^2\mu_1^2+\frac{1}{2}y_2^2\beta_2^2 \tag{3.4.16}$$

$$z_1 z_2 \mu_1 \beta_2 \leqslant \frac{1}{2} z_1^2 \mu_1^2 + \frac{1}{2} z_2^2 \beta_2^2 \tag{3.4.17}$$

$$z_1 \mu_1 H_1\left(x_{1,\tau}\right) \leqslant \frac{1}{2} b_1^2 z_1^2 \mu_1^2 + \frac{1}{2 b_1^2} H_1^2\left(x_{1,\tau}\right) \tag{3.4.18}$$

式中，$\theta_1 = \bar{W}_1^2$；$a_1 > 0$ 为设计参数。

设计如下虚拟控制器和自适应律：

$$\alpha_1 = \frac{1}{\mu_1}\left[-k_1 z_1 - \frac{1}{2a_1^2} z_1 \hat{\theta}_1 \left\|S_1\left(Z_1\right)\right\|^2 - \left(\frac{1}{2} b_1^2 + 1\right) \mu_1^2 z_1 - \frac{1}{2} z_1\right] \tag{3.4.19}$$

$$\dot{\hat{\theta}}_1 = \frac{\gamma_1}{2a_1^2} z_1^2 \left\|S_1\left(Z_1\right)\right\|^2 - \delta_1 \hat{\theta}_1 \tag{3.4.20}$$

式中，$k_1 > 0$ 和 $\delta_1 > 0$ 为设计参数。

根据式 (3.4.14) ~ 式 (3.4.20)，将式 (3.4.13) 改写为

$$\begin{aligned} \dot{V}_1 \leqslant & -k_1 z_1^2 + \frac{1}{2b_1^2} H_1^2\left(x_{1,\tau}\right) - z_1 \Phi_1 + \frac{1}{2} \bar{\delta}_1^2 \\ & + \frac{a_1^2}{2} + \frac{1}{2} z_2^2 \beta_2^2 + \frac{1}{2} y_2^2 \beta_2^2 - \frac{\delta_1}{\gamma_1} \tilde{\theta}_1 \hat{\theta}_1 \end{aligned} \tag{3.4.21}$$

第 $i(2 \leqslant i \leqslant n-1)$ 步　由式 (3.4.3)、式 (3.4.4)、式 (3.4.6) 和式 (3.4.7)，对 z_i 求导，可得

$$\dot{z}_i = \mu_i f_i\left(\bar{x}_i\right) + \mu_i \beta_{i+1} z_{i+1} + \mu_i \beta_{i+1} y_{i+1} + \mu_i \alpha_i + \mu_i H_i\left(\bar{x}_{i,\tau}\right) - \dot{\vartheta}_i \tag{3.4.22}$$

由式 (3.4.5) 和式 (3.4.6)，可得

$$\begin{aligned} \dot{y}_i = & -\frac{y_i}{\upsilon_i} + A_i\Big(x_1, x_2, \cdots, x_i; z_1, z_2, \cdots, z_i; y_2, y_3, \cdots, y_i; \\ & y_d, \dot{y}_d, \cdots, y_d^{(i)}; \hat{\theta}_1, \hat{\theta}_2, \cdots, \hat{\theta}_i\Big) \end{aligned} \tag{3.4.23}$$

式中，$A_i(\cdot)$ 为连续函数，存在正常数 $\bar{A}_i$ 为连续函数 $A_i(\cdot)$ 的上界。

选择如下李雅普诺夫函数：

$$V_i = \frac{1}{2} z_i^2 + \frac{1}{2\gamma_i} \tilde{\theta}_i^2 + \frac{1}{2} y_i^2 + V_{i-1} \tag{3.4.24}$$

式中，$\gamma_i > 0$ 为设计参数；$\tilde{\theta}_i = \hat{\theta}_i - \theta_i$ 为参数估计误差，$\hat{\theta}_i$ 为 θ_i 的估计。

由式 (3.4.22) 和式 (3.4.23)，对 V_i 求导，可得

$$\begin{aligned}\dot{V}_i = & z_i\left[\mu_i f_i\left(\bar{x}_i\right)+\mu_i \beta_{i+1} z_{i+1}+\mu_i \alpha_i+\mu_i H_i\left(\bar{x}_{i,\tau}\right)-\dot{\vartheta}_i\right] \\ & +\frac{\tilde{\theta}_i \dot{\hat{\theta}}_i}{\gamma_i}+y_i\left(-\frac{y_i}{\upsilon_i}+A_i\right)+\dot{V}_{i-1}+z_i \mu_i \beta_{i+1} y_{i+1}\end{aligned} \tag{3.4.25}$$

定义未知非线性函数 $F_i\left(Z_i\right)$ 为

$$F_i\left(Z_i\right)=\mu_i f_i\left(\bar{x}_i\right)-\dot{\vartheta}_i+\Phi_i \tag{3.4.26}$$

式中，$\Phi_i=\sum_{j=1}^{i}\left[1/\left(2 b_j^2\right)\right] \mathrm{e}^{\tau_{\max}} z_j q_{ij}^2\left(\bar{z}_j+\bar{\vartheta}_j\right)$，$b_j>0$ 为设计参数。

利用神经网络逼近未知函数 $F_i\left(Z_i\right)$，可得

$$F_i\left(Z_i\right)=W_i^{*\mathrm{T}} S_i\left(Z_i\right)+\delta_i\left(Z_i\right) \tag{3.4.27}$$

式中，$Z_i=\left[\bar{x}_i^{\mathrm{T}}; y_d, \dot{y}_d, \cdots, y_d^{(i)}; \hat{\theta}_1, \hat{\theta}_2, \cdots, \hat{\theta}_{i-1}\right]^{\mathrm{T}}$ 为神经网络的输入向量；$S_i\left(Z_i\right)$ 为神经元激活函数；W_i^* 为最优权重向量；$\delta_i\left(Z_i\right)$ 为逼近误差，存在正常数 $\bar{\delta}_i$ 和 $\bar{W}_i$ 使得 $\left|\delta_i\left(Z_i\right)\right| \leqslant \bar{\delta}_i$ 和 $\left\|W_i^*\right\| \leqslant \bar{W}_i$。

由杨氏不等式，可得

$$z_i W_i^{*\mathrm{T}} S_i\left(Z_i\right) \leqslant \frac{a_i^2}{2}+\frac{1}{2 a_i^2} z_i^2 \theta_i\left\|S_i\left(Z_i\right)\right\|^2 \tag{3.4.28}$$

$$z_i \delta_i\left(Z_i\right) \leqslant \frac{1}{2} z_i^2+\frac{1}{2} \delta_i^2 \tag{3.4.29}$$

$$z_i y_{i+1} \beta_{i+1} \mu_i \leqslant \frac{1}{2} z_i^2 \mu_i^2+\frac{1}{2} y_{i+1}^2 \beta_{i+1}^2 \tag{3.4.30}$$

$$z_i z_{i+1} \mu_i \beta_{i+1} \leqslant \frac{1}{2} z_i^2 \mu_i^2+\frac{1}{2} z_{i+1}^2 \beta_{i+1}^2 \tag{3.4.31}$$

$$z_i H_i\left(\bar{x}_{i,\tau}\right) \mu_i \leqslant \frac{1}{2} b_i^2 z_i^2 \mu_i^2+\frac{1}{2 b_i^2} H_i^2\left(\bar{x}_{i,\tau}\right) \tag{3.4.32}$$

$$y_i A_i \leqslant \frac{1}{2 \eta_{i1}^2} y_i^2 \bar{A}_i^2+\frac{1}{2} \eta_{i1}^2 \tag{3.4.33}$$

式中，$\theta_i=\bar{W}_i^2$；$\eta_{i1}>0$ 和 $a_i>0$ 为设计参数。

由式 (3.4.26) ~ 式 (3.4.33)，将式 (3.4.25) 改写为

$$\begin{aligned}\dot{V}_i\leqslant&-z_i\varPhi_i+z_i\mu_i\alpha_i+\frac{1}{\gamma_i}\tilde{\theta}_i\dot{\hat{\theta}}_i+\dot{V}_{i-1}+\frac{1}{2}\eta_{i1}^2+\frac{1}{2}y_{i+1}^2\beta_{i+1}^2\\&+\frac{1}{2}\bar{\delta}_i^2+\frac{1}{2}a_i^2+\frac{1}{2a_i^2}z_i^2\theta_i\left\|S_i\left(Z_i\right)\right\|^2-\chi_{i1}y_i^2+\frac{1}{2}b_i^2z_i^2\mu_i^2\\&+\frac{1}{2}z_i^2+\frac{1}{2}z_{i+1}^2\beta_{i+1}^2+\frac{1}{2b_i^2}H_i^2\left(\bar{x}_{i,\tau}\right)+z_i^2\mu_i^2\end{aligned}\tag{3.4.34}$$

式中，$\chi_{i1}=1\big/\upsilon_i-\left[1\big/\left(2\eta_{i1}^2\right)\right]\bar{A}_i^2$。

设计如下虚拟控制器和自适应律：

$$\alpha_i=\frac{1}{\mu_i}\left[-k_iz_i-\frac{1}{2a_i^2}z_i\hat{\theta}_i\left\|S_i\left(Z_i\right)\right\|^2-\left(1+\frac{1}{2}b_i^2\right)\mu_i^2z_i-\frac{1}{2}z_i-\frac{1}{2}z_i\beta_i^2\right]\tag{3.4.35}$$

$$\dot{\hat{\theta}}_i=\frac{\gamma_i}{2a_i^2}z_i^2\left\|S_i\left(Z_i\right)\right\|^2-\delta_i\hat{\theta}_i\tag{3.4.36}$$

式中，$k_i>0$ 和 $\delta_i>0$ 为设计参数。

将式 (3.4.35) 和式 (3.4.36) 代入式 (3.4.34)，可得

$$\begin{aligned}\dot{V}_i\leqslant&-k_iz_i^2-z_i\varPhi_i+\dot{V}_{i-1}+\frac{1}{2}\eta_{i1}^2+\frac{1}{2}\bar{\delta}_i^2-\frac{\delta_i}{\gamma_i}\tilde{\theta}_i\hat{\theta}_i-\frac{1}{2}z_i^2\beta_i^2\\&+\frac{1}{2}z_{i+1}^2\beta_{i+1}^2+\frac{1}{2b_i^2}H_i^2\left(\bar{x}_{i,\tau}\right)+\frac{a_i^2}{2}-\chi_{i1}y_i^2+\frac{1}{2}y_{i+1}^2\beta_{i+1}^2\end{aligned}\tag{3.4.37}$$

由式 (3.4.37)，可得 $\dot{V}_{i-1}$ 为

$$\begin{aligned}\dot{V}_{i-1}\leqslant&-\sum_{j=1}^{i-1}k_jz_j^2+\sum_{j=1}^{i-1}\frac{a_j^2}{2}+\sum_{j=1}^{i-1}\frac{1}{2}\bar{\delta}_j^2+\frac{1}{2}z_i^2\beta_i^2+\sum_{j=1}^{i-1}\frac{1}{2b_j^2}H_j^2\left(\bar{x}_{j,\tau}\right)\\&+\sum_{j=1}^{i-1}\frac{1}{2}y_{j+1}^2\beta_{i+1}^2+\sum_{j=2}^{i-1}\frac{1}{2}\eta_{j1}^2-\sum_{j=2}^{i-1}\chi_{j1}y_j^2-\sum_{j=1}^{i-1}\frac{\delta_j}{\gamma_j}\tilde{\theta}_j\hat{\theta}_j-\sum_{j=1}^{i-1}z_j\varPhi_j\end{aligned}\tag{3.4.38}$$

经整理，可得

$$\dot{V}_i\leqslant-\sum_{j=1}^{i}k_jz_j^2+\sum_{j=1}^{i}\frac{a_j^2}{2}+\sum_{j=1}^{i}\frac{1}{2}\bar{\delta}_j^2+\frac{1}{2}z_{i+1}^2\beta_{i+1}^2$$

$$+\sum_{j=1}^{i}\frac{1}{2b_j^2}H_j^2\left(\bar{x}_{j,\tau}\right)-\sum_{j=1}^{i}\frac{\delta_j}{\gamma_j}\tilde{\theta}_j\hat{\theta}_j-\sum_{j=1}^{i}z_j\varPhi_j$$

$$+\sum_{j=1}^{i}\frac{1}{2}y_{j+1}^2\beta_{i+1}^2+\sum_{j=2}^{i}\frac{1}{2}\eta_{j1}^2-\sum_{j=2}^{i}\chi_{j1}y_j^2 \tag{3.4.39}$$

第 n 步 由式 (3.4.4) ~ 式 (3.4.7)，对 z_n 求导，可得

$$\dot{z}_n=\dot{\zeta}_n-\dot{\vartheta}_n=\mu_n f_n\left(\bar{x}_n\right)+\mu_n u+\mu_n H_n\left(\bar{x}_{n,\tau}\right)-\dot{\vartheta}_n \tag{3.4.40}$$

由式 (3.4.5) 和式 (3.4.6)，可得

$$\dot{y}_n=-\frac{y_n}{\upsilon_n}+A_n\Big(x_1,x_2,\cdots,x_n;z_1,z_2,\cdots,z_n;y_2,y_3,\cdots,y_n;$$
$$y_d,\dot{y}_d,\cdots,y_d^{(n)};\hat{\theta}_1,\hat{\theta}_2,\cdots,\hat{\theta}_n\Big) \tag{3.4.41}$$

式中，$A_n(\cdot)$ 为连续函数，存在正常数 $\bar{A}_n$ 为连续函数 $A_n(\cdot)$ 的上界。

选择如下李雅普诺夫函数：

$$V_n=\frac{1}{2}z_n^2+\frac{1}{2\gamma_n}\tilde{\theta}_n^2+\frac{1}{2}y_n^2+V_{n-1} \tag{3.4.42}$$

式中，$\gamma_n>0$ 为设计参数；$\tilde{\theta}_n=\hat{\theta}_n-\theta_n$ 为参数估计误差，$\hat{\theta}_n$ 为 θ_n 的估计。

由式 (3.4.40) 和式 (3.4.41)，对 V_n 求导，可得

$$\dot{V}_n=z_n\Big[\mu_n f_n\left(\bar{x}_n\right)+\mu_n u+\mu_n H_n\left(\bar{x}_{n,\tau}\right)-\dot{\vartheta}_n\Big]$$
$$+\dot{V}_{n-1}+y_n\left(-\frac{y_n}{\upsilon_n}+A_n\right)+\frac{1}{\gamma_n}\tilde{\theta}_n\dot{\hat{\theta}}_n \tag{3.4.43}$$

定义未知非线性函数 $F_n(Z_n)$ 为

$$F_n\left(Z_n\right)=\mu_n f_n\left(\bar{x}_n\right)-\dot{\vartheta}_n+\varPhi_n \tag{3.4.44}$$

式中，$\varPhi_n=\sum\limits_{j=1}^{n}\left[1\big/\left(2b_j^2\right)\right]\mathrm{e}^{\tau_{\max}}z_j q_{nj}^2\left(\bar{z}_j+\bar{\vartheta}_j\right)$，$b_j>0$ 为设计参数。

利用神经网络逼近未知函数 $F_n(Z_n)$，可得

$$F_n\left(Z_n\right)=W_n^{*\mathrm{T}}S_n\left(Z_n\right)+\delta_n\left(Z_n\right) \tag{3.4.45}$$

式中，$Z_n = \left[\bar{x}_n^{\mathrm{T}}; y_d, \dot{y}_d, \cdots, y_d^{(n)}; \hat{\theta}_1, \hat{\theta}_2, \cdots, \hat{\theta}_{n-1}\right]^{\mathrm{T}}$ 为神经网络的输入向量；$S_n(Z_n)$ 为神经元激活函数；W_n^* 为最优权重向量；$\delta_n(Z_n)$ 是逼近误差，存在正常数 $\bar{\delta}_n$ 和 $\bar{W}_n$ 使得 $|\delta_n(Z_n)| \leqslant \bar{\delta}_n$ 和 $\|W_n^*\| \leqslant \bar{W}_n$。

由杨氏不等式，可得

$$z_n W_n^{*\mathrm{T}} S_n(Z_n) \leqslant \frac{a_n^2}{2} + \frac{1}{2a_n^2} z_n^2 \theta_n \|S_n(Z_n)\|^2 \tag{3.4.46}$$

$$z_n \delta_n(Z_n) \leqslant \frac{1}{2} z_n^2 + \frac{1}{2} \bar{\delta}_n^2 \tag{3.4.47}$$

$$z_n \mu_n H_n(\bar{x}_{n,\tau}) \leqslant \frac{1}{2} b_n^2 z_n^2 \mu_n^2 + \frac{1}{2b_n^2} H_n^2(\bar{x}_{n,\tau}) \tag{3.4.48}$$

$$y_n A_n \leqslant \frac{1}{2\eta_{n1}^2} y_n^2 \bar{A}_n^2 + \frac{1}{2}\eta_{n1}^2 \tag{3.4.49}$$

式中，$\theta_n = \bar{W}_n^2$；$\eta_{n1} > 0$ 和 $a_n > 0$ 为设计参数。

设计如下实际控制器和自适应律：

$$u = \frac{1}{\mu_n}\left[-k_n z_n - \frac{1}{2a_n^2} z_n \hat{\theta}_n \|S_n(Z_n)\|^2 - \frac{1}{2} b_n^2 \mu_n^2 z_n - \frac{1}{2} z_n - \frac{1}{2} z_n \beta_n^2\right] \tag{3.4.50}$$

$$\hat{\theta}_n = \frac{\gamma_n}{2a_n^2} z_n^2 \|S_n(Z_n)\|^2 - \delta_n \hat{\theta}_n \tag{3.4.51}$$

式中，$k_n > 0$ 和 $\delta_n > 0$ 为设计参数。

将式 (3.4.44) ~ 式 (3.4.51) 代入式 (3.4.43)，可得

$$\begin{aligned} \dot{V}_n = & -k_n z_n^2 - z_n \varPhi_n + \dot{V}_{n-1} - \frac{1}{2} z_n^2 \beta_n^2 + \frac{1}{2} a_n^2 + \frac{1}{2} \bar{\delta}_n^2 \\ & + \frac{1}{2}\eta_{n1}^2 - \frac{1}{\gamma_n} \delta_n \hat{\theta}_n \tilde{\theta}_n - \chi_{n1} y_n^2 + \frac{1}{2}\frac{1}{b_n^2} H_n^2(\bar{x}_{n,\tau}) \end{aligned} \tag{3.4.52}$$

式中，$\chi_{n1} = 1/v_n - [1/(2\eta_{n1}^2)]\bar{A}_n^2$。

由第 $n-1$ 步，可得

$$\dot{V}_{n-1} \leqslant -\sum_{j=1}^{n-1} k_j z_j^2 + \sum_{j=1}^{n-1} \frac{a_j^2}{2} + \sum_{j=1}^{n-1} \frac{1}{2}\bar{\delta}_j^2 + \frac{1}{2} z_n^2 \beta_n^2 + \sum_{j=1}^{n-1} \frac{1}{2b_j^2} H_j^2(\bar{x}_{n,\tau})$$

$$+\sum_{j=1}^{n-1}\frac{1}{2}y_{j+1}^2\beta_{i+1}^2+\sum_{j=2}^{n-1}\frac{1}{2}\eta_{j1}^2-\sum_{j=2}^{n-1}\chi_{j1}y_j^2-\sum_{j=1}^{n-1}\frac{\delta_j}{\gamma_j}\tilde{\theta}_j\hat{\theta}_j-\sum_{j=1}^{n-1}z_j\varPhi_j \tag{3.4.53}$$

将式 (3.4.53) 代入式 (3.4.52)，可得

$$\begin{aligned}\dot{V}_n\leqslant&-\sum_{j=1}^{n}k_jz_j^2+\sum_{j=1}^{n}\frac{a_j^2}{2}+\sum_{j=1}^{n}\frac{1}{2}\bar{\delta}_j^2+\sum_{j=1}^{n}\frac{1}{2b_j^2}H_j^2\left(\bar{x}_{j,\tau}\right)\\&-\sum_{j=1}^{n}z_j\varPhi_j+\sum_{j=2}^{n}\frac{1}{2}\eta_{j1}^2-\sum_{j=2}^{n}\chi_{j2}y_j^2-\sum_{j=1}^{n}\frac{\delta_j}{\gamma_j}\tilde{\theta}_j\hat{\theta}_j\end{aligned} \tag{3.4.54}$$

式中，$\chi_{j2}=\chi_{j1}-\beta_j^2/2$。

根据参考文献 [8] 中假设 3，有如下不等式成立：

$$\sum_{j=1}^{n}\frac{1}{2b_j^2}H_j^2\left(\bar{x}_{j,\tau}\right)\leqslant\sum_{i=1}^{n}\sum_{j=1}^{i}\frac{1}{2b_j^2}z_j^2\left(t-\tau_j\right)q_{ij}^2\left[\bar{z}_j\left(t-\tau_j\right)+\bar{\vartheta}_j\left(t-\tau_j\right)\right] \tag{3.4.55}$$

式中，$q_{ij}(\cdot)$ 为未知的光滑函数。

根据杨氏不等式，可得

$$-\sum_{j=1}^{n}\frac{\delta_j}{\gamma_j}\tilde{\theta}_j\hat{\theta}_j=-\sum_{j=1}^{n}\frac{\delta_j}{\gamma_j}\tilde{\theta}_j\left(\tilde{\theta}_j-\theta_j\right)\leqslant-\sum_{j=1}^{n}\frac{\delta_j}{2\gamma_j}\tilde{\theta}_j^2+\sum_{j=1}^{n}\frac{\delta_j}{2\gamma_j}\theta_j^2 \tag{3.4.56}$$

根据式 (3.4.55) 和式 (3.4.56)，将式 (3.4.54) 改写为

$$\begin{aligned}\dot{V}_n\leqslant&-\sum_{j=1}^{n}k_jz_j^2+\sum_{j=1}^{n}\frac{a_j^2}{2}+\sum_{j=1}^{n}\frac{\bar{\delta}_j^2}{2}-\sum_{j=1}^{n}\frac{\delta_j}{2\gamma_j}\tilde{\theta}_j^2\\&+\sum_{j=1}^{n}\frac{\delta_j}{2\gamma_j}\theta_j^2-\sum_{j=1}^{n}z_j\varPhi_j-\sum_{j=2}^{n}\chi_{j2}y_j^2+\sum_{j=2}^{n}\frac{1}{2}\eta_{j1}^2\\&+\sum_{i=1}^{n}\sum_{j=1}^{i}\frac{1}{2b_j^2}z_j^2\left(t-\tau_j\right)q_{ij}^2\left[\bar{z}_j\left(t-\tau_j\right)+\bar{\vartheta}_j\left(t-\tau_j\right)\right]\end{aligned} \tag{3.4.57}$$

定义如下李雅普诺夫函数：

$$V=V_n+V_Q \tag{3.4.58}$$

式 (3.4.58) 中的李雅普诺夫-克拉索夫斯基泛函为

$$V_Q=\sum_{i=1}^{n}\sum_{j=1}^{i}\frac{1}{2b_j^2}\mathrm{e}^{\tau_j-t}\int_{t-\tau_j}^{t}\mathrm{e}^{\tau}z_j^2(\tau)\,q_{ij}^2\left[\bar{z}_j(\tau)+\bar{\vartheta}_j(\tau)\right]\mathrm{d}\tau \tag{3.4.59}$$

对 V_Q 求导，可得

$$\begin{aligned}\dot{V}_Q=&-V_Q+\sum_{i=1}^{n}\sum_{j=1}^{i}\frac{1}{2b_j^2}\mathrm{e}^{\tau_j}z_j^2q_{ij}^2\left(\bar{z}_j+\bar{\vartheta}_j\right)\\&-\sum_{i=1}^{n}\sum_{j=1}^{i}\frac{1}{2b_j^2}z_j^2(t-\tau_j)\,q_{ij}^2\left[\bar{z}_j(t-\tau_j)+\bar{\vartheta}_j(t-\tau_j)\right]\end{aligned} \tag{3.4.60}$$

由式 (3.4.57) ~ 式 (3.4.60)，可得

$$\begin{aligned}\dot{V}\leqslant&-\sum_{j=1}^{n}k_jz_j^2-\sum_{j=1}^{n}\frac{\delta_j}{2\gamma_j}\tilde{\theta}_j^2-\sum_{j=2}^{n}\chi_{j2}y_j^2-V_Q\\&+\sum_{j=1}^{n}\frac{a_j^2}{2}+\sum_{j=1}^{n}\frac{\delta_j}{2\gamma_j}\theta_j^2+\sum_{j=2}^{n}\frac{1}{2}\eta_{j1}^2+\sum_{j=1}^{n}\frac{\bar{\delta}_j^2}{2}\end{aligned} \tag{3.4.61}$$

由式 (3.4.9)、式 (3.4.24)、式 (3.4.42)、式 (3.4.58) 和式 (3.4.59) 可得

$$\begin{aligned}V=&\sum_{i=1}^{n}\frac{1}{2}z_i^2+\sum_{i=1}^{n}\frac{1}{2\gamma_i}\tilde{\theta}_i^2+\sum_{i=1}^{n}\sum_{j=1}^{i}\frac{1}{2b_j^2}\mathrm{e}^{\tau_j-t}\\&\times\int_{t-\tau_j}^{t}\mathrm{e}^{\tau}z_j^2(\tau)\,q_{ij}^2\left[\bar{z}_j(\tau)+\bar{\vartheta}_j(\tau)\right]\mathrm{d}\tau+\sum_{i=2}^{n}\frac{1}{2}y_i^2\end{aligned} \tag{3.4.62}$$

由式 (3.4.61) 和式 (3.4.62)，可得

$$\dot{V}(t)\leqslant-\rho V(t)+C \tag{3.4.63}$$

式中，$\rho=\min\left\{2k_i,\,\delta_i,\,1,\,2\left(\frac{1}{\upsilon_j}-\frac{1}{2\eta_{j1}^2}\bar{A}_i^2-\frac{1}{2}\right)\right\}(i=1,2,\cdots,n;\,j=2,3,\cdots,n)$；$C=\sum_{j=1}^{n}a_j^2/2+\sum_{j=1}^{n}\bar{\delta}_j^2/2+\sum_{j=2}^{n}\eta_{j1}^2/2+\sum_{j=1}^{n}\delta_j\theta_j^2/(2\gamma_j)$。

3.4.3 稳定性与收敛性分析

定理 3.4.1 对于非线性系统 (3.4.1)，假设 3.4.1 成立。如果采用实际控制器 (3.4.50)，虚拟控制器 (3.4.19) 和 (3.4.35)，参数自适应律 (3.4.20)，(3.4.36) 和 (3.4.51)，那么总体控制方案具有如下性能：

(1) 闭环系统中所有信号是半全局一致最终有界的；

(2) 跟踪误差收敛到包含原点的一个较小的邻域内；

(3) 系统所有状态满足指定约束条件。

证明 式 (3.4.63) 两边同时乘以 $\mathrm{e}^{\rho t}$ 并积分，可得

$$\dot{V}(t) \leqslant V(0)\mathrm{e}^{-\rho t} + \frac{C}{\rho} \tag{3.4.64}$$

李雅普诺夫函数中各项均为正，可得

$$\begin{cases} z_i \leqslant \sqrt{2V(0)\mathrm{e}^{-\rho t} + 2C/\rho} \\ \tilde{\theta}_i \leqslant \sqrt{2\gamma_i V(0)\mathrm{e}^{-\rho t} + 2\gamma_i C/\rho} \\ y_i \leqslant \sqrt{2V(0)\mathrm{e}^{-\rho t} + 2C/\rho} \end{cases} \tag{3.4.65}$$

由式 (3.4.65) 可知，z_i 和 $\tilde{\theta}_i\,(i=1,2,\cdots,n)$ 及 $y_i\,(j=2,3,\cdots,n)$ 都是有界的。y_d 为有界期望信号且满足 $|y_d|<k_{c_1}$，转换变量 $\hat{y}_d$ 是有界的。因此，$\zeta_1=z_1+\hat{y}_d$ 是有界的。虚拟控制器 α_1 是关于 z_i 和 $\tilde{\theta}_i\,(i=1,2,\cdots,n)$ 的函数，可以判断出 α_1 是有界的。再由式 (3.4.65) 可得 ϑ_2 是有界的，进而 $\zeta_2=z_2+\vartheta_2$ 是有界的，且 x_2 有界。可递推得出闭环系统中所有信号均是有界的。通过非线性映射性质及转换变量 $\zeta_i\,(i=1,2,\cdots,n)$ 的有界性，可知系统状态 x_i 始终满足指定约束条件。

评注 3.4.1 本节针对具有常数状态时滞和常数约束的非线性系统，介绍了一种神经网络自适应约束控制方法，避免了虚拟控制器可行性条件的限制。另外，针对具有时滞和约束的非线性系统，文献 [15]~[17] 给出不同类型的变量转换方法，并提出了相应的智能自适应约束控制方法。

3.4.4 仿真

例 3.4.1 考虑如下非线性严格反馈系统：

$$\begin{cases} \dot{x}_1 = 0.2\cos(x_1^2) + x_2 + 0.5\sin\left[x_1(t-\tau_1)\right]^2 \\ \dot{x}_2 = x_1 x_2^2 + u + \left[x_1(t-\tau_1)\right]^2\cos\left[\bar{x}_2(t-\tau_2)\right] \\ y = x_1 \end{cases} \tag{3.4.66}$$

式中，x_1 和 x_2 为状态变量；u 为系统输入；y 为系统输出；状态约束条件为 $|x_1| < k_{c_1} = 2.5$ 和 $|x_2| < k_{c_2} = 2.5$；参考信号为 $y_d(t)$=2sin(0.5t)；时延为 $\tau_1 = \tau_2 = 2$。

设计如下控制器和自适应律：

$$\alpha_1 = \frac{1}{\mu_1}\left[-k_1 z_1 - \frac{1}{2a_1^2} z_1 \hat{\theta}_1 \left\|S_1(Z_1)\right\|^2 - \left(\frac{1}{2}b_1^2 + 1\right)\mu_1^2 z_1 - \frac{1}{2}z_1\right]$$

$$u = \frac{1}{\mu_2}\left(-k_2 z_2 - \frac{1}{2a_2^2} z_2 \hat{\theta}_2 \left\|S_2(Z_2)\right\|^2 - \frac{1}{2}b_2^2\mu_2^2 z_2 - \frac{1}{2}z_2 - \frac{1}{2}z_2\beta_2^2\right)$$

$$\dot{\hat{\theta}}_i = \frac{\gamma_i}{2a_i^2} z_i^2 \left\|S_i(Z_i)\right\|^2 - \delta_i \hat{\theta}_i, \quad i=1,2$$

其中，$z_1 = \zeta_1 - \hat{y}_d$；$z_i = \zeta_i - \vartheta_i$；$Z_1 = [x_1, y_d, \dot{y}_d]^{\mathrm{T}}$；$Z_2 = \left[x_1, x_2, y_d, \dot{y}_d, \ddot{y}_d, \hat{\theta}_1\right]^{\mathrm{T}}$。

选择设计参数为 $k_1 = k_2 = 182$、$a_1 = a_2 = 4$、$b_1 = b_2 = 0.1$、$\gamma_1 = \gamma_2 = 0.02$、$\delta_1 = \delta_2 = 0.2$、$\upsilon_2 = 0.005$、$l_1 = l_2 = 30$，初始条件为 $x_1(0) = 0.1$、$x_2(0) = 0$、$\hat{\theta}_1(0) = 0.3$、$\hat{\theta}_2(0) = 0.5$。

本节利用神经网络进行逼近，最优逼近估计 $S_1(Z_1)$ 的节点数为 30，中心平均分布在 $[-0.5, -0.25] \times [-0.75, -0.5] \times [-0.5, -0.15]$ 区间，高斯函数的宽度为 0.2；最优逼近估计 $S_2(Z_2)$ 的节点数为 30，中心平均分布在 $[-0.5, -0.25] \times [-0.64, -0.15] \times [-0.75, -0.5] \times [-0.25, -0.15] \times [-0.25, -0.15] \times [-0.95, -0.75]$ 区间，高斯函数的宽度为 0.2。

仿真结果如图 3.4.1 ~ 图 3.4.5 所示。

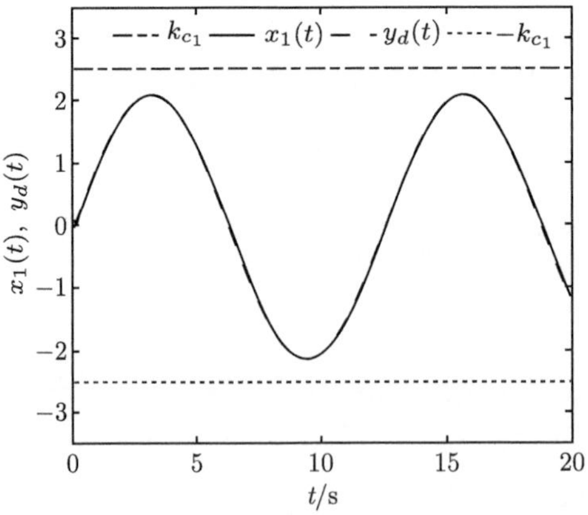

图 3.4.1 $x_1(t)$ 和 $y_d(t)$ 的轨迹

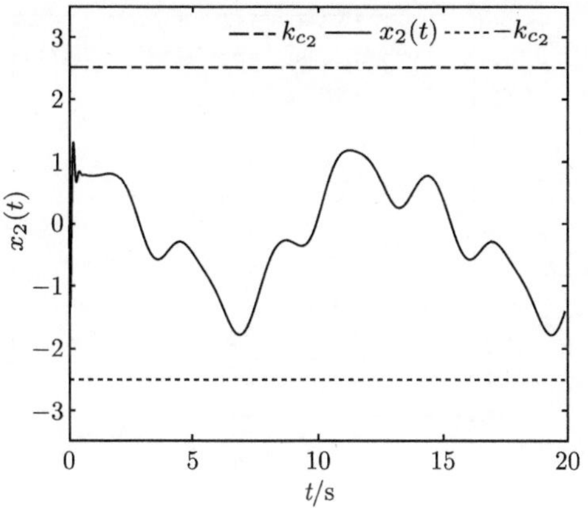

图 3.4.2 $x_2(t)$ 的轨迹

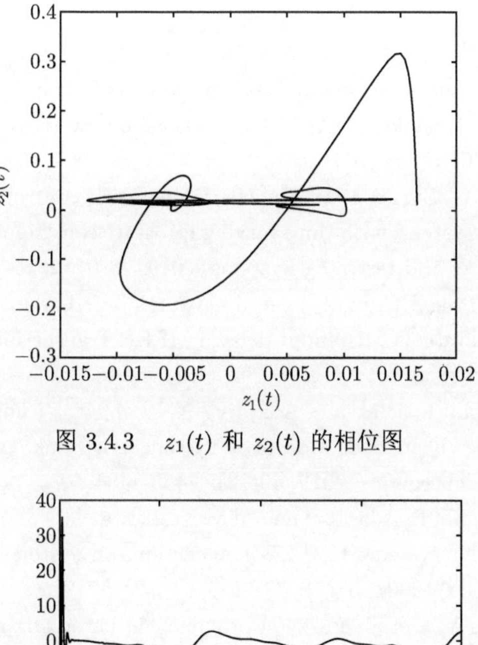

图 3.4.3 $z_1(t)$ 和 $z_2(t)$ 的相位图

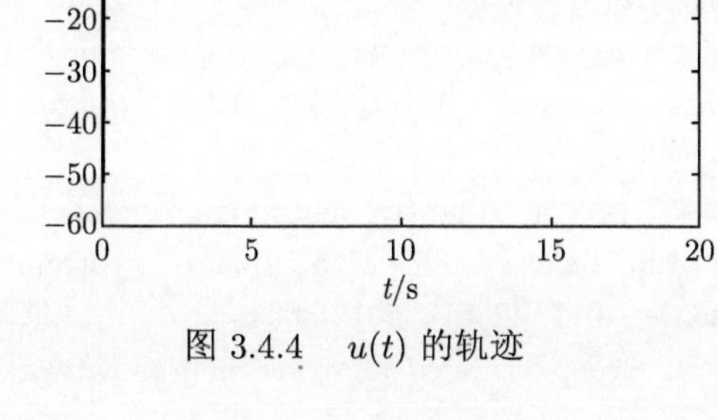

图 3.4.4 $u(t)$ 的轨迹

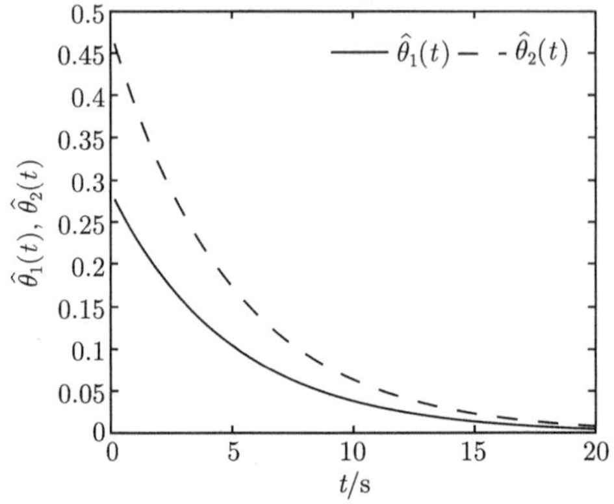

图 3.4.5 $\hat{\theta}_1(t)$ 和 $\hat{\theta}_2(t)$ 的轨迹

参 考 文 献

[1] Li D P, Li D J. Adaptive neural tracking control for nonlinear time-delay systems with full state constraints[J]. IEEE Transactions on Systems, Man, and Cybernetics: Systems, 2017, 47(7): 1590-1601.

[2] Li D P, Chen C L, Liu Y J, et al. Neural network controller design for a class of nonlinear delayed systems with time-varying full-state constraints[J]. IEEE Transactions on Neural Networks and Learning Systems, 2019, 30(9): 2625-2636.

[3] Li D P, Liu Y J, Tong S C, et al. Neural networks-based adaptive control for nonlinear state constrained systems with input delay[J]. IEEE Transactions on Cybernetics, 2019, 49(4): 1249-1258.

[4] Li D P, Liu L, Liu Y J, et al. Adaptive NN control without feasibility conditions for nonlinear state constrained stochastic systems with unknown time delays[J]. IEEE Transactions on Cybernetics, 2019, 49(12): 4485-4494.

[5] Wang M, Chen B, Shi P. Adaptive neural control for a class of perturbed strict-feedback nonlinear time-delay systems[J]. IEEE Transactions on Systems, Man, and Cybernetics, Part B (Cybernetics), 2008, 38(3): 721-730.

[6] Li D P, Liu L, Liu Y J, et al. Fuzzy approximation-based adaptive control of nonlinear uncertain state constrained systems with time-varying delays[J]. IEEE Transactions on Fuzzy Systems, 2019, 28(8): 1620-1630.

[7] Wu Y, Xie X J. Adaptive fuzzy control for high-order nonlinear time-delay systems with full-state constraints and input saturation[J]. IEEE Transactions on Fuzzy Systems, 2019, 28(8): 1652-1663.

[8] Si W J, Dong X D, Yang Y Y. Adaptive neural tracking control for nonstrict-feedback stochastic nonlinear time-delay systems with full-state constraints[J]. International Journal of Systems Science, 2017, 48(14): 3018-3031.

[9] Liu Y C, Zhu Q D. Event-triggered adaptive neural network control for stochastic

nonlinear systems with state constraints and time-varying delays[J]. IEEE Transactions on Neural Networks and Learning Systems, 2023, 34(4): 1932-1944.

[10] Li D P, Li D J. Adaptive neural tracking control for an uncertain state constrained robotic manipulator with unknown time-varying delays[J]. IEEE Transactions on Systems, Man, and Cybernetics: Systems, 2017, 48(12): 2219-2228.

[11] Sun W W, Wu Y, Lv X Y. Adaptive neural network control for full-state constrained robotic manipulator with actuator saturation and time-varying delays[J]. IEEE Transactions on Neural Networks and Learning Systems, 2022, 33(8): 3331-3342.

[12] Li H Y, Wang L J, Du H P, et al. Adaptive fuzzy backstepping tracking control for strict-feedback systems with input delay[J]. IEEE Transactions on Fuzzy Systems, 2017, 25(3): 642-652.

[13] Li H Y, Chen B, Zhou Q, et al. A delay-dependent approach to robust H_∞ control for uncertain stochastic systems with state and input delays[J]. Circuits, Systems & Signal Processing, 2009, 28(1): 169-183.

[14] Li Y M, Tong S C, Li T S, Hybrid fuzzy adaptive output feedback control design for uncertain MIMO nonlinear systems with time-varying delays and input saturation[J]. IEEE Transactions on Fuzzy Systems, 2016, 24(4): 841-853.

[15] Wang M, Ge S S, Hong K S. Approximation-based adaptive tracking control of pure-feedback nonlinear systems with multiple unknown time-varying delays[J]. IEEE Transactions on Neural Networks, 2010, 21(11): 1804-1816.

[16] Si W, Dong X, Dong Y. Adaptive neural smooth finite-time controller for large-scale stochastic nonlinear state-constrained systems with feasibility removal and time delays[J]. International Journal of Systems Science, 2022, 53(9): 1830-1847.

[17] Wu Y, Xie X J, Hou Z G. Adaptive fuzzy asymptotic tracking control of state-constrained high-order nonlinear time-delay systems and its applications[J]. IEEE Transactions on Cybernetics, 2022, 52(3): 1671-1680.

第 4 章　非线性多智能体约束系统的智能自适应控制

前 3 章针对不确定非线性严格反馈系统，介绍了几种智能自适应约束控制方法。本章针对不确定非线性多智能体系统，基于模糊逻辑系统和神经网络的辨识能力，结合有限时间/固定时间稳定理论，介绍多智能体非线性约束系统的自适应约束控制方法，并给出闭环系统的稳定性分析。本章内容主要基于文献 [1]~[4]。

4.1　具有状态约束多智能体非线性系统的自适应跟踪控制

本节针对非线性严格反馈多智能体系统，基于反步递推方法和分布式控制理论，介绍一种基于积分型障碍李雅普诺夫函数的神经网络自适应控制方法，并给出闭环系统的稳定性与收敛性分析。

4.1.1　系统模型及控制问题描述

考虑如下非线性严格反馈多智能体系统：

$$\begin{cases} \dot{x}_{i,l} = f_{i,l}(\overline{x}_{i,l}) + g_{i,l}(\overline{x}_{i,l})\, x_{i,l+1} \\ \dot{x}_{i,n} = f_{i,n}(\overline{x}_{i,n}) + g_{i,n}(\overline{x}_{i,n})\, u_i \\ y_i = x_{i,1} \end{cases} \tag{4.1.1}$$

式中，$\overline{x}_{i,l} = [x_{i,1}, x_{i,2}, \cdots, x_{i,l}]^{\mathrm{T}} \in \mathbf{R}^l\,(i=1,2,\cdots,N; l=1,2,\cdots,n)$ 为状态向量；$u_i \in \mathbf{R}$ 和 $y_i \in \mathbf{R}$ 分别为系统的输入和输出；$f_{i,l}(\overline{x}_{i,l})\,(i=1,2,\cdots,N; l=1,2,\cdots,n)$ 为未知的光滑非线性函数。系统所有状态需满足 $|x_{i,l}| < k_{c_l}$，k_{c_l} 为已知的正常数。

假设 4.1.1　对于领导者输出 $y_d(t)$ 及其第 l 阶导数 $y_d^{(l)}(t)$，存在正常数 Y_0 和 $Y_l\,(l=1,2,\cdots,n)$，满足 $|y_d(t)| \leqslant Y_0 \leqslant k_{c_1}$ 和 $\left|y_d^{(l)}(t)\right| \leqslant Y_l$。

假设 4.1.2　函数 $g_{i,l}(\overline{x}_{i,l})$ 是已知的，存在正常数 g_{i0} 和 g_{i1}，使得 $g_{i,l}(\overline{x}_{i,l})$ 满足 $0 < g_{i0} \leqslant |g_{i,l}(\overline{x}_{i,l})| \leqslant g_{i1}$。不失一般性，假设 $0 < g_{i0} \leqslant g_{i,l}(\overline{x}_{i,l}) \leqslant g_{i1}$。

控制任务　设计一种分布式神经网络自适应控制器，使得：

(1) 闭环系统的所有信号是半全局一致最终有界的；

(2) 跟踪误差收敛到包含原点的一个较小的邻域内；

(3) 系统所有状态满足指定约束条件。

4.1.2 神经网络自适应反步递推控制设计

定义如下坐标变换：

$$\begin{aligned}z_{i,1} &= \sum_{j\in\Omega_i} a_{i,j}\left(y_i - y_j\right) + a_{i,0}\left(y_i - y_d\right)\\&= \sum_{j\in\Omega_i} a_{i,j}\left(x_{i,1} - x_{j,1}\right) + b_i\left(y_i - y_d\right)\\&=\sigma_i x_{i,1} - \kappa_i x_{j,1} - b_i y_d\end{aligned} \tag{4.1.2}$$

$$z_{i,l} = x_{i,l} - \alpha_{i,l-1},\quad l = 2,3,\cdots,n \tag{4.1.3}$$

式中，$z_{i,1}$ 为跟踪误差；$z_{i,l}$ 为误差变量；$a_{i,j}$ 和 b_i 为已知常数；$\kappa_i = \sum\limits_{j\in\Omega_i} a_{i,j}$；$\Omega_i$ 为正整数集合；$\sigma_i = \kappa_i + b_i$；$\alpha_{i,l-1}$ 为虚拟控制器。误差变量 $z_{i,l}$ 满足不等式 $|z_{i,l}| < k_{b_l}$，且 k_{b_l} 是正常数。

基于上面的坐标变换，n 步神经网络自适应反步递推控制设计过程如下。

第 1 步 由式 (4.1.1) 和式 (4.1.2)，对 $z_{i,1}$ 求导，可得

$$\dot z_{i,1} = \sigma_i \dot x_{i,1} - \kappa_i \dot x_{j,1} - b_i \dot y_d \tag{4.1.4}$$

选择如下积分型障碍李雅普诺夫函数：

$$V_{i,1} = \int_0^{z_{i,1}} \frac{v_{i,1}k_{c_1}^2}{k_{c_1}^2 - \left(\dfrac{v_{i,1} + \kappa_i x_{j,1} + a_{i,0}y_d}{\sigma_i}\right)^2}\mathrm{d}v_{i,1} + \frac{1}{2}\tilde\theta_{i,1}^2 \tag{4.1.5}$$

式中，$v_{i,1} = r_{i,1}z_{i,1}$，$r_{i,1} > 0$ 为设计参数；$\tilde\theta_{i,1} = \hat\theta_{i,1} - \theta_{i,1}$ 为参数估计误差，$\hat\theta_{i,1}$ 为 $\theta_{i,1}$ 的估计；根据图论知识可知 $\sigma_i = \kappa_i + b_i > 0$；领导者的输出 y_d 满足 $|y_d| \leqslant Y_0 < k_{c_1}$；$V_{i,1}$ 在 $|x_{i,1}| < k_{c_1}$ 条件下是正定且一阶连续可导的，同时满足递减条件：

$$\frac{1}{2}z_{i,1}^2 \leqslant V_{i,1} \leqslant \frac{k_{c_1}^2 z_{i,1}^2}{k_{c_1}^2 - x_{i,1}^2} \tag{4.1.6}$$

由式 (4.1.4) 和式 (4.1.5)，对 $V_{i,1}$ 求导，可得

$$\begin{aligned}\dot V_{i,1} =& \frac{k_{c_1}^2 z_{i,1}}{k_{c_1}^2 - x_{i,1}^2}\left(\sigma_i \dot x_{i,1} - \kappa_i \dot x_{j,1}\right) - \frac{k_{c_1}^2 z_{i,1}}{k_{c_1}^2 - x_{i,1}^2}b_i \dot y_d\\&+ b_i z_{i,1}\dot y_d\left[\frac{k_{c_1}^2}{k_{c_1}^2 - x_{i,1}^2} - H_{i,1}\left(z_{i,1}, x_{j,1}, y_d\right)\right]\end{aligned}$$

$$+\kappa_i z_{i,1}\dot{x}_{j,1}\left[\frac{k_{c_1}^2}{k_{c_1}^2-x_{i,1}^2}-G_{i,1}\left(z_{i,1},x_{j,1},y_d\right)\right]+\tilde{\theta}_{i,1}\dot{\hat{\theta}}_{i,1} \tag{4.1.7}$$

式中

$$\begin{aligned}
&H_{i,1}\left(z_{i,1},x_{j,1},y_d\right)\\
&=\int_0^1\frac{k_{c_1}^2}{k_{c_1}^2-\left(\dfrac{r_{i,1}z_{i,1}+\kappa_i x_{j,1}+b_i y_d}{\sigma_i}\right)^2}\mathrm{d}v_{i,1}\\
&=\frac{k_{c_1}\sigma_i}{z_{i,1}}\operatorname{arctanh}\left(\frac{z_{i,1}+\kappa_i x_{j,1}+b_i y_d}{\sigma_i k_{c_1}}\right)-\frac{k_{c_1}\sigma_i}{z_{i,1}}\operatorname{arctanh}\left(\frac{\kappa_i x_{j,1}+b_i y_d}{\sigma_i k_{c_1}}\right)\\
&=\frac{k_{c_1}\sigma_i}{2z_{i,1}}\ln\left[\frac{\left(k_{c_1}\sigma_i+z_{i,1}+\kappa_i x_{j,1}+b_i y_d\right)\left(k_{c_1}\sigma_i-\kappa_i x_{j,1}-b_i y_d\right)}{\left(k_{c_1}\sigma_i-z_{i,1}-\kappa_i x_{j,1}-b_i y_d\right)\left(k_{c_1}\sigma_i+\kappa_i x_{j,1}+b_i y_d\right)}\right]
\end{aligned}$$

$$\begin{aligned}
&G_{i,1}\left(z_{i,1},x_{j,1},y_d\right)\\
&=\int_0^1\frac{k_{c_1}^2}{k_{c_1}^2-\left(\dfrac{r_{i,1}z_{i,1}+\kappa_i x_{j,1}+b_i y_d}{\sigma_i}\right)^2}\mathrm{d}v_{i,1}\\
&=\frac{k_{c_1}\sigma_i}{z_{i,1}}\operatorname{arctanh}\left(\frac{z_{i,1}+\kappa_i x_{j,1}+b_i y_d}{\sigma_i k_{c_1}}\right)-\frac{k_{c_1}\sigma_i}{z_{i,1}}\operatorname{arctanh}\left(\frac{\kappa_i x_{j,1}+b_i y_d}{\sigma_i k_{c_1}}\right)\\
&=\frac{k_{c_1}\sigma_i}{2z_{i,1}}\ln\left[\frac{\left(k_{c_1}\sigma_i+z_{i,1}+\kappa_i x_{j,1}+b_i y_d\right)\left(k_{c_1}\sigma_i-\kappa_i x_{j,1}-b_i y_d\right)}{\left(k_{c_1}\sigma_i-z_{i,1}-\kappa_i x_{j,1}-b_i y_d\right)\left(k_{c_1}\sigma_i+\kappa_i x_{j,1}+b_i y_d\right)}\right]
\end{aligned}$$

利用洛必达法则，可得

$$\lim_{z_{i,1}\to 0}H_{i,1}\left(z_{i,1},x_{j,1},y_d\right)=\frac{k_{c_1}^2(t)}{k_{c_1}^2(t)-x_{i,1}^2}$$

$$\lim_{z_{i,1}\to 0}G_{i,1}\left(z_{i,1},x_{j,1},y_d\right)=\frac{k_{c_1}^2(t)}{k_{c_1}^2(t)-x_{i,1}^2}$$

此外，由假设 4.1.1，可得 $H_{i,1}\left(z_{i,1},x_{j,1},y_d\right)$ 和 $G_{i,1}\left(z_{i,1},x_{j,1},y_d\right)$ 在 $z_{i,1}=0$ 的邻域内有界。因此，式 (4.1.7) 可简写为

$$\begin{aligned}
\dot{V}_{i,1}=&\frac{k_{c_1}^2 z_{i,1}}{k_{c_1}^2-x_{i,1}^2}\sigma_i\left[f_{i,1}\left(\overline{x}_{i,1}\right)+g_{i,1}\left(\overline{x}_{i,1}\right)x_{i,2}\right]+\tilde{\theta}_{i,1}\dot{\hat{\theta}}_{i,1}\\
&-b_i z_{i,1}\dot{y}_d H_{i,1}\left(z_{i,1},x_{j,1},y_d\right)-\kappa_i z_{i,1}\dot{x}_{j,1}G_{i,1}\left(z_{i,1},x_{j,1},y_d\right)
\end{aligned} \tag{4.1.8}$$

定义未知非线性函数 $F_{i,1}\left(Z_{i,1}\right)$ 为

$$\begin{aligned}F_{i,1}\left(Z_{i,1}\right)=&-\frac{b_i\left(k_{c_1}^2-x_{i,1}^2\right)}{k_{c_1}^2}\dot{y}_dH_{i,1}\left(z_{i,1},x_{j,1},y_d\right)\\&+\sigma_if_{i,1}\left(\overline{x}_{i,1}\right)-\frac{\kappa_i\left(k_{c_1}^2-x_{i,1}^2\right)}{k_{c_1}^2}\dot{x}_{j,1}G_{i,1}\left(z_{i,1},x_{j,1},y_d\right)\end{aligned}\tag{4.1.9}$$

利用神经网络逼近未知函数 $F_{i,1}\left(Z_{i,1}\right)$，可得

$$F_{i,1}\left(Z_{i,1}\right)=W_{i,1}^{*\mathrm{T}}S_{i,1}\left(Z_{i,1}\right)+\delta_{i,1}\left(Z_{i,1}\right)\tag{4.1.10}$$

式中，$Z_{i,1}=\left[x_{i,1},x_{j\in\Omega_{i,1}},x_{j\in\Omega_{i,2}},y_d,\dot{y}_d\right]^{\mathrm{T}}$ 为神经网络输入向量，$\Omega_{i,1}$ 和 $\Omega_{i,2}$ 均为正整数集合；$S_{i,1}\left(Z_{i,1}\right)$ 为神经元激活函数；$W_{i,1}^*$ 为最优权重向量；$\delta_{i,1}\left(Z_{i,1}\right)$ 为逼近误差，存在正常数 $\overline{\delta}_{i,1}$ 使得 $\left|\delta_{i,1}\left(Z_{i,1}\right)\right|\leqslant\overline{\delta}_{i,1}$。

由式 (4.1.3)、式 (4.1.9) 和式 (4.1.10)，将式 (4.1.8) 改写为

$$\begin{aligned}\dot{V}_{i,1}=&\frac{k_{c_1}^2z_{i,1}}{k_{c_1}^2-x_{i,1}^2}\sigma_ig_{i,1}\left(z_{i,2}+\alpha_{i,1}\right)+\tilde{\theta}_{i,1}\dot{\hat{\theta}}_{i,1}\\&+\frac{k_{c_1}^2z_{i,1}}{k_{c_1}^2-x_{i,1}^2}\left[W_{i,1}^{*\mathrm{T}}S_{i,1}\left(Z_{i,1}\right)+\delta_{i,1}\left(Z_{i,1}\right)\right]\end{aligned}\tag{4.1.11}$$

根据杨氏不等式，可得

$$\frac{k_{c_1}^2z_{i,1}W_{i,1}^{*\mathrm{T}}S_{i,1}\left(Z_{i,1}\right)}{k_{c_1}^2-x_{i,1}^2}\leqslant\frac{a_1^2}{2}+\frac{k_{c_1}^4z_{i,1}^2\theta_{i,1}\left\|S_{i,1}\left(Z_{i,1}\right)\right\|^2}{2a_1^2\left(k_{c_1}^2-x_{i,1}^2\right)^2}\tag{4.1.12}$$

$$\frac{k_{c_1}^2z_{i,1}}{k_{c_1}^2-x_{i,1}^2}\delta_{i,1}\left(Z_{i,1}\right)\leqslant\frac{1}{2}\left(\frac{k_{c_1}^2z_{i,1}}{k_{c_1}^2-x_{i,1}^2}\right)^2+\frac{\overline{\delta}_{i,1}^2}{2}\tag{4.1.13}$$

式中，$\theta_{i,1}=\left\|W_{i,1}^*\right\|^2$；$a_1>0$ 为设计参数。

设计如下虚拟控制器和自适应律：

$$\alpha_{i,1}=\frac{1}{\sigma_ig_{i,1}}\left[-k_{i,1}z_{i,1}-\frac{z_{i,1}}{2a_1^2\left(k_{c_1}^2-x_{i,1}^2\right)}k_{c_1}^2\hat{\theta}_{i,1}\left\|S_{i,1}\left(Z_{i,1}\right)\right\|^2-\frac{1}{2}\frac{z_{i,1}}{k_{c_1}^2-x_{i,1}^2}k_{c_1}^2\right]\tag{4.1.14}$$

$$\dot{\hat{\theta}}_{i,1}=\frac{z_{i,1}^2}{2a_1^2\left(k_{c_1}^2-x_{i,1}^2\right)^2}k_{c_1}^4\left\|S_{i,1}\left(Z_{i,1}\right)\right\|^2-\eta_{i,1}\hat{\theta}_{i,1}\tag{4.1.15}$$

式中，$k_{i,1}>0$ 和 $\eta_{i,1}>0$ 为设计参数。

由式 (4.1.12) ~ 式 (4.1.15)，将式 (4.1.11) 改写为

$$\dot{V}_{i,1} \leqslant -\frac{k_{i,1}k_{c_1}^2 z_{i,1}^2}{k_{c_1}^2 - x_{i,1}^2} + \frac{\sigma_i g_{i,1} k_{c_1}^2 z_{i,1} z_{i,2}}{k_{c_1}^2 - x_{i,1}^2} + \frac{1}{2}\bar{\delta}_{i,1}^2 + \frac{1}{2}a_1^2 - \eta_{i,1}\tilde{\theta}_{i,1}\hat{\theta}_{i,1} \tag{4.1.16}$$

第 2 步 由式 (4.1.1) 和式 (4.1.3)，对 $z_{i,2}$ 求导，可得

$$\dot{z}_{i,2} = f_{i,2}\left(\overline{x}_{i,2}\right) + g_{i,2}\left(\overline{x}_{i,2}\right)\left(z_{i,3} + \alpha_{i,2}\right) - \dot{\alpha}_{i,1} \tag{4.1.17}$$

式中，$\dot{\alpha}_{i,1} = \dfrac{\partial \alpha_{i,1}}{\partial x_{i,1}}\dot{x}_{i,1} + \dfrac{\partial \alpha_{i,1}}{\partial y_d}\dot{y}_d + \dfrac{\partial \alpha_{i,1}}{\partial \hat{\theta}_{i,1}}\dot{\hat{\theta}}_{i,1} + \dfrac{\partial \alpha_{i,1}}{\partial \dot{y}_d}\ddot{y}_d + \sum\limits_{j\in\Omega_i}\dfrac{\partial \alpha_{i,1}}{\partial x_{j,1}}\dot{x}_{j,1}$。

选择如下积分型障碍李雅普诺夫函数：

$$V_{i,2} = V_{i,1} + \int_0^{z_{i,2}} \frac{v_{i,2}k_{c_2}^2}{k_{c_2}^2 - \left(v_{i,2} + \alpha_{i,1}\right)^2}\mathrm{d}v_{i,2} + \frac{1}{2}\tilde{\theta}_{i,2}^2 \tag{4.1.18}$$

式中，$v_{i,2} = r_{i,2}z_{i,2}$，$r_{i,2} > 0$ 为设计参数；$\tilde{\theta}_{i,2} = \hat{\theta}_{i,2} - \theta_{i,2}$ 为参数估计误差，$\hat{\theta}_{i,2}$ 为 $\theta_{i,2}$ 的估计。

由式 (4.1.17) 和式 (4.1.18)，对 $V_{i,2}$ 求导，可得

$$\begin{aligned}\dot{V}_{i,2} =& \dot{V}_{i,1} + \frac{k_{c_2}^2 z_{i,2}}{k_{c_2}^2 - x_{i,2}^2} f_{i,2}\left(\overline{x}_{i,2}\right) + \tilde{\theta}_{i,2}\dot{\hat{\theta}}_{i,2} \\ &+ z_{i,2}\dot{\alpha}_{i,1}\left[\frac{k_{c_2}^2}{k_{c_2}^2 - x_{i,2}^2} - H_{i,2}\left(z_{i,2}, \alpha_{i,1}\right)\right] \\ &+ \frac{k_{c_2}^2 z_{i,2}}{k_{c_2}^2 - x_{i,2}^2}\left[g_{i,2}\left(\overline{x}_{i,2}\right)\left(z_{i,3} + \alpha_{i,2}\right) - \dot{\alpha}_{i,1}\right]\end{aligned} \tag{4.1.19}$$

式中

$$\begin{aligned}H_{i,2}\left(z_{i,2}, \alpha_{i,1}\right) &= \int_0^1 \frac{k_{c_2}^2}{k_{c_2}^2 - \left(r_{i,2}z_{i,2} + \alpha_{i,1}\right)^2}\mathrm{d}v_{i,2} \\ &= \frac{k_{c_2}}{z_{i,2}}\left[\operatorname{arctanh}\left(\frac{z_{i,2} + \alpha_{i,1}}{k_{c_2}}\right) - \operatorname{arctanh}\left(\frac{\alpha_{i,1}}{k_{c_2}}\right)\right] \\ &= \frac{k_{c_2}}{2z_{i,2}}\ln\left[\frac{\left(k_{c_2} + z_{i,2} + \alpha_{i,1}\right)\left(k_{c_2} - \alpha_{i,1}\right)}{\left(k_{c_2} - z_{i,2} - \alpha_{i,1}\right)\left(k_{c_2} + \alpha_{i,1}\right)}\right]\end{aligned}$$

定义未知非线性函数 $F_{i,2}\left(Z_{i,2}\right)$ 为

$$F_{i,2}\left(Z_{i,2}\right) = f_{i,2}\left(\overline{x}_{i,2}\right) - \frac{k_{c_2}^2 - x_{i,2}^2}{k_{c_2}^2}\dot{\alpha}_{i,1}H_{i,2}\left(z_{i,2}, \alpha_{i,1}\right) \tag{4.1.20}$$

利用神经网络逼近未知函数 $F_{i,2}(Z_{i,2})$，可得

$$F_{i,2}(Z_{i,2}) = W_{i,2}^{*\mathrm{T}} S_{i,2}(Z_{i,2}) + \delta_{i,2}(Z_{i,2}) \tag{4.1.21}$$

式中，$Z_{i,2} = \left[\overline{x}_{i,2}^{\mathrm{T}}, x_{j\in\Omega_{i,1}}, x_{j\in\Omega_{i,2}}, y_d, \dot{y}_d, \ddot{y}_d, \hat{\theta}_{i,1}\right]^{\mathrm{T}}$ 为神经网络输入向量；$S_{i,2}(Z_{i,2})$ 为神经元激活函数；$W_{i,2}^*$ 为最优权重向量；$\delta_{i,2}(Z_{i,2})$ 为逼近误差，存在正常数 $\overline{\delta}_{i,2}$ 使得 $|\delta_{i,2}(Z_{i,2})| \leqslant \overline{\delta}_{i,2}$。

根据式 (4.1.3)、式 (4.1.20) 和式 (4.1.21)，将式 (4.1.19) 改写为

$$\begin{aligned}\dot{V}_{i,2} =& \dot{V}_{i,1} + \frac{k_{c_2}^2 z_{i,2}}{k_{c_2}^2 - x_{i,2}^2} g_{i,2}(\overline{x}_{i,2}) z_{i,3} + \frac{k_{c_2}^2 z_{i,2}}{k_{c_2}^2 - x_{i,2}^2} g_{i,2}(\overline{x}_{i,2}) \alpha_{i,2} \\ &+ \frac{k_{c_2}^2 z_{i,2}}{k_{c_2}^2 - x_{i,2}^2}\left[W_{i,2}^{*\mathrm{T}} S_{i,2}(Z_{i,2}) + \delta_{i,2}(Z_{i,2})\right] + \tilde{\theta}_{i,2}\dot{\hat{\theta}}_{i,2}\end{aligned} \tag{4.1.22}$$

根据杨氏不等式，可得

$$\frac{k_{c_2}^2 z_{i,2} W_{i,2}^{*\mathrm{T}} S_{i,2}(Z_{i,2})}{k_{c_2}^2 - x_{i,2}^2} \leqslant \frac{a_2^2}{2} + \frac{k_{c_2}^4 z_{i,2}^2 \theta_{i,2} \|S_{i,2}(Z_{i,2})\|^2}{2a_2^2\left(k_{c_2}^2 - x_{i,2}^2\right)^2} \tag{4.1.23}$$

$$\frac{k_{c_2}^2 z_{i,2} \delta_{i,2}(Z_{i,2})}{k_{c_2}^2 - x_{i,2}^2} \leqslant \frac{1}{2}\left(\frac{k_{c_2}^2 z_{i,2}}{k_{c_2}^2 - x_{i,2}^2}\right)^2 + \frac{\overline{\delta}_{i,2}^2}{2} \tag{4.1.24}$$

式中，$\theta_{i,2} = \left\|W_{i,2}^*\right\|^2$；$a_2 > 0$ 为设计参数。

设计如下虚拟控制器和自适应律：

$$\begin{aligned}\alpha_{i,2} =& -\frac{k_{c_1}^2 \sigma_i g_{i,1} z_{i,1} k_{c_1}^2}{g_{i,2} k_{c_2}^2 \left(k_{c1}^2 - x_{i,1}^2\right)} - \frac{1}{2}\frac{k_{c_2}^2 z_{i,2}}{g_{i,2}\left(k_{c_2}^2 - x_{i,2}^2\right)} \\ &- \frac{z_{i,2} k_{c_2}^2 \hat{\theta}_{i,2} \|S_{i,2}(Z_{i,2})\|^2}{2a_2^2\left(k_{c_2}^2 - x_{i,2}^2\right) g_{i,2}} - \frac{k_{i,2} z_{i,2}}{g_{i,2}}\end{aligned} \tag{4.1.25}$$

$$\dot{\hat{\theta}}_{i,2} = \frac{k_{c_2}^4 z_{i,2}^2 \|S_{i,2}(Z_{i,2})\|^2}{2a_2^2\left(k_{c2}^2 - x_{i,2}^2\right)} - \eta_{i,2}\hat{\theta}_{i,2} \tag{4.1.26}$$

式中，$k_{i,2} > 0$ 和 $\eta_{i,2} > 0$ 为设计参数。

将式 (4.1.23) ~ 式 (4.1.26) 代入式 (4.1.22)，可得

$$\dot{V}_{i,2} \leqslant -\frac{k_{i,1} k_{c_1}^2 z_{i,1}^2}{k_{c_1}^2 - x_{i,1}^2} - \frac{k_{i,2} k_{c_2}^2 z_{i,2}^2}{k_{c_2}^2 - x_{i,2}^2} + \frac{k_{c_2}^2 g_{i,2} z_{i,2} z_{i,3}}{k_{c_2}^2 - x_{i,2}^2} + \frac{a_1^2}{2}$$

$$
+\frac{a_2^2}{2}+\frac{\overline{\delta}_{i,1}^2}{2}+\frac{\overline{\delta}_{i,2}^2}{2}-\eta_{i,2}\tilde{\theta}_{i,2}\hat{\theta}_{i,2}-\eta_{i,1}\tilde{\theta}_{i,1}\hat{\theta}_{i,1} \tag{4.1.27}
$$

第$p(3\leqslant p\leqslant n-1)$步　由式 (4.1.1) 和式 (4.1.3)，对 $z_{i,p}$ 求导，可得

$$
\dot{z}_{i,p}=f_{i,p}\left(\overline{x}_{i,p}\right)g_{i,p}\left(\overline{x}_{i,p}\right)\left(z_{i,p+1}+\alpha_{i,p}\right)-\dot{\alpha}_{i,p-1} \tag{4.1.28}
$$

式中，$\dot{\alpha}_{i,p-1}=\sum_{l=1}^{p-1}\frac{\partial\alpha_{i,p-1}}{\partial x_{i,l}}\dot{x}_{i,l}+\sum_{l=1}^{p-1}\frac{\partial\alpha_{i,p-1}}{\partial\hat{\theta}_{i,l}}\dot{\hat{\theta}}_{i,l}+\sum_{l=0}^{p}\frac{\partial\alpha_{i,p-1}}{\partial y_d^{(l)}}y_d^{(l+1)}+\sum_{j\in\Omega_i}\frac{\partial\alpha_{i,p-1}}{\partial x_{j,1}}\dot{x}_{j,1}$。

选择如下积分型障碍李雅普诺夫函数：

$$
V_{i,p}=V_{i,p-1}+\int_0^{z_{i,p}}\frac{k_{c_p}^2 v_{i,p}}{k_{c_p}^2-\left(v_{i,p}+\alpha_{i,p-1}\right)}\mathrm{d}v_{i,p}+\frac{1}{2}\tilde{\theta}_{i,p}^2 \tag{4.1.29}
$$

式中，$v_{i,p}=r_{i,p}z_{i,p}$，$r_{i,p}>0$ 为设计参数；$\tilde{\theta}_{i,p}=\hat{\theta}_{i,p}-\theta_{i,p}$ 为参数估计误差，$\hat{\theta}_{i,p}$ 为 $\theta_{i,p}$ 的估计。

由式 (4.1.28) 和式 (4.1.29)，对 $V_{i,p}$ 求导，可得

$$
\begin{aligned}
\dot{V}_{i,p}=&\dot{V}_{i,p-1}+z_{i,p}\dot{\alpha}_{i,p-1}\left[\frac{k_{c_p}^2}{k_{c_p}^2-x_{i,p}^2}-H_{i,p}\left(z_{i,p},\alpha_{i,p-1}\right)\right]\\
&+\frac{k_{c_p}^2 z_{i,p}}{k_{c_p}^2-x_{i,p}^2}g_{i,p}\left(\overline{x}_{i,p}\right)\left(z_{i,p+1}+\alpha_{i,p}\right)+\tilde{\theta}_{i,p}\dot{\hat{\theta}}_{i,p}\\
&-\frac{k_{c_p}^2 z_{i,p}}{k_{c_p}^2-x_{i,p}^2}\dot{\alpha}_{i,p-1}+\frac{k_{c_p}^2 z_{i,p}}{k_{c_p}^2-x_{i,p}^2}f_{i,p}\left(\overline{x}_{i,p}\right)
\end{aligned} \tag{4.1.30}
$$

式中

$$
\begin{aligned}
H_{i,p}\left(z_{i,p},\alpha_{i,p-1}\right)&=\int_0^1\frac{k_{c_p}^2}{k_{c_p}^2-\left(v_{i,p}+\alpha_{i,p-1}\right)^2}\mathrm{d}v_{i,p}\\
&=\frac{k_{c_p}}{z_{i,p}}\left[\operatorname{arctanh}\left(\frac{z_{i,p}+\alpha_{i,p-1}}{k_{c_p}}\right)-\operatorname{arctanh}\left(\frac{\alpha_{i,p-1}}{k_{c_p}}\right)\right]\\
&=\frac{k_{c_p}}{2z_{i,p}}\ln\left[\frac{\left(k_{c_p}+z_{i,p}+\alpha_{i,p-1}\right)\left(k_{c_p}-\alpha_{i,p-1}\right)}{\left(k_{c_p}-z_{i,p}-\alpha_{i,p-1}\right)\left(k_{c_p}+\alpha_{i,p-1}\right)}\right]
\end{aligned}
$$

定义未知非线性函数 $F_{i,p}\left(Z_{i,p}\right)$ 为

$$
F_{i,p}\left(Z_{i,p}\right)=f_{i,p}\left(\overline{x}_{i,p}\right)-\frac{k_{c_p}^2-x_{i,p}^2}{k_{c_p}^2}\dot{\alpha}_{i,p-1}H_{i,p}\left(z_{i,p},\alpha_{i,p-1}\right) \tag{4.1.31}
$$

利用神经网络逼近未知非线性函数 $F_{i,p}(Z_{i,p})$，可得

$$F_{i,p}(Z_{i,p}) = W_{i,p}^{*\mathrm{T}} S_{i,p}(Z_{i,p}) + \delta_{i,p}(Z_{i,p}) \tag{4.1.32}$$

式中，$Z_{i,p} = \left[\overline{x}_{i,p}^{\mathrm{T}}; x_{j\in\Omega_{i,1}}; x_{j\in\Omega_{i,2}}; y_d, \dot{y}_d, \cdots, y_d^{(p)}; \hat{\theta}_{i,1}, \hat{\theta}_{i,2}, \cdots, \hat{\theta}_{i,p-1}\right]^{\mathrm{T}}$ 为神经网络输入向量；$S_{i,p}(Z_{i,p})$ 为神经元激活函数；$W_{i,p}^*$ 为最优权重向量；$\delta_{i,p}(Z_{i,p})$ 为逼近误差，存在正常数 $\overline{\delta}_{i,p}$ 使得 $|\delta_{i,p}(Z_{i,p})| \leqslant \overline{\delta}_{i,p}$。

由式 (4.1.3)、式 (4.1.31) 和式 (4.1.32)，将式 (4.1.30) 改写为

$$\begin{aligned}\dot{V}_{i,p} =& \dot{V}_{i,p-1} + \frac{k_{c_p}^2 g_{i,p} z_{i,p}}{k_{c_p}^2 - x_{i,p}^2} z_{i,p+1} + \frac{k_{c_p}^2 g_{i,p} z_{i,p}}{k_{c_p}^2 - x_{i,p}^2}\alpha_{i,p} + \tilde{\theta}_{i,p}\dot{\hat{\theta}}_{i,p} \\ &+ \frac{k_{c_p}^2 z_{i,p}}{k_{c_p}^2 - x_{i,p}^2}\left[W_{i,p}^{*\mathrm{T}} S_{i,p}(Z_{i,p}) + \delta_{i,p}(Z_{i,p})\right]\end{aligned} \tag{4.1.33}$$

根据杨氏不等式，可得

$$\frac{k_{c_p}^2 z_{i,p} W_{i,p}^{*\mathrm{T}} S_{i,p}(Z_{i,p})}{k_{c_p}^2 - x_{i,p}^2} \leqslant \frac{a_p^2}{2} + \frac{k_{c_p}^4 z_{i,p}^2 \theta_{i,p} \|S_{i,p}(Z_{i,p})\|^2}{2a_p^2\left(k_{c_p}^2 - x_{i,p}^2\right)^2} \tag{4.1.34}$$

$$\frac{k_{c_p}^2 z_{i,p}\delta_{i,p}(Z_{i,p})}{k_{c_p}^2 - x_{i,p}^2} \leqslant \frac{1}{2}\left(\frac{k_{c_p}^2 z_{i,p}}{k_{c_p}^2 - x_{i,p}^2}\right)^2 + \frac{\overline{\delta}_{i,p}^2}{2} \tag{4.1.35}$$

式中，$\theta_{i,p} = \left\|W_{i,p}^*\right\|^2$；$a_p > 0$ 为设计参数。

设计如下虚拟控制器和自适应律：

$$\begin{aligned}\alpha_{i,p} =& -\frac{k_{c_{p-1}}^2 g_{i,p-1} z_{i,p-1}\left(k_{c_p}^2 - x_{i,p}^2\right)}{g_{i,p} k_{c_p}^2\left(k_{c_{p-1}}^2 - x_{i,p-1}^2\right)} - \frac{k_{i,p} z_{i,p}}{g_{i,p}} \\ &- \frac{z_{i,p} k_{c_p}^2 \hat{\theta}_{i,p}\|S_{i,p}(Z_{i,p})\|^2}{2a_p^2\left(k_{c_p}^2 - x_{i,p}^2\right) g_{i,p}} - \frac{1}{2}\frac{k_{c_p}^2 z_{i,p}}{k_{c_p}^2 - x_{i,p}^2}\end{aligned} \tag{4.1.36}$$

$$\dot{\hat{\theta}}_{i,p} = \frac{k_{c_p}^4 z_{i,p}^2}{2a_p^2\left(k_{c_p}^2 - x_{i,p}^2\right)}\|S_{i,p}(Z_{i,p})\|^2 - \eta_{i,p}\hat{\theta}_{i,p} \tag{4.1.37}$$

式中，$k_{i,p} > 0$ 和 $\eta_{i,p} > 0$ 为设计参数。

将式 (4.1.34) ~ 式 (4.1.37) 代入式 (4.1.33)，可得

$$\dot{V}_{i,p} \leqslant -\sum_{l=1}^{p} \frac{k_{i,l} k_{c_l}^2 z_{i,l}^2}{k_{c_l}^2 - x_{i,l}^2} + \frac{k_{c_p}^2 g_{i,p} z_{i,p} z_{i,p+1}}{k_{c_p}^2 - x_{i,p}^2} + \sum_{l=1}^{p} \frac{a_l^2}{2} + \sum_{l=1}^{p} \frac{\overline{\delta}_{i,l}^2}{2} - \sum_{l=1}^{p} \eta_{i,l} \tilde{\theta}_{i,l} \hat{\theta}_{i,l} \tag{4.1.38}$$

第 n 步 由式 (4.1.1) 和式 (4.1.3)，对 $z_{i,n}$ 求导，可得

$$\dot{z}_{i,n} = f_{i,n}\left(\overline{x}_{i,n}\right) + g_{i,n}\left(\overline{x}_{i,n}\right) u_i - \dot{\alpha}_{i,n-1} \tag{4.1.39}$$

式中，$\dot{\alpha}_{i,n-1} = \sum_{l=1}^{n-1} \frac{\partial \alpha_{i,n-1}}{\partial x_{i,l}} \dot{x}_{i,l} + \sum_{l=1}^{n-1} \frac{\partial \alpha_{i,n-1}}{\partial \hat{\theta}_{i,l}} \dot{\hat{\theta}}_{i,l} + \sum_{l=0}^{n-1} \frac{\partial \alpha_{i,n-1}}{\partial y_d^{(l)}} y_d^{(l+1)} + \sum_{j \in \Omega_i} \frac{\partial \alpha_{i,n-1}}{\partial x_{j,1}} \dot{x}_{j,1}$。

选择如下积分型障碍李雅普诺夫函数：

$$V_{i,n} = V_{i,n-1} + \int_0^{z_{i,n}} \frac{k_{c_n}^2 v_{i,n}}{k_{c_n}^2 - \left(v_{i,n} + \alpha_{i,n-1}\right)} \mathrm{d} v_{i,n} + \frac{1}{2} \tilde{\theta}_{i,n}^2 \tag{4.1.40}$$

式中，$v_{i,n} = r_{i,n} z_{i,n}$，$r_{i,n} > 0$ 为设计参数；$\tilde{\theta}_{i,n} = \hat{\theta}_{i,n} - \theta_{i,n}$ 为参数估计误差，$\hat{\theta}_{i,n}$ 为 $\theta_{i,n}$ 的估计。

由式 (4.1.39) 和式 (4.1.40)，对 $V_{i,n}$ 求导，可得

$$\begin{aligned} \dot{V}_{i,n} = & \frac{k_{c_n}^2 z_{i,n}}{k_{c_n}^2 - x_{i,n}^2} f_{i,n}\left(\overline{x}_{i,n}\right) + \frac{k_{c_n}^2 z_{i,n}}{k_{c_n}^2 - x_{i,n}^2} \left[g_{i,n}\left(\overline{x}_{i,n}\right) u_i - \alpha_{i,n-1}\right] \\ & + z_{i,n} \dot{\alpha}_{i,n-1} \left[\frac{k_{c_n}^2}{k_{c_n}^2 - x_{i,n}^2} - H_{i,n}\left(z_{i,n}, \alpha_{i,n-1}\right)\right] + \dot{V}_{i,n-1} + \tilde{\theta}_{i,n} \dot{\hat{\theta}}_{i,n} \end{aligned} \tag{4.1.41}$$

式中

$$\begin{aligned} H_{i,n}\left(z_{i,n}, \alpha_{i,n-1}\right) &= \int_0^1 \frac{k_{c_n}^2}{k_{c_n}^2 - \left(v_{i,n} + \alpha_{i,n-1}\right)^2} \mathrm{d} v_{i,n} \\ &= \frac{k_{c_n}}{z_{i,n}} \left[\operatorname{arctanh}\left(\frac{z_{i,n} + \alpha_{i,n-1}}{k_{c_n}}\right) - \operatorname{arctanh}\left(\frac{\alpha_{i,n-1}}{k_{c_n}}\right)\right] \\ &= \frac{k_{c_n}}{2 z_{i,n}} \ln \left[\frac{\left(k_{c_n} + z_{i,n} + \alpha_{i,n-1}\right)\left(k_{c_n} - \alpha_{i,n-1}\right)}{\left(k_{c_n} - z_{i,n} - \alpha_{i,n-1}\right)\left(k_{c_n} + \alpha_{i,n-1}\right)}\right] \end{aligned}$$

定义未知非线性函数 $F_{i,n}\left(Z_{i,n}\right)$ 为

$$F_{i,n}\left(Z_{i,n}\right) = f_{i,n}\left(\overline{x}_{i,n}\right) - \frac{k_{c_n}^2 - x_{i,n}^2}{k_{c_n}^2} \dot{\alpha}_{i,n-1} H_{i,n}\left(z_{i,n}, \alpha_{i,n-1}\right) \tag{4.1.42}$$

利用神经网络逼近未知函数 $F_{i,n}(Z_{i,n})$，可得

$$F_{i,n}(Z_{i,n}) = W_{i,n}^{*\mathrm{T}} S_{i,n}(Z_{i,n}) + \delta_{i,n}(Z_{i,n}) \tag{4.1.43}$$

式中，$Z_{i,n} = \left[\overline{x}_{i,n}^{\mathrm{T}}; x_{j\in\Omega_{i,1}}; x_{j\in\Omega_{i,2}}; y_d, \dot{y}_d, \cdots, y_d^{(n)}; \hat{\theta}_{i,1}, \hat{\theta}_{i,2}, \cdots, \hat{\theta}_{i,n-1}\right]^{\mathrm{T}}$ 为神经网络输入向量；$S_{i,n}(Z_{i,n})$ 为神经元激活函数；$W_{i,n}^{*}$ 为最优权重向量；$\delta_{i,n}(Z_{i,n})$ 为逼近误差，存在正常数 $\overline{\delta}_{i,n}$ 使得 $|\delta_{i,n}(Z_{i,n})| \leqslant \overline{\delta}_{i,n}$。

根据式 (4.1.3)、式 (4.1.42) 和式 (4.1.43)，将式 (4.1.41) 改写为

$$\begin{aligned}\dot{V}_{i,n} =& \dot{V}_{i,n-1} + \frac{k_{c_n}^2 g_{i,n} z_{i,n}}{k_{c_n}^2 - x_{i,n}^2} g_{i,n}(\overline{x}_{i,n}) u_i + \tilde{\theta}_{i,n}\dot{\hat{\theta}}_{i,n} \\ &+ \frac{k_{c_n}^2 z_{i,n}}{k_{c_n}^2 - x_{i,n}^2}\left[W_{i,n}^{*\mathrm{T}} S_{i,n}(Z_{i,n}) + \delta_{i,n}(Z_{i,n})\right]\end{aligned} \tag{4.1.44}$$

根据杨氏不等式，可得

$$\frac{k_{c_n}^2 z_{i,n} W_{i,n}^{*\mathrm{T}} S_{i,n}(Z_{i,n})}{k_{c_n}^2 - x_{i,n}^2} \leqslant \frac{a_n^2}{2} + \frac{k_{c_n}^4 z_{i,n}^2 \theta_{i,n} \|S_{i,n}(Z_{i,n})\|^2}{2a_n^2\left(k_{c_n}^2 - x_{i,n}^2\right)^2} \tag{4.1.45}$$

$$\frac{k_{c_n}^2 z_{i,n} \delta_{i,n}(Z_{i,n})}{k_{c_n}^2 - x_{i,n}^2} \leqslant \frac{1}{2}\left(\frac{k_{c_n}^2 z_{i,n}}{k_{c_n}^2 - x_{i,n}^2}\right)^2 + \frac{\overline{\delta}_{i,n}^2}{2} \tag{4.1.46}$$

式中，$\theta_{i,n} = \left\|W_{i,n}^{*}\right\|^2$；$a_n > 0$ 为设计参数。

设计如下控制器和自适应律：

$$\begin{aligned}u_i =& -\frac{k_{c_{n-1}}^2 g_{i,n-1} z_{i,n-1}\left(k_{c_n}^2 - x_{i,n}^2\right)}{g_{i,n} k_{c_n}^2\left(k_{c_{n-1}}^2 - x_{i,n-1}^2\right)} - \frac{k_{i,n} z_{i,n}}{g_{i,n}} \\ &- \frac{z_{i,n} k_{c_n}^2 \hat{\theta}_{i,n}\|S_{i,n}(Z_{i,n})\|^2}{2a_n^2\left(k_{c_n}^2 - x_{i,n}^2\right) g_{i,n}} - \frac{1}{2}\frac{k_{c_n}^2 z_{i,n}}{k_{c_n}^2 - x_{i,n}^2}\end{aligned} \tag{4.1.47}$$

$$\dot{\hat{\theta}}_{i,n} = \frac{k_{c_n}^4 z_{i,n}^2 \|S_{i,n}(Z_{i,n})\|^2}{2a_n^2\left(k_{c_n}^2 - x_{i,n}^2\right)} - \eta_{i,n}\hat{\theta}_{i,n} \tag{4.1.48}$$

式中，$k_{i,n} > 0$ 和 $\eta_{i,n} > 0$ 为设计参数。

将式 (4.1.45) ~ 式 (4.1.48) 代入式 (4.1.44)，可得

$$\dot{V}_{i,n} \leqslant -\sum_{l=1}^{n}\eta_{i,l}\tilde{\theta}_{i,l}\hat{\theta}_{i,l} + \sum_{l=1}^{n}\frac{a_l^2}{2} + \sum_{l=1}^{n}\frac{\overline{\delta}_{i,l}^2}{2} - \sum_{l=1}^{n}\frac{k_{i,l}k_{c_l}^2 z_{i,l}^2}{k_{c_l}^2 - x_{i,l}^2} \tag{4.1.49}$$

根据杨氏不等式，可得

$$\eta_{i,l}\tilde{\theta}_{i,l}\hat{\theta}_{i,l} \leqslant -\frac{\eta_{i,l}\tilde{\theta}_{i,l}^2}{2} + \frac{\eta_{i,l}\theta_{i,l}^2}{2} \tag{4.1.50}$$

将式 (4.1.50) 代入式 (4.1.49)，可得

$$\dot{V}_{i,n} \leqslant -\sum_{l=1}^{n}\frac{\eta_{i,l}\tilde{\theta}_{i,l}^2}{2} + \sum_{l=1}^{n}\frac{\eta_{i,l}\theta_{i,l}^2}{2} + \sum_{l=1}^{n}\frac{a_l^2}{2} + \sum_{l=1}^{n}\frac{\overline{\delta}_{i,l}^2}{2} - \sum_{l=1}^{n}\frac{k_{i,l}k_{c_l}^2 z_{i,l}^2}{k_{c_l}^2 - x_{i,l}^2} \tag{4.1.51}$$

由式 (4.1.51)，可得

$$\dot{V}_{i,n} \leqslant -\rho_{i,n}V_{i,n} + C_{i,n} \tag{4.1.52}$$

式中，$\rho_{i,n}=\min\{k_{i,l},\eta_{i,l}\}\,(l=1,2,\cdots,n)$；$C_{i,n}=-\sum_{l=1}^{n}\frac{\eta_{i,l}\theta_{i,l}^2}{2}+\sum_{l=1}^{n}\frac{\overline{\delta}_{i,l}^2}{2}+\sum_{l=1}^{n}\frac{k_{c_l}^2 c_l^2}{2}$。

4.1.3 稳定性与收敛性分析

定理 4.1.1 对于非线性严格反馈多智能体系统 (4.1.1)，假设 4.1.1 和假设 4.1.2 成立。如果采用实际控制器 (4.1.47)，虚拟控制器 (4.1.14)、(4.1.25) 和 (4.1.36)，参数自适应律 (4.1.15)、(4.1.26)、(4.1.37) 和 (4.1.48)，那么总体控制方案具有如下性能：

(1) 闭环系统的所有信号是半全局一致最终有界的；

(2) 协同误差收敛到包含原点的一个较小的邻域内；

(3) 系统所有状态满足指定约束条件。

证明 将式 (4.1.52) 两边同时乘以 $\mathrm{e}^{\rho_{i,n}t}$，再求积分可得

$$V_{i,n} \leqslant V_{i,n}(0)\,\mathrm{e}^{-\rho_{i,n}t} + C_{i,n}/\rho_{i,n} \tag{4.1.53}$$

由式 (4.1.5)、式 (4.1.18)、式 (4.1.29)、式 (4.1.40) 和式 (4.1.53) 可得

$$\begin{cases} z_{i,1}^2 \leqslant 2V_{i,n} \leqslant 2V_{i,n}(0)\,\mathrm{e}^{-\rho_{i,n}t} + 2C_{i,n}/\rho_{i,n} \\ \tilde{\theta}_{i,n}^2 \leqslant 2V_{i,n} \leqslant 2V_{i,n}(0)\,\mathrm{e}^{-\rho_{i,n}t} + 2C_{i,n}/\rho_{i,n} \end{cases} \tag{4.1.54}$$

对式 (4.1.54) 进一步运算，可得

$$\begin{cases} |z_{i,1}| \leqslant \sqrt{2V_{i,n}(0)\,\mathrm{e}^{-\rho_{i,n}t} + 2C_{i,n}/\rho_{i,n}} \\ \left|\tilde{\theta}_{i,n}\right| \leqslant \sqrt{2V_{i,n}(0)\,\mathrm{e}^{-\rho_{i,n}t} + 2C_{i,n}/\rho_{i,n}} \end{cases} \tag{4.1.55}$$

由式 (4.1.53) 可知，$V_{i,n}$ 是有界的。因此，$z_{i,n}$ 和 $\tilde{\theta}_{i,n}$ 均有界。定义变量 $z_{1F}=[z_{1,1},z_{2,1},\cdots,z_{N,1}]^{\mathrm{T}}$ 和 $\overline{y}_d=[y_d,y_d,\cdots,y_d]^{\mathrm{T}}$，同时将同步误差定义为 $z_{1F}=(L+B)\,y-(L+B)\,\overline{y}_d=(L+B)\,\tau$。由 $(L+B)\neq 0$ 可得 $\tau=(L+B)^{-1}z_{1F}$，$\|\tau\|\leqslant\{\|z_{1F}\|/[\lambda_{\min}(L+B)]\}$，$\lambda_{\min}$ 为系数。由式 (4.1.54) 和式 (4.1.55) 可知 $\tilde{\theta}_{i,n}$ 有界，进一步可得 $\hat{\theta}_{i,n}$ 有界。此外，由假设 4.1.1 和假设 4.1.2，可得 y_d 和 $\dot{y}_d$ 有界。所以，虚拟控制器 $\alpha_{i,1}$ 有界。因此，虚拟控制器 $\alpha_{i,l}\,(l=2,3,\cdots,n-1)$ 和控制输入 u_i 均有界，进而状态 $x_{i,l}\,(l=1,2,\cdots,n)$ 有界。由式 (4.1.52) 和式 (4.1.53) 可知积分型李雅普诺夫函数是有界的。最后，可知状态始终满足指定约束条件。

评注 4.1.1 本节针对一类非线性严格反馈多智能体系统，介绍了一种自适应约束跟踪控制方法。所提出的自适应控制设计方法可参见文献 [1]。此外，关于高阶非线性多智能体系统的反步递推控制方法可参见文献 [5] 和 [6]。

4.1.4 仿真

例 4.1.1 考虑如下非线性严格反馈多智能体系统：

$$\begin{cases}\dot{x}_{i,1}=x_{i,2}-x_{i,1}^2\\ \dot{x}_{i,2}=u_i+\sin(x_{i,1})\,x_{i,2}\\ y_i=x_{i,1}\end{cases}\tag{4.1.56}$$

式中，$x_{i,1}$ 和 $x_{i,2}$ 为系统的状态变量；u_i 为系统的输入；y_i 为系统的输出；状态约束条件为 $|x_{i,1}(t)|<k_{c1}=2$ 和 $|x_{i,2}(t)|<k_{c2}=2\,(i=1,2,3,4)$。领导者轨迹为 $y_d=\sin(0.5t)$。

设计如下控制器和自适应律：

$$\alpha_{i,1}=\frac{1}{\sigma_i g_{i,1}}\left[-k_{i,1}z_{i,1}-\frac{1}{2a_1^2\left(k_{c_1}^2-x_{i,1}^2\right)}z_{i,1}k_{c_1}^2\hat{\theta}_{i,1}\left\|S_{i,1}(Z_{i,1})\right\|^2-\frac{1}{2}\frac{k_{c_1}^2z_{i,1}}{k_{c_1}^2-x_{i,1}^2}\right]$$

$$u_i=-\frac{k_{c_{n-1}}^2g_{i,n-1}z_{i,n-1}\left(k_{c_n}^2-x_{i,n}^2\right)}{g_{i,n}k_{c_n}^2\left(k_{c_{n-1}}^2-x_{i,n-1}^2\right)}-\frac{k_{i,n}z_{i,n}}{g_{i,n}}-\frac{z_{i,n}k_{c_n}^2\hat{\theta}_{i,n}\left\|S_{i,n}(Z_{i,n})\right\|^2}{2a_n^2\left(k_{c_n}^2-x_{i,n}^2\right)g_{i,n}}-\frac{1}{2}\frac{k_{c_n}^2z_{i,n}}{k_{c_n}^2-x_{i,n}^2}$$

$$\dot{\hat{\theta}}_{i,l}=\frac{k_{c_l}^4z_{i,l}^2}{2a_l^2\left(k_{c_l}^2-x_{i,l}^2\right)}\left\|S_{i,l}(Z_{i,l})\right\|^2-\eta_{i,l}\hat{\theta}_{i,l},\quad l=1,2$$

其中，$z_{i,1}=\sigma_i x_{i,1}-\kappa_i x_{j,1}-b_i y_d$；$z_{i,2}=x_{i,2}-\alpha_{i,1}$；$Z_{1,1}=[x_{1,1},y_d,\dot{y}_d]^{\mathrm{T}}$；$Z_{1,2}=\left[x_{1,1},x_{1,2},y_d,\dot{y}_d,\ddot{y}_d,\hat{\theta}_{1,1}\right]^{\mathrm{T}}$；$Z_{2,1}=[x_{2,1},x_{1,1},x_{1,2},y_d,\dot{y}_d]^{\mathrm{T}}$；$Z_{2,2}=[x_{2,1},x_{2,2},x_{1,1},x_{1,2},y_d,\dot{y}_d,\ddot{y}_d,\hat{\theta}_{2,1}]^{\mathrm{T}}$；$Z_{3,1}=[x_{3,1},x_{1,1},x_{1,2},y_d,\dot{y}_d]^{\mathrm{T}}$；$Z_{3,2}=[x_{3,1},x_{3,2},x_{1,1},x_{1,2},y_d,$

$\dot{y}_d, \ddot{y}_d, \hat{\theta}_{3,1}]^{\mathrm{T}}$；$Z_{4,1} = [x_{4,1}, x_{2,1}, x_{2,2}, x_{3,1}, x_{3,2}, y_d, \dot{y}_d]^{\mathrm{T}}$；$Z_{4,2} = [x_{4,1}, x_{4,2}, x_{2,1}, x_{2,2}, x_{3,1}, x_{3,2}, y_d, \dot{y}_d, \ddot{y}_d, \hat{\theta}_{4,1}]^{\mathrm{T}}$。

由图 4.1.1 可知，领导者的邻接矩阵为 $B = \mathrm{diag}\{1, 0, 1, 0\}$，拉普拉斯矩阵为

$$L = \begin{bmatrix} 0 & 0 & 0 & 0 \\ -1 & 1 & 0 & 0 \\ -1 & 0 & 1 & 0 \\ 0 & -1 & -1 & 2 \end{bmatrix}$$

邻接矩阵为

$$A = \begin{bmatrix} 0 & 0 & 0 & 0 \\ 1 & 0 & 0 & 0 \\ 1 & 0 & 0 & 0 \\ 0 & 1 & 1 & 0 \end{bmatrix}$$

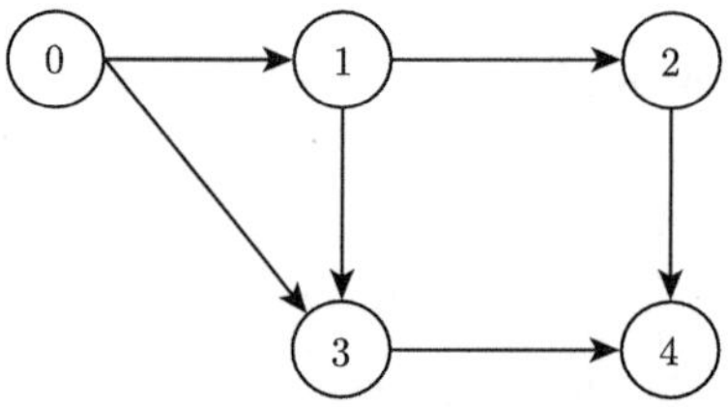

图 4.1.1 多智能体系统的通信拓扑图

选择设计参数为 $k_{i,1} = 10$、$k_{i,2} = 60$、$a_1 = 0.1$、$a_2 = 0.1$、$c_1 = 0.1$、$c_2 = 0.1$、$\eta_{i,1} = 0.5$、$\eta_{i,2} = 0.5$、$b_1 = 1$、$b_2 = 0$、$b_3 = 1$、$b_4 = 0$、$\kappa_1 = 0$、$\kappa_2 = 1$、$\kappa_3 = 1$、$\kappa_4 = 2$、$\sigma_1 = 1$、$\sigma_2 = 1$、$\sigma_3 = 2$、$\sigma_4 = 2$，初始条件为 $x_1(0) = [0.1, 0.1]^{\mathrm{T}}$、$x_2(0) = [0.3, 0.3]^{\mathrm{T}}$、$x_3(0) = [0.1, 0.1]^{\mathrm{T}}$、$x_4(0) = [0.3, 0.3]^{\mathrm{T}}$、$\hat{\theta}_{i,1}(0) = 0$、$\hat{\theta}_{i,2}(0) = 0$。

本节利用神经网络进行逼近，最优逼近估计 $F_{1,1}(Z_{1,1})$、$F_{1,2}(Z_{1,2})$、$F_{2,1}(Z_{2,1})$、$F_{2,2}(Z_{2,2})$、$F_{3,1}(Z_{3,1})$、$F_{3,2}(Z_{3,2})$、$F_{4,1}(Z_{4,1})$、$F_{4,2}(Z_{4,2})$ 的节点数均为 6，中心分别平均分布在 $[1.1, 5.35] \times [1.06, 3.86] \times [0.48, 2.88]$、$[1.1, 5.35] \times [0.29, 1.74] \times [1.06, 3.86] \times [0.48, 2.88] \times [0.71, 3.01] \times [0.63, 3.78]$、$[1.1, 5.35] \times [0.29, 1.74] \times [1.06, 3.86] \times [1.06, 3.86] \times [0.48, 2.88]$、$[1.1, 5.35] \times [0.29, 1.74] \times [1.06, 3.86] \times [0.29, 1.74] \times [1.06, 3.86] \times [0.48, 2.88] \times [0.63, 3.78]$、$[1.1, 5.35] \times [0.29, 1.74] \times [1.1, 5.35] \times [1.06, 3.86] \times [0.48, 2.88]$、$[1.1, 5.35] \times [0.29, 1.74] \times [1.1, 5.35] \times [1.06, 3.86] \times [1.06, 3.86] \times [0.48, 2.88] \times [0.71, 3.01] \times [0.63, 3.78]$、$[1.06, 3.86] \times [1.1, 5.35] \times [0.29, 1.74] \times [0.29, 1.74] \times [1.06, 3.86] \times [1.06, 3.86] \times [0.48, 2.88]$、$[1.06, 3.86] \times [1.1, 5.35] \times [0.29, 1.74] \times [1.06, 3.86] \times [0.29, 1.74] \times [0.29, 1.74] \times [1.06, 3.86] \times [0.48, 2.88] \times [0.71, 3.01] \times [0.63, 3.78]$ 区间，高斯函数的宽度为 2。

仿真结果如图 4.1.2 ~ 图 4.1.4 所示。

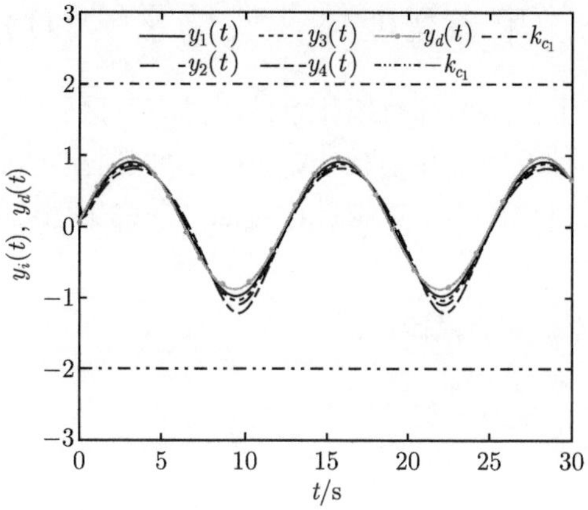

图 4.1.2 $y_i(t)$ 和 $y_d(t)$ 的运行轨迹 $(i=1,2,3,4)$

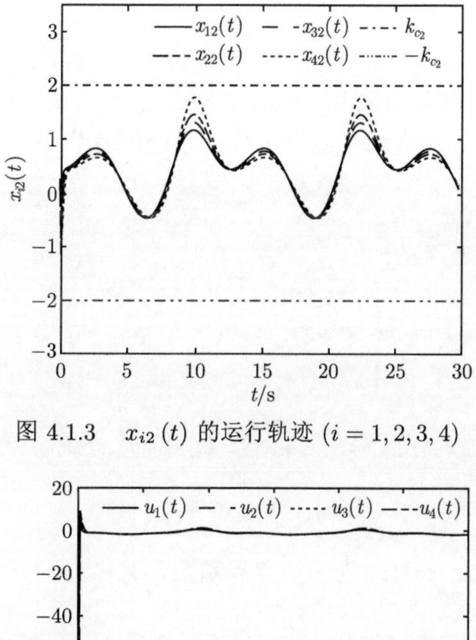

图 4.1.3 $x_{i2}(t)$ 的运行轨迹 $(i=1,2,3,4)$

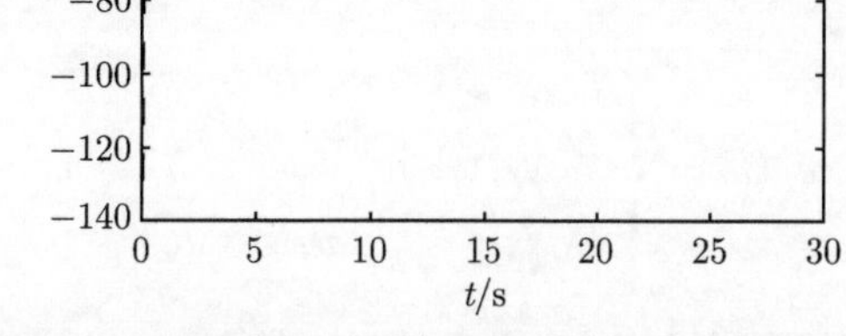

图 4.1.4 控制输入 $u_i(t)$ 的轨迹 $(i=1,2,3,4)$

4.2　具有状态约束多智能体非线性系统的自适应鲁棒控制

在 4.1 节的基础上，本节针对拓扑条件下具有死区输入和状态约束的非线性多智能体系统，基于神经网络和李雅普诺夫稳定性理论，介绍一种基于对数型障碍李雅普诺夫函数的自适应约束控制设计方法，并给出闭环系统的稳定性与收敛性分析。

4.2.1　系统模型及控制问题描述

考虑如下非线性多智能体系统：

$$\begin{cases} \dot{x}_{i,l} = f_{i,l}\left(\overline{x}_{i,l}\right) + g_{i,l}\left(\overline{x}_{i,l}\right) x_{i,l+1}, & l = 1, 2, \cdots, n-1 \\ \dot{x}_{i,n} = f_{i,n}\left(\overline{x}_{i,n}\right) + g_{i,n}\left(\overline{x}_{i,n}\right) D\left(u_i\right) \\ y_i = x_{i,1} \end{cases} \tag{4.2.1}$$

式中，$\overline{x}_{i,n} = \left[x_{i,1}, x_{i,2}, \cdots, x_{i,n}\right]^{\mathrm{T}} \in \mathbf{R}^n \left(i = 1, 2, \cdots, N\right)$ 为状态变量；$u_i \in \mathbf{R}$ 和 $y_i \in \mathbf{R}$ 分别为系统的输入和输出；$D\left(u_i\right)$ 为输出死区；$f_{i,l}\left(\overline{x}_{i,l}\right)\left(i = 1, 2, \cdots, N;\ l = 1, 2, \cdots, n\right)$ 为未知的光滑非线性函数。系统所有状态需满足 $\left|x_{i,l}\right| < k_{c_l}$，$k_{c_l}$ 为已知的正常数。

定义输入死区 $D\left(u_i\right)$ 为

$$D\left(u_i\right) = \begin{cases} \lambda_{ir}\left(u_i - b_{ir}\right), & u_i \geqslant b_{ir} \\ 0, & -b_{il} < u_i < b_{ir} \\ \lambda_{il}\left(u_i + b_{il}\right), & u_i \leqslant -b_{il} \end{cases}$$

式中，λ_{il} 和 λ_{ir} 为输入死区的左右斜率；b_{il} 和 b_{ir} 为断点。进一步可表示为

$$D\left(u_i\right) = \lambda_i u_i + \varpi_i\left(t\right) \tag{4.2.2}$$

式中，λ_i 为已知常数；$\varpi_i\left(t\right)$ 为未知有界函数，且

$$\lambda_i = \begin{cases} \lambda_{ir}, & u_i > 0 \\ \lambda_{il}, & u_i \leqslant 0 \end{cases}$$

$$\varpi_i\left(t\right) = \begin{cases} -\lambda_{ir} b_{ir}, & u_i \geqslant b_{ir} \\ -\lambda_i\left(t\right) u_i, & -b_{il} < u_i < b_{ir} \\ \lambda_{il} b_{il}, & u_i \leqslant -b_{il} \end{cases}$$

假设 4.2.1　领导者输出 y_d 是光滑的，$y_d, \dot{y}_d, \cdots, y_d^{(n)}$ 有界且满足 $y_d^2 + \dot{y}_d^2 + \cdots + y_d^{(n)2} \leqslant \tau_0$，式中 τ_0 为正常数。

假设 4.2.2 控制增益函数 $g_{i,l}(\overline{x}_{i,l})(i=1,2,\cdots,N;l=1,2,\cdots,n)$ 是已知的，并且存在正常数 G_0，使得 $0<G_0\leqslant|g_{i,l}(\overline{x}_{i,l})|$。不失一般性，假设 $0<G_0\leqslant g_{i,l}(\overline{x}_{i,l})$。

引理 4.2.1 定义如下不等式：

$$\|y-\overline{y}_d\|\leqslant\frac{\|z_1\|}{\tau(L+B)}$$

式中，$z_1=[z_{1,1},z_{2,1},\cdots,z_{N,1}]^{\mathrm{T}}$；$\overline{y}_d=[y_d,y_d,\cdots,y_d]_{N\times1}^{\mathrm{T}}$；$y=[y_1,y_2,\cdots,y_N]^{\mathrm{T}}$；$\tau(L+B)$ 为 $L+B$ 的最小奇异值。

控制任务 设计一种神经网络自适应约束控制器，使得：

(1) 闭环系统的所有信号是半全局最终一致有界的；

(2) 协同误差收敛到包含原点的一个较小的邻域内；

(3) 系统所有状态满足指定约束条件。

4.2.2 神经网络自适应反步递推控制设计

定义如下坐标变换：

$$\begin{aligned}z_{i,1}&=\sum_{j\in\Omega_i}a_{i,j}(x_{i,1}-x_{j,1})+b_i(x_{i,1}-y_d)\\&=\sigma_ix_{i,1}-\kappa_ix_{j,1}-b_iy_d\end{aligned}\tag{4.2.3}$$

$$z_{i,l}=x_{i,l}-\alpha_{i,l-1},\quad l=2,3,\cdots,n\tag{4.2.4}$$

式中，$z_{i,1}$ 为跟踪误差；$z_{i,l}$ 为误差变量；$a_{i,j}$ 和 b_i 为已知常数；$\kappa_i=\sum_{j\in\Omega_i}a_{i,j}$；$\Omega_i$ 为正整数集合；$\sigma_i=\kappa_i+b_i$；$\alpha_{i,l-1}$ 为虚拟控制器。误差变量 $z_{i,l}$ 满足不等式 $|z_{i,l}|<k_{b_l}$，且 k_{b_l} 为正常数。

基于上面的坐标变换，n 步神经网络自适应反步递推控制设计过程如下。

第 1 步 由式 (4.2.2) 和式 (4.2.3)，对 $z_{i,1}$ 求导，可得

$$\dot{z}_{i,1}=\sigma_if_{i,1}(x_{i,1})+\sigma_ig_{i,1}(x_{i,1})x_{i,2}-\kappa_if_{j,1}(x_{j,1})-\kappa_ig_{j,1}(x_{j,1})x_{j,2}-b_i\dot{y}_d\tag{4.2.5}$$

选择如下对数型障碍李雅普诺夫函数：

$$V_{i,1}=\frac{1}{2}\ln\left(\frac{k_{b_1}^2}{k_{b_1}^2-z_{i,1}^2}\right)+\frac{1}{2}\tilde{\theta}_{i,1}^2\tag{4.2.6}$$

式中，$\tilde{\theta}_{i,1}=\hat{\theta}_{i,1}-\theta_{i,1}$ 为参数估计误差，$\hat{\theta}_{i,1}$ 为 $\theta_{i,1}$ 的估计。

由式 (4.2.5) 和式 (4.2.6)，对 $V_{i,1}$ 求导，可得

$$\dot{V}_{i,1}=\frac{z_{i,1}}{k_{b_1}^2-z_{i,1}^2}\left[\sigma_i f_{i,1}\left(x_{i,1}\right)+\sigma_i g_{i,1}\left(x_{i,1}\right)x_{i,2}-b_i\dot{y}_d\right.$$
$$\left.-\kappa_i f_{j,1}\left(x_{j,1}\right)-\kappa_i g_{j,1}\left(x_{j,1}\right)x_{j,2}\right]+\tilde{\theta}_{i,1}\dot{\hat{\theta}}_{i,1} \tag{4.2.7}$$

定义未知非线性函数 $F_{i,1}\left(Z_{i,1}\right)$ 为

$$F_{i,1}\left(Z_{i,1}\right)=\sigma_i f_{i,1}\left(x_{i,1}\right)-\kappa_i f_{j,1}\left(x_{j,1}\right)-\kappa_i g_{j,1}\left(x_{j,1}\right)x_{j,2} \tag{4.2.8}$$

利用神经网络逼近未知函数 $F_{i,1}\left(Z_{i,1}\right)$，可得

$$F_{i,1}\left(Z_{i,1}\right)=W_{i,1}^{*\mathrm{T}}S_{i,1}\left(Z_{i,1}\right)+\delta_{i,1}\left(Z_{i,1}\right) \tag{4.2.9}$$

式中，$Z_{i,1}=\left[x_{i,1},x_{j,1},x_{j,2}\right]^{\mathrm{T}}$ 为神经网络输入向量；$S_{i,1}\left(Z_{i,1}\right)$ 为神经元激活函数；$W_{i,1}^*$ 为最优权重向量；$\delta_{i,1}\left(Z_{i,1}\right)$ 为逼近误差，存在正常数 $\bar{\delta}_{i,1}$ 使得 $\left\|\delta_{i,1}\left(Z_{i,1}\right)\right\|\leqslant\bar{\delta}_{i,1}$。

根据式 (4.2.4)、式 (4.2.8) 和式 (4.2.9)，将式 (4.2.7) 改写为

$$\dot{V}_{i,1}=\frac{z_{i,1}}{k_{b_1}^2-z_{i,1}^2}\left[\sigma_i g_{i,1}\left(x_{i,1}\right)\left(z_{i,2}+\alpha_{i,1}\right)\right.$$
$$\left.+W_{i,1}^{*\mathrm{T}}S_{i,1}\left(Z_{i,1}\right)+\delta_{i,1}-b_i\dot{y}_d\right]+\tilde{\theta}_{i,1}\dot{\hat{\theta}}_{i,1} \tag{4.2.10}$$

由杨氏不等式，可得

$$\frac{z_{i,1}W_{i,1}^{*\mathrm{T}}S_{i,1}\left(Z_{i,1}\right)}{k_{b_1}^2-z_{i,1}^2}\leqslant\frac{1}{2}q_{i,1}^2+\frac{1}{2q_{i,1}^2}\frac{z_{i,1}^2\theta_{i,1}\left\|S_{i,1}\left(Z_{i,1}\right)\right\|^2}{\left(k_{b_1}^2-z_{i,1}^2\right)^2} \tag{4.2.11}$$

$$\frac{z_{i,1}\delta_{i,1}}{k_{b_1}^2-z_{i,1}^2}\leqslant\frac{1}{2}\frac{z_{i,1}^2}{\left(k_{b_1}^2-z_{i,1}^2\right)^2}+\frac{\bar{\delta}_{i,1}^2}{2} \tag{4.2.12}$$

式中，$\theta_{i,1}=\left\|W_{i,1}^*\right\|^2$；$q_{i,1}>0$ 为设计参数。

设计如下虚拟控制器和自适应律：

$$\alpha_{i,1}=\frac{1}{\sigma_i g_{i,1}}\left[-k_{i,1}z_{i,1}-\frac{1}{2}\frac{z_{i,1}}{k_{b_1}^2-z_{i,1}^2}-\frac{1}{2q_{i,1}^2}\frac{z_{i,1}\hat{\theta}_{i,1}\left\|S_{i,1}\left(Z_{i,1}\right)\right\|^2}{k_{b_1}^2-z_{i,1}^2}+b_i\dot{y}_d\right] \tag{4.2.13}$$

$$\dot{\hat{\theta}}_{i,1}=\frac{1}{2q_{i,1}^2}\frac{z_{i,1}^2\left\|S_{i,1}\left(Z_{i,1}\right)\right\|^2}{\left(k_{b_1}^2-z_{i,1}^2\right)^2}-\eta_{i,1}\hat{\theta}_{i,1} \tag{4.2.14}$$

式中，$k_{i,1} > 0$ 和 $\eta_{i,1} > 0$ 为设计参数。

根据式 (4.2.11) ~ 式 (4.2.14)，将式 (4.2.10) 改写为

$$\dot{V}_{i,1} \leqslant -\frac{k_{i,1}z_{i,1}^2}{k_{b_1}^2 - z_{i,1}^2} + \frac{\sigma_i g_{i,1} z_{i,1} z_{i,2}}{k_{b_1}^2 - z_{i,1}^2} + \frac{\overline{\delta}_{i,1}^2}{2} + \frac{1}{2}q_{i,1}^2 - \eta_{i,1}\tilde{\theta}_{i,1}\hat{\theta}_{i,1} \tag{4.2.15}$$

第 2 步 由式 (4.2.2) 和式 (4.2.4)，对 $z_{i,2}$ 求导，可得

$$\dot{z}_{i,2} = \dot{x}_{i,2} - \dot{\alpha}_{i,1} = f_{i,2}\left(\overline{x}_{i,2}\right) + g_{i,2}\left(z_{i,3} + \alpha_{i,2}\right) - \dot{\alpha}_{i,1} \tag{4.2.16}$$

式中

$$\begin{aligned}\dot{\alpha}_{i,1} = &\frac{\partial \alpha_{i,1}}{\partial x_{i,1}}\left[f_{i,1}\left(x_{i,1}\right) + g_{i,1}x_{i,2}\right] + \frac{\partial \alpha_{i,1}}{\partial \hat{\theta}_{i,1}}\dot{\hat{\theta}}_{i,1} + \frac{\partial \alpha_{i,1}}{\partial y_d}\dot{y}_d \\ &+ \sum_{j\in N_i}\frac{\partial \alpha_{i,1}}{\partial x_{j,1}}\left[f_{j,1}\left(x_{j,1}\right) + g_{j,1}x_{j,2}\right] + \frac{\partial \alpha_{i,1}}{\partial \dot{y}_d}\ddot{y}_d\end{aligned}$$

选择如下对数型障碍李雅普诺夫函数：

$$V_{i,2} = V_{i,1} + \frac{1}{2}\ln\left(\frac{k_{b_2}^2}{k_{b_2}^2 - z_{i,2}^2}\right) + \frac{1}{2}\tilde{\theta}_{i,2}^2 \tag{4.2.17}$$

式中，$\tilde{\theta}_{i,2} = \hat{\theta}_{i,2} - \theta_{i,2}$ 为参数估计误差，$\hat{\theta}_{i,2}$ 为 $\theta_{i,2}$ 的估计。

根据式 (4.2.16) 和式 (4.2.17)，对 $V_{i,2}$ 求导可得

$$\dot{V}_{i,2} = \dot{V}_{i,1} + \frac{z_{i,2}}{k_{b_2}^2 - z_{i,2}^2}\left[f_{i,2}\left(\overline{x}_{i,2}\right) + g_{i,2}\left(z_{i,3} + \alpha_{i,2}\right) - \dot{\alpha}_{i,1}\right] + \tilde{\theta}_{i,2}\dot{\hat{\theta}}_{i,2} \tag{4.2.18}$$

定义未知非线性函数 $F_{i,2}\left(Z_{i,2}\right)$ 为

$$F_{i,2}\left(Z_{i,2}\right) = f_{i,2}\left(\overline{x}_{i,2}\right) + \dot{\alpha}_{i,1} \tag{4.2.19}$$

利用神经网络逼近未知函数 $F_{i,2}\left(Z_{i,2}\right)$，可得

$$F_{i,2}\left(Z_{i,2}\right) = W_{i,2}^{*\mathrm{T}}S_{i,2}\left(Z_{i,2}\right) + \delta_{i,2}\left(Z_{i,2}\right) \tag{4.2.20}$$

式中，$Z_{i,2} = \left[x_{i,1}, x_{i,2}; x_{j,1}, x_{j,2}; y_d, \dot{y}_d, \ddot{y}_d; \hat{\theta}_{i,1}\right]^{\mathrm{T}}$ 为神经网络输入向量；$S_{i,2}\left(Z_{i,2}\right)$ 为神经元激活函数；$W_{i,2}^*$ 为最优权重向量；$\delta_{i,2}\left(Z_{i,2}\right)$ 为逼近误差，存在正常数 $\overline{\delta}_{i,2}$ 使得 $\left\|\delta_{i,2}\left(Z_{i,2}\right)\right\| \leqslant \overline{\delta}_{i,2}$。

根据式 (4.2.4)、式 (4.2.19) 和式 (4.2.20)，将式 (4.2.18) 改写为

$$\dot{V}_{i,2}=\dot{V}_{i,1}+\frac{z_{i,2}}{k_{b_2}^2-z_{i,2}^2}\left[W_{i,2}^{*\mathrm{T}}S_{i,2}\left(Z_{i,2}\right)+\delta_{i,2}+g_{i,2}\left(z_{i,3}+\alpha_{i,2}\right)\right]+\tilde{\theta}_{i,2}\dot{\hat{\theta}}_{i,2} \tag{4.2.21}$$

由杨氏不等式，可得

$$\frac{z_{i,2}W_{i,2}^{*\mathrm{T}}S_{i,2}\left(Z_{i,2}\right)}{k_{b_2}^2-z_{i,2}^2}\leqslant\frac{1}{2}q_{i,2}^2+\frac{1}{2q_{i,2}^2}\frac{z_{i,2}^2\theta_{i,2}\left\|S_{i,2}\left(Z_{i,2}\right)\right\|^2}{\left(k_{b_2}^2-z_{i,2}^2\right)^2} \tag{4.2.22}$$

$$\frac{z_{i,2}\delta_{i,2}}{k_{b_2}^2-z_{i,2}^2}\leqslant\frac{1}{2}\frac{z_{i,2}^2}{\left(k_{b_2}^2-z_{i,2}^2\right)^2}+\frac{\overline{\delta}_{i,2}^2}{2} \tag{4.2.23}$$

式中，$\theta_{i,2}=\left\|W_{i,2}^{*}\right\|^2$；$q_{i,2}>0$ 为设计参数。

设计如下虚拟控制器和自适应律：

$$\begin{aligned}\alpha_{i,2}=&\frac{1}{g_{i,2}}\left[-k_{i,2}z_{i,2}-\frac{1}{2q_{i,2}^2}\frac{z_{i,2}}{k_{b_2}^2-z_{i,2}^2}\hat{\theta}_{i,2}\left\|S_{i,2}\left(Z_{i,2}\right)\right\|^2\right]\\&+\frac{1}{g_{i,2}}\left[-\frac{1}{2}\frac{z_{i,2}}{k_{b_2}^2-z_{i,2}^2}-\frac{\sigma_i z_{i,1}\left(k_{b_2}^2-z_{i,2}^2\right)}{k_{b_1}^2-z_{i,1}^2}\right]\end{aligned} \tag{4.2.24}$$

$$\dot{\hat{\theta}}_{i,2}=\frac{1}{2q_{i,2}^2}\frac{z_{i,2}^2\left\|S_{i,2}\left(Z_{i,2}\right)\right\|^2}{\left(k_{b_2}^2-z_{i,2}^2\right)^2}-\eta_{i,2}\hat{\theta}_{i,2} \tag{4.2.25}$$

式中，$k_{i,2}>0$ 和 $\eta_{i,2}>0$ 为设计参数。

将式 (4.2.15) 和式 (4.2.22) ~ 式 (4.2.25) 代入式 (4.2.21)，可得

$$\begin{aligned}\dot{V}_{i,2}\leqslant&-\frac{k_{i,1}z_{i,1}^2}{k_{b_1}^2-z_{i,1}^2}-\frac{k_{i,2}z_{i,2}^2}{k_{b_2}^2-z_{i,2}^2}+\frac{1}{2}\overline{\delta}_{i,1}^2-\eta_{i,1}\tilde{\theta}_{i,1}\hat{\theta}_{i,1}\\&+\frac{g_{i,2}z_{i,2}z_{i,3}}{k_{b_2}^2-z_{i,2}^2}+\frac{1}{2}q_{i,1}^2+\frac{1}{2}\overline{\delta}_{i,2}^2+\frac{1}{2}q_{i,2}^2-\eta_{i,2}\tilde{\theta}_{i,2}\hat{\theta}_{i,2}\end{aligned} \tag{4.2.26}$$

第 $p(3\leqslant p\leqslant n-1)$ 步　由式 (4.2.2) 和式 (4.2.4)，对 $z_{i,p}$ 求导，可得

$$\dot{z}_{i,p}=f_{i,p}\left(\overline{x}_{i,p}\right)+g_{i,p}\left(\overline{x}_{i,p}\right)x_{i,p+1}-\dot{\alpha}_{i,p-1} \tag{4.2.27}$$

式中

$$\dot{\alpha}_{i,p-1}=\sum_{l=1}^{p-1}\frac{\partial\alpha_{i,p-1}}{\partial x_{i,l}}\left[f_{i,l}\left(\overline{x}_{i,l}\right)+g_{i,l}x_{i,l+1}\right]+\sum_{l=1}^{p-1}\frac{\partial\alpha_{i,p-1}}{\partial\hat{\theta}_{i,l}}\dot{\hat{\theta}}_{i,l}$$

$$+\sum_{l=0}^{p-1}\frac{\partial\alpha_{i,p-1}}{\partial y_d^{(l)}}y_d^{(l+1)}+\sum_{j\in\Omega_i}\frac{\partial\alpha_{i,p-1}}{\partial x_{j,1}}\left[f_{j,1}\left(x_{j,1}\right)+g_{j,1}x_{j,2}\right]$$

选择如下对数型障碍李雅普诺夫函数：

$$V_{i,p}=V_{i,p-1}+\frac{1}{2}\ln\left(\frac{k_{b_p}^2}{k_{b_p}^2-z_{i,p}^2}\right)+\frac{1}{2}\tilde{\theta}_{i,p}^2 \tag{4.2.28}$$

式中，$\tilde{\theta}_{i,p}=\hat{\theta}_{i,p}-\theta_{i,p}$ 为参数估计误差，$\hat{\theta}_{i,p}$ 为 $\theta_{i,p}$ 的估计。

由式 (4.2.27) 和式 (4.2.28)，对 $V_{i,p}$ 求导，可得

$$\dot{V}_{i,p}=\dot{V}_{i,p-1}+\frac{z_{i,p}}{k_{b_p}^2-z_{i,p}^2}\left[f_{i,p}\left(\overline{x}_{i,p}\right)+g_{i,p}\left(z_{i,p+1}+\alpha_{i,p}\right)-\dot{\alpha}_{i,p-1}\right]+\tilde{\theta}_{i,p}\dot{\hat{\theta}}_{i,p} \tag{4.2.29}$$

定义未知非线性函数 $F_{i,p}\left(Z_{i,p}\right)$ 为

$$F_{i,p}\left(Z_{i,p}\right)=f_{i,p}\left(\overline{x}_{i,p}\right)+\dot{\alpha}_{i,p-1} \tag{4.2.30}$$

利用神经网络逼近未知函数 $F_{i,p}\left(Z_{i,p}\right)$，可得

$$F_{i,p}\left(Z_{i,p}\right)=W_{i,p}^{*\mathrm{T}}S_{i,p}\left(Z_{i,p}\right)+\delta_{i,p}\left(Z_{i,p}\right) \tag{4.2.31}$$

式中，$Z_{i,p}=\left[\overline{x}_{i,p}^{\mathrm{T}};x_{j,1},x_{j,2};y_d,\dot{y}_d,\cdots,y_d^{(p)};\hat{\theta}_{i,1},\hat{\theta}_{i,2},\cdots,\hat{\theta}_{i,p-1}\right]^{\mathrm{T}}$ 为神经网络输入向量；$S_{i,p}\left(Z_{i,p}\right)$ 为神经元激活函数；$W_{i,p}^*$ 为最优权重向量；$\delta_{i,p}\left(Z_{i,p}\right)$ 为逼近误差，存在正常数 $\overline{\delta}_{i,p}$ 使得 $\left\|\delta_{i,p}\left(Z_{i,p}\right)\right\|\leqslant\overline{\delta}_{i,p}$。

根据式 (4.2.30) 和式 (4.2.31)，将式 (4.2.29) 改写为

$$\dot{V}_{i,p}=\dot{V}_{i,p-1}+\frac{z_{i,p}}{k_{b_p}^2-z_{i,p}^2}\left[W_{i,p}^{*\mathrm{T}}S_{i,p}\left(Z_{i,p}\right)+\delta_{i,p}+g_{i,p}\left(z_{i,p+1}+\alpha_{i,p}\right)\right]+\tilde{\theta}_{i,p}\dot{\hat{\theta}}_{i,p} \tag{4.2.32}$$

由杨氏不等式，可得

$$\frac{z_{i,p}W_{i,p}^{*\mathrm{T}}S_{i,p}\left(Z_{i,p}\right)}{k_{b_p}^2-z_{i,p}^2}\leqslant\frac{1}{2}q_{i,p}^2+\frac{1}{2q_{i,p}^2}\frac{z_{i,p}^2\theta_{i,p}\left\|S_{i,p}\left(Z_{i,p}\right)\right\|^2}{\left(k_{b_p}^2-z_{i,p}^2\right)^2} \tag{4.2.33}$$

$$\frac{z_{i,p}\delta_{i,p}}{k_{b_p}^2-z_{i,p}^2}\leqslant\frac{1}{2}\frac{z_{i,p}^2}{\left(k_{b_p}^2-z_{i,p}^2\right)^2}+\frac{\overline{\delta}_{i,p}^2}{2} \tag{4.2.34}$$

式中，$\theta_{i,p}=\left\|W_{i,p}^{*}\right\|^{2}$；$q_{i,p}>0$ 为设计参数。

设计如下虚拟控制器和自适应律：

$$\begin{aligned}\alpha_{i,p}=&-\frac{1}{g_{i,p}}\left[k_{i,p}z_{i,p}+\frac{1}{2q_{i,p}^{2}}\frac{z_{i,p}\hat{\theta}_{i,p}\left\|S_{i,p}\left(Z_{i,p}\right)\right\|^{2}}{k_{b_p}^{2}-z_{i,p}^{2}}\right]\\&-\frac{1}{g_{i,p}}\left[\frac{1}{2}\frac{z_{i,p}}{k_{b_p}^{2}-z_{i,p}^{2}}+\frac{z_{i,p-1}\left(k_{b_p}^{2}-z_{i,p}^{2}\right)}{k_{b_{p-1}}^{2}-z_{i,p-1}^{2}}\right]\end{aligned}\tag{4.2.35}$$

$$\dot{\hat{\theta}}_{i,p}=\frac{1}{2q_{i,p}^{2}}\frac{z_{i,p}^{2}\left\|S_{i,p}\left(Z_{i,p}\right)\right\|^{2}}{\left(k_{b_p}^{2}-z_{i,p}^{2}\right)^{2}}-\eta_{i,p}\hat{\theta}_{i,p}\tag{4.2.36}$$

式中，$k_{i,p}>0$ 和 $\eta_{i,p}>0$ 为设计参数。

将式 (4.2.33) ∼ 式 (4.2.36) 代入式 (4.2.32)，可得

$$\dot{V}_{i,p}\leqslant-\sum_{l=1}^{p}\frac{k_{i,l}z_{i,l}^{2}}{k_{b_l}^{2}-z_{i,l}^{2}}+\frac{g_{i,p}z_{i,p}z_{i,p+1}}{k_{b_p}^{2}-z_{i,p}^{2}}+\sum_{l=1}^{p}\frac{\bar{\delta}_{i,l}^{2}}{2}+\sum_{l=1}^{p}\frac{q_{i,l}^{2}}{2}-\sum_{l=1}^{p}\eta_{i,l}\tilde{\theta}_{i,l}\hat{\theta}_{i,l}\tag{4.2.37}$$

第 $\boldsymbol{n}$ 步 由式 (4.2.2) 和式 (4.2.4)，对 $z_{i,n}$ 求导，可得

$$\dot{z}_{i,n}=f_{i,n}\left(\overline{x}_{i,n}\right)+g_{i,n}\left(\overline{x}_{i,n}\right)\left[\lambda_{i}u_{i}+\varpi_{i}\left(t\right)\right]-\dot{\alpha}_{i,n-1}\tag{4.2.38}$$

式中

$$\begin{aligned}\dot{\alpha}_{i,n-1}=&\sum_{l=1}^{n-1}\frac{\partial\alpha_{i,n-1}}{\partial x_{i,l}}\left[f_{i,l}\left(\overline{x}_{i,l}\right)+g_{i,1}x_{i,l+1}\right]+\sum_{l=1}^{n-1}\frac{\partial\alpha_{i,n-1}}{\partial\hat{\theta}_{i,l}}\dot{\hat{\theta}}_{i,l}\\&+\sum_{l=0}^{n-1}\frac{\partial\alpha_{i,n-1}}{\partial y_{d}^{(l)}}y_{d}^{(l+1)}+\sum_{j\in\Omega_{i}}\frac{\partial\alpha_{i,n-1}}{\partial x_{j,1}}\left[f_{j,1}\left(x_{j,1}\right)+g_{j,1}x_{j,2}\right]\end{aligned}$$

选择如下对数型障碍李雅普诺夫函数：

$$V_{i,n}=V_{i,n-1}+\frac{1}{2}\ln\left(\frac{k_{b_n}^{2}}{k_{b_n}^{2}-z_{i,n}^{2}}\right)+\frac{1}{2}\tilde{\theta}_{i,n}^{2}\tag{4.2.39}$$

式中，$\tilde{\theta}_{i,n}=\hat{\theta}_{i,n}-\theta_{i,n}$ 为参数估计误差，$\hat{\theta}_{i,n}$ 为 $\theta_{i,n}$ 的估计。

由式 (4.2.38) 和式 (4.2.39)，对 V_n 求导，可得

$$\dot{V}_{i,n}=\dot{V}_{i,n-1}+\frac{z_{i,n}}{k_{b_n}^{2}-z_{i,n}^{2}}\left\{f_{i,n}\left(\overline{x}_{i,n}\right)+g_{i,n}\left(\overline{x}_{i,n}\right)\left[\lambda_{i}u_{i}+\varpi_{i}\left(t\right)\right]-\dot{\alpha}_{i,n-1}\right\}+\tilde{\theta}_{i,n}\dot{\hat{\theta}}_{i,n}\tag{4.2.40}$$

定义未知非线性函数 $F_{i,n}(Z_{i,n})$ 为

$$F_{i,n}(Z_{i,n}) = f_{i,n}(\overline{x}_{i,n}) - \dot{\alpha}_{i,n-1} \tag{4.2.41}$$

利用神经网络逼近未知函数 $F_{i,n}(Z_{i,n})$，可得

$$F_{i,n}(Z_{i,n}) = W_{i,n}^{*\mathrm{T}} S_{i,n}(Z_{i,n}) + \delta_{i,n}(Z_{i,n}) \tag{4.2.42}$$

式中，$Z_{i,n} = \left[\overline{x}_{i,n}; x_{j,1}, x_{j,2}; y_d, \dot{y}_d, \cdots, y_d^{(n)}; \hat{\theta}_{i,1}, \hat{\theta}_{i,2}, \cdots, \hat{\theta}_{i,n-1}\right]^{\mathrm{T}}$ 为神经网络输入向量；$S_{i,n}(Z_{i,n})$ 为神经元激活函数；$W_{i,n}^{*}$ 为最优权重向量；$\delta_{i,n}(Z_{i,n})$ 为逼近误差，存在正常数 $\overline{\delta}_{i,n}$ 使得 $\|\delta_{i,n}(Z_{i,n})\| \leqslant \overline{\delta}_{i,n}$。

根据式 (4.2.4)、式 (4.2.41) 和式 (4.2.42)，将式 (4.2.40) 改写为

$$\begin{aligned}\dot{V}_{i,n} =& \dot{V}_{i,n-1} + \frac{z_{i,n}}{k_{b_n}^2 - z_{i,n}^2}\big\{W_{i,n}^{*\mathrm{T}} S_{i,n}(Z_{i,n}) \\ &+ \delta_{i,n} + g_{i,n}(\overline{x}_{i,n})\left[\lambda_i u_i + \varpi_i(t)\right]\big\} + \tilde{\theta}_{i,n}\dot{\hat{\theta}}_{i,n}\end{aligned} \tag{4.2.43}$$

由杨氏不等式，可得

$$\frac{z_{i,n} W_{i,n}^{*\mathrm{T}} S_{i,n}(Z_{i,n})}{k_{b_n}^2 - z_{i,n}^2} \leqslant \frac{1}{2} q_{i,n}^2 + \frac{1}{2q_{i,n}^2} \frac{z_{i,n}^2 \theta_{i,n} \|S_{i,n}(Z_{i,n})\|^2}{\left(k_{b_n}^2 - z_{i,n}^2\right)^2} \tag{4.2.44}$$

$$\frac{z_{i,n}\delta_{i,n}}{k_{b_n}^2 - z_{i,n}^2} \leqslant \frac{1}{2}\frac{z_{i,n}^2}{\left(k_{b_n}^2 - z_{i,n}^2\right)^2} + \frac{\overline{\delta}_{i,n}^2}{2} \tag{4.2.45}$$

$$\frac{z_{i,n}\varpi_i}{k_{b_n}^2 - z_{i,n}^2} \leqslant \frac{1}{2}\frac{z_{i,n}^2}{\left(k_{b_n}^2 - z_{i,n}^2\right)^2} + \frac{\varpi_M^2}{2} \tag{4.2.46}$$

式中，$\theta_{i,n} = \left\|W_{i,n}^{*}\right\|^2$；$q_{i,n} > 0$ 为设计参数。

设计如下控制器和自适应律：

$$\begin{aligned}u_i =& \frac{1}{\lambda_i g_{i,n}}\left[-k_{i,n} z_{i,n} - \frac{1}{2q_{i,n}^2}\frac{z_{i,n}}{k_{b_n}^2 - z_{i,n}^2}\hat{\theta}_{i,n}\|S_{i,n}(Z_{i,n})\|^2\right] \\ &+ \frac{1}{\lambda_i g_{i,n}}\left[-\frac{1}{2}\frac{z_{i,n}}{k_{b_n}^2 - z_{i,n}^2} - \frac{z_{i,n-1}}{k_{b_{n-1}}^2 - z_{i,n-1}^2}\left(k_{b_n}^2 - z_{i,n}^2\right)\right]\end{aligned} \tag{4.2.47}$$

$$\dot{\hat{\theta}}_{i,n} = \frac{1}{2q_{i,n}^2}\frac{z_{i,n}^2}{k_{b_n}^2 - z_{i,n}^2}\|S_{i,n}(Z_{i,n})\|^2 - \eta_{i,n}\hat{\theta}_{i,n} \tag{4.2.48}$$

式中，$k_{i,n} > 0$ 和 $\eta_{i,n} > 0$ 为设计参数。

由杨氏不等式，可得

$$-\eta_{i,l}\tilde{\theta}_{i,l}\hat{\theta}_{i,l} \leqslant \frac{\eta_{i,l}}{2}\theta_{i,l}^2 - \frac{\eta_{i,l}}{2}\tilde{\theta}_{i,l}^2 \tag{4.2.49}$$

将式 (4.2.37)、式 (4.2.44) ~ 式 (4.2.49) 代入式 (4.2.43)，可得

$$\dot{V}_{i,n} \leqslant -\sum_{l=1}^{n}\frac{k_{i,l}z_{i,l}^2}{k_{b_l}^2 - z_{i,l}^2} + \sum_{l=1}^{n}\frac{\overline{\delta}_{i,l}^2}{2} + \sum_{l=1}^{n}\frac{q_{i,l}^2}{2} + \frac{1}{2}\sum_{l=1}^{n}\eta_{i,l}\theta_{i,l}^2 - \frac{1}{2}\sum_{l=1}^{n}\eta_{i,l}\tilde{\theta}_{i,l}^2 + \frac{\varpi_M^2}{2} \tag{4.2.50}$$

选择如下障碍李雅普诺夫函数：

$$V = \sum_{i=1}^{N} V_{i,n} \tag{4.2.51}$$

由式 (4.2.50) 和式 (4.2.51)，可得

$$\dot{V} \leqslant -\rho V + C \tag{4.2.52}$$

式中，$\rho = \min\{2k_i, \eta_{i,l}\}\,(i = 1, 2, \cdots, N; j = 1, 2, \cdots, n)$；$C = \dfrac{1}{2}\sum_{l=1}^{n}\Big(\eta_{i,l}\theta_{i,l}^2 + \overline{\delta}_{i,l}^2 + q_{i,l}^2\Big)$。

4.2.3　稳定性与收敛性分析

定理 4.2.1　对于具有状态约束和死区输入的非线性多智能体系统 (4.2.1)，假设 4.2.1 成立。如果采用实际控制器 (4.2.47)，虚拟控制器 (4.2.13)、(4.2.24) 和 (4.2.35)，参数自适应律 (4.2.14)、(4.2.25)、(4.2.36) 和 (4.2.48)，那么总体控制方案具有如下性能：

(1) 闭环系统的所有信号是半全局一致最终有界的；

(2) 协同收敛到包含原点的一个较小的邻域内；

(3) 系统所有状态满足指定约束条件。

证明　将式 (4.2.52) 两边同时乘以 $\mathrm{e}^{\rho t}$ 再求积分可得

$$V(t) \leqslant [V(0) - C/\rho]\,\mathrm{e}^{-\rho t} + C/\rho \tag{4.2.53}$$

误差信号满足：

$$\|z_1\|^2 \leqslant k_{b_l}^2 - k_{b_l}^2\mathrm{e}^{-2\left[\mathrm{e}^{-\rho t}V(0) + \frac{2C}{\rho}\left(1 - \mathrm{e}^{-\rho t}\right)\right]} \tag{4.2.54}$$

由式 (4.2.12) 和假设 4.2.1，可得虚拟控制器 $\alpha_{i,1}$ 有界。类似地，可得 $\alpha_{i,l}$ 有界。由式 (4.2.53)，可得信号 $\tilde{\theta}_{i,l}$ 有界。此外，由 $\tilde{\theta}_{i,l} = \hat{\theta}_{i,l} - \theta_{i,l}$，可得自适应律 $\hat{\theta}_{i,l}$ 有界，进一步可得控制信号的有界性。

评注 4.2.1 本节针对具有非线性死区输入和状态约束的非线性多智能体系统，介绍了一种自适应约束分布式控制方法。所提出的智能自适应鲁棒控制方法可参见文献 [7]，而关于具有非线性输入死区的鲁棒控制设计方法可参见文献 [8] 和 [9]，对于具有状态约束的多智能体系统，相应代表性自适应反步递推鲁棒控制设计方法可参见文献 [2]。

4.2.4 仿真

例 4.2.1 考虑如下具有非线性死区输入的多智能体系统：

$$\begin{cases} \dot{x}_{i,1} = 0.8x_{i,2} - x_{i,1}^2 \sin(x_{i,1}) \\ \dot{x}_{i,2} = 0.8D(u_i) + \sin(x_{i,1})\, x_{i,2} \\ y_i = x_{i,1} \end{cases} \tag{4.2.55}$$

式中，$x_{i,1}$ 和 $x_{i,2}$ 为系统的状态变量；u_i 为系统输入；$D(u_i)$ 为死区输入的输出；y_i 为系统输出。状态约束条件为 $|x_{i,1}(t)| < k_{c_1} = 5$ 和 $|x_{i,2}(t)| < k_{c_2} = 5$；领导者轨迹为 $y_d = 0.5\sin(t)$。

设计如下控制器和自适应律：

$$\alpha_{i,1} = \frac{1}{\sigma_i g_{i,1}}\left[-k_{i,1}z_{i,1} - \frac{1}{2q_{i,1}^2}\frac{z_{i,1}}{k_{b_1}^2 - z_{i,1}^2}\hat{\theta}_{i,1}\left\|S_{i,1}(Z_{i,1})\right\|^2 - \frac{1}{2}\frac{z_{i,1}}{k_{b_1}^2 - z_{i,1}^2} + b_i\dot{y}_d\right]$$

$$\begin{aligned} u_i = {} & \frac{1}{\lambda_i g_{i,2}}\left[-k_{i,2}z_{i,2} - \frac{1}{2q_{i,2}^2}\frac{z_{i,2}}{k_{b_2}^2 - z_{i,2}^2}\hat{\theta}_{i,2}\left\|S_{i,2}(Z_{i,2})\right\|^2\right] \\ & + \frac{1}{\lambda_i g_{i,2}}\left[-\frac{1}{2}\frac{z_{i,2}}{k_{b_2}^2 - z_{i,2}^2} - \frac{z_{i,1}}{k_{b_1}^2 - z_{i,1}^2}\left(k_{b_2}^2 - z_{i,2}^2\right)\right] \end{aligned}$$

$$\dot{\hat{\theta}}_{i,l} = \frac{1}{2q_{i,l}^2}\frac{z_{i,l}^2\left\|S_{i,l}(Z_{i,l})\right\|^2}{\left(k_{b_l}^2 - z_{i,l}^2\right)^2} - \eta_{i,l}\hat{\theta}_{i,l}, \quad i = 1,2,3,4; l = 1,2$$

其中，$z_{1,1} = x_{1,1} - y_d$；$z_{2,1} = x_{2,1} - x_{1,1}$；$z_{3,1} = x_{3,1} - y_d$；$z_{4,1} = x_{4,1} - x_{3,1}$；$z_{1,2} = x_{1,2} - \alpha_{1,1}$；$z_{2,2} = x_{2,2} - \alpha_{2,1}$；$z_{3,2} = x_{3,2} - \alpha_{3,1}$；$z_{4,2} = x_{4,2} - \alpha_{4,1}$；$Z_{1,1} = [x_{1,1}]^{\mathrm{T}}$；$Z_{2,1} = [x_{2,1}, x_{1,1}, x_{1,2}]^{\mathrm{T}}$；$Z_{1,2} = \left[x_{1,1}, x_{1,2}, y_d, \dot{y}_d, \ddot{y}_d, \hat{\theta}_{1,1}\right]^{\mathrm{T}}$；$Z_{2,2} = \left[x_{2,1}, x_{2,2}, x_{1,1}, x_{1,2}, y_d, \dot{y}_d, \ddot{y}_d, \hat{\theta}_{2,1}\right]^{\mathrm{T}}$；$Z_{3,1} = [x_{3,1}]^{\mathrm{T}}$；$Z_{3,2} = [x_{3,1}, x_{3,2}, y_d, \dot{y}_d, \ddot{y}_d, \hat{\theta}_{3,1}]^{\mathrm{T}}$；$Z_{4,1} = [x_{4,1}, x_{3,1}, x_{3,2}]^{\mathrm{T}}$；$Z_{4,2} = \left[x_{4,1}, x_{4,2}, x_{3,1}, x_{3,2}, y_d, \dot{y}_d, \ddot{y}_d, \hat{\theta}_{4,1}\right]^{\mathrm{T}}$。

由图 4.2.1 可知，领导者的邻接矩阵为 $B = \mathrm{diag}\{1, 0, 1, 0\}$，拉普拉斯矩阵为

$$L = \begin{bmatrix} 0 & 0 & 0 & 0 \\ -1 & 1 & 0 & 0 \\ 0 & 0 & 0 & 0 \\ 0 & 0 & -1 & 1 \end{bmatrix}$$

邻接矩阵为

$$A = \begin{bmatrix} 0 & 0 & 0 & 0 \\ 1 & 0 & 0 & 0 \\ 0 & 0 & 0 & 0 \\ 0 & 0 & 1 & 0 \end{bmatrix}$$

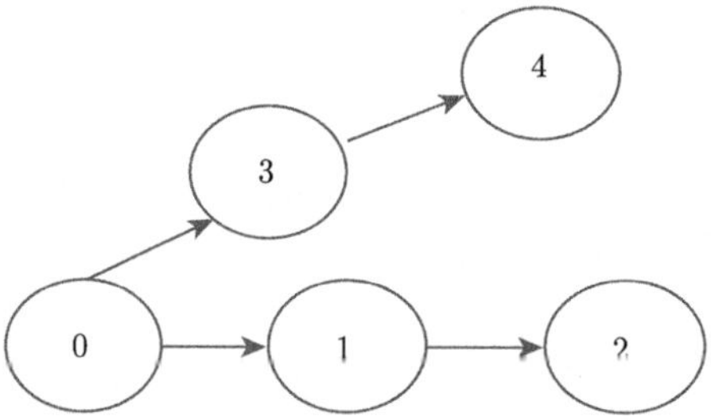

图 4.2.1　多智能体系统的通信拓扑结构

选择设计参数为 $k_{i,1}=10$、$k_{i,2}=60$、$\lambda_i=0.8$、$\eta_{i,1}=0.5$ 和 $\eta_{i,2}=0.5\,(i=1,2,3,4)$，初始条件为 $x_1(0) = [0.1, 0.1]^{\mathrm{T}}$、$x_2(0) = [0.3, 0.3]^{\mathrm{T}}$、$x_3(0) = [0.1, 0.1]^{\mathrm{T}}$、$x_4(0) = [0.3, 0.3]^{\mathrm{T}}$、$\hat{\theta}_{i,1}(0) = 0$ 和 $\hat{\theta}_{i,2}(0) = 0$。

本节利用神经网络进行逼近，最优逼近估计 $F_{1,1}(Z_{1,1})$、$F_{1,2}(Z_{1,2})$、$F_{2,1}(Z_{2,1})$、$F_{2,2}(Z_{2,2})$、$F_{3,1}(Z_{3,1})$、$F_{3,2}(Z_{3,2})$、$F_{4,1}(Z_{4,1})$、$F_{4,2}(Z_{4,2})$ 的节点数均为 6，中心分别平均分布在 $[1.1, 5.35]$、$[1.1, 5.35] \times [0.29, 1.74] \times [1.06, 3.86] \times [0.48, 2.88] \times [0.71, 3.01] \times [0.63, 3.78]$、$[0.29, 1.74] \times [1.06, 3.86]$、$[1.1, 5.35] \times [0.29, 1.7] \times [0.29, 1.7] \times [1.06, 3.86] \times [1.06, 3.86] \times [0.48, 2.88] \times [0.71, 3.01] \times [0.63, 3.78]$、$[1.1, 5.35]$、$[1.1, 5.35] \times [0.29, 1.74] \times [1.06, 3.86] \times [0.48, 2.88] \times [0.71, 3.01] \times [0.63, 3.78]$、$[1.1, 5.35] \times [0.29, 1.74] \times [1.06, 3.86]$、$[1.1, 5.35] \times [0.29, 1.74] \times [0.29, 1.74] \times [1.06, 3.86] \times [1.06, 3.86] \times [0.48, 2.88] \times [0.71, 3.01] \times [0.63, 3.78]$ 区间，高斯函数的宽度为 2。

仿真结果如图 4.2.2 ~ 图 4.2.4 所示。

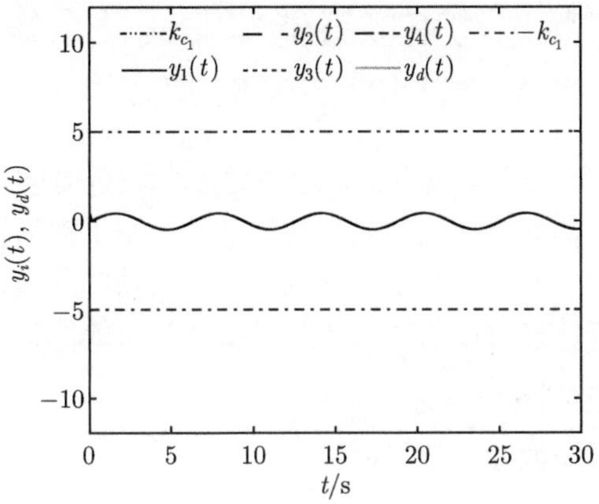

图 4.2.2 $y_i(t)$ 和 $y_d(t)$ 的运行轨迹 $(i=1,2,3,4)$

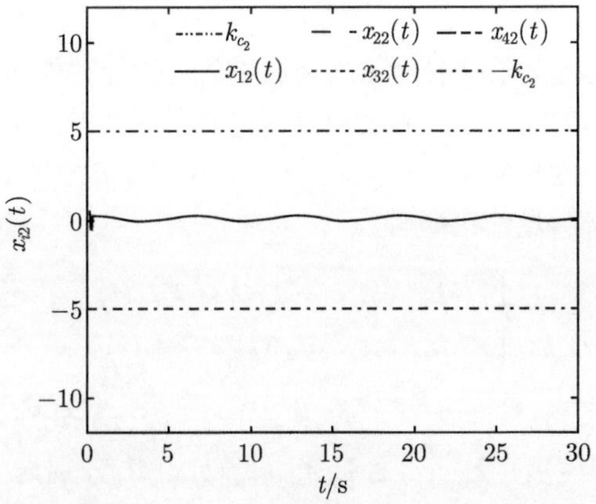

图 4.2.3 $x_{i2}(t)$ 的运行轨迹 $(i=1,2,3,4)$

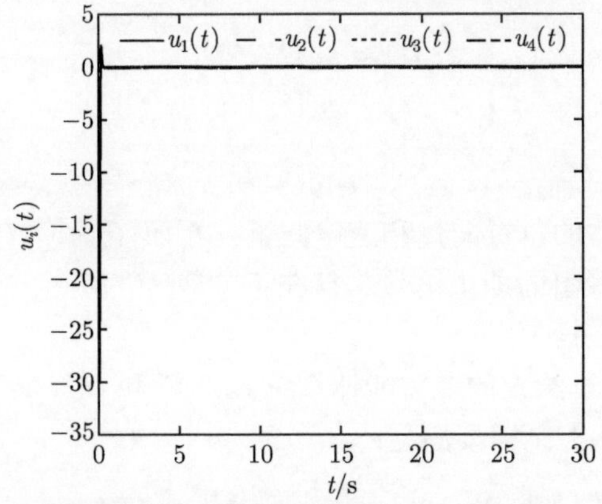

图 4.2.4 $u_i(t)$ 的运行轨迹 $(i=1,2,3,4)$

4.3 具有状态约束多智能体非线性系统的自适应有限时间编队控制

4.1 节和 4.2 节所提方法没有考虑收敛速度和收敛时间的问题。本节针对一类具有时变状态约束的二阶非线性多智能体系统，基于模糊逻辑系统和实际快速有限时间稳定性定理，介绍一种基于非线性坐标变换的分布式智能自适应快速有限时间编队控制方法，并给出闭环系统的稳定性与收敛性分析。

4.3.1 系统模型及控制问题描述

考虑如下不确定非线性多智能体系统：

$$\begin{cases} \dot{x}_i(t) = v_i(t), \quad i = 1, 2, \cdots, N \\ \dot{v}_i(t) = f_i(x_i, v_i) + u_i(t) \end{cases} \tag{4.3.1}$$

式中，$x_i(t) = [x_{i1}, x_{i2}, \cdots, x_{in}]^{\mathrm{T}} \in \mathbf{R}^n$ 为第 i 个跟随者智能体的位置向量；$v_i(t) = [v_{i1}, v_{i2}, \cdots, v_{in}]^{\mathrm{T}} \in \mathbf{R}^n$ 为第 i 个跟随者智能体的速度向量；N 为跟随者智能体的数量；$u_i(t) \in \mathbf{R}^n$ 为控制输入；$f_i(x_i, v_i) \in \mathbf{R}^n$ 为未知光滑非线性向量函数。

系统所有状态需满足约束条件：

$$\begin{cases} -k_{a_r}(t) < x_{ir}(t) < k_{a_r}(t) \\ -k_{b_r}(t) < v_{ir}(t) < k_{b_r}(t) \end{cases} \tag{4.3.2}$$

式中，$x_{ir}(t)$ 和 $v_{ir}(t)\,(i = 1, 2, \cdots, N; r = 1, 2, \cdots, n)$ 分别为第 i 个智能体的第 r 个状态下的位置和速度；$k_{a_r}(t) \in \mathbf{R}$ 和 $k_{b_r}(t) \in \mathbf{R}$ 分别为位置和速度的时变约束界，其初始值满足 $-k_{a_r}(0) < x_{ir}(0) < k_{a_r}(0)$ 和 $-k_{b_r}(0) < v_{ir}(0) < k_{b_r}(0)$。

考虑二阶智能体系统：

$$\begin{cases} \dot{x}_0(t) = v_0(t) \\ \dot{v}_0(t) = f_0[x_0(t), v_0(t)] \end{cases} \tag{4.3.3}$$

式中，$x_0(t) = [x_{01}, x_{02}, \cdots, x_{0n}]^{\mathrm{T}} \in \mathbf{R}^n$ 和 $v_0(t) = [v_{01}, v_{02}, \cdots, v_{0n}]^{\mathrm{T}} \in \mathbf{R}^n$ 分别为领导者智能体的位置向量和速度向量；$f_0[x_0(t), v_0(t)] \in \mathbf{R}^n$ 为有界向量函数，表示领导者输出的期望信号。存在正常数 Y_1 和 Y_2，满足 $\|v_0(t)\| \leqslant Y_1$，$\|f_0[x_0(t), v_0(t)]\| < Y_2$。

定义 4.3.1 对于给定的多智能体系统 (4.3.1) 和 (4.3.3)，实现二阶领导者-跟随者分布式固定编队控制需要满足：

$$\begin{cases} \lim\limits_{t\to\infty} \|x_i(t) - x_0(t) - \hbar_i\| = 0 \\ \lim\limits_{t\to\infty} \|v_i(t) - v_0(t)\| = 0 \end{cases} \tag{4.3.4}$$

式中，$\hbar_i = [\hbar_{i1}, \hbar_{i2}, \cdots, \hbar_{in}]^{\mathrm{T}} \in \mathbf{R}^n\,(i = 1, 2, \cdots, N)$ 为第 i 个跟随者智能体与领导者智能体之间所需保持的相对位置向量，用于描述指定的固定编队构型。

假设 4.3.1　对于位置和速度的时变约束界 $k_{a_r}(t)$、$k_{b_r}(t)$ 及其第 j 阶导数 $k_{a_r}^{(j)}(t)$、$k_{b_r}^{(j)}(t)$，存在正常数 K_{a_r}、K_{b_r}、$K_{a_r}^j$ 和 $K_{b_r}^j\,(r = 1, 2, \cdots, n; j = 1, 2, \cdots, n)$，满足 $k_{a_r}(t) \leqslant K_{a_r}$、$k_{b_r}(t) \leqslant K_{b_r}$、$\left|k_{a_r}^{(j)}(t)\right| \leqslant K_{a_r}^j$ 和 $\left|k_{b_r}^{(j)}(t)\right| \leqslant K_{b_r}^j$。

引理 4.3.1[10]　对于正定函数 $V(\zeta)$，任意 $t > T_0$，如果系统满足如下不等式：

$$\dot{V}(\zeta) \leqslant -\rho_1 V(\zeta) - \rho_2 V^a(\zeta) + C$$

式中，$\rho_1 > 0$、$\rho_2 > 0$、$C > 0$ 和 $0 < a < 1$ 为常数；$\zeta \in \mathbf{R}^n$。那么，非线性多智能体系统 $\dot{\zeta} = \Upsilon(\zeta)$ 为半全局实际快速有限时间稳定的，且 $V(\zeta)$ 满足：

$$\lim_{t \to T_0} V(\zeta) \leqslant \min\left\{\frac{C}{(1-\eta)\rho_1}, \left[\frac{C}{(1-\eta)\rho_1}\right]^a\right\}$$

式中，$0 < \eta < 1$；有界设定时间 T_0 满足：

$$\begin{aligned} T_0 \leqslant \max\bigg\{ & t_0 + \frac{1}{\eta\rho_1(1-a)} \ln\left[\frac{\eta\rho_1 V^{1-a}(t_0) + \rho_2}{\rho_2} t_0\right] \\ & + \frac{1}{\rho_1(1-a)} \ln\left[\frac{\rho_1 V^{1-a}(t_0) + \eta\rho_2}{\eta\rho_2}\right]\bigg\} \end{aligned}$$

引理 4.3.2[11]　考虑线性矩阵不等式 $\begin{bmatrix} B_1(x) & B_3(x) \\ B_3^{\mathrm{T}}(x) & B_2(x) \end{bmatrix} > 0$，式中，$B_1(x)$ 和 $B_2(x)$ 是对称矩阵。在这样的条件设定下，存在以下两种情况：

(1) $B_1(x) > 0$，$B_2(x) - B_3^{\mathrm{T}}(x) B_1^{-1}(x) B_3(x) > 0$；

(2) $B_2(x) > 0$，$B_1(x) - B_3(x) B_2^{-1}(x) B_3^{\mathrm{T}}(x) > 0$。

引理 4.3.3[11]　对于无向图 G，当且仅当拉普拉斯矩阵 L 不可约时，G 是连通的。

引理 4.3.4[11]　拉普拉斯矩阵 $L = [l_{ij}] \in \mathbf{R}^{N \times N}$ 满足如下条件：

(1) $l_{ij} = l_{ji} \leqslant 0\,(i \neq j)$ 和 $l_{ii} = -\sum\limits_{j=1}^{N} l_{ij}\,(i, j = 1, 2, \cdots, N)$；

(2) L 是不可约矩阵，且 $[1, 1, \cdots, 1]^{\mathrm{T}} \in \mathbf{R}^N$ 为拉普拉斯矩阵 L 的右特征向量。

引理 4.3.5[12]　对于实数变量 $\phi_i \in \mathbf{R}\,(i = 1, 2, \cdots, n)$，$0 < c \leqslant 1$，有

$$\left(\sum_{i=1}^{n} |\phi_i|\right)^c \leqslant \sum_{i=1}^{n} |\phi_i|^c \leqslant n^{1-c}\left(|\phi_i|\right)^c$$

引理 4.3.6[12] 对于实数变量 Z 和 S，存在正常数 θ_1、θ_2 和 μ，满足：

$$|Z|^{\theta_1}|S|^{\theta_2} \leqslant \frac{\theta_1}{\theta_1+\theta_2}\mu|Z|^{\theta_1+\theta_2} + \frac{\theta_2}{\theta_1+\theta_2}\mu^{-\theta_1/\theta_2}|S|^{\theta_1+\theta_2}$$

控制任务 设计一种自适应分布式模糊快速有限时间编队控制，使得：

(1) 闭环系统中的所有信号是半全局一致最终有界的；

(2) 编队协同误差收敛到包含原点的一个较小的邻域内；

(3) 系统所有状态满足指定约束条件。

定义如下跟随者智能体坐标变换：

$$\begin{cases} x_{ir}(t) = \dfrac{2k_{a_r}(t)}{\pi}\arctan\left[s_{x_{ir}}(t)\right] \\ v_{ir}(t) = \dfrac{2k_{b_r}(t)}{\pi}\arctan\left[s_{v_{ir}}(t)\right] \end{cases} \tag{4.3.5}$$

定义如下领导者智能体坐标变换：

$$\begin{cases} x_{0r}(t) + \hbar_{0r} = \dfrac{2k_{a_r}(t)}{\pi}\arctan\left[s_{0xh_{ir}}(t)\right] \\ v_{0r}(t) = \dfrac{2k_{b_r}(t)}{\pi}\arctan\left[s_{v_{0r}}(t)\right] \end{cases} \tag{4.3.6}$$

由式 (4.3.5) 和式 (4.3.6)，进行坐标逆变换，可得

$$\begin{aligned} s_{x_{ir}} &= \tan\left(\frac{\pi}{2}\frac{x_{ir}}{k_{a_r}}\right), \quad s_{v_{ir}} = \tan\left(\frac{\pi}{2}\frac{v_{ir}}{k_{b_r}}\right) \\ s_{0xh_{ir}} &= \tan\left(\frac{\pi}{2}\frac{x_{0r}+h_{ir}}{k_{a_r}}\right), \quad s_{v_{0r}} = \tan\left(\frac{\pi}{2}\frac{v_{0r}}{k_{b_r}}\right) \end{aligned} \tag{4.3.7}$$

式中，$s_{x_{ir}}$ 和 $s_{v_{ir}}$ 分别为 x_{ir} 和 v_{ir} 的转换状态；$s_{0xh_{ir}}$ 和 $s_{v_{0r}}$ 分别为领导者期望编队相对位置和速度的转换状态。

对式 (4.3.7) 求导，可得

$$\begin{aligned} \dot{s}_{x_{ir}} &= \frac{\partial s_{x_{ir}}}{\partial x_{ir}}\dot{x}_{ir} + \frac{\partial s_{x_{ir}}}{\partial k_{a_r}}\dot{k}_{a_r} = R_{ix_r}v_{ir} + v_{a_{ir}} \\ \dot{s}_{v_{ir}} &= \frac{\partial s_{v_{ir}}}{\partial v_{ir}}\dot{v}_{ir} + \frac{\partial s_{v_{ir}}}{\partial k_{b_r}}\dot{k}_{b_r} = R_{iv_r}\dot{v}_{ir} + v_{b_{ir}} \\ \dot{s}_{0xh_{ir}} &= \frac{\partial s_{0xh_{ir}}}{\partial x_{0r}}\dot{x}_{lr} + \frac{\partial s_{0xh_{ir}}}{\partial k_{a_r}}\dot{k}_{a_r} = R_{0xh_{ir}}v_{0r} + v_{0xh_{ir}} \\ \dot{s}_{v_{0r}} &= \frac{\partial s_{v_{0r}}}{\partial v_{0r}}\dot{v}_{0r} + \frac{\partial s_{v_{0r}}}{\partial k_{b_r}}\dot{k}_{b_r} = R_{0v_r}\dot{v}_{0r} + v_{0b_r} \end{aligned} \tag{4.3.8}$$

式中，$R_{ix_r}=\sec^2\left(\frac{\pi x_{ir}}{2k_{a_r}}\right)\frac{\pi}{2k_{a_r}}$；$v_{a_{ir}}=\frac{-\pi x_{ir}}{2k_{a_r}^2}\sec^2\left(\frac{\pi x_{ir}}{2k_{a_r}}\right)\dot{k}_{a_r}$；$R_{iv_r}=\sec^2\left(\frac{\pi v_{ir}}{2k_{b_r}}\right)\frac{\pi}{2k_{b_r}}$；$v_{b_{ir}}=\frac{-\pi v_{ir}}{2k_{b_r}^2}\sec^2\left(\frac{\pi v_{ir}}{2k_{b_r}}\right)\dot{k}_{b_r}$；$v_{0xh_{ir}}=\frac{-\pi\left(x_{0r}+\hbar_{ir}\right)\dot{k}_{a_r}}{2k_{a_r}^2}\sec^2\left[\frac{\pi\left(x_{0r}+\hbar_{ir}\right)}{2k_{a_r}}\right]$；$v_{0b_r}=\frac{-\pi v_{0r}}{2k_{b_r}^2}\dot{k}_{b_r}\sec^2\left(\frac{\pi}{2}\frac{v_{0r}}{k_{b_r}}\right)$；$R_{0xh_{ir}}=\frac{\pi}{2k_{a_r}}\sec^2\left[\frac{\pi\left(x_{0r}+\hbar_{ir}\right)}{2k_{a_r}}\right]$；$R_{0v_r}=\frac{\pi}{2k_{b_r}}\sec^2\left(\frac{\pi v_{0r}}{2k_{b_r}}\right)$。

4.3.2 模糊自适应分布式状态约束编队控制设计

定义如下坐标变换：

$$\begin{cases} z_{x_i}=s_{x_i}-s_{0xh_i} \\ z_{v_i}=s_{v_i}-s_{v_0} \end{cases} \tag{4.3.9}$$

式中，$z_{x_i}\in\mathbf{R}^n$ 和 $z_{v_i}\in\mathbf{R}^n$ 分别为转换后位置和速度的跟踪误差；$s_{x_i}=[s_{x_{i1}},s_{x_{i2}},\cdots,s_{x_{in}}]^{\mathrm{T}}\in\mathbf{R}^n$；$s_{v_i}=[s_{v_{i1}},s_{v_{i2}},\cdots,s_{v_{in}}]^{\mathrm{T}}\in\mathbf{R}^n$；$s_{0xh_i}=[s_{0xh_{i1}},s_{0xh_{i2}},\cdots,s_{0xh_{in}}]^{\mathrm{T}}\in\mathbf{R}^n$；$s_{v_0}=[s_{v_{01}},s_{v_{02}},\cdots,s_{v_{0n}}]^{\mathrm{T}}\in\mathbf{R}^n$。

由式 (4.3.1)、式 (4.3.3) 和式 (4.3.8)，可得

$$\begin{aligned} \dot{z}_{x_i}&=R_{ix}v_i+v_{a_i}-(R_{0xh_i}v_0+v_{0xh_i}) \\ \dot{z}_{v_i}&=R_{iv}\left[f_i\left(\overline{x}_i\right)+u_i\right]+v_{b_i}-\left[R_{0v}f_0\left(\overline{x}_0\right)+v_{0b}\right] \end{aligned} \tag{4.3.10}$$

式中，$\overline{x}_i=\left[x_i^{\mathrm{T}},v_i^{\mathrm{T}}\right]^{\mathrm{T}}$；$\overline{x}_0=\left[x_0^{\mathrm{T}},v_0^{\mathrm{T}}\right]^{\mathrm{T}}$。

定义如下协同编队误差：

$$\begin{cases} e_{x_i}=\sum\limits_{j=1}^{N_i}a_{ij}\left(s_{x_i}-s_{0xh_i}-s_{x_j}+s_{0xh_j}\right)+b_i\left(s_{x_i}-s_{0xh_i}\right) \\ e_{v_i}=\sum\limits_{j=1}^{N_i}a_{ij}\left(s_{v_i}-s_{v_j}\right)+b_i\left(s_{v_i}-s_{v_0}\right) \end{cases} \tag{4.3.11}$$

式中，e_{x_i} 为协同编队的位置误差；e_{v_i} 为协同编队的速度误差。

根据引理 4.3.4，定义如下正定矩阵：

$$\tilde{L}=L+B \tag{4.3.12}$$

式中，$B=\operatorname{diag}\{b_1,b_2,\cdots,b_N\}$，当第 i 个智能体与领导者智能体之间存在通信时，$b_i=1$，否则 $b_i=0$。

由式 (4.3.9) 和式 (4.3.11)，可得

$$\begin{cases} e_{x_i} = \sum_{j=1}^{N_i} a_{ij}\left(z_{x_i} - z_{x_j}\right) + b_i z_{x_i} \\ e_{v_i} = \sum_{j=1}^{N_i} a_{ij}\left(z_{v_i} - z_{v_j}\right) + b_i z_{v_i} \end{cases} \tag{4.3.13}$$

式中，a_{ij} 和 b_i 为矩阵 L 和 B 的元素；N_i 为第 i 个智能体的邻居节点集合。

利用模糊逻辑系统逼近未知函数 $f_i\left(\overline{x}_i\right)$，可得

$$f_i\left(\overline{x}_i\right) = W_i^{*\mathrm{T}} S_i\left(\overline{x}_i\right) + \delta_i\left(\overline{x}_i\right) \tag{4.3.14}$$

式中，$\overline{x}_i = \left[x_1^{\mathrm{T}}, x_2^{\mathrm{T}}, \cdots, x_i^{\mathrm{T}}\right]^{\mathrm{T}} \in \mathbf{R}^{in\times 1}$；$S_i\left(\overline{x}_i\right) \in \mathbf{R}^{nq\times 1}$ 为模糊向量基函数，q 为模糊规则数；$W_i^* \in \mathbf{R}^{nq\times n}$ 为最优权重矩阵；$\delta_i\left(\overline{x}_i\right) \in \mathbf{R}^n$ 为逼近误差，存在正常数 $\overline{\delta}_i$ 使得 $\left\|\delta_i\left(\overline{x}_i\right)\right\| \leqslant \overline{\delta}_i$。

选择如下李雅普诺夫函数：

$$V = V_{\tilde{L}} + V_\omega \tag{4.3.15}$$

式中，$V_{\tilde{L}} = \dfrac{1}{2} z^{\mathrm{T}}\left(H\otimes I_n\right) z$ 和 $V_\omega = \dfrac{1}{2}\sum_{i=1}^{N} \mathrm{tr}\left(\tilde{W}_i^{\mathrm{T}} \varGamma_i^{-1} \tilde{W}_i\right)$，$\otimes$ 为克罗内克积，$I_n \in \mathbf{R}^{n\times n}$ 为 $n\times n$ 单位矩阵，$z = \left[z_x^{\mathrm{T}}, z_v^{\mathrm{T}}\right]^{\mathrm{T}} \in \mathbf{R}^{2Nn}$，$z_x = \left[z_{x_1}^{\mathrm{T}}, z_{x_2}^{\mathrm{T}}, \cdots, z_{x_n}^{\mathrm{T}}\right]^{\mathrm{T}} \in \mathbf{R}^{Nn}$，$z_v = \left[z_{v_1}^{\mathrm{T}}, z_{v_2}^{\mathrm{T}}, \cdots, z_{v_n}^{\mathrm{T}}\right]^{\mathrm{T}} \in \mathbf{R}^{Nn}$，$\tilde{W}_i = W_i^* - \hat{W}_i$，$\hat{W}_i$ 为 W_i^* 的估计，$\varGamma_i = \varGamma_i^{\mathrm{T}} > 0$ 为增益矩阵，$\mathrm{tr}\left(\cdot\right)$ 表示求迹，H 的选取应满足引理 4.3.2。

选择如下李雅普诺夫函数：

$$V_{\tilde{L}} = \frac{1}{2} z^{\mathrm{T}} \left[\begin{bmatrix} 2\tilde{L} & \tilde{L} \\ \tilde{L} & \tilde{L} \end{bmatrix} \otimes I_n\right] z \tag{4.3.16}$$

其中，$H = \begin{bmatrix} 2\tilde{L} & \tilde{L} \\ \tilde{L} & \tilde{L} \end{bmatrix}$ 为正定矩阵。

定义如下向量函数：

$$\begin{cases} e_x = \left(\tilde{L}\otimes I_n\right) z_x \\ e_v = \left(\tilde{L}\otimes I_n\right) z_v \end{cases} \tag{4.3.17}$$

式中，$e_x = \left[e_{x_1}^{\mathrm{T}}, e_{x_2}^{\mathrm{T}}, \cdots, e_{x_N}^{\mathrm{T}}\right]^{\mathrm{T}}$；$e_v = \left[e_{v_1}^{\mathrm{T}}, e_{v_2}^{\mathrm{T}}, \cdots, e_{v_N}^{\mathrm{T}}\right]^{\mathrm{T}}$。

由式 (4.3.16) 和式 (4.3.17)，对 $V_{\tilde{L}}$ 求导，可得

$$\begin{aligned}\dot{V}_{\tilde{L}} &= \left(z_x^{\mathrm{T}}, z_v^{\mathrm{T}}\right)\left[\left[\begin{array}{cc}2\tilde{L} & \tilde{L}\\ \tilde{L} & \tilde{L}\end{array}\right]\otimes I_n\right]\left[\begin{array}{c}\dot{z}_x\\ \dot{z}_v\end{array}\right]\\ &= \left[\left(2e_x+e_v\right)^{\mathrm{T}}, \left(e_x+e_v\right)^{\mathrm{T}}\right]\left[\begin{array}{c}\dot{z}_x\\ \dot{z}_v\end{array}\right]\end{aligned} \tag{4.3.18}$$

将式 (4.3.8) 和式 (4.3.10) 代入式 (4.3.18)，可得

$$\begin{aligned}\dot{V}_{\tilde{L}} =& \left(2e_x+e_v\right)^{\mathrm{T}}\left(R_x v+v_a-R_{0xh}\overline{v}_0-v_{0xh}\right)\\ &+\left(e_x+e_v\right)^{\mathrm{T}}\left\{R_v\left[F\left(\overline{x}\right)+u\right]+\left[v_b-\overline{v}_{0b}-\overline{R}_{0v}F_0\left(\overline{x}_0\right)\right]\right\}\end{aligned} \tag{4.3.19}$$

式中，$F\left(\overline{x}\right)=\left[f_1^{\mathrm{T}}\left(\overline{x}_1\right), f_2^{\mathrm{T}}\left(\overline{x}_2\right), \cdots, f_N^{\mathrm{T}}\left(\overline{x}_N\right)\right]^{\mathrm{T}}$ 为不确定非线性向量方程；$u=\left[u_1^{\mathrm{T}}, u_2^{\mathrm{T}}, \cdots, u_N^{\mathrm{T}}\right]^{\mathrm{T}}$；$R_x=\left[R_{1x}^{\mathrm{T}}, R_{2x}^{\mathrm{T}}, \cdots, R_{Nx}^{\mathrm{T}}\right]^{\mathrm{T}}$；$v=\left[v_1^{\mathrm{T}}, v_2^{\mathrm{T}}, \cdots, v_N^{\mathrm{T}}\right]^{\mathrm{T}}$；$v_a=\left[v_{a_1}^{\mathrm{T}}, v_{a_2}^{\mathrm{T}}\cdots, v_{a_N}^{\mathrm{T}}\right]^{\mathrm{T}}$；$v_b=\left[v_{b_1}^{\mathrm{T}}, v_{b_2}^{\mathrm{T}}, \cdots, v_{b_N}^{\mathrm{T}}\right]^{\mathrm{T}}$；$R_{0xh}=\left[R_{0xh_1}^{\mathrm{T}}, R_{0xh_2}^{\mathrm{T}}, \cdots, R_{0xh_N}^{\mathrm{T}}\right]^{\mathrm{T}}$；$\overline{v}_0=\left[v_0^{\mathrm{T}}, v_0^{\mathrm{T}}, \cdots, v_0^{\mathrm{T}}\right]^{\mathrm{T}}$；$v_{0xh}=\left[v_{0xh_1}^{\mathrm{T}}, v_{0xh_2}^{\mathrm{T}}, \cdots, v_{0xh_N}^{\mathrm{T}}\right]^{\mathrm{T}}$；$R_v=\left[R_{1v}^{\mathrm{T}}, R_{2v}^{\mathrm{T}}, \cdots, R_{nv}^{\mathrm{T}}\right]^{\mathrm{T}}$；$\overline{R}_{0v}=\left[R_{0v}^{\mathrm{T}}, R_{0v}^{\mathrm{T}}, \cdots, R_{0v}^{\mathrm{T}}\right]^{\mathrm{T}}$；$F_0\left(\overline{x}_0\right)=\left[f_0^{\mathrm{T}}\left(\overline{x}_0\right), f_0^{\mathrm{T}}\left(\overline{x}_0\right), \cdots, f_0^{\mathrm{T}}\left(\overline{x}_0\right)\right]^{\mathrm{T}}$；$\overline{v}_{0b}=[v_{0b}^{\mathrm{T}}, v_{0b}^{\mathrm{T}}, \cdots, v_{0b}^{\mathrm{T}}]^{\mathrm{T}}$。

由杨氏不等式，可得

$$\sum_{i=1}^{N}\left(2e_{x_i}^{\mathrm{T}}+e_{v_i}^{\mathrm{T}}\right)R_{ix}v_i\leqslant\sum_{i=1}^{N}\left(e_{x_i}^{\mathrm{T}}e_{x_i}+\frac{1}{2}e_{v_i}^{\mathrm{T}}e_{v_i}+\left\|R_{ix}\right\|+\left\|v_i\right\|\right) \tag{4.3.20}$$

根据引理 4.3.1 和假设 4.3.1，当速度状态受时变约束时，其约束界满足 $\left\|v_{ir}\right\|<k_{b_r}\leqslant K_{b_r}$，则 $\left\|v_i\right\|\leqslant\sum_{r=1}^{n}\left\|v_{ir}\right\|\leqslant\sum_{r=1}^{n}K_{b_r}$。

由杨氏不等式，可得

$$\sum_{i=1}^{N}-(2e_{x_i}^{\mathrm{T}}+e_{v_i}^{\mathrm{T}})R_{0xh_i}v_0\leqslant\sum_{i=1}^{N}\left(e_{x_i}^{\mathrm{T}}e_{x_i}+\left\|v_0\right\|+\frac{1}{2}e_{v_i}^{\mathrm{T}}e_{v_i}+\left\|R_{0xh_i}\right\|\right) \tag{4.3.21}$$

$$\sum_{i=1}^{N}\left(2e_{x_i}^{\mathrm{T}}+e_{v_i}^{\mathrm{T}}\right)v_{a_i}\leqslant\sum_{i=1}^{N}\left(e_{x_i}^{\mathrm{T}}e_{x_i}+v_{a_i}^2+\frac{1}{2}e_{v_i}^{\mathrm{T}}e_{v_i}\right) \tag{4.3.22}$$

$$\sum_{i=1}^{N}-\left(2e_{x_i}^{\mathrm{T}}+e_{v_i}^{\mathrm{T}}\right)R_{0xh_i}v_0\leqslant\sum_{i=1}^{N}\left(e_{x_i}^{\mathrm{T}}e_{x_i}+Y_1+\frac{1}{2}e_{v_i}^{\mathrm{T}}e_{v_i}+\left\|R_{0xh_i}\right\|\right) \tag{4.3.23}$$

$$-\sum_{i=1}^{N}\left(2e_{x_i}+e_{v_i}\right)^{\mathrm{T}}v_{0xh_i}\leqslant\sum_{i=1}^{N}\left(e_{x_i}^{\mathrm{T}}e_{x_i}+\overline{M}_{0h_i}+\frac{1}{2}e_{v_i}^{\mathrm{T}}e_{v_i}\right)\tag{4.3.24}$$

令 $\overline{M}_{0h_i}=\sum\limits_{r=1}^{n}M_{0h_{ir}}=\sum\limits_{r=1}^{n}\sup\sqrt{v_{0xh_{ir}}^4+\overline{\gamma}_{ir}}$，其中 $\overline{\gamma}_{ir}>0$ 为常数。利用模糊逻辑系统逼近未知函数 $F(\overline{x})$，可得

$$\begin{aligned}&\left(e_x+e_v\right)^{\mathrm{T}}\left\{R_v\left[F(\overline{x})+u\right]+v_b-\overline{R}_{0v}F_0(\overline{x}_0)-\overline{v}_{0b}\right\}\\&\leqslant\sum_{i=1}^{N}\left(e_{x_i}^{\mathrm{T}}+e_{v_i}^{\mathrm{T}}\right)\left\{R_{iv}\left[W_i^{*\mathrm{T}}S_i(\overline{x}_i)+\delta_i(\overline{x}_i)+u_i\right]+v_{b_i}-R_{0v}f_0(\overline{x}_0)-\overline{v}_{0b}\right\}\end{aligned}\tag{4.3.25}$$

利用杨氏不等式，可得

$$\sum_{i=1}^{N}\left(e_{x_i}^{\mathrm{T}}+e_{v_i}^{\mathrm{T}}\right)R_{iv}\delta_i(\overline{x}_i)\leqslant\sum_{i=1}^{N}\left(\frac{1}{2}e_{x_i}^{\mathrm{T}}e_{x_i}+\frac{1}{2}e_{v_i}^{\mathrm{T}}e_{v_i}+\|R_{iv}\|+\overline{\delta}_i^2\right)\tag{4.3.26}$$

$$-\sum_{i=1}^{N}\left(e_{x_i}^{\mathrm{T}}+e_{v_i}^{\mathrm{T}}\right)R_{0v}f_0\leqslant\sum_{i=1}^{N}\left(\frac{1}{2}e_{x_i}^{\mathrm{T}}e_{x_i}+\|R_{0v}\|+\frac{1}{2}e_{v_i}^{\mathrm{T}}e_{v_i}+Y_2\right)\tag{4.3.27}$$

$$-\sum_{i=1}^{N}\left(e_{x_i}^{\mathrm{T}}+e_{v_i}^{\mathrm{T}}\right)v_{0b}\leqslant\sum_{i=1}^{N}\left(\frac{1}{2}e_{x_i}^{\mathrm{T}}e_{x_i}+\underline{M}_i+\frac{1}{2}e_{v_i}^{\mathrm{T}}e_{v_i}\right)\tag{4.3.28}$$

式中，$\underline{M}_i=\sum\limits_{r=1}^{n}\underline{M}_{ir}=\sum\limits_{r=1}^{n}\sup\sqrt{v_{0b_r}^4+\underline{\gamma}_{ir}}$，$\underline{\gamma}_{ir}>0$ 为常数。

将式 (4.3.20)、式 (4.3.22) ~ 式 (4.3.24) 和式 (4.3.26) ~ 式 (4.3.28) 代入式 (4.3.19)，可得

$$\begin{aligned}\dot{V}_{\tilde{L}}\leqslant&\sum_{i=1}^{N}\left(\frac{11}{2}e_{x_i}^{\mathrm{T}}e_{x_i}+\frac{7}{2}e_{v_i}^{\mathrm{T}}e_{v_i}+v_{a_i}^2\right)+\sum_{i=1}^{N}\left(\overline{M}_i+\underline{M}_i\right)\\&+\sum_{i=1}^{N}\left(e_{x_i}^{\mathrm{T}}+e_{v_i}^{\mathrm{T}}\right)\left\{R_{iv}\left[W_i^{*\mathrm{T}}S_i(\overline{x}_i)+u_i\right]+v_{b_i}\right\}+\varphi_2\end{aligned}\tag{4.3.29}$$

式中，$\varphi_2=\varphi_1+\sum\limits_{i=1}^{N}\left(\|R_{iv}\|+\overline{\delta}_i^2\right)+N\left(Y_2+\|R_{0v}\|\right)$，$\varphi_1=n\left(Y_1+\sum\limits_{r=1}^{n}K_{b_r}\right)+\sum\limits_{i=1}^{N}\left(\|R_{ix}\|+\|R_{0xh_i}\|\right)$。

对 V_ω 求导，可得

$$\dot{V}_\omega = \frac{1}{2}\sum_{i=1}^{N}\operatorname{tr}\left(\dot{\tilde{W}}_i^{\mathrm{T}}\varGamma_i^{-1}\tilde{W}_i\right) + \frac{1}{2}\sum_{i=1}^{N}\operatorname{tr}\left(\tilde{W}_i^{\mathrm{T}}\varGamma_i^{-1}\dot{\tilde{W}}_i\right)$$

$$= -\sum_{i=1}^{N}\operatorname{tr}\left(\tilde{W}_i^{\mathrm{T}}\varGamma_i^{-1}\dot{\hat{W}}_i\right) \tag{4.3.30}$$

由式 (4.3.29) 和式 (4.3.30)，对 V 求导，可得

$$\dot{V} \leqslant \sum_{i=1}^{N}\left(\frac{11}{2}e_{x_i}^{\mathrm{T}}e_{x_i} + \frac{7}{2}e_{v_i}^{\mathrm{T}}e_{v_i} + v_{a_i}^2 + \overline{M}_{0h_i} + \underline{M}_i\right) - \sum_{i=1}^{N}\operatorname{tr}\left(\tilde{W}_i^{\mathrm{T}}\varGamma_i^{-1}\dot{\hat{W}}_i\right)$$

$$+\sum_{i=1}^{N}\left(e_{x_i}+e_{v_i}\right)^{\mathrm{T}}\left\{R_{iv}\left[W_i^{*\mathrm{T}}S_i\left(\overline{x}_i\right)+u_i\right]+v_{b_i}\right\}+\varphi_2 \tag{4.3.31}$$

设计如下分布式编队控制器和自适应律：

$$u_i = -R_{iv}^{-1}\left[k_1\left(e_{x_i}+e_{v_i}\right)+v_{b_i}+\frac{k_2\left(e_{x_i}+e_{v_i}\right)}{\left\|e_{x_i}+e_{v_i}\right\|^{1-a}+\exp(-t)}\right.$$

$$\left.+\frac{\left(e_{x_i}+e_{v_i}\right)\left(\overline{M}_{0h_i}+M_i\right)}{\left\|e_{x_i}+e_{v_i}\right\|+\exp(-t)}+\frac{\left(e_{x_i}+e_{v_i}\right)v_{a_i}^2}{\left\|e_{x_i}+e_{v_i}\right\|+\exp(-t)}\right]-\hat{W}_i^{\mathrm{T}}S_i\left(\overline{x}_i\right) \tag{4.3.32}$$

$$\dot{\hat{W}}_i = \varGamma_i\left[\left(e_{x_i}^{\mathrm{T}}+e_{v_i}^{\mathrm{T}}\right)R_{iv}S_i\left(\overline{x}_i\right)-\kappa_i\hat{W}_i\right] \tag{4.3.33}$$

式中，$k_1>0$、$k_2>0$ 和 $\kappa_i>0\,(i=1,2,\cdots,N)$ 为设计参数，如下不等式成立：

$$\begin{aligned}
&-\frac{k_2\left\|e_{x_i}+e_{v_i}\right\|}{\left\|e_{x_i}+e_{v_i}\right\|^{1-a}+\mathrm{e}^{-t}} < \mathrm{e}^{-t}-k_2\left\|e_{x_i}+e_{v_i}\right\|^{a}\\
&-\frac{\left\|e_{x_i}+e_{v_i}\right\|\left(\overline{M}_{0h_i}+\underline{M}_i\right)}{\left\|e_{x_i}+e_{v_i}\right\|+\mathrm{e}^{-t}} < \mathrm{e}^{-t}-\left(\overline{M}_{0h_i}+\underline{M}_i\right)\\
&-\frac{\left\|e_{x_i}+e_{v_i}\right\|v_{a_i}^2}{\left\|e_{x_i}+e_{v_i}\right\|+\mathrm{e}^{-t}} < \mathrm{e}^{-t}-v_{a_i}^2
\end{aligned} \tag{4.3.34}$$

将式 (4.3.32) ∼ 式 (4.3.34) 代入式 (4.3.31)，可得

$$\dot{V} \leqslant \sum_{i=1}^{N}\left(\frac{11}{2}e_{x_i}^{\mathrm{T}}e_{x_i} + \frac{7}{2}e_{v_i}^{\mathrm{T}}e_{v_i} - k_1\left\|e_{x_i}+e_{v_i}\right\| + k_2\left\|e_{x_i}+e_{v_i}\right\|^{a}\right)$$

$$-\sum_{i=1}^{N}\operatorname{tr}\left(\kappa_i\tilde{W}_i^{\mathrm{T}}\hat{W}_i\right)+3\exp(-t)+\varphi_2 \tag{4.3.35}$$

根据迹的定义，可得

$$\operatorname{tr}\left(\kappa_i\tilde{W}_i^{\mathrm{T}}\hat{W}_i\right)\leqslant\frac{\kappa_i}{2}\operatorname{tr}\left(W_i^{*\mathrm{T}}W_i^*\right)-\frac{\kappa_i}{2}\operatorname{tr}\left(\tilde{W}_i^{\mathrm{T}}\tilde{W}_i\right) \tag{4.3.36}$$

基于式 (4.3.35) 和式 (4.3.36)，可得

$$\begin{aligned}\dot{V}\leqslant&\sum_{i=1}^{N}\left[\frac{11}{2}e_{x_i}^{\mathrm{T}}e_{x_i}+\frac{7}{2}e_{v_i}^{\mathrm{T}}e_{v_i}-\frac{\kappa_i}{2}\operatorname{tr}\left(\tilde{W}_i^{\mathrm{T}}\tilde{W}_i\right)+3\exp(-t)\right.\\&\left.-k_1\left\|e_{x_i}+e_{v_i}\right\|-k_2\left\|e_{x_i}+e_{v_i}\right\|^a\right]+\varphi_3\end{aligned} \tag{4.3.37}$$

式中，$\varphi_3=\varphi_2+\sum_{i=1}^{N}\frac{\kappa_i}{2}\operatorname{tr}\left(W_i^{*\mathrm{T}}W_i^*\right)$。

由引理 4.3.6，令 $\theta_1=1-a$，$\theta_2=a$，$\mu=a^{\frac{a}{1-a}}$，$Z=1$，$S=e_{x_i}^{\mathrm{T}}e_{x_i}$，可得

$$\begin{aligned}&\left(e_{x_i}^{\mathrm{T}}e_{x_i}\right)^a\leqslant(1-a)\mu+e_{x_i}^{\mathrm{T}}e_{x_i}\\&\frac{11}{2}e_{x_i}^{\mathrm{T}}e_{x_i}\leqslant(1-a)\mu-\left(-\frac{11}{2}e_{x_i}^{\mathrm{T}}e_{x_i}\right)^a\end{aligned} \tag{4.3.38}$$

由引理 4.3.6，令 $Z=1$，$S=e_{v_i}^{\mathrm{T}}e_{v_i}$，可得

$$\begin{aligned}&\left(e_{v_i}^{\mathrm{T}}e_{v_i}\right)^a\leqslant e_{v_i}^{\mathrm{T}}e_{v_i}+(1-a)\mu\\&\frac{7}{2}e_{v_i}^{\mathrm{T}}e_{v_i}\leqslant(1-a)\mu-\left(-\frac{7}{2}e_{v_i}^{\mathrm{T}}e_{v_i}\right)^a\end{aligned} \tag{4.3.39}$$

由引理 4.3.6，令 $Z=1$，$S=-\frac{\kappa_i}{2}\operatorname{tr}\left(\tilde{W}_i^{\mathrm{T}}\tilde{W}_i\right)$，可得

$$-\frac{1}{2}\frac{\kappa_i}{2}\operatorname{tr}\left(\tilde{W}_i^{\mathrm{T}}\tilde{W}_i\right)\leqslant(1-a)\mu-\frac{1}{2}\frac{\kappa_i}{2}\operatorname{tr}\left(\tilde{W}_i^{\mathrm{T}}\tilde{W}_i\right)^a \tag{4.3.40}$$

将式 (4.3.38) ~ 式 (4.3.40) 代入式 (4.3.37)，可得

$$\begin{aligned}\dot{V}\leqslant&-\sum_{i=1}^{N}\left(-\frac{11}{2}e_{x_i}^{\mathrm{T}}e_{x_i}\right)^a-\sum_{i=1}^{N}\left(-\frac{7}{2}e_{v_i}^{\mathrm{T}}e_{v_i}\right)^a+C\\&-\sum_{i=1}^{N}k_1\left\|e_{x_i}+e_{v_i}\right\|-\sum_{i=1}^{N}\left\|k_2\left(e_{x_i}+e_{v_i}\right)\right\|^a\end{aligned}$$

$$-\sum_{i=1}^{N}\frac{1}{2}\frac{\kappa_i}{2}\mathrm{tr}\left(\tilde{W}_i^{\mathrm{T}}\tilde{W}_i\right)-\sum_{i=1}^{N}\left[\frac{1}{2}\frac{\kappa_i}{2}\mathrm{tr}\left(\tilde{W}_i^{\mathrm{T}}\tilde{W}_i\right)\right]^a \tag{4.3.41}$$

式中，$C=3\exp(-t)+\varphi_3+3N(1-a)\mu$。

由引理 4.3.5 和式 (4.3.41)，可得

$$\begin{aligned}\dot{V}\leqslant &-\sum_{i=1}^{N}k_1\left\|e_{x_i}+e_{v_i}\right\|-\sum_{i=1}^{N}\left[\left(k_2-\frac{11}{2}\right)e_{x_i}^{\mathrm{T}}e_{x_i}+\left(k_2-\frac{7}{2}\right)e_{v_i}^{\mathrm{T}}e_{v_i}\right]^a\\&-\sum_{i=1}^{N}\frac{1}{2}\frac{\kappa_i}{2}\mathrm{tr}\left(\tilde{W}_i^{\mathrm{T}}\tilde{W}_i\right)-\sum_{i=1}^{N}\left[\frac{1}{2}\frac{\kappa_i}{2}\mathrm{tr}\left(\tilde{W}_i^{\mathrm{T}}\tilde{W}_i\right)\right]^a+C\end{aligned} \tag{4.3.42}$$

4.3.3 稳定性与收敛性分析

定理 4.3.1 对于具有状态约束的二阶非线性多智能体系统 (4.3.1) 和 (4.3.3)，假设 4.3.1 成立。如果采用分布式编队控制器 (4.3.32) 和参数自适应律 (4.3.33)，那么总体控制方案具有如下性能：

(1) 闭环系统中的所有信号是半全局一致最终有界的；

(2) 编队协同误差收敛到包含原点的一个较小的邻域内；

(3) 系统所有状态满足指定约束条件。

证明 令 $\Delta=\begin{bmatrix}\tilde{L} & 0\\ 0 & \tilde{L}\end{bmatrix}^{\mathrm{T}}\begin{bmatrix}\tilde{L} & 0\\ 0 & \tilde{L}\end{bmatrix}$，则 $z^{\mathrm{T}}(\Delta\otimes I_n)z=e_x^{\mathrm{T}}e_x+e_v^{\mathrm{T}}e_v$，式 (4.3.42) 可改写为

$$\begin{aligned}\dot{V}\leqslant &-z^{\mathrm{T}}\left(Q_1\otimes I_n\right)z-\left[z^{\mathrm{T}}\left(Q_2\otimes I_n\right)z\right]^a+C\\&-\sum_{i=1}^{N}\frac{1}{2}\frac{\kappa_i}{2}\mathrm{tr}\left(\tilde{W}_i^{\mathrm{T}}\tilde{W}_i\right)-\sum_{i=1}^{N}\left[\frac{1}{2}\frac{\kappa_i}{2}\mathrm{tr}\left(\tilde{W}_i^{\mathrm{T}}\tilde{W}_i\right)\right]^a\end{aligned} \tag{4.3.43}$$

式中，$Q_1=\begin{bmatrix}k_1\tilde{L}\tilde{L} & 0\\ 0 & k_1\tilde{L}\tilde{L}\end{bmatrix}$；$Q_2=\begin{bmatrix}(k_2-11/2)\,\tilde{L}\tilde{L} & 0\\ 0 & (k_2-7/2)\,\tilde{L}\tilde{L}\end{bmatrix}$。根据引理 4.3.2 及矩阵特征值，选取参数 $k_1>0$ 和 $k_2>11/2$。

令 $\lambda_{\min}^{Q_1}$ 和 $\lambda_{\min}^{Q_2}$ 分别为 Q_1 和 Q_2 的最小特征值，$\lambda_{\max}^{\Gamma_i^{-1}}$ 和 $\lambda_{\max}^{H}$ 分别为 Γ_i^{-1} 和 H 的最大特征值，则式 (4.3.43) 可改写为

$$\dot{V}\leqslant -\frac{\lambda_{\min}^{Q_1}}{\lambda_{\max}^{H}}z^{\mathrm{T}}\left(H\otimes I_n\right)z-\left[\frac{\lambda_{\min}^{Q_2}}{\lambda_{\max}^{H}}z^{\mathrm{T}}(H\otimes I_n)z\right]^a+C$$

$$-\sum_{i=1}^{N}\frac{1}{2}\frac{\kappa_i}{2\lambda_{\max}^{\Gamma_i^{-1}}}\operatorname{tr}\left(\tilde{W}_i^{\mathrm{T}}\Gamma_i^{-1}\tilde{W}_i\right)-\sum_{i=1}^{N}\left[\frac{1}{2}\frac{\kappa_i}{2\lambda_{\max}^{\Gamma_i^{-1}}}\operatorname{tr}\left(\tilde{W}_i^{\mathrm{T}}\Gamma_i^{-1}\tilde{W}_i\right)\right]^a \tag{4.3.44}$$

由式 (4.3.44)，可得

$$\dot{V}\leqslant-\rho_1 V-\rho_2 V^a+C \tag{4.3.45}$$

式中，$0<a<1$；$\rho_1=\min\left\{\dfrac{2\lambda_{\min}^{Q_1}}{\lambda_{\max}^{H}},\dfrac{\kappa_1}{2\lambda_{\max}^{\Gamma_1^{-1}}},\cdots,\dfrac{\kappa_N}{2\lambda_{\max}^{\Gamma_N^{-1}}}\right\}$；$\rho_2=\min\left\{\left(\dfrac{2\lambda_{\min}^{Q_2}}{\lambda_{\max}^{H}}\right)^a,\left(\dfrac{\kappa_1}{2\lambda_{\max}^{\Gamma_1^{-1}}}\right)^a,\cdots,\left(\dfrac{\kappa_N}{2\lambda_{\max}^{\Gamma_N^{-1}}}\right)^a\right\}$。

对任意 $t>T_{\odot}$，由式 (4.3.45)，可得

$$V\leqslant\left\{\frac{C}{(1-\eta)\rho_1},\left[\frac{C}{(1-\eta)\rho_2}\right]^a\right\} \tag{4.3.46}$$

$$\begin{aligned}T_{\odot}\leqslant\max\Bigg\{&t_0+\frac{1}{\eta\rho_1(1-a)}\ln\left[\frac{\eta\rho_1 V^{1-a}(t_0)+\rho_2}{\rho_2}\right],\\&t_0+\frac{1}{\rho_1(1-a)}\ln\left[\frac{\rho_1 V^{1-a}(t_0)+\eta\rho_2}{\eta\rho_2}\right]\Bigg\}\end{aligned} \tag{4.3.47}$$

式中，$T_{\odot}$ 为有限时间常数；$0<\eta<1$。根据引理 4.3.1，对任意 $t>T_{\odot}$，闭环控制系统是快速有限时间稳定的。当 $V<\varphi_4/\rho_1$ 时，闭环系统中所有的信号均有界。当 $V\geqslant\varphi_4/\rho_1$ 时，$V\leqslant-\rho_2V^a<0$，参数均有界，可得分布式编队控制器有界。因此，闭环系统中所有信号都是有界的。

评注 4.3.1　本节针对具有时变状态约束的二阶非线性多智能体系统，介绍了分布式模糊自适应快速有限时间固定编队控制方法，通过包含指数信号的坐标转换实现状态约束及指定性能。此外，对于具有全状态约束多智能体系统，应用非线性转换函数控制方法可参见文献 [13] 和 [14]。

4.3.4　仿真

例 4.3.1　考虑如下不确定非线性多智能体系统：

$$\begin{cases}\dot{x}_i=v_i\\ \dot{v}_i=\begin{bmatrix}u_{i1}+x_{i1}+c_{i1}\sin^2(x_{i1}v_{i1})\\u_{i2}+v_{i2}+c_{i2}\cos^2(x_{i2}v_{i2})\end{bmatrix}\end{cases} \tag{4.3.48}$$

式中，$i = 1,2,3,4$ 为多智体系统中跟随者智能体的序号；$x_i = \left[x_{i1}^{\mathrm{T}}, x_{i2}^{\mathrm{T}}\right]^{\mathrm{T}}$ 和 $v_i = \left[v_{i1}^{\mathrm{T}}, v_{i2}^{\mathrm{T}}\right]^{\mathrm{T}}$ 为智能体的状态向量；系统的状态约束条件为 $-k_{a_r}(t) < x_{ir}(t) < k_{a_r}(t)$、$-k_{b_r}(t) < v_{ir}(t) < k_{b_r}(t)\,(r = 1,2)$、$k_{a_1}(t) = 3.75 + 6 \times 3^{-0.5t}$、$k_{a_2}(t) = 4.2 + 7 \times 4^{-0.8t}$、$k_{b_1}(t) = 4.9 + 7 \times 2^{-t}$ 和 $k_{b_2}(t) = 4.8 + 5 \times 2^{-0.8t}$。选择变量及参数的初始值为 $x_1(0) = [8, 8.9]^{\mathrm{T}}$、$x_2(0) = [7.9,\ 2.6]^{\mathrm{T}}$、$x_3(0) = [4.5, 6]^{\mathrm{T}}$、$x_4(0) = [3.3, 4.9]^{\mathrm{T}}$、$c_{i1} = [-0.6, 0.6, -0.3, 0.3]^{\mathrm{T}}$、$c_{i2} = [0.5, 0.3, -1.5, -1]^{\mathrm{T}}$。

设计如下分布式编队控制器和自适应律：

$$\begin{aligned} u_i = & -R_{iv}^{-1} k_1 (e_{x_i} + e_{v_i}) - R_{iv}^{-1} \frac{k_2 (e_{x_i} + e_{v_i})}{\left\| e_{x_i} + e_{v_i} \right\|^{1-a} + \exp(-t)} \\ & - R_{iv}^{-1} v_{b_i} - R_{iv}^{-1} \frac{(e_{x_i} + e_{v_i})(\overline{M}_{0h_i} + \underline{M}_i)}{\left\| e_{x_i} + e_{v_i} \right\| + \exp(-t)} \\ & - R_{iv}^{-1} \frac{(e_{x_i} + e_{v_i}) v_{a_i}^2}{\left\| e_{x_i} + e_{v_i} \right\| + \exp(-t)} - \hat{W}_i^{\mathrm{T}} S_i(\overline{x}_i) \end{aligned} \tag{4.3.49}$$

$$\dot{\hat{W}}_i = \varGamma_i \left[\left(e_{x_i}^{\mathrm{T}} + e_{v_i}^{\mathrm{T}} \right) R_{iv} S_i(\overline{x}_i) - \kappa_i \hat{W}_i \right] \tag{4.3.50}$$

领导者智能体的期望信号为

$$\begin{cases} \dot{x}_0(t) = v_0(t) \\ \dot{v}_0(t) = \begin{bmatrix} 4.1(\cos \pi t) \\ 4.2(\cos \pi t) \end{bmatrix} \end{cases}$$

式中，领导者状态初值为 $x_0(0) = [0,0]^{\mathrm{T}}$ 和 $v_0(0) = [0,0]^{\mathrm{T}}$；跟随者智能体与领导者智能体交互的度矩阵为 $\underline{B} = \mathrm{diag}\{1,\ 0,\ 0,\ 0\}$，邻接矩阵 $A = [\ 0.0\quad 0.5\quad 0.8\quad 0.0;\ \ 0.5\quad 0.0\quad 0.0\quad 0.9;\ \ 0.8\quad 0.0\quad 0.0\quad 0.0;\ \ 0.0\quad 0.9\quad 0.0\quad 0.0\ ]$；4 个智能体与领导者之间期望指定固定编队构型，其相对位置向量为 $\hbar_1 = [2,\ 2]^{\mathrm{T}}$、$\hbar_2 = [2,\ -2]^{\mathrm{T}}$、$\hbar_3 = [-2,\ 2]^{\mathrm{T}}$、$\hbar_4 = [-2,\ -2]^{\mathrm{T}}$。

定义如下模糊隶属度函数：

$$\mu_{f_{i1}}^q(\overline{x}_{i1}) = \exp\left[-\frac{1}{8}(x_{i1} - 0.5q)^2 - \frac{1}{8}(v_{i1} - 0.5q)^2 \right]$$

$$\mu_{f_{i2}}^q(\overline{x}_{i2}) = \exp\left[-\frac{1}{8}(x_{i2} - 0.5q)^2 - \frac{1}{8}(v_{i2} - 0.5q)^2 \right]$$

定义如下模糊基函数：

$$S_{i,1,q} = \mu_{f_{i1}}^{q} \Big/ \sum_{p=1}^{10} \mu_{f_{i1}}^{q}$$

$$S_{i,2,q} = \mu_{f_{i2}}^{q} \Big/ \sum_{p=1}^{10} \mu_{f_{i2}}^{q}, \quad q = 1, 2, \cdots, 10$$

选择设计参数为 $k_1 = 100$、$k_2 = 200$、$a = 199/203$、$\overline{\gamma}_{ir} = \underline{\gamma}_{ir} = 0.01$、$\hat{W}_{i1}(0) = \hat{W}_{i2}(0) = [0, 0, \cdots, 0]_{1\times 10}^{\mathrm{T}}$、$\kappa_{i1} = 0.6$、$\kappa_{12} = \kappa_{22} = 0.6$、$\kappa_{32} = \kappa_{42} = 0.8$，$\Gamma_{i1} = 0.6I$、$\Gamma_{i2} = 0.8I$，$I$ 为单位矩阵。

仿真结果如图 4.3.1 ~ 图 4.3.6 所示。

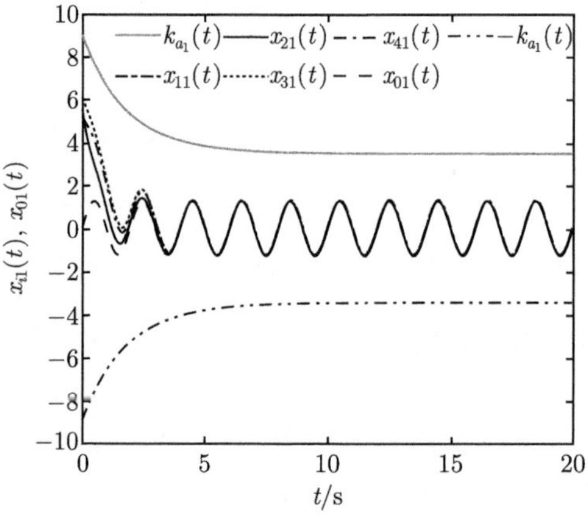

图 4.3.1　$x_{i1}(t)$ 和 $x_{01}(t)$ 的轨迹 $(i = 1, 2, 3, 4)$

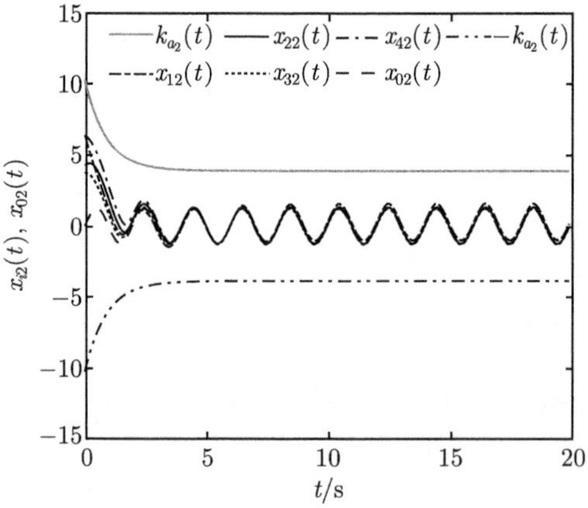

图 4.3.2　$x_{i2}(t)$ 和 $x_{02}(t)$ 的轨迹 $(i = 1, 2, 3, 4)$

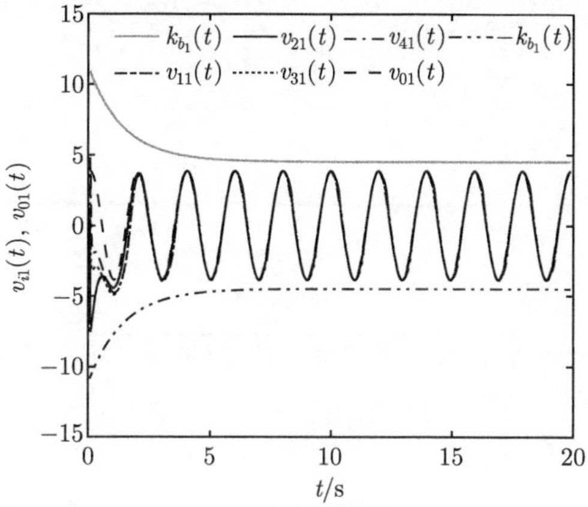

图 4.3.3 $v_{i1}(t)$ 和 $v_{01}(t)$ 的轨迹 $(i=1,2,3,4)$

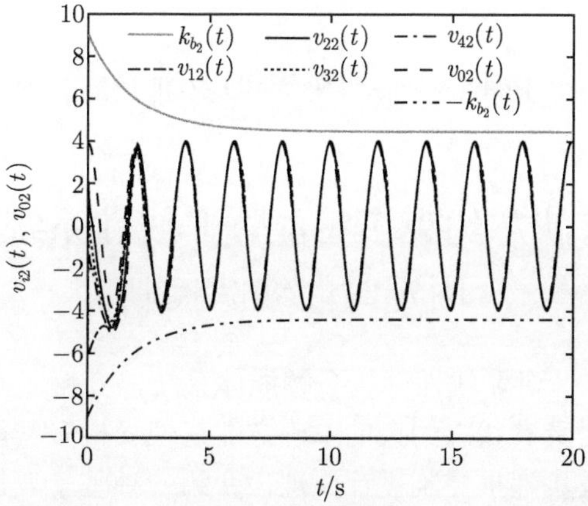

图 4.3.4 $v_{i2}(t)$ 和 $v_{02}(t)$ 的轨迹 $(i=1,2,3,4)$

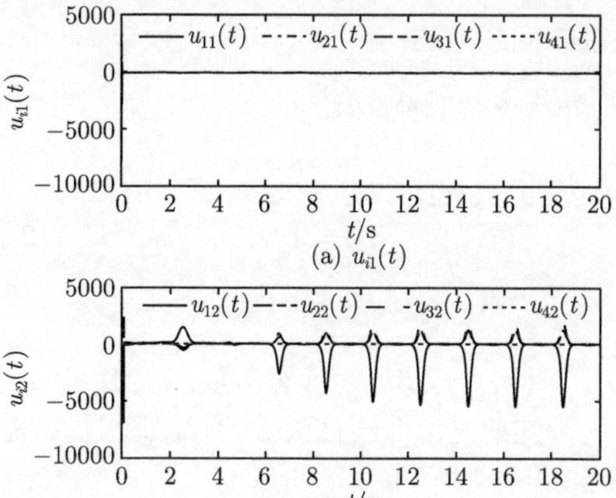

(b) $u_{i2}(t)$

图 4.3.5 $u_{i1}(t)$ 和 $u_{i2}(t)$ 的轨迹

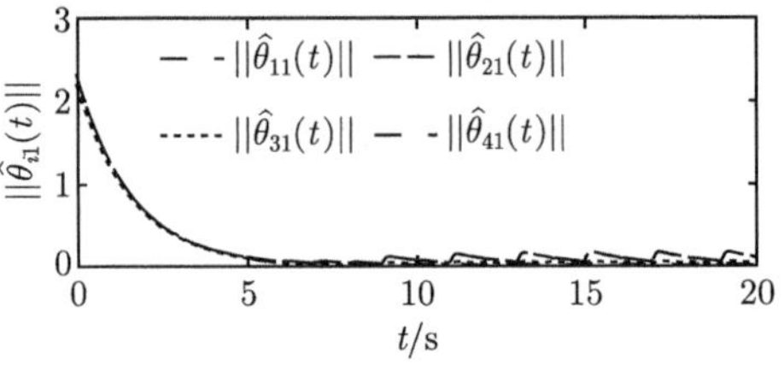

(a) $\|\hat{\theta}_{i1}(t)\|$

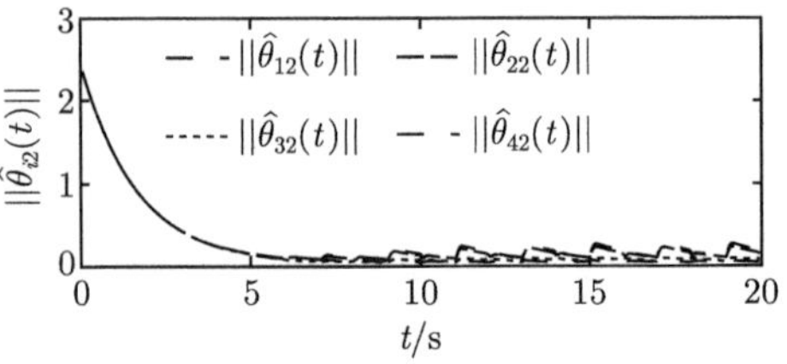

(b) $\|\hat{\theta}_{i2}(t)\|$

图 4.3.6　$\|\hat{\theta}_{i1}(t)\|$ 和 $\|\hat{\theta}_{i2}(t)\|$ 的轨迹

4.4　具有状态约束多智能体非线性系统的自适应固定时间编队控制

4.1 节 ~ 4.3 节针对非线性同构多智能体系统，介绍了几种智能自适应约束控制方法。本节针对具有状态约束的不确定非线性异构多智能体系统，基于模糊逻辑系统和自适应反步递推控制设计原理，介绍一种基于变量替换的自适应固定时间编队控制方法，并给出闭环系统的稳定性与收敛性分析。

4.4.1　系统模型及控制问题描述

考虑如下非线性异构多智能体系统：

$$\begin{cases} \dot{x}_{i,l} = x_{i,l+1} + f_{i,l}(\overline{x}_{i,l}) \\ \dot{x}_{i,n} = \overline{u}_i + f_{i,n}(\overline{x}_{i,n}) \quad , \quad i = 1, 2, \cdots, N;\ l = 1, 2, \cdots, n \\ y_i = x_{i,1} \end{cases} \tag{4.4.1}$$

式中，$\overline{x}_{i,l} = [x_{i,1}, x_{i,2}, \cdots, x_{i,l}]^{\mathrm{T}} \in \mathbf{R}^l$ 为状态向量；$\overline{u}_i \in \mathbf{R}$ 和 $y_i \in \mathbf{R}$ 分别为系统的输入和输出；$f_{i,l}(\overline{x}_{i,l})$ 为未知的光滑非线性函数。系统所有状态需满足 $|x_{i,l}(t)| < k_{c_l}$，k_{c_l} 为已知的正常数。

假设执行器故障发生在时刻 t_f，则第 i 个跟随者的执行器故障可描述为

$$\overline{u}_i(t) = \varsigma_i(t)\, u_i(t) + \varphi_i(t) \tag{4.4.2}$$

式中，$u_i(t)$ 为设计控制输入信号；$\varsigma_i(t) \in (0,1]$ 为执行器有效函数；$\varphi_i(t)$ 为时变且不可测的偏置故障。为方便描述，下文中将 $\varphi_i(t)$ 简写为 φ_i。执行器故障包括部分失效故障和偏置故障：当 $0 < \varsigma_i < 1$ 时发生部分失效故障，当 $\varphi_i \neq 0$ 时发生偏置故障。

期望的编队领导者系统方程为

$$\begin{cases} \dot{x}_{0,l} = x_{0,l+1}, \quad l = 1,2,\cdots,n-1 \\ \dot{x}_{0,n} = u_0 \\ y_d = x_{0,1} \end{cases} \tag{4.4.3}$$

式中，$x_{0,l} \in \mathbf{R}\,(l = 1,2,\cdots,n)$ 为领导者的状态；$u_0 \in \mathbf{R}$ 为领导者的控制输入；$y_d \in \mathbf{R}$ 为领导者的输出。

引理 4.4.1[15] 对于一个连续正定且径向无界的函数 $V(\xi)$ 和任意 $\xi(t) \in \mathbf{R}$，若满足不等式 $\dot{V}(\xi) \leqslant -\beta V^{\hbar}(\xi) - \ell V^{\partial}(\xi)$，则系统在固定时间稳定，且对应收敛时间满足不等式 $T \leqslant T_{\max} = 1/[\ell(1-\partial)] + 1/[\beta(\hbar - 1)]$，其中的参数满足 $\ell > 0$、$\beta > 0$、$\hbar > 1$ 和 $0 < \partial < 1$。

引理 4.4.2[16] 对于任意的 $\varDelta_l \in \mathbf{R}\,(l = 1,2,\cdots,\kappa)$，有如下不等式成立：

$$\sum_{l=1}^{\kappa} |\varDelta_l|^{\nu} \geqslant \begin{cases} \left(\displaystyle\sum_{l=1}^{\kappa} |\varDelta_l|\right)^{\nu}, & 0 < \nu < 1 \\ \kappa^{1-\nu}\left(\displaystyle\sum_{l=1}^{\kappa} |\varDelta_l|\right)^{\nu}, & 1 \leqslant \nu < +\infty \end{cases}$$

引理 4.4.3[15] 对于任意实数向量 $\overline{x}$ 和 $\overline{y}$，有如下不等式成立：

$$|\overline{x}|^{\psi_1} |\overline{y}|^{\psi_2} \leqslant \frac{\psi_1}{\psi_1 + \psi_2} \psi_3 |\overline{x}|^{\psi_1 + \psi_2} + \frac{\psi_2}{\psi_1 + \psi_2} \psi_3^{\psi_1/\psi_2} |\overline{y}|^{\psi_1 + \psi_2}$$

式中，$\psi_1 > 0$、$\psi_2 > 0$ 和 $\psi_3 > 0$ 为任意常数。

为了解决状态约束问题，设计非线性转化函数：

$$\zeta_{i,l} = \frac{x_{i,l}(t)}{k_{c_l}^2 - x_{i,l}^2(t)} \tag{4.4.4}$$

根据式 (4.4.4)，对转换变量 $\zeta_{i,l}$ 求导，可得

$$\dot{\zeta}_{i,l} = \mu_{i,l} \dot{x}_{i,l} \tag{4.4.5}$$

其中，$\mu_{i,l} = \left[k_{c_l}^2 + x_{i,l}^2(t)\right] / \left[k_{c_l}^2 - x_{i,l}^2(t)\right]^2$。

定义连续可微向量 $H_f(t) = [h_1(t), h_2(t), \cdots, h_N(t)]^{\mathrm{T}} \in \mathbf{R}^N$，表示异构多智能体系统的期望时变编队。

假设 4.4.1　对于领导者输出 $y_d(t)$ 及其导数 $\dot{y}_d(t)$，存在正常数 Y_0 和 Y_1，满足 $|y_d(t)| \leqslant Y_0$ 和 $|\dot{y}_d(t)| \leqslant Y_1$。

假设 4.4.2　对于失效故障信号 $\varsigma_i(t)$ 和时变不可测的偏置信号 φ_i，存在正常数 ς_{i0} 和 $\overline{\varphi}_i\ (i = 1, 2, \cdots, N)$，满足 $0 < \varsigma_{i0} \leqslant \varsigma_i(t) \leqslant 1$ 和 $|\varphi_i| \leqslant \overline{\varphi}_i$。

假设 4.4.3　从每个跟随者到领导者至少有一条路线，换言之，领导者是根。

定义 4.4.1[17]　对于所有跟随者的任何有界初始状态，如果有固定时间 $\overline{T} > 0$，使得 $\lim\limits_{t \to \overline{T}} (z_{i,1} - x_{0,1} - h_i) = 0$，那么可实现期望的固定时间时变编队。

定义 4.4.2[18]　定义 $O_l = \sum\limits_{m=l}^{n} o_m$ 且 $O_{n+1} = 0$。o_l 代表 l 阶跟随者的数量，l 阶跟随者可标记为 $i = O_{l+1} + 1, O_{l+1} + 2, \cdots, O_l$，若异构多智能体系统中跟随者的最高阶为 n，则全部跟随者数量为 $O_1 = \sum\limits_{l=1}^{n} o_l = N$ 且 $O_n \leqslant O_{n-1} \leqslant \cdots \leqslant O_1$。

控制任务　设计一种分布式模糊自适应模糊控制器，使得：

(1) 闭环系统中的所有信号是半全局一致最终有界的；

(2) 跟踪误差在固定时间内收敛到包含原点的一个较小的邻域内；

(3) 系统所有状态满足指定约束条件。

4.4.2　模糊自适应反步递推控制设计

定义如下坐标变换：

$$z_{i,1} = \sum_{j=1}^{N_i} a_{ij} \left[(\zeta_{i,1} - h_i) - (\zeta_{j,1} - h_j) \right] + b_i (\zeta_{i,1} - h_i - \alpha_0) \tag{4.4.6}$$

$$z_{i,l} = \zeta_{i,l} - \frac{\alpha_{i,l-1}}{\beta_{i,l}}, \quad l = 2, 3, \cdots, n \tag{4.4.7}$$

式中，$\alpha_0 = y_d / \left(k_{c_1}^2 - y_d^2\right)$；$\beta_{i,l} = k_{c_l}^2 - x_{i,l}^2(t)$；$\alpha_{i,l-1}$ 为虚拟控制器。

基于上面的坐标变换，n 步模糊自适应反步递推控制设计过程如下。

第 1 步　由式 (4.4.6)，可得

$$E = (L + B)(P_f - H_f - I_N \alpha_0) \tag{4.4.8}$$

式中，$E = [z_{1,1}, z_{2,1}, \cdots, z_{N,1}]^{\mathrm{T}} \in \mathbf{R}^N$；$P_f = [\zeta_{1,1}, \zeta_{2,1}, \cdots, \zeta_{N,1}]^{\mathrm{T}} \in \mathbf{R}^N$。

定义未知非线性函数 $F_{i,1}(Z_{i,1})$ 为

$$F_{i,1}(Z_{i,1}) = \mu_{i,1} f_{i,1}(\overline{x}_{i,1}) - \mu_d \dot{y}_d \tag{4.4.9}$$

式中，$\mu_d = \left(k_{c_1}^2 + y_d^2\right)/\left(k_{c_1}^2 - y_d^2\right)^2$。

利用模糊逻辑系统逼近未知函数 $F_{i,1}(Z_{i,1})$，可得

$$F_{i,1}(Z_{i,1}) = W_{i,1}^{*\mathrm{T}} S_{i,1}(Z_{i,1}) + \delta_{i,1}(Z_{i,1}) \tag{4.4.10}$$

式中，$Z_{i,1} = [x_{i,1}, \dot{x}_{0,1}]^{\mathrm{T}}$ 为模糊逻辑系统的输入向量；$S_{i,1}(Z_{i,1}) \in \mathbf{R}^{l_j}$ 为模糊基函数；$W_{i,1}^{*\mathrm{T}}$ 为最优权重向量；$\delta_{i,1}(Z_{i,1})$ 为逼近误差，存在正常数 $\overline{W}_{i,1}$ 和 $\overline{\delta}_{i,1}$ 满足 $\left\|W_{i,1}^*\right\| \leqslant \overline{W}_{i,1}$ 和 $|\delta_{i,1}(Z_{i,p})| \leqslant \overline{\delta}_{i,1}$。

选择如下李雅普诺夫函数：

$$V_1 = \frac{1}{2} E^{\mathrm{T}} (L+B)^{-1} E + \sum_{i=1}^{O_1} \frac{1}{2\eta_{i,1}} \tilde{\phi}_{i,1}^2 + \sum_{i=O_2+1}^{O_1} \frac{1}{2\tau_i} \tilde{\varphi}_i^2 \tag{4.4.11}$$

式中，$\eta_{i,1} = 2\chi_{i,1}/(2\chi_{i,1}-1)$，$\chi_{i,1} > 1/2$；$\tau_i = 2\lambda_i/(2\lambda_i - 1)$，$\lambda_i > 1/2$；$\tilde{\phi}_{i,1} = \phi_{i,1} - \hat{\phi}_{i,1}$ 为参数估计误差，$\hat{\phi}_{i,1}$ 为 $\phi_{i,1} = \overline{W}_{i,1}^2$ 的估计；$\tilde{\varphi}_i = \overline{\varphi}_i - \hat{\varphi}_i$ 为参数估计误差，$\hat{\varphi}_i$ 为时变不可测偏置信号 φ_i 的界限 $\overline{\varphi}_i$ 的估计。

根据式 (4.4.1)、式 (4.4.9) 和式 (4.4.10)，对 V_1 求导，可得

$$\begin{aligned}
\dot{V}_1 &= \sum_{i=1}^{N} \left[z_{i,1} \left(\dot{\zeta}_{i,1} - \dot{h}_i - \mu_d \dot{y}_d \right) - \frac{1}{\eta_{i,1}} \tilde{\phi}_{i,1} \dot{\hat{\phi}}_{i,1} \right] - \sum_{i=O_2+1}^{O_1} \frac{1}{\tau_i} \tilde{\varphi}_i \dot{\hat{\varphi}}_i \\
&= \sum_{i=1}^{O_2} \left[z_{i,1} \left(\mu_{i,1} \beta_{i,2} z_{i,2} + \mu_{i,1} \alpha_{i,1} - \dot{h}_i + W_{i,1}^{\mathrm{T}} S_{i,1} + \delta_{i,1} \right) - \frac{1}{\eta_{i,1}} \tilde{\phi}_{i,1} \dot{\hat{\phi}}_{i,1} \right] \\
&\quad + \sum_{i=O_2+1}^{O_1} \left\{ z_{i,1} \left[\mu_{i,1} (\varsigma_i u_i + \varphi_i) + W_{i,1}^{\mathrm{T}} S_{i,1} - \dot{h}_i + \delta_{i,1} \right] - \frac{1}{\tau_i} \tilde{\varphi}_i \dot{\hat{\varphi}}_i - \frac{1}{\eta_{i,1}} \tilde{\phi}_{i,1} \dot{\hat{\phi}}_{i,1} \right\}
\end{aligned} \tag{4.4.12}$$

由杨氏不等式，可得

$$z_{i,1} W_{i,1}^{\mathrm{T}} S_{i,1} \leqslant \frac{1}{2} c_{i,1}^2 + \frac{1}{2c_{i,1}^2} \overline{W}_{i,1}^2 S_{i,1}^{\mathrm{T}} S_{i,1} z_{i,1}^2 \tag{4.4.13}$$

$$z_{i,1} \delta_{i,1} \leqslant \frac{1}{4} z_{i,1}^2 + \overline{\delta}_{i,1}^2 \tag{4.4.14}$$

$$-z_i \dot{h}_i \leqslant \frac{1}{4} z_i^2 + \overline{h}_i^2 \tag{4.4.15}$$

其中，$c_{i,j} > 0$ $(j = 1, 2, \cdots, n)$ 为设计参数。

设计如下虚拟控制器和实际控制器:

$$\alpha_{i,1}=-\frac{1}{\mu_{i,1}}\left(\frac{z_{i,1}}{2}+\frac{S_{i,1}^{\mathrm{T}}S_{i,1}}{2c_{i,1}^{2}}z_{i,1}\hat{\phi}_{i,1}+k_{i,1}z_{i,1}^{\gamma_1}+\overline{k}_{i,1}z_{i,1}^{\gamma_2}\right) \tag{4.4.16}$$

$$u_i=-\frac{1}{\varsigma_{i0}}\left[\hat{\varphi}_i+\mu_{i,1}z_{i,1}+\frac{1}{\mu_{i,1}}\left(k_{i,1}z_{i,1}^{\gamma_1}+\overline{k}_{i,1}z_{i,1}^{\gamma_2}+\frac{z_{i,1}}{2}+\frac{S_{i,1}^{\mathrm{T}}S_{i,1}}{2c_{i,1}^{2}}z_{i,1}\hat{\phi}_{i,1}\right)\right] \tag{4.4.17}$$

式中,$k_{i,1}>0$、$\overline{k}_{i,1}>0\,(i=O_2+1,O_2+2,\cdots,O_1)$ 为设计参数;$\gamma_1>0$ 和 $\gamma_2>0$ 为设计参数,满足 $\gamma_1>1$,$0<\gamma_2<1$。

将式 (4.4.7)、式 (4.4.13) ~ 式 (4.4.17) 代入式 (4.4.12),可得

$$\begin{aligned}\dot{V}_1\leqslant&\sum_{i=1}^{O_2}\left[\mu_{i,1}\beta_{i,2}z_{i,1}z_{i,2}-k_{i,1}z_{i,1}^{1+\gamma_1}-\overline{k}_{i,1}z_{i,1}^{1+\gamma_2}+\Theta_{i,1}-\tilde{\phi}_{i,1}\left(\frac{1}{\eta_{i,1}}\dot{\hat{\phi}}_{i,1}-\frac{S_{i,1}^{\mathrm{T}}S_{i,1}}{2c_{i,1}^{2}}z_{i,1}^{2}\right)\right]\\&+\sum_{i=O_2+1}^{O_1}\left[-\mu_{i,1}^{2}z_{i,1}^{2}-k_{i,1}z_{i,1}^{1+\gamma_1}-\overline{k}_{i,1}z_{i,1}^{1+\gamma_2}+\Theta_{i,1}+\mu_{i,1}z_{i,1}\left(\varphi_i-\hat{\varphi}_i\right)\right]\\&-\sum_{i=O_2+1}^{O_1}\left[\tilde{\phi}_{i,1}\left(\frac{1}{\eta_{i,1}}\dot{\hat{\phi}}_{i,1}-\frac{S_{i,1}^{\mathrm{T}}S_{i,1}}{2c_{i,1}^{2}}z_{i,1}^{2}\right)+\frac{1}{\tau_i}\tilde{\varphi}_i\dot{\hat{\varphi}}_i\right]\end{aligned} \tag{4.4.18}$$

式中,$\Theta_{i,1}=c_{i,1}^{2}/2+\overline{\delta}_{i,1}^{2}+\overline{h}_{i}^{2}$。

第 $p(2\leqslant p\leqslant n-1)$ 步 根据式 (4.4.7),对 $z_{i,p}$ 求导,可得

$$\dot{z}_{i,p}=\dot{\zeta}_{i,p}-\left(\alpha_{i,p-1}/\beta_{i,p}\right)' \tag{4.4.19}$$

式中,$(\alpha_{i,p-1}/\beta_{i,p})'=\left(\dot{\alpha}_{i,p-1}\beta_{i,p}-\alpha_{i,p-1}\dot{\beta}_{i,p}\right)\Big/\beta_{i,p}^{2}$。

定义未知非线性函数 $F_{i,p}\left(Z_{i,p}\right)$ 为

$$F_{i,p}\left(Z_{i,p}\right)=\mu_{i,p}f_{i,p}\left(\overline{x}_{i,p}\right)-\left(\alpha_{i,p-1}/\beta_{i,p}\right)' \tag{4.4.20}$$

利用模糊逻辑系统逼近未知函数 $F_{i,p}\left(Z_{i,p}\right)$,可得

$$F_{i,p}\left(Z_{i,p}\right)=W_{i,p}^{*\mathrm{T}}S_{i,p}\left(Z_{i,p}\right)+\delta_{i,p}\left(Z_{i,p}\right) \tag{4.4.21}$$

式中,$Z_{i,p}=\left[\overline{x}_{i,p}^{\mathrm{T}};x_{0,1},\dot{x}_{0,1},\cdots,x_{0,1}^{(p)};\hat{\phi}_{i,1},\hat{\phi}_{i,2},\cdots,\hat{\phi}_{i,p-1}\right]^{\mathrm{T}}$;$S_{i,p}\left(Z_{i,p}\right)\in\mathbf{R}^{l_j}$ 为模糊基函数;$W_{i,p}^{*\mathrm{T}}$ 为最优权重向量;$\delta_{i,p}\left(Z_{i,p}\right)$ 为逼近误差,存在正常数 $\overline{W}_{i,p}$ 和 $\overline{\delta}_{i,p}$,满足 $\left\|W_{i,p}^{*\mathrm{T}}\right\|\leqslant\overline{W}_{i,p}$ 和 $\left|\delta_{i,p}\left(Z_{i,p}\right)\right|\leqslant\overline{\delta}_{i,p}$。

选择如下李雅普诺夫函数：

$$V_p = V_{p-1} + \sum_{i=1}^{O_p} \frac{1}{2} z_{i,p}^2 + \sum_{i=1}^{O_p} \frac{1}{2\eta_{i,p}} \tilde{\phi}_{i,p}^2 + \sum_{i=O_{p+1}+1}^{O_p} \frac{1}{2\tau_i} \tilde{\varphi}_i^2 \tag{4.4.22}$$

式中，$\eta_{i,p} = 2\chi_{i,p}/(2\chi_{i,p}-1)$，$\chi_{i,p} > 1/2$；$\tau_i = 2\lambda_i/(2\lambda_i - 1)$，$\lambda_i > 1/2$；$\tilde{\phi}_{i,p} = \phi_{i,p} - \hat{\phi}_{i,p}$ 为参数估计误差，$\hat{\phi}_{i,p}$ 为 $\phi_{i,p} = \overline{W}_{i,p}^2$ 的估计；$\tilde{\varphi}_i = \overline{\varphi}_i - \hat{\varphi}_i$ 为参数估计误差，$\hat{\varphi}_i$ 为时变不可测偏置信号 φ_i 的界限 $\overline{\varphi}_i$ 的估计。

由式 (4.4.1)、式 (4.4.7) 和式 (4.4.19) ~ 式 (4.4.21)，对 V_p 求导，可得

$$\begin{aligned}
\dot{V}_p =& \dot{V}_{p-1} + \sum_{i=1}^{O_{p+1}} \left[z_{i,p} \left(\mu_{i,p}\alpha_{i,p} + W_{i,p}^{\mathrm{T}} S_{i,p} + \delta_{i,p} \right) \right] \\
&+ \sum_{i=1}^{O_{p+1}} \left(\mu_{i,p}\beta_{i,p+1} z_{i,p} z_{i,p+1} - \frac{1}{\eta_{i,p}} \tilde{\phi}_{i,p} \dot{\hat{\phi}}_{i,p} \right) \\
&+ \sum_{i=O_{p+1}+1}^{O_p} \left[-\frac{1}{\tau_i} \tilde{\varphi}_i \dot{\hat{\varphi}}_i + \mu_{i,p} z_{i,p} \left(\varsigma_i u_i + \varphi_i \right) \right. \\
&\left. + z_{i,p} \left(W_{i,p}^{\mathrm{T}} S_{i,p} + \delta_{i,p} \right) - \frac{1}{\eta_{i,p}} \tilde{\phi}_{i,p} \dot{\hat{\phi}}_{i,p} \right]
\end{aligned} \tag{4.4.23}$$

由杨氏不等式，可得

$$z_{i,p} W_{i,p}^{\mathrm{T}} S_{i,p} \leqslant \frac{1}{2} c_{i,p}^2 + \frac{1}{2c_{i,p}^2} \overline{W}_{i,p}^2 S_{i,p}^{\mathrm{T}} S_{i,p} z_{i,p}^2 \tag{4.4.24}$$

$$z_{i,p} \delta_{i,p} \leqslant \frac{1}{2} z_{i,p}^2 + \frac{1}{2} \overline{\delta}_{i,p}^2 \tag{4.4.25}$$

设计如下虚拟控制器和实际控制器：

$$\begin{aligned}
\alpha_{i,p} =& -\frac{1}{\mu_{i,p}} \left(\mu_{i,p-1}\beta_{i,p} z_{i,p-1} + \frac{z_{i,p}}{2} \right. \\
&\left. + k_{i,p} z_{i,p}^{\gamma_1} + \overline{k}_{i,p} z_{i,p}^{\gamma_2} + \frac{S_{i,p}^{\mathrm{T}} S_{i,p}}{2c_{i,p}^2} z_{i,p} \hat{\phi}_{i,p} \right)
\end{aligned} \tag{4.4.26}$$

$$\begin{aligned}
u_i =& -\frac{1}{\varsigma_{i0}} \left[\frac{1}{\mu_{i,p}} \left(k_{i,p} z_{i,p}^{\gamma_1} + \overline{k}_{i,p} z_{i,p}^{\gamma_2} + \mu_{i,p-1}\beta_{i,p} z_{i,p-1} \right. \right. \\
&\left. \left. + \frac{z_{i,p}}{2} + \frac{S_{i,p}^{\mathrm{T}} S_{i,p}}{2c_{i,p}^2} z_{i,p} \hat{\phi}_{i,p} \right) + \hat{\varphi}_i + \mu_{i,p} z_{i,p} \right]
\end{aligned} \tag{4.4.27}$$

式中，$i=O_{p+1}+1,O_{p+1}+2,\cdots,O_p$。

将式 (4.4.24) ~ 式 (4.4.27) 代入式 (4.4.23)，可得

$$\begin{aligned}\dot{V}_p \leqslant & \sum_{l=1}^{p}\sum_{i=1}^{O_{l+1}}\left[-k_{i,l}z_{i,l}^{1+\gamma_1}-\overline{k}_{i,l}z_{i,l}^{1+\gamma_2}+\Theta_{i,l}-\tilde{\phi}_{i,l}\left(\frac{1}{\eta_{i,l}}\dot{\hat{\phi}}_{i,l}-\frac{S_{i,l}^{\mathrm{T}}S_{i,l}}{2c_{i,l}^2}z_{i,l}^2\right)\right] \\ & +\sum_{l=1}^{p}\sum_{i=O_{l+1}+1}^{O_l}\left[-k_{i,l}z_{i,l}^{1+\gamma_1}-\overline{k}_{i,l}z_{i,l}^{1+\gamma_2}+\Theta_{i,l}-\mu_{i,l}^2z_{i,l}^2-\frac{1}{\tau_i}\tilde{\varphi}_i\dot{\hat{\varphi}}_i-\tilde{\phi}_{i,l}\right. \\ & \left.\times\left(\frac{1}{\eta_{i,l}}\dot{\hat{\phi}}_{i,l}-\frac{S_{i,l}^{\mathrm{T}}S_{i,l}}{2c_{i,l}^2}z_{i,l}^2\right)+\mu_{i,l}z_{i,l}\left(\varphi_i-\hat{\varphi}_i\right)\right]+\sum_{i=1}^{O_{p+1}}\mu_{i,p}\beta_{i,p+1}z_{i,p}z_{i,p+1}\end{aligned} \tag{4.4.28}$$

式中，$\Theta_{i,l}=c_{i,l}^2/2+\overline{\delta}_{i,l}^2/2$。

第 n 步 根据式 (4.4.7)，对 $z_{i,n}$ 求导，可得

$$\dot{z}_{i,n}=\mu_{i,n}\overline{u}_i+\mu_{i,n}f_{i,n}\left(\overline{x}_{i,n}\right)-\left(\alpha_{i,n-1}/\beta_{i,n}\right)' \tag{4.4.29}$$

式中，$\left(\alpha_{i,n-1}/\beta_{i,n}\right)'=\left(\dot{\alpha}_{i,n-1}\beta_{i,n}-\alpha_{i,n-1}\dot{\beta}_{i,n}\right)\Big/\beta_{i,n}^2$。

定义未知非线性函数 $F_{i,n}\left(Z_{i,n}\right)$ 为

$$F_{i,n}\left(Z_{i,n}\right)=\mu_{i,n}f_{i,n}\left(\overline{x}_{i,n}\right)-\left(\alpha_{i,n-1}/\beta_{i,n}\right)' \tag{4.4.30}$$

利用模糊逻辑系统逼近未知函数 $F_{i,n}\left(Z_{i,n}\right)$，可得

$$F_{i,n}\left(Z_{i,n}\right)=W_{i,n}^{*\mathrm{T}}S_{i,n}\left(Z_{i,n}\right)+\delta_{i,n}\left(Z_{i,n}\right) \tag{4.4.31}$$

式中，$Z_{i,n}=\left[\overline{x}_{i,n}^{\mathrm{T}};x_{0,1},\dot{x}_{0,1},\cdots,x_{0,1}^{(n)};\hat{\phi}_{i,1},\hat{\phi}_{i,2},\cdots,\hat{\phi}_{i,n-1}\right]^{\mathrm{T}}$；$S_{i,n}\left(Z_{i,n}\right)\in\mathbf{R}^{l_j}$ 为模糊基函数；$W_{i,n}^{*\mathrm{T}}$ 为最优权重向量；$\delta_{i,n}\left(Z_{i,n}\right)$ 为逼近误差，存在正常数 $\overline{W}_{i,n}$ 和 $\overline{\delta}_{i,n}$ 满足 $\left\|W_{i,n}^{*\mathrm{T}}\right\|\leqslant\overline{W}_{i,n}$ 和 $\left|\delta_{i,n}\left(Z_{i,n}\right)\right|\leqslant\overline{\delta}_{i,n}$。

选择如下李雅普诺夫函数：

$$V_n=V_{n-1}+\sum_{i=1}^{O_n}\frac{1}{2}z_{i,n}^2+\sum_{i=1}^{O_n}\frac{1}{2\eta_{i,n}}\tilde{\phi}_{i,n}^2+\sum_{i=1}^{O_n}\frac{1}{2\tau_i}\tilde{\varphi}_i^2 \tag{4.4.32}$$

式中，$\eta_{i,n}=2\chi_{i,n}/\left(2\chi_{i,n}-1\right)$，$\chi_{i,n}>1/2$；$\tau_i=2\lambda_i/\left(2\lambda_i-1\right)$，$\lambda_i>1/2$；$\tilde{\phi}_{i,n}=\phi_{i,n}-\hat{\phi}_{i,n}$ 为参数估计误差，$\hat{\phi}_{i,n}$ 为 $\phi_{i,n}=\overline{W}_{i,n}^2$ 的估计；$\tilde{\varphi}_i=\overline{\varphi}_i-\hat{\varphi}_i$ 为参数估计误差，$\hat{\varphi}_i$ 为时变不可测偏置信号 φ_i 的界限 $\overline{\varphi}_i$ 的估计。

设计如下实际控制器：

$$u_i = -\frac{1}{\varsigma_{i0}}\left(\hat{\varphi}_i + \mu_{i,n} z_{i,n}\right) + \frac{1}{\varsigma_{i0}\mu_{i,n}}\left(\frac{1}{2} z_{i,n} + k_{i,n} z_{i,n}^{\gamma_1} + \overline{k}_{i,n} z_{i,n}^{\gamma_2}\right)$$
$$+ \frac{1}{\varsigma_{i0}\mu_{i,n}}\left(\frac{1}{2c_{i,n}^2} z_{i,n}\hat{\phi}_{i,n} S_{i,n}^{\mathrm{T}} S_{i,n} + \mu_{i,n-1}\beta_{i,n} z_{i,n-1}\right) \tag{4.4.33}$$

式中，$i = 1, 2, \cdots, O_n$。

与式 (4.4.28) 推导步骤类似，将 $p = n - 1$ 代入，可得

$$\dot{V}_n \leqslant \sum_{l=1}^{n}\sum_{i=1}^{O_l}\left[-k_{i,l} z_{i,l}^{1+\gamma_1} - \overline{k}_{i,l} z_{i,l}^{1+\gamma_2} - \frac{1}{\tau_i}\tilde{\varphi}_i\dot{\hat{\varphi}}_i - \tilde{\phi}_{i,l}\left(\frac{1}{\eta_{i,l}}\dot{\hat{\phi}}_{i,l} - \frac{S_{i,l}^{\mathrm{T}} S_{i,l}}{2c_{i,l}^2} z_{i,l}^2\right)\right]$$
$$+ \sum_{l=1}^{n}\sum_{i=O_{l+1}+1}^{O_l}\left[-\mu_{i,l}^2 z_{i,l}^2 + \Theta_{i,l} + \mu_{i,l} z_{i,l}\left(\varphi_i - \hat{\varphi}_i\right)\right] \tag{4.4.34}$$

设计如下自适应律：

$$\dot{\hat{\phi}}_{i,l} = -\eta_{i,l}\sigma_{i,l}\hat{\phi}_{i,l} + \eta_{i,l}\frac{1}{2c_{i,l}^2} S_{i,l}^{\mathrm{T}} S_{i,l} z_{i,l}^2 \tag{4.4.35}$$

$$\dot{\hat{\varphi}}_i = -\tau_i r_i \hat{\varphi}_i + \tau_i \mu_{i,l} z_{i,l} \tag{4.4.36}$$

式中，$\sigma_{i,l} > 0$ 和 $r_i > 0$ 为设计参数。

由杨氏不等式，可得

$$\mu_{i,l} z_{i,l}\varphi_i \leqslant \frac{1}{2}\mu_{i,l}^2 z_{i,l}^2 + \frac{1}{2}\overline{\varphi}_i^2 \tag{4.4.37}$$

$$-\mu_{i,l} z_{i,l}\overline{\varphi}_i \leqslant \frac{1}{2}\mu_{i,l}^2 z_{i,l}^2 + \frac{1}{2}\overline{\varphi}_i^2 \tag{4.4.38}$$

将式 (4.4.35) ~ 式 (4.4.38) 代入式 (4.4.34)，可得

$$\dot{V}_n \leqslant \sum_{l=1}^{n}\sum_{i=1}^{O_l}\left(-k_{i,l} z_{i,l}^{1+\gamma_1} - \overline{k}_{i,l} z_{i,l}^{1+\gamma_2} + \sigma_{i,l}\tilde{\phi}_{i,l}\hat{\phi}_{i,l}\right) + \sum_{l=1}^{n}\sum_{i=O_{l+1}+1}^{O_l} r_i\tilde{\varphi}_i\hat{\varphi}_i + \overline{\Theta} \tag{4.4.39}$$

式中，$\overline{\Theta} = \sum_{l=1}^{n}\sum_{i=1}^{O_l}\Theta_{i,l} + \sum_{l=1}^{n}\sum_{i=O_{l+1}+1}^{O_l}\overline{\varphi}_i^2$。

由杨氏不等式，可得

$$\sigma_{i,l}\tilde{\phi}_{i,l}\hat{\phi}_{i,l} \leqslant -\frac{1}{\eta_{i,l}}\sigma_{i,l}\tilde{\phi}_{i,l}^2 + \frac{1}{2}\chi_{i,l}\sigma_{i,l}\phi_{i,l}^2 \tag{4.4.40}$$

$$r_i\tilde{\varphi}_i\hat{\varphi}_i \leqslant -\frac{1}{\tau_i}r_i\tilde{\varphi}_i^2 + \frac{1}{2}r_i\lambda_i\overline{\varphi}_i^2 \tag{4.4.41}$$

将式 (4.4.40) 和式 (4.4.41) 代入式 (4.4.39)，$\dot{V}_n$ 可进一步表示为

$$\begin{aligned}
\dot{V}_n \leqslant & \sum_{l=1}^{n}\sum_{i=1}^{O_l}\sigma_{i,l}\left(\frac{\tilde{\phi}_{i,l}^2}{2\eta_{i,l}}\right)^{\frac{1+\gamma_1}{2}} + a\left(\sum_{l=1}^{n}\sum_{i=1}^{O_l}\frac{\tilde{\phi}_{i,l}^2}{2\eta_{i,l}}\right)^{\frac{1+\gamma_2}{2}} - a\sum_{l=1}^{n}\sum_{i=1}^{O_l}\frac{\tilde{\phi}_{i,l}^2}{2\eta_{i,l}} \\
& + \sum_{l=1}^{n}\sum_{i=O_{l+1}+1}^{O_l} r_i\left(\frac{\tilde{\varphi}_i^2}{2\tau_i}\right)^{\frac{1+\gamma_1}{2}} - \sum_{l=1}^{n}\sum_{i=O_{l+1}+1}^{O_l}\frac{r_i}{2\tau_i}\tilde{\varphi}_i^2 + b\left(\sum_{l=1}^{n}\sum_{i=O_{l+1}+1}^{O_l}\frac{\tilde{\varphi}_i^2}{2\tau_i}\right)^{\frac{1+\gamma_2}{2}} \\
& - a\left\{\sum_{l=1}^{n}\sum_{i=1}^{O_l}\left[\left(z_{i,l}^2\right)^{\frac{1+\gamma_1}{2}} + \left(\tilde{\phi}_{i,l}^2\right)^{\frac{1+\gamma_1}{2}}\right] + \sum_{l=1}^{n}\sum_{i=O_{l+1}+1}^{O_l}\left(\tilde{\varphi}_i^2\right)^{\frac{1+\gamma_1}{2}}\right\} \\
& - b\left\{\sum_{l=1}^{n}\sum_{i=1}^{O_l}\left[\left(z_{i,l}^2\right)^{\frac{1+\gamma_2}{2}} + \left(\tilde{\phi}_{i,l}^2\right)^{\frac{1+\gamma_2}{2}}\right] + \sum_{l=1}^{n}\sum_{i=O_{l+1}+1}^{O_l}\left(\tilde{\varphi}_i^2\right)^{\frac{1+\gamma_2}{2}}\right\} \\
& - b\sum_{l=1}^{n}\sum_{i=O_{l+1}+1}^{O_m}\frac{r_i}{2\tau_i}\tilde{\varphi}_i^2 - \sum_{l=1}^{n}\sum_{i=1}^{O_l}\frac{\sigma_{i,l}\tilde{\phi}_{i,l}^2}{2\eta_{i,l}} + \overline{\overline{\Theta}}
\end{aligned} \tag{4.4.42}$$

式中

$$\overline{\overline{\Theta}} = \overline{\Theta} + \sum_{l=1}^{n}\sum_{i=1}^{O_l}\left(\chi_{i,l}\sigma_{i,l}/2\right)\phi_{i,l}^2 + \sum_{l=1}^{n}\sum_{i=O_{l+1}+1}^{O_l}\left(r_i\lambda_i/2\right)\overline{\varphi}_i^2$$

$$a = \min\left\{k_{i,l}, \sigma_{i,l}\left[1/(2\eta_{i,l})\right]^{\frac{1+\gamma_1}{2}}, r_i\left[1/(2\tau_i)\right]^{\frac{1+\gamma_1}{2}}, \sigma_{i,l}\right\}$$

$$b = \min\left\{\overline{k}_{i,l},\ \sigma_{i,l}\left[1/(2\eta_{i,l})\right]^{\frac{1+\gamma_2}{2}}, r_i\left[1/(2\tau_i)\right]^{\frac{1+\gamma_2}{2}}, r_i\right\}$$

由式 (4.4.11)、式 (4.4.22) 和式 (4.4.30)，可得

$$V_n \leqslant \frac{1}{2}E^{\mathrm{T}}\left(L+B\right)^{-1}E + \sum_{l=2}^{n}\sum_{i=1}^{O_l}\frac{1}{2}z_{i,l}^2 + \sum_{l=1}^{n}\sum_{i=1}^{O_l}\frac{1}{2\eta_{i,l}}\tilde{\phi}_{i,l}^2 + \sum_{l=1}^{n}\sum_{i=O_{l+1}+1}^{O_l}\frac{1}{2\tau_i}\tilde{\varphi}_i^2 \tag{4.4.43}$$

由引理 4.4.3，可得

$$\left(\sum_{l=1}^{n}\sum_{i=1}^{O_l}\frac{\tilde{\phi}_{i,l}^2}{2\eta_{i,l}}\right)^{\frac{1+\gamma_2}{2}} \leqslant \sum_{l=1}^{n}\sum_{i=1}^{O_l}\frac{1}{2\eta_{i,l}}\tilde{\phi}_{i,l}^2 + \Pi_1 \tag{4.4.44}$$

$$\left(\sum_{l=1}^{n}\sum_{i=O_{l+1}+1}^{O_l}\frac{\tilde{\varphi}_i^2}{2\tau_i}\right)^{\frac{1+\gamma_2}{2}}\leqslant\sum_{l=1}^{n}\sum_{i=O_{l+1}+1}^{O_l}\frac{1}{2\tau_i}\tilde{\varphi}_i^2+\varPi_1 \tag{4.4.45}$$

式中，$\varPi_1=(1-\gamma_2/2)\,(1+\gamma_2/2)^{(1+\gamma_2)/(1-\gamma_2)}$。

定义 $k_v=\max\left\{\lambda_{\max}\left[(L+\mathrm{B})^{-1}\right],\frac{1}{2},\frac{1}{2\eta_{i,l}},\frac{1}{2\tau_i}\right\}$，可得

$$V_n\leqslant k_v\left(\sum_{l=1}^{n}\sum_{i=1}^{O_l}z_{i,l}^2+\sum_{l=1}^{n}\sum_{i=1}^{O_l}\tilde{\phi}_{i,l}^2+\sum_{l=1}^{n}\sum_{i=O_{l+1}+1}^{O_l}\tilde{\varphi}_i^2\right) \tag{4.4.46}$$

由引理 4.4.2，可得

$$V_n^{\frac{1+\gamma_1}{2}}\leqslant k_w\left(\sum_{l=1}^{n}\sum_{i=1}^{O_l}z_{i,l}^{1+\gamma_1}+\sum_{l=1}^{n}\sum_{i=1}^{O_l}\tilde{\phi}_{i,l}^{1+\gamma_1}+\sum_{l=1}^{n}\sum_{i=O_{l+1}+1}^{O_l}\tilde{\varphi}_i^{1+\gamma_1}\right) \tag{4.4.47}$$

$$V_n^{\frac{1+\gamma_2}{2}}\leqslant \overline{k}_w\left(\sum_{l=1}^{n}\sum_{i=1}^{O_l}z_{i,l}^{1+\gamma_2}+\sum_{l=1}^{n}\sum_{i=1}^{O_l}\tilde{\phi}_{i,l}^{1+\gamma_2}+\sum_{l=1}^{n}\sum_{i=O_{l+1}+1}^{O_l}\tilde{\varphi}_i^{1+\gamma_2}\right) \tag{4.4.48}$$

式中，$k_w=3^{\frac{\gamma_1-1}{2}}k_v^{\frac{1+\gamma_1}{2}}$ 和 $\overline{k}_w=k_v^{\frac{1+\gamma_2}{2}}$。

由式 (4.4.44) ~ 式 (4.4.47)，可得

$$\begin{aligned}\dot{V}_n\leqslant&-\rho_1V_n^{\gamma}-\rho_2V_n^{\overline{\gamma}}+\sum_{l=1}^{n}\sum_{i=O_{l+1}+1}^{O_l}\left[r_i\left(\frac{\tilde{\varphi}_i^2}{2\tau_i}\right)^{\frac{1+\gamma_1}{2}}-\frac{r_i}{2\tau_i}\tilde{\varphi}_i^2\right]\\&+\sum_{l=1}^{n}\sum_{i=1}^{O_l}\left[\sigma_{i,l}\left(\frac{\tilde{\varphi}_{i,l}^2}{2\eta_{i,l}}\right)^{\frac{1+\gamma_1}{2}}-\frac{\sigma_{i,l}}{2\eta_{i,l}}\tilde{\varphi}_{i,l}^2\right]+C\end{aligned} \tag{4.4.49}$$

式中，$\rho_1=a/k_w>0;\rho_2=b/\overline{k}_w>0;0<\overline{\gamma}=(1+\gamma_2)/2<1;\gamma=(1+\gamma_1)/2>1;$ $C=\overline{\overline{\Theta}}_{i,l}+a\varPi_1+b\varPi_1$。

4.4.3 稳定性与收敛性分析

定理 4.4.1 对于具有全状态约束的异构非线性多智能体系统 (4.4.1)，假设 4.4.1 ~ 假设 4.4.3 成立。如果采用实际控制器 (4.4.17)、(4.4.27) 和 (4.4.33)，虚拟控制器 (4.4.16) 和 (4.4.26)，参数自适应规律 (4.4.35) 和 (4.4.36)，那么总体控制方案具有如下性能：

(1) 闭环系统中的所有信号是半全局一致最终有界的；

(2) 跟踪误差在固定时间内收敛到包含原点的一个较小的邻域内；

(3) 系统所有状态满足指定约束条件。

证明　由 $\left|\tilde{\phi}_{i,l}\right| \leqslant N_{i,l}$ 和 $|\tilde{\varphi}_i| \leqslant M_i$，可得

$$\begin{cases} \sum_{l=1}^{n}\sum_{i=1}^{O_l}\sigma_{i,l}\left(\dfrac{\tilde{\phi}_{i,l}^2}{2\eta_{i,l}}\right)^{\frac{1+\gamma_1}{2}} - \sum_{l=1}^{n}\sum_{i=1}^{O_l}\dfrac{\sigma_{i,l}}{2\eta_{i,l}}\tilde{\phi}_{i,l}^2 < 0, & N_{i,l} < \sqrt{2\eta_{i,l}} \\ \sum_{l=1}^{n}\sum_{i=1}^{O_l}\sigma_{i,l}\left(\dfrac{\tilde{\phi}_{i,l}^2}{2\eta_{i,l}}\right)^{\frac{1+\gamma_1}{2}} - \sum_{l=1}^{n}\sum_{i=1}^{O_l}\dfrac{\sigma_{i,l}}{2\eta_{i,l}}\tilde{\phi}_{i,l}^2 \leqslant \mathit{\Gamma}_1, & N_{i,l} \geqslant \sqrt{2\eta_{i,l}} \\ \sum_{l=1}^{n}\sum_{i=O_{j+1}+1}^{O_l} r_i\left(\dfrac{\tilde{\varphi}_i^2}{2\tau_i}\right)^{\frac{1+\gamma_1}{2}} - \sum_{l=1}^{n}\sum_{i=O_{j+1}+1}^{O_l}\dfrac{r_i}{2\tau_i}\tilde{\varphi}_i^2 < 0, & M_i < \sqrt{2\tau_i} \\ \sum_{l=1}^{n}\sum_{i=O_{l+1}+1}^{O_l} r_i\left(\dfrac{\tilde{\varphi}_i^2}{2\tau_i}\right)^{\frac{1+\gamma_1}{2}} - \sum_{l=1}^{n}\sum_{i=O_{l+1}+1}^{O_l}\dfrac{r_i}{2\tau_i}\tilde{\varphi}_i^2 \leqslant \mathit{\Gamma}_2, & M_i \geqslant \sqrt{2\tau_i} \end{cases}$$

式中

$$\mathit{\Gamma}_1 = \sum_{l=1}^{n}\sum_{i=1}^{O_l}\sigma_{i,l}\left[N_{i,l}^2/\left(2\eta_{i,l}\right)\right]^{\frac{1+\gamma_1}{2}} - \left[\sigma_{i,l}/\left(2\eta_{i,l}\right)\right]N_{i,l}^2$$

$$\mathit{\Gamma}_2 = \sum_{l=1}^{n}\sum_{i=1}^{O_l} r_i\left[M_i^2/\left(2\tau_i\right)\right]^{\frac{1+\gamma_1}{2}} - \left[r_i/\left(2\tau_i\right)\right]M_i^2$$

通过上述分析，可以推断出

$$\dot{V}_n \leqslant -\rho_1 V_n^{\gamma} - \rho_2 V_n^{\overline{\gamma}} + \overline{C} \tag{4.4.50}$$

若 $N_{i,l} < \sqrt{2\eta_{i,l}}$ 且 $M_i < \sqrt{2\tau_i}$，则 $\overline{C} = C$；若 $N_{i,l} < \sqrt{2\eta_{i,l}}$ 且 $M_i \geqslant \sqrt{2\tau_i}$，则 $\overline{C} = C + \mathit{\Gamma}_2$；若 $N_{i,l} \geqslant \sqrt{2\eta_{i,l}}$ 且 $M_i < \sqrt{2\tau_i}$，则 $\overline{C} = C + \mathit{\Gamma}_1$；其余情况下，$\overline{C} = C + \mathit{\Gamma}_1 + \mathit{\Gamma}_2$。

由式 (4.4.50)，可得

$$-\rho_1 V_n^{\gamma} - \rho_2 V_n^{\overline{\gamma}} + \overline{C} = 0 \tag{4.4.51}$$

进而可得

$$\lim_{t\to\infty} V_n(t) \leqslant \min\left\{\left(\overline{C}/\rho_1\right)^{\frac{1}{\gamma}}, \left(\overline{C}/\rho_2\right)^{\frac{1}{\overline{\gamma}}}\right\} \tag{4.4.52}$$

因此，V_n 有界，那么可得 $\tilde{\phi}_{i,l}\,(l = 1, 2, \cdots, n)$、$z_{i,l}\,(l = 2, 3, \cdots, n)$ 和 $\tilde{\varphi}_i$ 是有界的，并且 $\|E\| \leqslant \sqrt{2\lambda_{\min}^{-1}(L+B)^{-1}V_1(t)}$。由于 $\phi_{i,l}$ 和 $\overline{\varphi}_i$ 是常数，可得 $\hat{\phi}_{i,l} = \phi_{i,l} - \tilde{\phi}_{i,l}$ 和 $\hat{\varphi}_i = \overline{\varphi}_i - \tilde{\varphi}_i$ 的界限。由式 (4.4.16) 和式 (4.4.26)，可得 $\alpha_{i,l}$ 是有界

的。根据式 (4.4.8)，可以推断出 $\|P_f\| \leqslant \|E\| / [\lambda_{\min}(L+B)] + \|I_N x_0\| + \|H_f\|$ 是有界的。由式 (4.4.6) 可得 $z_{i,l}\,(l=2,3,\cdots,n)$ 也是有界的。由式 (4.4.17)、式 (4.4.27) 和式 (4.4.33) 可知，通过选择合适的参数，u_i 是有界的。因此，闭环系统中所有信号都是有界的。

根据上述分析，存在常数 ζ 使得 $\overline{C} \leqslant \rho_2 \zeta V_n^{\overline{\gamma}}$，则有

$$\dot{V}_n \leqslant -\rho_1 V_n^{\gamma} - \rho_2(1-\zeta) V_n^{\overline{\gamma}} \tag{4.4.53}$$

根据引理 4.4.1，固定时间 T 满足 $T \leqslant 1/[\rho_2(1-\zeta)(1-\overline{\gamma})] + 1/[\rho_1(\gamma-1)]$。

评注 4.4.1 本节针对具有全状态约束和执行器故障的不确定异构非线性多智能体系统，介绍了一种自适应模糊固定时间时变编队控制方法。对于多智能体系统中执行器故障，其代表性的智能自适应反步递推控制方法可参见文献 [19]。

4.4.4 仿真

例 4.4.1 考虑具有执行器故障的异构非线性多智能体系统：

$$\begin{cases} \dot{x}_{i,1} = 0.1\sin(x_{i,1}) + \overline{u}_i \\ y_i = x_{i,1} \end{cases}, \quad i=1,2 \tag{4.4.54}$$

$$\begin{cases} \dot{x}_{i,1} = x_{i,2} + 0.1\sin(x_{i,1}) \\ \dot{x}_{i,2} = \overline{u}_i + 0.1\sin(x_{i,1})x_{i,2} \\ y_i = x_{i,1} \end{cases}, \quad i=3,4 \tag{4.4.55}$$

式中，$x_{i,1}$ 和 $x_{i,2}$ 为系统的状态变量；$\overline{u}_i$ 为控制输入；y_i 为系统输出；异构多智能体系统的状态约束条件为 $|x_{i,1}| < k_{c_1} = 1\,(i=1,2,3,4)$ 和 $|x_{i,2}| < k_{c_2} = 2.5\,(i=3,4)$。

设计如下控制器和自适应律：

$$\alpha_{i,1} = -\frac{1}{\mu_{i,1}}\left(\frac{z_{i,1}}{2} + \frac{S_{i,1}^{\mathrm{T}} S_{i,1}}{2c_{i,1}^2} z_{i,1}\hat{\phi}_{i,1} + k_{i,1} z_{i,1}^{\gamma_1} + \overline{k}_{i,1} z_{i,1}^{\gamma_2}\right) \tag{4.4.56}$$

$$\begin{aligned} u_i = &-\frac{1}{\varsigma_{i0}}\left[\hat{\varphi}_i + \mu_{i,2} z_{i,2} + \frac{1}{\mu_{i,2}}\left(\frac{z_{i,2}}{2} + k_{i,2} z_{i,2}^{\gamma_1}\right)\right. \\ &\left. + \frac{1}{\mu_{i,2}}\left(\overline{k}_{i,2} z_{i,2}^{\gamma_2} \frac{S_{i,2}^{\mathrm{T}} S_{i,2}}{2c_{i,2}^2} z_{i,2}\hat{\phi}_{i,2} + \mu_{i,1}\beta_{i,2} z_{i,1}\right)\right] \end{aligned} \tag{4.4.57}$$

$$\dot{\hat{\phi}}_{i,l} = -\eta_{i,l}\sigma_{i,l}\hat{\phi}_{i,n} + \eta_{i,l}\frac{S_{i,l}^{\mathrm{T}} S_{i,l} z_{i,l}^2}{2c_{i,l}^2}, \quad l=1,2 \tag{4.4.58}$$

$$\dot{\hat{\varphi}}_i = -\tau_i r_i \hat{\varphi}_i + \tau_i \mu_{i,l} z_{i,l}, \quad l=1,2 \tag{4.4.59}$$

其中，$z_{i,2} = \zeta_{i,2} - \dfrac{\alpha_{i,1}}{\beta_{i,2}}$；$z_{1,1} = a_{14}[(\zeta_{1,1}-h_1) - (\zeta_{4,1}-h_4)] + b_1(\zeta_{1,1}-h_1-\alpha_0)$；$z_{2,1} = a_{23}[(\zeta_{2,1}-h_2) - (\zeta_{3,1}-h_3)] + b_2(\zeta_{2,1}-h_2-\alpha_0)$；$z_{3,1} = a_{32}[(\zeta_{3,1}-h_3) - (\zeta_{2,1}-$

$h_2)] + a_{34}[(\zeta_{3,1} - h_3) - (\zeta_{4,1} - h_4)] + b_3(\zeta_{3,1} - h_3 - \alpha_0)$；$z_{4,1} = a_{43}[(\zeta_{4,1} - h_4) - (\zeta_{3,1} - h_3)] + a_{41}[(\zeta_{4,1} - h_4) - (\zeta_{1,1} - h_1)] + b_4(\zeta_{4,1} - h_4 - \alpha_0)$；$Z_{i,1} = [x_{i,1}, x_{0.1}, \dot{x}_{0.1}]^{\mathrm{T}}$；$Z_{i,2} = \left[x_{i,1}, x_{i,2}, x_{0.1}, \dot{x}_{0,1}, \ddot{x}_{0,1}, \hat{\phi}_{i,1}\right]^{\mathrm{T}}$。

考虑如下执行器故障：

$$\overline{u}_i = \begin{cases} u_i, & t < 4 \\ \varsigma_i(t)\, u_i, & t \geqslant 4 \end{cases}, \quad i = 1, 3 \tag{4.4.60}$$

式中，$\varsigma_i(t) = 0.6 + 0.02\sin(t)$。

$$\overline{u}_i = \begin{cases} u_i, & t < 4 \\ u_i + \varphi_i, & t \geqslant 4 \end{cases}, \quad i = 2, 4 \tag{4.4.61}$$

式中，$\varphi_2 = 0.9\sin(t)$ 和 $\varphi_4 = 0.9\cos(t)$。

选择领导者轨迹为 $y_d = 0.8\sin(2.5t)$；时变编队为 $h_1 = 1.1\cos(2.5t)$、$h_2 = 2.2\cos(2.5t)$、$h_3 = 2.2\cos(2.5t)$ 和 $h_4 = 2.2\cos(2.5t)$。

选择设计参数为 $\sigma_{1,1} = \sigma_{2,1} = \sigma_{3,1} = \sigma_{4,1} = \sigma_{3,2} = \sigma_{4,2} = 2.5$、$\overline{k}_{3,1} = \overline{k}_{3,2} = \overline{k}_{4,2} = \overline{k}_{4,1} = 0.1$、$k_{1,1} = k_{2,1} = k_{3,2} = k_{4,2} = 80$、$\overline{k}_{1,1} = \overline{k}_{2,1} = 5$、$c_{1,1} = c_{2,1} = c_{3,1} = c_{4,1} = c_{3,2} = c_{4,2} = 1.5$、$r_1 = r_2 = r_3 = r_4 = 2$、$\eta_{1,1} = \eta_{2,1} = \eta_{3,1} = \eta_{4,1} = \eta_{3,2} = \eta_{4,2} = 1.1$、$\tau_1 = \tau_2 = \tau_3 = \tau_4 = 2$、$k_{3,1} = k_{4,1} = 0.5$、$\varsigma_1 = \varsigma_2 = \varsigma_3 = \varsigma_4 = 0.5$、$\gamma_1 = 1.2$、$\gamma_2 = 0.9$。

选择变量及参数的初始值为 $x_{1,1}(0) = 0$、$x_{2,1}(0) = 0$、$x_{3,1}(0) = 0$、$x_{3,2}(0) = 0.5$、$x_{4,1}(0) = 0$、$x_{4,2}(0) = 0.5$、$\phi_{1,1}(0) = 0$、$\phi_{2,1}(0) = 0$、$\phi_{3,1}(0) = 0$、$\phi_{4,1}(0) = 0$、$\phi_{3,2}(0) = 0$、$\phi_{4,2}(0) = 0$、$\varphi_1(0) = 0$、$\varphi_2(0) = 0$、$\varphi_3(0) = 0$、$\varphi_4(0) = 0$。

定义如下模糊隶属度函数：

$$\mu_{F_{i,1}^p} = \exp\left[-(x_{i,1} + 0.25i)^2 - (\dot{x}_{0,1} + 0.25i)^2\right], \quad p = 1, 2, \cdots, 5$$

$$\begin{aligned} \mu_{F_{i,2}^p} = \exp\Big[& -(x_{i,1} + 0.25i)^2 - (x_{i,2} + 0.25i)^2 - (x_{0,1} + 0.25i)^2 \\ & -(\dot{x}_{0,1} + 0.25i)^2 - (\ddot{x}_{0,1} + 0.25i)^2 - \left(\hat{\phi}_{i,1} + 0.25i\right)^2\Big], \quad p = 1, 2, \cdots, 5 \end{aligned}$$

定义如下模糊基函数：

$$S_{i,1,q} = \mu_{F_{i,1}^q} \Big/ \sum_{K=1}^{5} \mu_{F_{i,1}^K}, \quad q = 1, 2, \cdots, 5$$

$$S_{i,2,q} = \mu_{F_{i,2}^q} \Big/ \sum_{K=1}^{5} \mu_{F_{i,2}^K}, \quad q = 1, 2, \cdots, 5$$

仿真结果如图 4.4.1 ~ 图 4.4.6 所示。

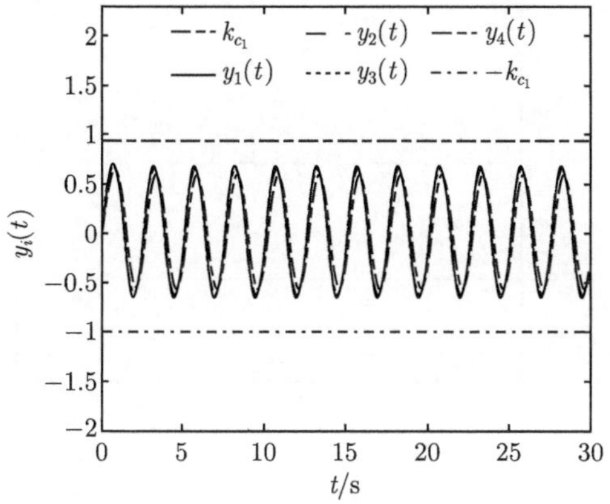

图 4.4.1 跟随者 $y_i(t)$ 的位置轨迹 $(i = 1, 2, 3, 4)$

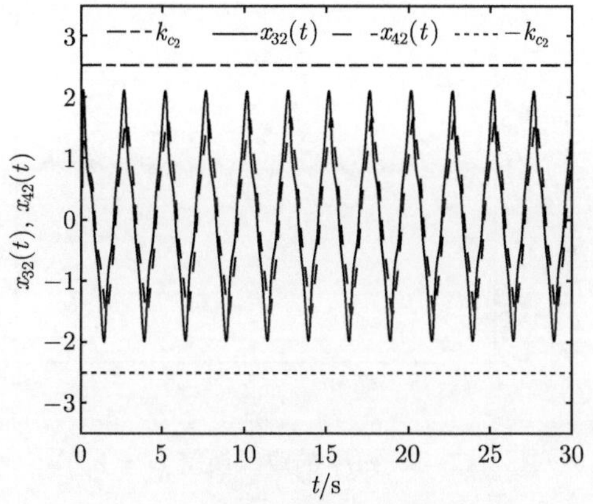

图 4.4.2 智能体 3 和 4 的速度轨迹

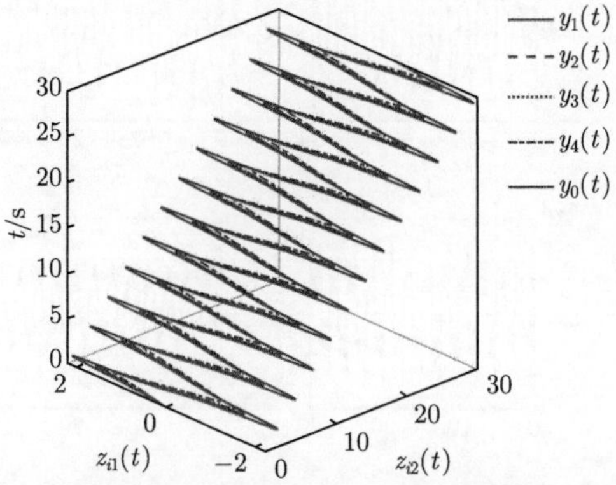

图 4.4.3 智能体的时变编队轨迹

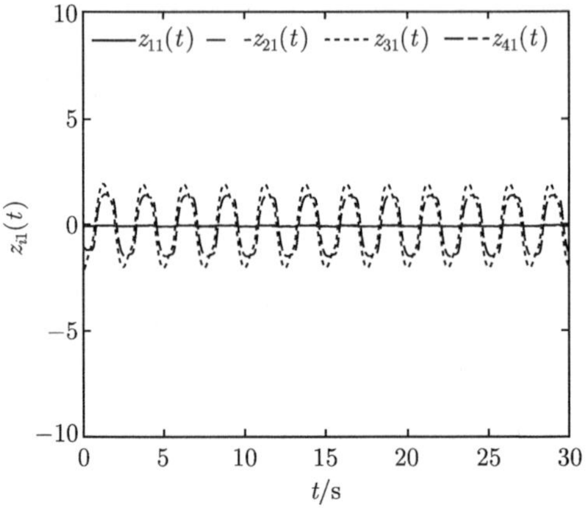

图 4.4.4　跟踪误差 $z_{i1}(t)$ 的轨迹 $(i = 1, 2, 3, 4)$

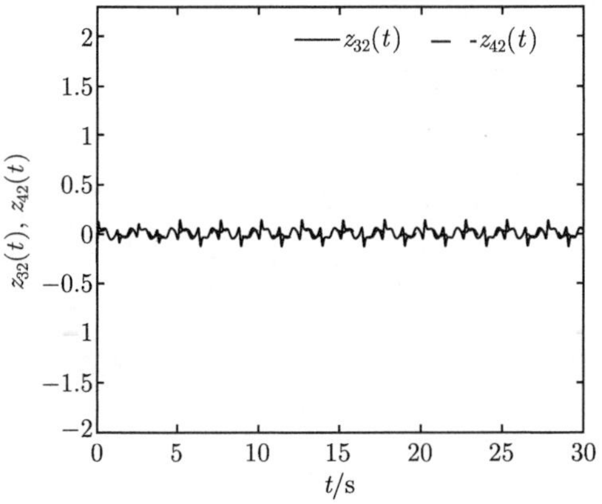

图 4.4.5　$z_{i2}(t)$ 的跟踪误差 $(i = 3, 4)$

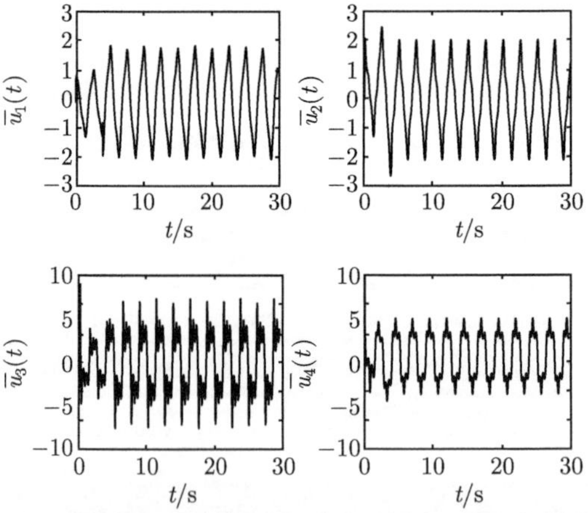

图 4.4.6　控制输入 $\overline{u}_i(t)$ $(i = 1, 2, 3, 4)$

参考文献

[1] Yuan F Y, Liu Y J, Liu L, et al. Adaptive neural consensus tracking control for nonlinear multiagent systems using integral barrier Lyapunov functionals[J]. IEEE Transactions on Neural Networks and Learning Systems, 2023, 34(8): 4544-4554.

[2] Yuan F Y, Ma Y Z, Liu Y J, et al. Adaptive distributed tracking control for non-affine multi-agent systems with state constraints and dead-zone input[J]. Journal of the Franklin Institute, 2022, 359(1): 352-370.

[3] Lan J, Liu Y J, Xu T Y, et al. Adaptive fuzzy fast finite-time formation control for second-order mass based on capability boundaries of agents[J]. IEEE Transactions on Fuzzy Systems, 2022, 30(9): 3905-3917.

[4] Hou H Q, Liu Y J, Lan J, et al. Adaptive fuzzy fixed time time-varying formation control for heterogeneous multiagent systems with full state constraints[J]. IEEE Transactions on Fuzzy Systems, 2023, 31(4): 1152-1162.

[5] Li Y F, Ding S X, Hua C C, et al. Output-constrained consensus tracking for high-order nonlinear multiagent systems under switching networks[J]. IEEE Transactions on Systems, Man, and Cybernetics: Systems, 2023, 12(53): 7608-7617.

[6] Wang N, Wang Y, Wen G H, et al. Fuzzy adaptive constrained consensus tracking of high-order multi-agent networks: A new event-triggered mechanism[J]. IEEE Transactions on Systems, Man, and Cybernetics: Systems, 2022, 52(9): 5468-5480.

[7] 袁凤仪. 具有状态约束不确定非线性多智能体系统的神经元网络自适应控制[D]. 锦州: 辽宁工业大学, 2021.

[8] Li S B, Pan Y N, Liang H J. Output-constrained control of non-affine multi-agent systems with actuator faults and unknown dead zones[J]. Circuits, Systems, and Signal Processing, 2021, 40(1): 114-135.

[9] Ni J K, Shi P. Adaptive neural network fixed-time leader-follower consensus for multiagent systems with constraints and disturbances[J]. IEEE Transactions on Cybernetics, 2021, 51(4): 1835-1848.

[10] Wang H Q, Xu K, Liu P X, et al. Adaptive fuzzy fast finite-time dynamic surface tracking control for nonlinear systems[J]. IEEE Transactions on Circuits and Systems I: Regular Papers, 2021, 68(10): 4337-4348.

[11] Wen G X, Chen C L P, Liu Y J. Formation control with obstacle avoidance for a class of stochastic multiagent systems[J]. IEEE Transactions on Industrial Electronics, 2018, 65(7): 5847-5855.

[12] Cui G Z, Yu J P, Shi P. Observer-based finite-time adaptive fuzzy control with prescribed performance for nonstrict-feedback nonlinear systems[J]. IEEE Transactions on Fuzzy Systems, 2022, 30(3): 767-778.

[13] Zhang T P, Lin M F, Xia X N, et al. Adaptive cooperative dynamic surface control of non-strict feedback multi-agent systems with input dead-zones and actuator failures[J]. Neurocomputing, 2021, 442: 48-63.

[14] Cheng W D, Liang H J, Hu S L. Event-triggered neural adaptive anti-disturbance control

of nonlinear multi-agent systems with asymmetric constraints[J]. International Journal of Systems Science, 2022, 53(1): 2461-2476.

[15] Chen M, Wang H Q, Liu X P. Adaptive fuzzy practical fixed-time tracking control of nonlinear systems[J]. IEEE Transactions on Fuzzy Systems, 2021, 29(3): 664-673.

[16] Tian B L, Zuo Z Y, Wang H. Leader-follower fixed-time consensus of multi-agent systems with high-order integrator dynamics[J]. International Journal of Control, 2017, 90(7): 1420-1427.

[17] Liu F, Hua Y Z, Dong X W, et al. Adaptive fault-tolerant time-varying formation tracking for multi-agent systems under actuator failure and input saturation[J]. ISA Transactions, 2020, 104: 145-153.

[18] Liu D C, Liu Z, Chen C L P, et al. Finite-time distributed cooperative control for heterogeneous nonlinear multi-agent systems with unknown input constraints[J]. Neurocomputing, 2020, 415: 123-134.

[19] 候寒倩. 异构多智能体系统的固定时间编队控制[D]. 锦州: 辽宁工业大学, 2023.

第 5 章　非线性切换约束系统的智能自适应控制

第 1 ~ 4 章针对非线性单模态 (非切换) 系统，介绍了几种智能自适应约束控制方法。本章针对状态可测及不可测非线性多模态 (切换) 系统，基于障碍李雅普诺夫函数 (正切型、对数型) 以及变量替换方法，介绍四种智能自适应状态反馈及输出反馈约束控制方法，并给出闭环系统的稳定性分析。本章内容主要基于文献 [1] ~ [4]。

5.1　具有常数状态约束非线性切换系统的自适应控制

本节针对具有常数状态约束的切换非线性系统，介绍一种基于常数正切型障碍李雅普诺夫函数的神经网络自适应约束控制方法，并给出闭环系统的稳定性与收敛性分析。

5.1.1　系统模型及控制问题描述

考虑如下非线性严格反馈切换系统：

$$\begin{cases} \dot{x}_i = f_{i,\sigma(t)}\left(\overline{x}_i\right) + x_{i+1}, \quad i = 1,2,\cdots,n-1 \\ \dot{x}_n = f_{n,\sigma(t)}\left(\overline{x}_n\right) + u_{\sigma(t)} \\ y = x_1 \end{cases} \tag{5.1.1}$$

式中，$\sigma(t)$ 为切换信号且 $\sigma(t):[0,+\infty) \rightarrow M=\{1,2,\cdots,m\}$ 为分段连续函数，m 为子系统数量；$\overline{x}_i=[x_1,x_2,\cdots,x_i]^{\mathrm{T}} \in \mathbf{R}^i (i=1,2,\cdots,n)$ 为状态向量；对于 $k \in M$，$u_k \in \mathbf{R}$ 为系统的输入；$y \in \mathbf{R}$ 为系统的输出；$f_{i,\sigma(t)}\left(\overline{x}_i\right)$ 为不确定光滑函数。系统所有状态需要满足 $|x_i|<k_{c_i}$，k_{c_i} 为已知的正常数。

假设 5.1.1　对于参考信号 $y_d(t)$ 及其第 i 阶导数 $y_d^{(i)}(t)$，存在正常数 Y_0 和 $Y_i(i=1,2,\cdots,n)$，满足 $|y_d(t)| \leqslant Y_0 < k_{c_i}$ 和 $\left|y_d^{(i)}(t)\right| \leqslant Y_i$。

控制任务　设计一种神经网络自适应约束控制器，使得：

(1) 闭环系统的所有信号是半全局一致最终有界的；

(2) 误差收敛到包含原点的一个较小的邻域内；

(3) 系统所有状态满足指定约束条件。

5.1.2 神经网络自适应反步递推控制设计

定义如下坐标变换：

$$\begin{cases} z_1 = x_1 - y_d \\ z_i = x_i - \alpha_{i-1}, \quad i = 2, 3, \cdots, n \end{cases} \tag{5.1.2}$$

式中，z_1 为跟踪误差；z_i 为误差变量；α_{i-1} 为虚拟控制器。

基于上述内容，n 步神经网络自适应反步递推控制设计过程如下。

第 1 步 由式 (5.1.1) 和式 (5.1.2)，可得

$$\dot{z}_1 = f_{1,k}(x_1) + x_2 - \dot{y}_d \tag{5.1.3}$$

选择如下正切型障碍李雅普诺夫函数：

$$V_1 = \frac{k_{b_1}^2}{\pi} \tan\left(\frac{\pi z_1^2}{2k_{b_1}^2}\right) + \frac{1}{2\gamma_1}\tilde{W}_1^2 \tag{5.1.4}$$

式中，$\gamma_1 > 0$ 为设计参数；$\tilde{W}_1 = W_1 - \hat{W}_1$ 为参数估计误差，$\hat{W}_1$ 为 W_1 的估计；$k_{b_1} = k_{c_1} - Y_0$，跟踪误差需满足 $|z_1| < k_{b_1}$，k_{b_1} 为已知的正常数。由此可知，V_1 在 $|z_1| < k_{b_1}$ 下是正定且一阶连续可导的。

根据式 (5.1.3) 和式 (5.1.4)，对 V_1 求导，可得

$$\dot{V}_1 = z_1 \dot{z}_1 \sec^2\left(\frac{\pi z_1^2}{2k_{b_1}^2}\right) - \frac{1}{\gamma_1}\tilde{W}_1 \dot{\hat{W}}_1 \tag{5.1.5}$$

定义未知非线性函数 $F_{1,k}(Z_1)$ 为

$$F_{1,k}(Z_1) = f_{1,k}(\overline{x}_1) - \dot{y}_d$$

利用神经网络逼近未知函数 $F_{1,k}(Z_1)$，可得

$$F_{1,k}(Z_1) = W_{1,k}^{*\mathrm{T}} S_1(Z_1) + \delta_{1,k}(Z_1) \tag{5.1.6}$$

式中，$Z_1 = [x_1, \dot{y}_d]^{\mathrm{T}}$ 为神经网络的输入向量；$S_1(Z_1)$ 为神经元激活函数；对于 $k \in M$，$W_{1,k}^*$ 为最优权重向量；$\delta_{1,k}(Z_1)$ 为逼近误差。定义 $W_1 = \max\left\{\left\|W_{1,k}^*\right\|^2, k \in M\right\}$ 和 $\overline{\delta}_1 = \max\{|\delta_{1,k}(Z_1)|, k \in M\}$，$W_1$ 和 $\overline{\delta}_1$ 是正的常数。

根据式 (5.1.2)，将式 (5.1.5) 重写为

$$\dot{V}_1 = z_1 \left[z_2 + \alpha_1 + W_{1,k}^{*\mathrm{T}} S_1(Z_1)\right.$$

$$+\delta_{1,k}(Z_1)]\sec^2\left(\frac{\pi z_1^2}{2k_{b_1}^2}\right)-\frac{1}{\gamma_1}\tilde{W}_1\dot{\hat{W}}_1 \tag{5.1.7}$$

由杨氏不等式，可得

$$z_1z_2\sec^2\left(\frac{\pi z_1^2}{2k_{b_1}^2}\right)\leqslant\frac{z_1^2}{2}\sec^4\left(\frac{\pi z_1^2}{2k_{b_1}^2}\right)+\frac{z_2^2}{2} \tag{5.1.8}$$

$$z_1W_{1,k}^{*\mathrm{T}}S_1(Z_1)\sec^2\left(\frac{\pi z_1^2}{2k_{b_1}^2}\right)\leqslant\frac{W_1}{2a_1^2}S_1^{\mathrm{T}}(Z_1)S_1(Z_1)z_1^2\sec^4\left(\frac{\pi z_1^2}{2k_{b_1}^2}\right)+\frac{a_1^2}{2} \tag{5.1.9}$$

$$z_1\delta_{1,k}(Z_1)\sec^2\left(\frac{\pi z_1^2}{2k_{b_1}^2}\right)\leqslant\frac{z_1^2}{2}\sec^4\left(\frac{\pi z_1^2}{2k_{b_1}^2}\right)+\frac{\bar{\delta}_1^2}{2} \tag{5.1.10}$$

式中，$a_1>0$ 为设计参数。

设计如下虚拟控制器和自适应律：

$$\begin{aligned}\alpha_1=&-\frac{\kappa_1}{z_1}\cos\left(\frac{\pi z_1^2}{2k_{b_1}^2}\right)\sin\left(\frac{\pi z_1^2}{2k_{b_1}^2}\right)-z_1\sec^2\left(\frac{\pi z_1^2}{2k_{b_1}^2}\right)\\&-\frac{\hat{W}_1}{2a_1^2}S_1^{\mathrm{T}}(Z_1)S_1(Z_1)z_1\sec^2\left(\frac{\pi z_1^2}{2k_{b_1}^2}\right)\end{aligned} \tag{5.1.11}$$

$$\dot{\hat{W}}_1=\left[\frac{\gamma_1}{2a_1^2}S_1^{\mathrm{T}}(Z_1)S_1(Z_1)z_1^2\sec^4\left(\frac{\pi z_1^2}{2k_{b_1}^2}\right)-\beta_1\hat{W}_1\right] \tag{5.1.12}$$

式中，$\kappa_1>0$ 和 $\beta_1>0$ 是设计参数。

考虑式 (5.1.8) ~ 式 (5.1.12)，可得

$$\dot{V}_1\leqslant-\kappa_1\tan\left(\frac{\pi z_1^2}{2k_{b_1}^2}\right)+\frac{\beta_1}{\gamma_1}\tilde{W}_1\hat{W}_1+\frac{a_1^2}{2}+\frac{\bar{\delta}_1^2}{2}+\frac{z_2^2}{2} \tag{5.1.13}$$

第 $i\,(2\leqslant i\leqslant n-1)$ 步 根据式 (5.1.2) 对 z_i 求导，可得

$$\dot{z}_i=f_{i,k}(\bar{x}_i)+x_{i+1}-\dot{\alpha}_{i-1}=f_{i,k}(\bar{x}_i)+z_{i+1}+\alpha_i-\dot{\alpha}_{i-1} \tag{5.1.14}$$

式中

$$\dot{\alpha}_{i-1}=\sum_{j=1}^{i-1}\frac{\partial\alpha_{i-1}}{\partial x_j}(f_{j,k}+x_{j+1})+\sum_{j=0}^{i-1}\frac{\partial\alpha_{i-1}}{\partial y_d^{(j)}}y_d^{(j+1)}+\sum_{j=1}^{i-1}\frac{\partial\alpha_{i-1}}{\partial\hat{W}_j}\dot{\hat{W}}_j \tag{5.1.15}$$

选择如下正切型障碍李雅普诺夫函数:

$$V_i = V_{i-1} + \frac{k_{b_i}^2}{\pi}\tan\left(\frac{\pi z_i^2}{2k_{b_i}^2}\right) + \frac{1}{2\gamma_i}\tilde{W}_i^2 \tag{5.1.16}$$

式中,$\tilde{W}_i = W_i - \hat{W}_i$ 为参数估计误差,$\hat{W}_i$ 为 W_i 的估计;误差变量需满足 $|z_i| < k_{b_i}$。

根据式 (5.1.14) 和式 (5.1.16),对 V_i 求导,可得

$$\dot{V}_i = z_i\left[f_{i,k}\left(\overline{x}_i\right) + z_{i+1} + \alpha_i - \dot{\alpha}_{i-1}\right]\sec^2\left(\frac{\pi z_i^2}{2k_{b_i}^2}\right) + \dot{V}_{i-1} - \frac{1}{\gamma_i}\tilde{W}_i\dot{\hat{W}}_i \tag{5.1.17}$$

定义未知非线性函数 $F_{i,k}\left(Z_i\right)$ 为

$$F_{i,k}\left(Z_i\right) = f_{i,k}\left(\overline{x}_i\right) - \dot{\alpha}_{i-1}$$

利用神经网络逼近未知函数 $F_{i,k}\left(Z_i\right)$,可得

$$F_{i,k}\left(Z_i\right) = W_{i,k}^{*\mathrm{T}} S_i\left(Z_i\right) + \delta_{i,k}\left(Z_i\right) \tag{5.1.18}$$

式中,$Z_i = \left[\overline{x}_i^{\mathrm{T}}; \dot{y}_d, \ddot{y}_d, \cdots, y_d^{(i)}; \hat{W}_1, \hat{W}_2, \cdots, \hat{W}_{i-1}\right]^{\mathrm{T}}$ 为神经网络输入向量;$S_i\left(Z_i\right)$ 为神经元激活函数;对于 $k \in M$,$W_{i,k}^*$ 为最优权重向量;$\delta_{i,k}\left(Z_i\right)$ 为逼近误差。定义 $W_i = \max\left\{\left\|W_{i,k}\right\|^2, k \in M\right\}$ 和 $\overline{\delta}_i = \max\left\{\left|\delta_{i,k}\left(Z_i\right)\right|, k \in M\right\}$,$W_i$ 和 $\overline{\delta}_i$ 是正常数。

进一步,将式 (5.1.17) 重写为

$$\dot{V}_i = \dot{V}_{i-1} + z_i\left[z_{i+1} + \alpha_i + W_{i,k}^{*\mathrm{T}} S_i\left(Z_i\right) + \delta_{i,k}\left(Z_i\right)\right]\sec^2\left(\frac{\pi z_i^2}{2k_{b_i}^2}\right) - \frac{1}{\gamma_i}\tilde{W}_i\dot{\hat{W}}_i \tag{5.1.19}$$

由杨氏不等式,可得

$$z_i z_{i+1}\sec^2\left(\frac{\pi z_i^2}{2k_{b_i}^2}\right) \leqslant \frac{z_i^2}{2}\sec^4\left(\frac{\pi z_i^2}{2k_{b_i}^2}\right) + \frac{z_{i+1}^2}{2} \tag{5.1.20}$$

$$z_i W_{i,k}^{*\mathrm{T}} S_i\left(Z_i\right)\sec^2\left(\frac{\pi z_i^2}{2k_{b_i}^2}\right) \leqslant \frac{W_i}{2a_i^2} S_i^{\mathrm{T}}\left(Z_i\right) S_i\left(Z_i\right) z_i^2 \sec^4\left(\frac{\pi z_i^2}{2k_{b_i}^2}\right) + \frac{a_i^2}{2} \tag{5.1.21}$$

$$z_i\delta_{i,k}\left(Z_i\right)\sec^2\left(\frac{\pi z_i^2}{2k_{b_i}^2}\right) \leqslant \frac{z_i^2}{2}\sec^4\left(\frac{\pi z_i^2}{2k_{b_i}^2}\right) + \frac{\overline{\delta}_i^2}{2} \tag{5.1.22}$$

式中,$a_i > 0$ 为设计参数。

设计如下虚拟控制器和自适应律:

$$\begin{aligned}\alpha_i = & -\frac{\kappa_i}{z_i}\cos\left(\frac{\pi z_i^2}{2k_{b_i}^2}\right)\sin\left(\frac{\pi z_i^2}{2k_{b_i}^2}\right)-\frac{1}{2}z_i\cos^2\left(\frac{\pi z_i^2}{2k_{b_i}^2}\right)\\ & -z_i\sec^2\left(\frac{\pi z_i^2}{2k_{b_i}^2}\right)-\frac{\hat{W}_i}{2a_i^2}S_i^{\mathrm{T}}(Z_i)\,S_i(Z_i)\,z_i\sec^2\left(\frac{\pi z_i^2}{2k_{b_i}^2}\right)\end{aligned} \tag{5.1.23}$$

$$\dot{\hat{W}}_i=\frac{\gamma_i}{2a_i^2}S_i^{\mathrm{T}}(Z_i)\,S_i(Z_i)\,z_i^2\sec^4\left(\frac{\pi z_i^2}{2k_{b_i}^2}\right)-\beta_i\hat{W}_i \tag{5.1.24}$$

式中，$\kappa_i>0$ 和 $\beta_i>0$ 为设计参数。

根据式 (5.1.23) 和式 (5.1.24)，可得

$$\dot{V}_i\leqslant-\sum_{j=1}^{i}\kappa_j\tan\left(\frac{\pi z_j^2}{2k_{b_j}^2}\right)+\frac{z_{i+1}^2}{2}+\sum_{j=1}^{i}\frac{\beta_j}{\gamma_j}\tilde{W}_j\hat{W}_j+\sum_{j=1}^{i}\left(\frac{a_j^2}{2}+\frac{\bar{\delta}_j^2}{2}\right) \tag{5.1.25}$$

第 n 步 根据式 (5.1.2)，对 z_n 求导，可得

$$\dot{z}_n=f_{n,k}(\overline{x}_n)+u_k-\dot{\alpha}_{n-1} \tag{5.1.26}$$

式中

$$\dot{\alpha}_{n-1}=\sum_{j=1}^{n-1}\frac{\partial\alpha_{n-1}}{\partial x_j}(f_{j,k}+x_{j+1})+\sum_{j=0}^{n-1}\frac{\partial\alpha_{n-1}}{\partial y_d^{(j)}}y_d^{(j+1)}+\sum_{j=1}^{n-1}\frac{\partial\alpha_{n-1}}{\partial\hat{W}_j}\dot{\hat{W}}_j$$

选择如下正切型障碍李雅普诺夫函数:

$$V_n=V_{n-1}+\frac{k_{b_n}^2}{\pi}\tan\left(\frac{\pi z_n^2}{2k_{b_n}^2}\right)+\frac{1}{2\gamma_n}\tilde{W}_n^2 \tag{5.1.27}$$

式中，$\tilde{W}_n=W_n-\hat{W}_n$ 为参数估计误差，$\hat{W}_n$ 为 W_n 的估计。误差变量需满足 $|z_n|<k_{b_n}$。

根据式 (5.1.26) 和式 (5.1.27)，对 V_n 求导，可得

$$\dot{V}_n=\dot{V}_{n-1}+z_n\left[f_{n,k}(\overline{x}_n)+u_k-\dot{\alpha}_{n-1}\right]\sec^2\left(\frac{\pi z_n^2}{2k_{b_n}^2}\right)-\frac{1}{\gamma_n}\tilde{W}_n\dot{\hat{W}}_n \tag{5.1.28}$$

定义未知非线性函数 $F_{n,k}(Z_n)$ 为

$$F_{n,k}(Z_n)=f_{n,k}(\overline{x}_n)-\dot{\alpha}_{n-1}$$

利用神经网络逼近未知函数 $F_{n,k}(Z_n)$，可得

$$F_{n,k}(Z_n) = W_{n,k}^{*\mathrm{T}} S_n(Z_n) + \delta_{n,k}(Z_n) \tag{5.1.29}$$

式中，$Z_n = \left[\overline{x}_n; \dot{y}_d, \ddot{y}_d, \cdots, y_d^{(n)}; \hat{W}_1, \hat{W}_2, \cdots, \hat{W}_{n-1}\right]^{\mathrm{T}}$ 为神经网络的输入向量；$S_n(Z_n)$ 为神经元激活函数；对于 $k \in M$，$W_{n,k}^*$ 为最优权重向量；$\delta_{n,k}(Z_n)$ 为逼近误差。定义 $W_n = \max\left\{\|W_{n,k}\|^2, k \in M\right\}$ 和 $\overline{\delta}_n = \max\{|\delta_{n,k}(Z_n)|, k \in M\}$，$W_n$ 和 $\overline{\delta}_n$ 是正常数。

将式 (5.1.28) 重写为

$$\dot{V}_n = \dot{V}_{n-1} + z_n\left[u_k + W_{n,k}^{*\mathrm{T}} S_n(Z_n) + \delta_{n,k}(Z_n)\right]\sec^2\left(\frac{\pi z_n^2}{2k_{b_n}^2}\right) - \frac{1}{\gamma_n}\tilde{W}_n\dot{\hat{W}}_n \tag{5.1.30}$$

由杨氏不等式，可得

$$z_n W_{n,k}^{*\mathrm{T}} S_n(Z_n)\sec^2\left(\frac{\pi z_n^2}{2k_{b_n}^2}\right) \leqslant \frac{W_n}{2a_n^2} S_n^{\mathrm{T}}(Z_n) S_n(Z_n) z_n^2 \sec^4\left(\frac{\pi z_n^2}{2k_{b_n}^2}\right) + \frac{a_n^2}{2} \tag{5.1.31}$$

$$z_n\delta_{n,k}\sec^2\left(\frac{\pi z_n^2}{2k_{b_n}^2}\right) \leqslant \frac{z_n^2}{2}\sec^4\left(\frac{\pi z_n^2}{2k_{b_n}^2}\right) + \frac{\overline{\delta}_n^2}{2} \tag{5.1.32}$$

式中，$a_n > 0$ 为设计参数。

设计如下控制器和自适应律：

$$\begin{aligned} u_k = & -\frac{\kappa_n}{z_n}\cos\left(\frac{\pi z_n^2}{2k_{b_n}^2}\right)\sin\left(\frac{\pi z_n^2}{2k_{b_n}^2}\right) - \frac{1}{2}z_n\cos^2\left(\frac{\pi z_n^2}{2k_{b_n}^2}\right) \\ & - z_n\sec^2\left(\frac{\pi z_n^2}{2k_{b_n}^2}\right) - \frac{\hat{W}_n}{2a_n^2} S_n^{\mathrm{T}}(Z_n) S_n(Z_n) z_n \sec^2\left(\frac{\pi z_n^2}{2k_{b_n}^2}\right) \end{aligned} \tag{5.1.33}$$

$$\dot{\hat{W}}_n = \frac{\gamma_n}{2a_n^2} S_n^{\mathrm{T}}(Z_n) S_n(Z_n) z_n^2 \sec^4\left(\frac{\pi z_n^2}{2k_{b_n}^2}\right) - \beta_n\hat{W}_n \tag{5.1.34}$$

式中，$\kappa_n > 0$ 和 $\beta_n > 0$ 为设计参数。

考虑式 (5.1.33) 和式 (5.1.34)，可得

$$\dot{V}_n \leqslant -\sum_{j=1}^{n}\kappa_j\tan\left(\frac{\pi z_j^2}{2k_{b_j}^2}\right) + \sum_{j=1}^{n}\frac{\beta_j}{\gamma_j}\tilde{W}_j\hat{W}_j + \sum_{j=1}^{n}\left(\frac{a_j^2}{2} + \frac{\overline{\delta}_j^2}{2}\right) \tag{5.1.35}$$

由杨氏不等式，可得

$$\frac{1}{\gamma_j}\beta_j\tilde{W}_j\hat{W}_j \leqslant -\frac{1}{2\gamma_j}\beta_j\tilde{W}_j^2 + \frac{1}{2\gamma_j}\beta_j W_j^2 \tag{5.1.36}$$

因此式 (5.1.35) 可表示为

$$\dot{V}_n \leqslant -\sum_{j=1}^{n}\left[\kappa_j \tan\left(\frac{\pi z_j^2}{2k_{b_j}^2}\right) + \frac{\beta_j}{2\gamma_j}\tilde{W}_j^2\right] + \sum_{j=1}^{n}\left(\frac{a_j^2}{2} + \frac{\overline{\delta}_j^2}{2} + \frac{\beta_j}{2\gamma_j}W_j^2\right) \tag{5.1.37}$$

由式 (5.1.4)、式 (5.1.16) 和式 (5.1.27)，可得

$$V = \sum_{j=1}^{n}\left[\frac{k_{b_j}^2}{\pi}\tan\left(\frac{\pi z_j^2}{2k_{b_j}^2}\right) + \frac{1}{2\gamma_j}\tilde{W}_j^2\right] \tag{5.1.38}$$

由式 (5.1.37) 和式 (5.1.38)，可得

$$\dot{V} \leqslant -\rho V + C \tag{5.1.39}$$

式中，$\rho = \min\left\{\kappa_j\pi/k_{b_j}^2, \beta_j\right\}\ (j=1,2,\cdots,n)$；$C = \sum_{j=1}^{n}\left[a_j^2/2 + \overline{\delta}_j^2/2 + \beta_j W_j^2/(2\gamma_j)\right]$。

5.1.3 稳定性与收敛性分析

定理 5.1.1 对于非线性切换系统 (5.1.1)，假设 5.1.1 成立。如果采用实际控制器 (5.1.33)，虚拟控制器 (5.1.11) 和 (5.1.23)，参数自适应律 (5.1.12)、(5.1.24) 和 (5.1.34)，那么总体控制方案具有如下性能：

(1) 闭环系统中的所有信号是半全局一致最终有界的；

(2) 跟踪误差收敛到包含原点的一个较小的邻域内；

(3) 系统所有状态满足指定约束条件。

证明 对式 (5.1.39) 两边同时乘以 $\mathrm{e}^{\rho t}$ 并积分，可得

$$\begin{aligned} V(t) &\leqslant \mathrm{e}^{-\rho t}\left[V(0) - C/\rho\right] + C/\rho \\ &\leqslant V(0)\mathrm{e}^{-\rho t} + C/\rho \end{aligned} \tag{5.1.40}$$

式中，$\lim\limits_{t\to\infty} V_n(t) \leqslant C/\rho$。

由式 (5.1.38) 和式 (5.1.40)，可得

$$|z_j| \leqslant k_{b_j}\sqrt{\frac{2}{\pi}\arctan\left(\frac{C\pi}{\rho k_{b_j}}\right)} < k_{b_j} \tag{5.1.41}$$

$$\tilde{W}_j \leqslant \sqrt{2C\gamma_j/\rho} \tag{5.1.42}$$

在控制设计中，如果选择适当的设计参数，可得跟踪误差 $z_1 = x_1 - y_d$ 收敛到包含原点的一个较小的邻域内。由 $z_1 = x_1 - y_d$ 和 $y_d \leqslant Y_0$，可得 $|x_1| \leqslant |z_1| + |y_d| < k_{b_1} + Y_0$，由 k_{b_1} 的定义可得 $|x_1| < k_{c_1}$。同时，根据式 (5.1.42) 中 $\tilde{W}_j = W_j - \hat{W}_j$ 的有界性，可以得到 $\hat{W}_j\,(j = 1, 2, \cdots, n)$ 是有界的。此外，可得虚拟控制器 α_1 是有界的，且 $|\alpha_1| \leqslant A_1$。根据 $z_2 = x_2 - \alpha_1$ 和 $|z_2| < k_{b_2}$，状态变量 $|x_2| < k_{b_2} + A_1 = k_{c_2}$，即状态变量 x_2 不违反约束。进一步，可得虚拟控制器 α_2 是有界的。类似地，可以确定状态变量 $|x_j| < k_{c_j}(j = 3, 4, \cdots, n)$ 不违反约束，且实际控制器 u 也是有界的，最终证明了闭环系统的所有信号都是有界的。

评注 5.1.1 本节针对一类具有常数全状态约束的切换非线性系统，介绍了一种神经网络自适应控制方法。本节介绍的智能约束方法基于正切型障碍李雅普诺夫函数，基于对数型障碍李雅普诺夫函数和积分型障碍李雅普诺夫函数的控制方法可参见文献 [5] ~ [8]。

5.1.4 仿真

例 5.1.1 考虑如下非线性严格反馈切换系统：

$$
\begin{cases}
\dot{x}_i = f_{i,\sigma(t)}\left(\overline{x}_i\right) + x_{i+1} \\
\dot{x}_2 = f_{2,\sigma(t)}\left(\overline{x}_n\right) + u_{\sigma(t)} \\
y = x_1
\end{cases}
\tag{5.1.43}
$$

其中，x_1 和 x_2 为系统的状态变量；u_k 为系统输入；y 为系统输出。系统参数为：当 $\sigma(t) = 1$ 时，$f_1 = 0.01x_1$，$f_2 = 0.1x_2 + x_1$；当 $\sigma(t) = 2$ 时，$f_1 = 0.02x_1$，$f_2 = x_1x_2$。状态约束条件需满足 $|x_1(t)| < k_{c_1}$ 和 $|x_2(t)| < k_{c_2}$，$k_{c_1} = 1$，$k_{c_2} = 1$。参考信号为 $y_d(t) = 0.9\sin(t)$。

设计如下控制器和自适应律：

$$
\begin{aligned}
\alpha_1 = &-\frac{\kappa_1}{z_1}\cos\left(\frac{\pi z_1^2}{2k_{b_1}^2}\right)\sin\left(\frac{\pi z_1^2}{2k_{b_1}^2}\right) - z_1\sec^2\left(\frac{\pi z_1^2}{2k_{b_1}^2}\right) \\
&-\frac{\hat{W}_1}{2a_1^2}S_1^{\mathrm{T}}(Z_1)S_1(Z_1)z_1\sec^2\left(\frac{\pi z_1^2}{2k_{b_1}^2}\right)
\end{aligned}
$$

$$
\begin{aligned}
u_k = &-\frac{\kappa_2}{z_2}\cos\left(\frac{\pi z_2^2}{2k_{b_2}^2}\right)\sin\left(\frac{\pi z_2^2}{2k_{b_2}^2}\right) - z_2\sec^2\left(\frac{\pi z_2^2}{2k_{b_2}^2}\right) \\
&-\frac{\hat{W}_2}{2a_2^2}S_2^{\mathrm{T}}(Z_2)S_2(Z_2)z_2\sec^2\left(\frac{\pi z_2^2}{2k_{b_2}^2}\right) - \frac{1}{2}z_2\cos^2\left(\frac{\pi z_2^2}{2k_{b_2}^2}\right)
\end{aligned}
$$

$$
\dot{\hat{W}}_i = \frac{\gamma_i}{2a_i^2}S_i^{\mathrm{T}}(Z_i)S_i(Z_i)z_i^2\sec^4\left(\frac{\pi z_i^2}{2k_{b_i}^2}\right) - \beta_i\hat{W}_i, \quad i = 1, 2
$$

式中，$z_1 = x_1 - y_d$；$z_2 = x_2 - \alpha_1$；$Z_1 = [x_1, \dot{y}_d]^{\mathrm{T}}$；$Z_2 = \left[x_1, x_2, \dot{y}_d, \ddot{y}_d, \hat{W}_1\right]^{\mathrm{T}}$。

选择设计参数为 $\kappa_1 = 10$、$\kappa_2 = 1.5$、$a_1 = 0.1$、$a_2 = 0.2$、$\gamma_1 = 1.8$、$\gamma_2 = 1.2$、$\beta_1 = 2$、$\beta_2 = 3$，初始条件为 $x_1(0) = 0.01$、$x_2(0) = -0.8$、$\hat{W}_1(0) = 0.3$、$\hat{W}_2(0) = 0.3$。

本节利用神经网络进行逼近，最优逼近估计 $F_{1,k}(Z_1)$ 包含 20 个节点，中心平均分布在 $[-5, -0.25] \times [-5, -0.25]$ 区间，高斯函数的宽度为 4。最优逼近估计 $F_{2,k}(Z_2)$ 包含 20 个节点，中心平均分布在 $[-5, -0.25] \times [-3, 0.5] \times [-2, 1] \times [-4, -1] \times [-2, 1]$ 区间，$\hat{W}_1$ 包含 20 个变量，中心都平均分布在 $[-2, 1]$ 区间，高斯函数的宽度为 6。

仿真结果如图 5.1.1 ~ 图 5.1.6 所示。

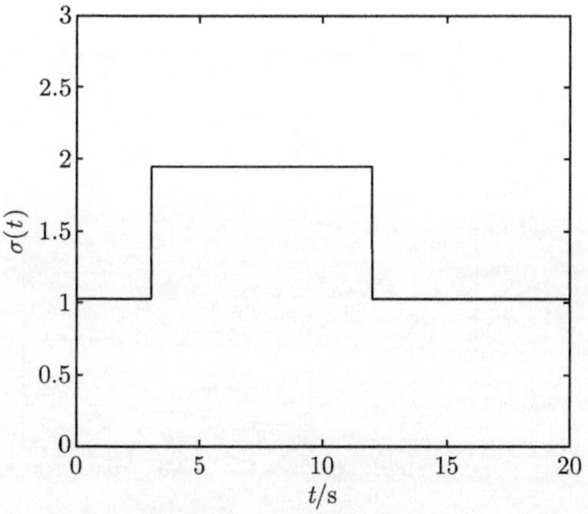

图 5.1.1　$\sigma(t)$ 的轨迹

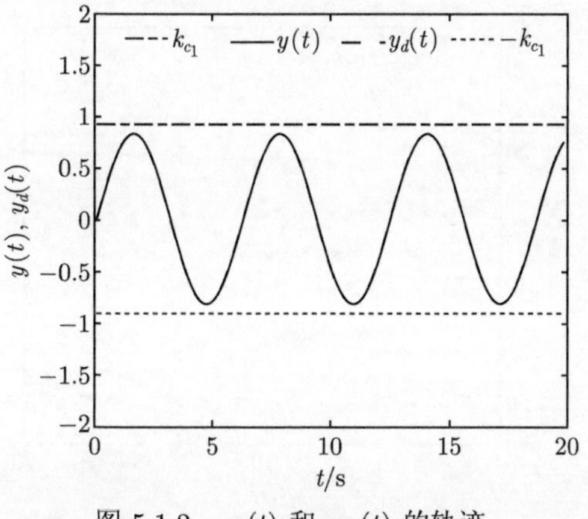

图 5.1.2　$y(t)$ 和 $y_d(t)$ 的轨迹

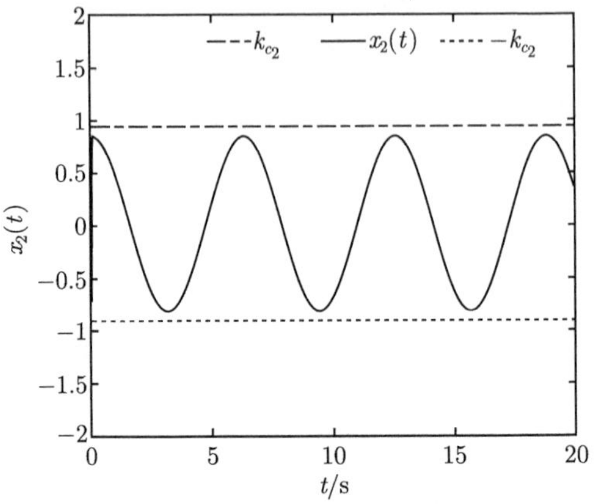

图 5.1.3　$x_2(t)$ 的轨迹

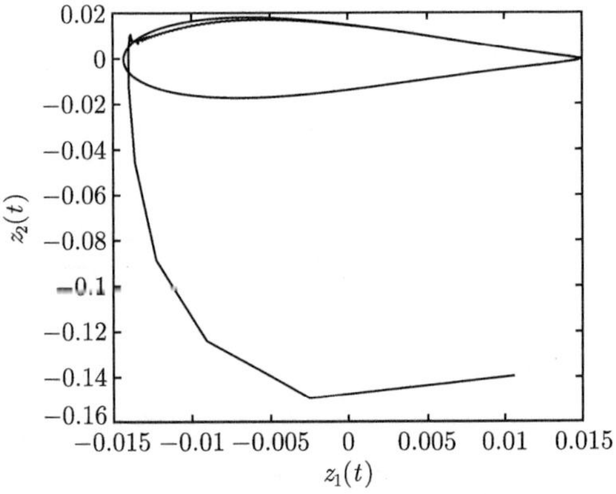

图 5.1.4　$z_1(t)$ 和 $z_2(t)$ 的相位图

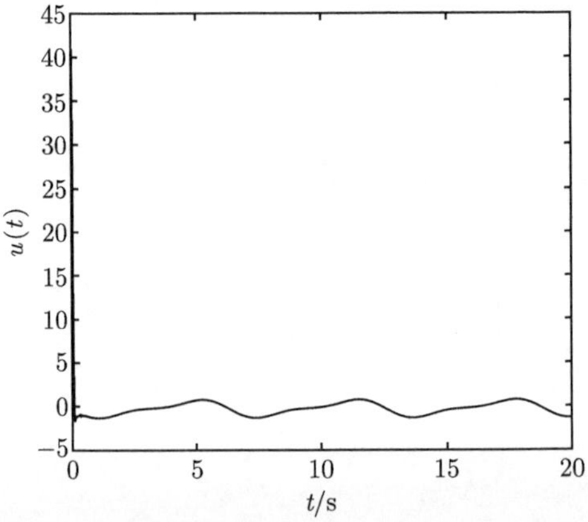

图 5.1.5　$u(t)$ 的轨迹

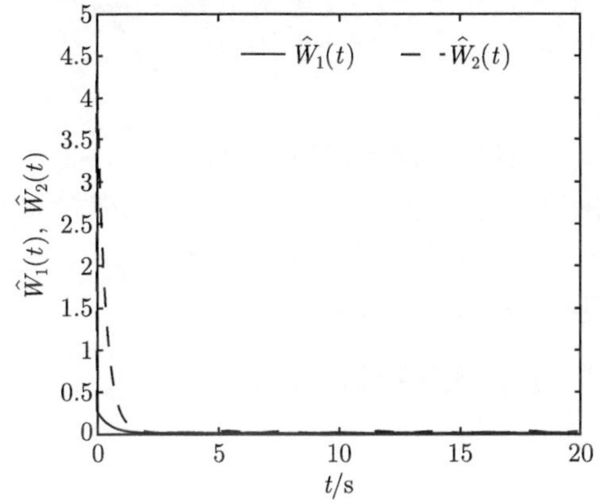

图 5.1.6 $\hat{W}_1(t)$ 和 $\hat{W}_2(t)$ 的轨迹

5.2 具有时变状态约束非线性切换系统的自适应控制

5.1 节针对具有常数约束的非线性切换系统，介绍了神经网络自适应约束控制方法。本节针对一类具有时变状态约束的不确定非线性切换系统，介绍一种基于时变正切型障碍李雅普诺夫函数的神经网络自适应约束控制方法，并给出闭环系统的稳定性与收敛性分析。

5.2.1 系统模型及控制问题描述

考虑如下非线性严格反馈切换系统：

$$\begin{cases} \dot{x}_i = x_{i+1} + f_{i,\sigma(t)}(\overline{x}_i) + d_{i,\sigma(t)}(t), \quad i = 1, 2, \cdots, n-1 \\ \dot{x}_n = u_{\sigma(t)} + f_{n,\sigma(t)}(x) + d_{n,\sigma(t)}(t) \\ y = x_1 \end{cases} \tag{5.2.1}$$

式中，$\sigma(t)$ 为切换信号，$\sigma(t): [0, +\infty) \to M = \{1, 2, \cdots, m\}$ 为分段连续函数，m 为子系统的数量；$\overline{x}_i = [x_1, x_2, \cdots, x_i]^{\mathrm{T}} \in \mathbf{R}^i\ (i = 1, 2, \cdots, n)$ 为状态向量；$y \in \mathbf{R}$ 为系统输出；对于 $k \in M$，$u_k \in \mathbf{R}$ 为第 k 个子系统的控制输入，$f_{i,k}(\overline{x}_i)$ 为未知的非线性光滑函数；$d_{i,\sigma(t)}(t)$ 为未知的外部扰动，且满足 $\left|d_{i,\sigma(t)}(t)\right| \leqslant \overline{d}_{i,\sigma(t)}$，$\overline{d}_{i,\sigma(t)} \geqslant 0$ 为常数。系统所有状态满足 $|x_i| < k_{c_i}(t)$，$k_{c_i}(t)$ 为时变函数。

假设 5.2.1 对于参考信号 $y_d(t)$ 及其第 i 阶导数 $y_d^{(i)}(t)$，存在有界时变函数 $Y_0(t)$ 和正常数 $Y_i\,(i = 1, 2, \cdots, n)$，使得不等式 $|y_d(t)| < Y_0(t)$ 和 $\left|y_d^{(i)}(t)\right| < Y_i$ 成立。

假设 5.2.2 对于任意 $t \geqslant 0$，存在正常数 K_i^0 和 $K_i^j(i=1,2,\cdots,n;j=0,1,\cdots,n)$，使得不等式 $|k_{c_i}(t)| \leqslant K_i^0$ 和 $\left|k_{c_i}^{(j)}(t)\right| \leqslant K_i^j$ 成立。$k_{c_i}^{(j)}(t)$ 是约束界的第 j 阶导数。

控制任务 设计一种神经网络自适应约束控制器，使得：

(1) 闭环系统的所有信号是半全局最终一致有界的；

(2) 误差收敛到包含原点的一个较小的邻域内；

(3) 系统所有状态满足指定约束条件。

5.2.2 神经网络自适应反步递推控制设计

定义如下坐标变换：

$$\begin{cases} z_1 = x_1 - y_d \\ z_i = x_i - \alpha_{i-1}, \quad i=2,3,\cdots,n \end{cases} \tag{5.2.2}$$

式中，z_1 为跟踪误差；z_i 为误差变量；α_{i-1} 为虚拟控制器。

基于上述内容，n 步神经网络自适应反步递推控制设计过程如下。

第 1 步 选取如下正切型障碍李雅普诺夫函数：

$$V_1 = \frac{k_{b_1}^2(t)}{\pi}\tan\left[\frac{\pi z_1^2}{2k_{b_1}^2(t)}\right] + \frac{1}{2r_1}\tilde{\theta}_1^2 \tag{5.2.3}$$

式中，$r_1>0$ 为设计参数；$k_{b_1}(t)$ 为光滑且有界的时变函数；$\tilde{\theta}_1=\hat{\theta}_1-\theta_1$ 为估计误差，$\hat{\theta}_1$ 为 θ_1 的估计，θ_1 的定义将在后续推导过程中给出；跟踪误差需要满足 $|z_1|<k_{b_1}$，$k_{b_1}=k_{c_1}-Y_0$。

根据式 (5.2.1) 和式 (5.2.2)，对 V_1 求导，可得

$$\dot{V}_1 = \frac{2k_{b_1}\dot{k}_{b_1}}{\pi}\tan\left(\frac{\pi z_1^2}{2k_{b_1}^2}\right) + \frac{1}{r_1}\tilde{\theta}_1\dot{\hat{\theta}}_1 - \frac{\dot{k}_{b_1}}{k_{b_1}}\psi_1 z_1 + \psi_1\left(x_2+f_{1,k}+d_{1,k}\right) - \psi_1\dot{y}_d \tag{5.2.4}$$

式中，$\psi_1=\sec^2\left[\pi z_1^2/\left(2k_{b_1}^2\right)\right]z_1$。

由杨氏不等式，可得

$$\psi_1 d_{1,k} \leqslant \frac{1}{2\varsigma_1^2}\psi_1^2 + \frac{1}{2}\varsigma_1^2\bar{d}_1^2 \tag{5.2.5}$$

式中，$\varsigma_1>0$ 为设计参数；$\bar{d}_1=\max\left\{|d_{1,k}|,k\in M\right\}$。

结合式 (5.2.4) 和式 (5.2.5)，可得

$$\dot{V}_1 \leqslant \frac{2k_{b_1}\dot{k}_{b_1}}{\pi}\tan\left(\frac{\pi z_1^2}{2k_{b_1}^2}\right) - \frac{1}{r_1}\tilde{\theta}_1\dot{\hat{\theta}}_1 - \frac{\dot{k}_{b_1}}{k_{b_1}}\psi_1 z_1$$

$$+\psi_1(x_2+f_{1,k})+\frac{1}{2\varsigma_1^2}\psi_1^2+\frac{1}{2}\varsigma_1^2\overline{d}_1^2-\psi_1\dot{y}_d \tag{5.2.6}$$

定义未知非线性函数 $F_{1,k}(Z_1)$ 为

$$F_{1,k}(Z_1)=f_{1,k}+\frac{1}{2\varsigma_1^2}\psi_1-\dot{y}_d$$

利用神经网络逼近未知非线性函数 $F_{1,k}(Z_1)$，可得

$$F_{1,k}(Z_1)=W_{1,k}^{*\mathrm{T}}S_1(Z_1)+\delta_{1,k}(Z_1) \tag{5.2.7}$$

式中，$Z_1=[x_1,y_d,\dot{y}_d,k_{b_1}]^{\mathrm{T}}$ 为神经网络的输入向量；$S_1(Z_1)$ 为神经元激活函数；对于 $k\in M$，$W_{1,k}^*$ 为最优权重向量；$\delta_{1,k}(Z_1)$ 为逼近误差。定义 $\overline{\delta}_1=\max\{|\delta_{1,k}(Z_1)|, k\in M\}$ 和 $\theta_1=\max\left\{\left\|W_{1,k}^*\right\|^2,k\in M\right\}$，$\theta_1$ 和 $\overline{\delta}_1$ 为正常数。

根据式 (5.2.5) 和式 (5.2.7)，将式 (5.2.6) 重写为

$$\begin{aligned}\dot{V}_1\leqslant&\frac{2k_{b_1}\dot{k}_{b_1}}{\pi}\tan\left(\frac{\pi z_1^2}{2k_{b_1}^2}\right)-\frac{1}{r_1}\tilde{\theta}_1\dot{\hat{\theta}}_1-\frac{\dot{k}_{b_1}}{k_{b_1}}\psi_1 z_1+\psi_1(z_2+\alpha_1)\\&+\frac{1}{2}\varsigma_1^2\overline{d}_1^2+\psi_1W_{1,k}^{*\mathrm{T}}S_1(Z_1)+\psi_1\delta_{1,k}(Z_1)\end{aligned} \tag{5.2.8}$$

由杨氏不等式，可得

$$\psi_1W_{1,k}^{*\mathrm{T}}S_1(Z_1)\leqslant\frac{1}{2a_1^2}\psi_1^2\theta_1S_1^{\mathrm{T}}(Z_1)S_1(Z_1)+\frac{1}{2}a_1^2 \tag{5.2.9}$$

$$\psi_1\delta_{1,k}(Z_1)\leqslant\frac{1}{2}\psi_1^2+\frac{1}{2}\overline{\delta}_1^2 \tag{5.2.10}$$

式中，$a_1>0$ 为设计参数。

设计如下虚拟控制器和自适应律：

$$\begin{aligned}\alpha_1=&-\frac{h_1k_{b_1}^2}{\pi z_1}\sin\left(\frac{\pi z_1^2}{2k_{b_1}^2}\right)\cos\left(\frac{\pi z_1^2}{2k_{b_1}^2}\right)-H_1z_1\\&-\frac{1}{2a_1^2}\psi_1\hat{\theta}_1S_1^{\mathrm{T}}(Z_1)S_1(Z_1)-\frac{1}{2}\psi_1\end{aligned} \tag{5.2.11}$$

$$\dot{\hat{\theta}}_1=\frac{r_1}{2a_1^2}\psi_1^2S_1^{\mathrm{T}}(Z_1)S_1(Z_1)-\overline{\sigma}_1\hat{\theta}_1 \tag{5.2.12}$$

式中，$\overline{\sigma}_1 > 0$ 为设计参数；$H_1 = \sup\sqrt{\left(\dot{k}_{b_1}/k_{b_1}\right)^2 + \beta_1}$，$\beta_1 > 0$ 为设计参数，可得 $H_1\psi_1 z_1 \geqslant \dot{k}_{b_1}\psi_1 z_1/k_{b_1}$，存在正常数 h_1，且满足 $h_1 > 2H_1$。

将式 (5.2.9) $\sim$ 式 (5.2.12) 代入式 (5.2.8)，可得

$$\begin{aligned}\dot{V}_1 \leqslant & -(h_1 - 2H_1)\frac{k_{b_1}^2}{\pi}\tan\left(\frac{\pi z_1^2}{2k_{b_1}^2}\right) + \psi_1 z_2 \\ & + \frac{1}{2}\overline{\delta}_1^2 + \frac{1}{2}\varsigma_1^2\overline{d}_1^2 + \frac{1}{2}a_1^2 + \frac{\overline{\sigma}_1}{r_1}\hat{\theta}_1\tilde{\theta}_1\end{aligned} \tag{5.2.13}$$

第 $i\,(2 \leqslant i \leqslant n-1)$ 步　根据式 (5.2.1) 和式 (5.2.2)，对 z_i 求导，可得

$$\dot{z}_i = f_{i,k}(\overline{x}_i) + x_{i+1} + d_{i,k} - \dot{\alpha}_{i-1} = f_{i,k}(\overline{x}_i) + z_{i+1} + \alpha_i + d_{i,k} - \dot{\alpha}_{i-1} \tag{5.2.14}$$

式中

$$\begin{aligned}\dot{\alpha}_{i-1} = & \sum_{j=1}^{i-1}\frac{\partial\alpha_{i-1}}{\partial x_j}(f_{j,k} + x_{j+1} + d_{j+1}) + \sum_{j=1}^{i-1}\frac{\partial\alpha_{i-1}}{\partial\hat{\theta}_j}\dot{\hat{\theta}}_j \\ & + \sum_{j=0}^{i-1}\frac{\partial\alpha_{i-1}}{\partial y_d^{(j)}}y_d^{(j+1)} + \sum_{j=1}^{i-1}\sum_{p=0}^{i-j}\frac{\partial\alpha_{i-1}}{\partial k_{b_j}^{(p)}}k_{b_j}^{(p+1)}\end{aligned}$$

选择如下正切型障碍李雅普诺夫函数：

$$V_i = V_{i-1} + \frac{k_{b_i}^2}{\pi}\tan\left(\frac{\pi z_i^2}{2k_{b_i}^2}\right) + \frac{1}{2r_i}\tilde{\theta}_i^2 \tag{5.2.15}$$

式中，$r_i > 0$ 为设计参数。

令 $\psi_i = \sec^2\left[\pi z_i^2/\left(2k_{b_i}^2\right)\right]z_i$，对 V_i 求导，可得

$$\begin{aligned}\dot{V}_i = & \dot{V}_{i-1} + \frac{2k_{b_i}\dot{k}_{b_i}}{\pi}\tan\left(\frac{\pi z_i^2}{2k_{b_i}^2}\right) - \frac{\dot{k}_{b_i}}{k_{b_i}}\psi_i z_i - \frac{1}{r_i}\tilde{\theta}_i\dot{\hat{\theta}}_i \\ & + \psi_i\left[x_{i+1} + f_{i,k}(\overline{x}_i) + d_{i,k} - \dot{\alpha}_{i-1}\right]\end{aligned} \tag{5.2.16}$$

由杨氏不等式，可得

$$\psi_i d_{i,k} \leqslant \frac{1}{2\varsigma_i^2}\psi_i^2 + \frac{1}{2}\varsigma_i^2\overline{d}_i^2 \tag{5.2.17}$$

式中，$\varsigma_i > 0$ 为设计参数；$\overline{d}_i = \max\{|d_{i,k}|, k \in M\}$。

将式 (5.2.17) 代入式 (5.2.16)，可得

$$\dot{V}_i \leqslant \dot{V}_{i-1} + \frac{2k_{b_i}\dot{k}_{b_i}}{\pi}\tan\left(\frac{\pi z_i^2}{2k_{b_i}^2}\right) - \frac{\dot{k}_{b_i}}{k_{b_i}}\psi_i z_i - \frac{1}{r_i}\tilde{\theta}_i\dot{\hat{\theta}}_i \\ + \psi_i\left[x_{i+1} + f_{i,k}\left(\overline{x}_i\right) - \dot{\alpha}_{i-1}\right] + \frac{1}{2\varsigma_i^2}\psi_i^2 + \frac{1}{2}\varsigma_i^2\overline{d}_i^2 \tag{5.2.18}$$

定义未知非线性函数 $F_{i,k}(Z_i)$ 为

$$F_{i,k}(Z_i) = f_{i,k}(\overline{x}_i) - \dot{\alpha}_{i-1} + \frac{1}{2\varsigma_i^2}\psi_i$$

利用神经网络逼近未知非线性函数 $F_{i,k}(Z_i)$，可得

$$F_{i,k}(Z_i) = W_{i,k}^{*\mathrm{T}} S_i(Z_i) + \delta_{i,k}(Z_i) \tag{5.2.19}$$

式中，$Z_i = [\overline{x}_i^{\mathrm{T}}; \hat{\theta}_1, \hat{\theta}_2, \cdots, \hat{\theta}_{i-1}; y_d, \dot{y}_d, \cdots, y_d^{(i)}; k_{b_1}, \dot{k}_{b_1}, \cdots, k_{b_1}^{(i)}; k_{b_2}, \dot{k}_{b_2}, \cdots, k_{b_2}^{(i)}; \cdots; k_{b_i}, \dot{k}_{b_i}]^{\mathrm{T}}$ 为神经网络的输入向量；$S_i(Z_i)$ 为神经元激活函数；对于 $k \in M$，$W_{i,k}^*$ 为最优权重向量；$\delta_{i,k}(Z_i)$ 为逼近误差。定义 $\overline{\delta}_i = \max\{|\delta_{i,k}(Z_i)|, k \in M\}$ 和 $\theta_i = \max\left\{\left\|W_{i,k}^*\right\|^2, k \in M\right\}$，$\theta_i$ 和 $\overline{\delta}_i$ 为正的常数。

由杨氏不等式，可得

$$\psi_i F_{i,k} \leqslant \frac{1}{2a_i^2}\psi_i^2\theta_i S_i^{\mathrm{T}}(Z_i) S_i(Z_i) + \frac{1}{2}a_i^2 + \frac{1}{2}\psi_i^2 + \frac{1}{2}\overline{\delta}_i^2 \tag{5.2.20}$$

式中，$a_i > 0$ 为设计参数。

由式 (5.2.18) ~ 式 (5.2.20)，可得

$$\dot{V}_i \leqslant \dot{V}_{i-1} + \frac{2k_{b_i}\dot{k}_{b_i}}{\pi}\tan\left(\frac{\pi z_i^2}{2k_{b_i}^2}\right) - \frac{\dot{k}_{b_i}}{k_{b_i}}\psi_i z_i + \frac{1}{2}a_i^2 \\ + \frac{1}{2}\psi_i^2 + \frac{1}{2}\overline{\delta}_i^2 + \frac{1}{2a_i^2}\psi_i^2\theta_i S_i^{\mathrm{T}}(Z_i) S_i(Z_i) \\ + \psi_i(z_{i+1} + \alpha_i) + \frac{1}{2}\varsigma_i^2\overline{d}_i^2 - \frac{1}{r_i}\tilde{\theta}_i\dot{\hat{\theta}}_i \tag{5.2.21}$$

设计如下虚拟控制器和自适应律：

$$\alpha_i = -\frac{h_i k_{b_i}^2}{\pi z_i}\sin\left(\frac{\pi z_i^2}{2k_{b_i}^2}\right)\cos\left(\frac{\pi z_i^2}{2k_{b_i}^2}\right) - H_i z_i$$

$$-\frac{1}{2a_i^2}\psi_i\hat{\theta}_iS_i^{\mathrm{T}}(Z_i)S_i(Z_i)-\frac{1}{2}\psi_i-z_i \tag{5.2.22}$$

$$\dot{\hat{\theta}}_i=\frac{r_i}{2a_i^2}\psi_i^2S_i^{\mathrm{T}}(Z_i)S_i(Z_i)-\overline{\sigma}_i\hat{\theta}_i \tag{5.2.23}$$

式中，$\overline{\sigma}_i>0$ 为设计常数；$H_i=\sup\sqrt{\left(\dot{k}_{b_i}/k_{b_i}\right)^2+\beta_i}$，$\beta_i>0$ 为设计参数，可得 $H_i\psi_iz_i\geqslant\dot{k}_{b_i}\psi_iz_i/k_{b_i}$，存在正常数 h_i，且满足 $h_i>2H_i$。

将式 (5.2.22) 和式 (5.2.23) 代入式 (5.2.21)，可得

$$\begin{aligned}\dot{V}_i\leqslant&-\sum_{j=1}^{i}(h_j-2H_j)\frac{k_{b_i}^2}{\pi}\tan\left(\frac{\pi z_j^2}{2k_{b_j}^2}\right)+\psi_iz_{i+1}\\&+\sum_{j=1}^{i}\frac{1}{2}\varsigma_j^2\overline{d}_j^2+\sum_{j=1}^{i}\frac{1}{2}a_j^2+\sum_{j=1}^{i}\frac{\overline{\sigma}_j}{r_j}\tilde{\theta}_j\hat{\theta}_j+\sum_{j=1}^{i}\frac{1}{2}\overline{\delta}_j^2\end{aligned} \tag{5.2.24}$$

第 $\boldsymbol{n}$ 步　根据式 (5.2.1) 和式 (5.2.2)，对 z_n 求导，可得

$$\dot{z}_n=f_{n,k}(\overline{x}_n)+u_k+d_{n,k}-\dot{\alpha}_{n-1} \tag{5.2.25}$$

式中

$$\begin{aligned}\dot{\alpha}_{n-1}=&\sum_{j=1}^{n-1}\frac{\partial\alpha_{n-1}}{\partial x_j}(f_{j,k}+x_{j+1}+d_{j+1})+\sum_{j=1}^{n-1}\frac{\partial\alpha_{n-1}}{\partial\hat{\theta}_j}\dot{\hat{\theta}}_j\\&+\sum_{j=0}^{n-1}\frac{\partial\alpha_{n-1}}{\partial y_d^{(j)}}y_d^{(j+1)}+\sum_{j=1}^{n-1}\sum_{p=0}^{n-j}\frac{\partial\alpha_{i-1}}{\partial k_{b_j}^{(p)}}k_{b_j}^{(p+1)}\end{aligned}$$

选择如下正切型障碍李雅普诺夫函数:

$$V_n=V_{n-1}+\frac{k_{b_n}^2}{\pi}\tan\left(\frac{\pi z_n^2}{2k_{b_n}^2}\right)+\frac{1}{2r_n}\tilde{\theta}_n^2 \tag{5.2.26}$$

式中，$r_n>0$ 为设计参数。

令 $\psi_n=\sec^2\left[\pi z_n^2/\left(2k_{b_n}^2\right)\right]z_n$，对 V_n 求导可得

$$\begin{aligned}\dot{V}_n=&\dot{V}_{n-1}+\frac{2k_{b_n}\dot{k}_{b_n}}{\pi}\tan\left(\frac{\pi z_n^2}{2k_{b_n}^2}\right)-\frac{\dot{k}_{b_n}}{k_{b_n}}\psi_nz_n\\&+\psi_n(u_k+f_{n,k}+d_{n,k}-\dot{\alpha}_{n-1})-\frac{1}{r_n}\tilde{\theta}_n\dot{\hat{\theta}}_n\end{aligned} \tag{5.2.27}$$

由杨氏不等式，可得

$$\psi_n d_{n,k} \leqslant \frac{1}{2\varsigma_n^2}\psi_n^2 + \frac{1}{2}\varsigma_n^2\overline{d}_n^2 \tag{5.2.28}$$

式中，$\varsigma_n > 0$ 为设计参数；$\overline{d}_n = \max\{|d_{n,k}|, k \in M\}$。

将式 (5.2.28) 代入式 (5.2.27)，可得

$$\begin{aligned}\dot{V}_n \leqslant & \dot{V}_{n-1} + \frac{2k_{b_n}\dot{k}_{b_n}}{\pi}\tan\left(\frac{\pi z_n^2}{2k_{b_n}^2}\right) - \frac{\dot{k}_{b_n}}{k_{b_n}}\psi_n z_n - \frac{1}{r_n}\tilde{\theta}_n\dot{\hat{\theta}}_n \\ & + \psi_n\left[u_k + f_{n,k}(\overline{x}_n) - \dot{\alpha}_{n-1}\right] + \frac{1}{2\varsigma_n^2}\psi_n^2 + \frac{1}{2}\varsigma_n^2\overline{d}_n^2\end{aligned} \tag{5.2.29}$$

定义未知非线性函数 $F_{n,k}(Z_n)$ 为

$$F_{n,k}(Z_n) = f_{n,k}(\overline{x}_n) - \dot{\alpha}_{n-1} + \frac{1}{2\varsigma_n^2}\psi_n$$

利用神经网络逼近未知非线性函数 $F_{n,k}(Z_n)$，可得

$$F_{n,k}(Z_n) = W_{n,k}^{*\mathrm{T}} S_n(Z_n) + \delta_{n,k}(Z_n) \tag{5.2.30}$$

式中，$Z_n = [\overline{x}_n^{\mathrm{T}}; \hat{\theta}_1, \hat{\theta}_2, \cdots, \hat{\theta}_{n-1}; y_d, \dot{y}_d, \cdots, y_d^{(n)}; k_{b_1}, \dot{k}_{b_1}, \cdots, k_{b_1}^{(n)}; k_{b_2}, \dot{k}_{b_2}, \cdots, k_{b_2}^{(n-1)}; \cdots; k_{b_n}, \dot{k}_{b_n}]^{\mathrm{T}}$ 为神经网络的输入向量；$S_n(Z_n)$ 为神经元激活函数；对于 $k \in M$，$W_{n,k}^*$ 为最优权重向量；$\delta_{n,k}(Z_n)$ 为逼近误差。定义 $\overline{\delta}_n = \max\{|\delta_{n,k}(Z_n)|, k \in M\}$ 和 $\theta_n = \max\left\{\left\|W_{n,k}^*\right\|^2, k \in M\right\}$，$\theta_n$ 和 $\overline{\delta}_n$ 为正的常数。

由杨氏不等式，可得

$$\psi_n F_{n,k} \leqslant \frac{1}{2a_n^2}\psi_n^2\theta_n S_n^{\mathrm{T}}(Z_n) S_n(Z_n) + \frac{1}{2}a_n^2 + \frac{1}{2}\psi_n^2 + \frac{1}{2}\overline{\delta}_n^2 \tag{5.2.31}$$

式中，$a_n > 0$ 为设计参数。

由式 (5.2.30) 和式 (5.2.31)，可得

$$\begin{aligned}\dot{V}_n \leqslant & \dot{V}_{n-1} + \frac{2k_{b_n}\dot{k}_{b_n}}{\pi}\tan\left(\frac{\pi z_n^2}{2k_{b_n}^2}\right) - \frac{\dot{k}_{b_n}}{k_{b_n}}\psi_n z_n + \frac{1}{2}a_n^2 + \frac{1}{2}\psi_n^2 + \frac{1}{2}\overline{\delta}_n^2 \\ & + \psi_n u_k + \frac{1}{2}\varsigma_n^2\overline{d}_n^2 - \frac{1}{r_n}\tilde{\theta}_n\dot{\hat{\theta}}_n + \frac{1}{2a_n^2}\psi_n^2\theta_n S_n^{\mathrm{T}}(Z_n) S_n(Z_n)\end{aligned} \tag{5.2.32}$$

设计如下实际控制器和自适应律：

$$u_k = -\frac{h_n k_{b_n}^2}{\pi z_n}\sin\left(\frac{\pi z_n^2}{2k_{b_n}^2}\right)\cos\left(\frac{\pi z_n^2}{2k_{b_n}^2}\right) - H_n z_n - \frac{1}{2a_n^2}\psi_n\hat{\theta}_n S_n^{\mathrm{T}}(Z_n)S_n(Z_n) - \frac{1}{2}\psi_n - z_n \tag{5.2.33}$$

$$\dot{\hat{\theta}}_n = \frac{r_n}{2a_n^2}\psi_n^2 S_n^{\mathrm{T}}(Z_n)S_n(Z_n) - \overline{\sigma}_n\hat{\theta}_n \tag{5.2.34}$$

式中，$\overline{\sigma}_n > 0$ 为设计常数；$H_n = \sup\sqrt{\left(\dot{k}_{b_n}/k_{b_n}\right)^2 + \beta_n}$，$\beta_n > 0$ 为设计参数，可得 $H_n\psi_n z_n \geqslant \dot{k}_{b_n}\psi_n z_n/k_{b_n}$，存在正常数 h_n，且满足 $h_n > 2H_n$。

将式 (5.2.33) 和式 (5.2.34) 代入式 (5.2.32)，可得

$$\dot{V}_n \leqslant -\sum_{j=1}^{n}(h_j - 2H_j)\frac{k_{b_n}^2}{\pi}\tan\left(\frac{\pi z_j^2}{2k_{b_j}^2}\right) + \sum_{j=1}^{n}\frac{1}{2}a_j^2 + \sum_{j=1}^{n}\frac{1}{2}\varsigma_j^2\overline{d}_j^2 + \sum_{j=1}^{n}\frac{\overline{\sigma}_j}{r_j}\tilde{\theta}_j\hat{\theta}_j + \sum_{j=1}^{n}\frac{1}{2}\overline{\delta}_j^2 \tag{5.2.35}$$

由杨氏不等式，可得

$$\frac{\overline{\sigma}_j}{r_j}\tilde{\theta}_j\hat{\theta}_j \leqslant -\frac{\overline{\sigma}_j}{2r_j}\tilde{\theta}_j^2 + \frac{\overline{\sigma}_j}{2r_j}\theta_j^2 \tag{5.2.36}$$

因此，式 (5.2.35) 可表示为

$$\dot{V}_n \leqslant -\sum_{j=1}^{n}\left[(h_j - 2H_j)\frac{k_{b_n}^2}{\pi}\tan\left(\frac{\pi z_j^2}{2k_{b_j}^2}\right) + \frac{\overline{\sigma}_j}{2r_j}\tilde{\theta}_j^2\right] + \sum_{j=1}^{n}\left(\frac{1}{2}\varsigma_j^2\overline{d}_j^2 + \frac{1}{2}a_j^2 + \frac{\overline{\sigma}_j}{2r_j}\theta_j^2 + \frac{1}{2}\overline{\delta}_j^2\right) \tag{5.2.37}$$

由式 (5.2.3)、式 (5.2.15) 和式 (5.2.26)，可得

$$V = \sum_{j=1}^{n}\left[\frac{k_{b_j}^2}{\pi}\tan\left(\frac{\pi z_j^2}{2k_{b_j}^2}\right) + \frac{1}{2\gamma_j}\tilde{\theta}_j^2\right] \tag{5.2.38}$$

由式 (5.2.37) 和式 (5.2.38)，可得

$$\dot{V} \leqslant -\rho V + C \tag{5.2.39}$$

式中，$\rho=\min\{(h_i-2H_i),\overline{\sigma}_i\}\,(i=1,2,\cdots,n)$；$C=\dfrac{1}{2}\sum\limits_{j=1}^{n}\left(\varsigma_j^2\overline{d}_j^2+a_j^2+\dfrac{\overline{\sigma}_j}{r_j}\theta_j^2+\overline{\delta}_j^2\right)$。

5.2.3 稳定性与收敛性分析

定理 5.2.1 对于非线性切换系统 (5.2.1)，假设 5.2.1 和假设 5.2.2 成立。如果采用虚拟控制器 (5.2.11)、(5.2.22)，实际控制器 (5.2.33)，参数自适应律 (5.2.12)、(5.2.23)、(5.2.34)、(5.2.35)，那么总体控制方案具有如下性能：

(1) 闭环系统中的所有信号是半全局一致最终有界的；

(2) 跟踪误差收敛到包含原点的一个较小的邻域内；

(3) 系统所有状态满足指定约束条件。

证明 将式 (5.2.39) 两边同时乘以 $\mathrm{e}^{\rho t}$ 并积分，可得

$$
\begin{aligned}
V(t) &\leqslant \mathrm{e}^{-\rho t}\left[V(0)-C/\rho\right]+C/\rho \\
&\leqslant V(0)\,\mathrm{e}^{-\rho t}+C/\rho
\end{aligned}
\tag{5.2.40}
$$

其中，$\lim\limits_{t\to\infty}V_n(t)\leqslant C/\rho$。

由式 (5.2.38) 和式 (5.2.40)，可得

$$
|z_j|\leqslant k_{b_j}\sqrt{\frac{2}{\pi}\arctan\left(\frac{C\pi}{\rho k_{b_j}}\right)}<k_{b_j} \tag{5.2.41}
$$

$$
\tilde{\theta}_j\leqslant\sqrt{2C\gamma_j/\rho} \tag{5.2.42}
$$

在控制设计中，如果选择适当的设计参数，就可得跟踪误差 $z_1=x_1-y_d$ 收敛到包含原点的一个较小的邻域内。由 $z_1=x_1-y_d$ 和 $y_d\leqslant Y_0$，可得 $|x_1|\leqslant|z_1|+|y_d|<k_{b_1}+Y_0$，由 k_{b_1} 的定义可得 $|x_1|<k_{c_1}$。同时，由式 (5.2.42) 中 $\tilde{\theta}_j=\theta_j-\hat{\theta}_j$ 的有界性，可以得到 $\hat{\theta}_j\,(j=1,2,\cdots,n)$ 是有界的。此外，可得虚拟控制器 α_1 是有界的，且 $|\alpha_1|\leqslant A_1$。由 $z_2=x_2-\alpha_1$ 和 $|z_2|<k_{b_2}$，可知状态变量 $|x_2|<k_{b_2}+A_1=k_{c_2}$，即状态变量 x_2 不违反约束。进一步，可得虚拟控制器 α_2 是有界的。类似地，可以确定状态变量 $|x_j|<k_{c_j}\,(j=3,4,\cdots,n)$ 不违反约束，且实际控制器 u 也是有界的，最终证明了闭环系统的所有信号都是有界的。

评注 5.2.1 本节针对一类具有时变全状态约束的非线性切换系统，介绍了一种神经网络自适应输出反馈控制方法。本节介绍的智能约束方法是基于时间触发的，基于事件触发的智能约束控制方法可参见文献 [9] ~ [12]。

5.2.4 仿真

例 5.2.1 考虑不确定非线性切换系统：

$$\begin{cases} \dot{x}_1 = x_2 + f_{1,\sigma(t)}(x_1) + d_{1,\sigma(t)}(t) \\ \dot{x}_2 = u_{\sigma(t)} + f_{2,\sigma(t)}(\bar{x}_2) + d_{2,\sigma(t)}(t) \\ y = x_1 \end{cases} \tag{5.2.43}$$

式中，x_1 和 x_2 为状态向量；u_k 为系统输入；y 为系统输出。状态约束条件为 $|x_1| < k_{c_1}(t) = 1 + 0.18\sin(1.9t)$ 和 $|x_2| < k_{c_2}(t) = 3 + 1.6\sin(2.1t)$。当切换信号 $\sigma(t) = 1$ 时，$f_{1,1}(x_1) = x_1$、$f_{2,1}(x_1, x_2) = x_1 x_2$，干扰为 $d_{1,1} = \sin(0.4x_1)$、$d_{2,1} = x_1\cos(0.3x_2)$；当切换信号 $\sigma(t) = 2$ 时，$f_{1,2}(x_1) = 0.01\sin(0.5x_1)$、$f_{2,2}(x_1, x_2) = 0.02x_1x_2$，干扰为 $d_{1,2} = 0.02\sin(t)$、$d_{2,2} = 0.03x_1\cos(0.5x_2)$。参考信号为 $y_d(t) = 0.9\sin(t)$。

设计如下控制器和自适应律：

$$\begin{aligned} \alpha_1 =& -\frac{h_1 k_{b_1}^2}{\pi z_1}\sin\left(\frac{\pi z_1^2}{2k_{b_1}^2}\right)\cos\left(\frac{\pi z_1^2}{2k_{b_1}^2}\right) - H_1 z_1 \\ & -\frac{1}{2a_1^2}\psi_1\hat{\theta}_1 S_1^{\mathrm{T}}(Z_1) S_1(Z_1) - \frac{1}{2}\psi_1 \\ u_k =& -\frac{h_2 k_{b_2}^2}{\pi z_2}\sin\left(\frac{\pi z_2^2}{2k_{b_2}^2}\right)\cos\left(\frac{\pi z_2^2}{2k_{b_2}^2}\right) - H_2 z_2 \\ & -\frac{1}{2a_2^2}\psi_2\hat{\theta}_2 S_2^{\mathrm{T}}(Z_2) S_2(Z_2) - \frac{1}{2}\psi_2 - z_2 \\ \dot{\hat{\theta}}_i =& \frac{r_i}{2a_i^2}\psi_i^2 S_i^{\mathrm{T}}(Z_i) S_i(Z_i) - \bar{\sigma}_i\hat{\theta}_i, \quad i = 1, 2 \end{aligned}$$

式中，$z_1 = x_1 - y_d$；$z_2 = x_2 - \alpha_1$；$Z_1 = [x_1, y_d, \dot{y}_d]^{\mathrm{T}}$；$Z_2 = \left[x_1, x_2, \hat{\theta}_1, y_d, \dot{y}_d, \ddot{y}_d, k_{b_1}, \dot{k}_{b_1}, \ddot{k}_{b_1}, k_{b_2}, \dot{k}_{b_2}\right]^{\mathrm{T}}$。

选择设计参数为 $h_1 = 0.5$、$h_2 = 2$、$\beta_1 = 2$、$\beta_2 = 1$、$r_1 = 18$、$r_2 = 12$、$\bar{\sigma}_1 = \bar{\sigma}_2 = 24$、$a_1 = 0.3$、$a_2 = 0.4$，初始条件为 $x_1(0) = 0.09$、$x_2(0) = 0.19$、$\hat{\theta}_1(0) = 0.4$、$\hat{\theta}_2(0) = 0.5$。

神经网络逼近 $S_1(Z_1)$ 包含 9 个节点，其中心平均分布在 $[-5, -0.1] \times [-2.5, -0.15] \times [-4.5, -0.05]$ 区间，高斯函数的宽度为 5。神经网络逼近 $S_2(Z_2)$ 包含 9 个节点，x_1、x_2、$\hat{\theta}_1$ 的中心平均分布在 $[-3.5, -0.03] \times [-2.5, -0.15] \times [-2.6, -0.2]$ 区间，y_d、$\dot{y}_d$、$\ddot{y}_d$ 的中心平均分布在 $[-0.45, -0.15] \times [-5, -0.05] \times [-4.5, -0.1]$ 区间，k_{b_1}、$\dot{k}_{b_1}$、$\ddot{k}_{b_1}$ 的中心平均分布在 $[-5, -0.35] \times [-6.5, -0.5] \times [-7, -0.45]$ 区间，k_{b_2}、$\dot{k}_{b_2}$ 的中心平均分布在 $[-5, -0.15] \times [-4.5, -0.5]$ 区间，高斯函数的宽度为 15。

仿真结果如图 5.2.1 ~ 图 5.2.6 所示。

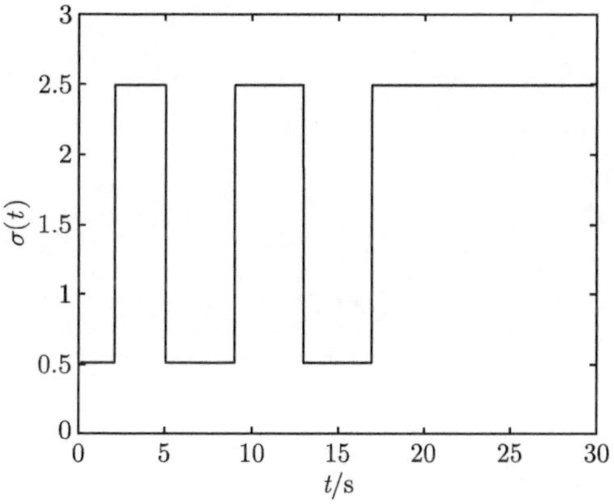

图 5.2.1 切换信号 $\sigma(t)$ 的轨迹

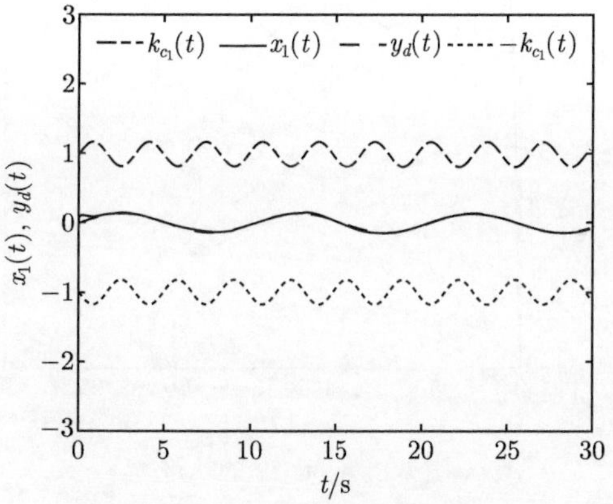

图 5.2.2 $x_1(t)$ 和 $y_d(t)$ 的轨迹

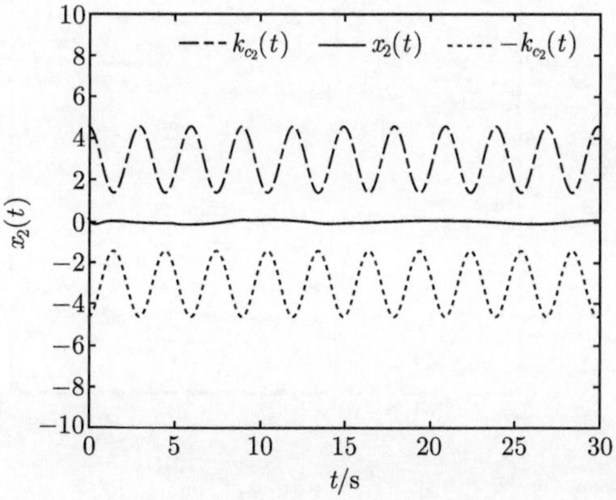

图 5.2.3 $x_2(t)$ 的轨迹

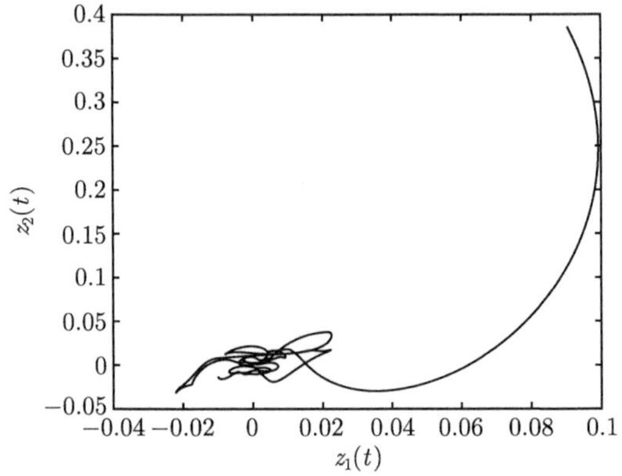

图 5.2.4　$z_1(t)$ 和 $z_2(t)$ 的相位图

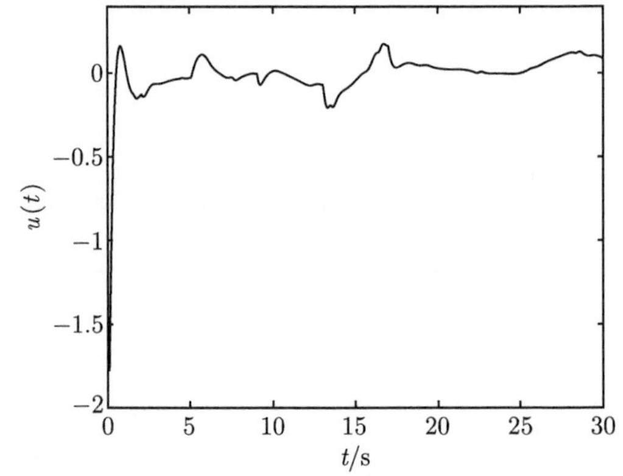

图 5.2.5　$u(t)$ 的轨迹

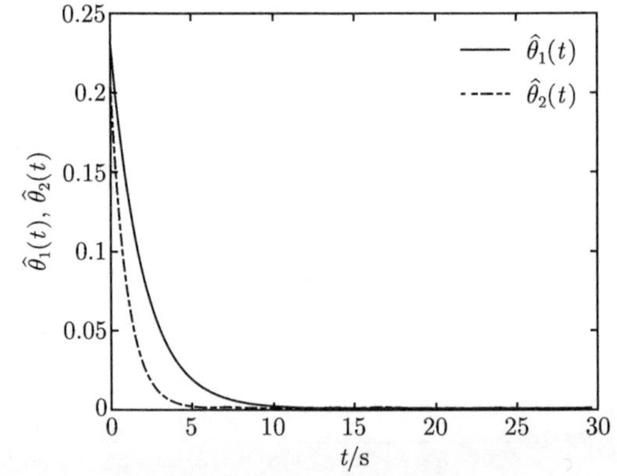

图 5.2.6　$\hat{\theta}_1(t)$ 和 $\hat{\theta}_2(t)$ 的轨迹

5.3 具有状态相关约束非线性切换系统的自适应控制

5.1 节和 5.2 节针对具有常数或时变状态约束的非线性切换系统，介绍了几种神经网络自适应控制方法。本节针对具有状态相关约束的不确定非线性切换系统，介绍一种基于对数型障碍李雅普诺夫函数模糊自适应约束控制方法，并给出闭环系统的稳定性与收敛性分析。

5.3.1 系统模型及控制问题描述

考虑如下非线性严格反馈切换系统：

$$\begin{cases} \dot{x}_i = x_{i+1} + f_{i,\sigma(t)}\left(\bar{x}_i\right) + d_{i,\sigma(t)}\left(t\right), \quad i = 1, 2, \cdots, n-1 \\ \dot{x}_n = u_{\sigma(t)} + f_{n,\sigma(t)}\left(\bar{x}_n\right) + d_{n,\sigma(t)}\left(t\right) \\ y = x_1 \end{cases} \tag{5.3.1}$$

式中，$\sigma(t)$ 为切换信号，$\sigma(t): [0, +\infty) \to M = \{1, 2, \cdots, m\}$ 为分段连续函数，m 为子系统的数量；$\bar{x}_i = [x_1, x_2, \cdots, x_i]^{\mathrm{T}} \in \mathbf{R}^i\,(i = 1, 2, \cdots, n-1)$ 和 $x = \bar{x}_n = [x_1, x_2, \cdots, x_n]^{\mathrm{T}} \in \mathbf{R}^n$ 为状态向量；$y \in \mathbf{R}$ 为系统输出；对于 $k \in M$，$u_k \in \mathbf{R}$ 为系统输入，$f_{i,k}(\bar{x}_i)$ 和 $d_{i,k}(t)\,(i = 1, 2, \cdots, n)$ 分别为未知的光滑函数和有界的外部干扰，并且满足 $|d_{i,k}(t)| \leqslant \bar{d}_{i,k}$，$\bar{d}_{i,k} \geqslant 0$ 为一个常数。系统所有状态均满足 $|x_i| < k_{c_i}(\bar{x}_{i-1}, t)$，$k_{c_i}(\bar{x}_{i-1}, t)$ 为与系统状态相关的已知光滑函数。$x_0 = y_d$，y_d 为参考信号。

假设 5.3.1 对于参考信号 $y_d(t)$ 及其第 i 阶导数 $y_d^{(i)}(t)$，存在正常数 Y_0 和 $Y_i\,(i = 1, 2, \cdots, n)$，满足 $|y_d(t)| \leqslant Y_0 < k_{c_1}$ 和 $\left|y_d^{(i)}(t)\right| \leqslant Y_i$。

控制任务 设计一种自适应模糊约束控制器，使得：

(1) 闭环系统的所有信号是半全局一致最终有界的；

(2) 跟踪误差收敛到包含原点的一个较小的邻域内；

(3) 系统所有状态满足指定约束条件。

5.3.2 模糊自适应反步递推控制设计

定义如下坐标变换：

$$\begin{cases} z_1 = x_1 - y_d \\ z_2 = x_2 - \alpha_1 - \dot{y}_d \\ \quad\vdots \\ z_n = x_n - \alpha_{n-1} - y_d^{(n-1)} \end{cases} \tag{5.3.2}$$

式中，z_1 为跟踪误差；$z_i (i = 2, 3, \cdots, n)$ 为误差变量；$\alpha_{i-1} (i = 2, 3, \cdots, n)$ 为虚拟控制器。

基于上述坐标变换，n 步模糊自适应反步递推控制设计过程如下。

第 1 步　根据式 (5.3.1) 和式 (5.3.2)，对 z_1 求导，可得

$$\dot{z}_1 = z_2 + \alpha_1 + f_{1,k}(x_1) + d_{1,k}$$

利用模糊逻辑系统逼近未知非线性函数 $f_{1,k}(x_1)$，可得

$$f_{1,k}(x_1) = W_{1,k}^{*\mathrm{T}} S_1(x_1) + \delta_{1,k}(x_1)$$

式中，$S_1(x_1) \in \mathbf{R}^l$ 为模糊基函数；$W_{1,k}^*$ 为最优权重向量；$\delta_{1,k}(x_1)$ 为逼近误差。定义 $\theta_1 = \max\left\{\left\|W_{1,k}^*\right\|^2, k \in M\right\}$ 和 $\bar{\delta}_1 = \max\left\{\left|\delta_{1,k}(x_1)\right|, k \in M\right\}$，$\theta_1$ 和 $\bar{\delta}_1$ 为正常数。

选择如下对数型障碍李雅普诺夫函数：

$$V_1 = \frac{1}{2}\ln\left[\frac{k_1^2(y_d,t)}{k_1^2(y_d,t) - z_1^2}\right] + \frac{1}{2}\beta_1^{-1}\tilde{\theta}_1^2 \tag{5.3.3}$$

式中，$\beta_1 > 0$ 为设计参数；$\tilde{\theta}_1 = \theta_1 - \hat{\theta}_1$ 为参数估计误差，$\hat{\theta}_1$ 为 θ_1 的估计；$k_1(y_d,t) \neq 0$ 是同时与时间 t 和期望信号 y_d 相关的函数，且有 $|z_1(0)| < k_1(y_d(0), 0)$ 成立。

对 V_1 求导，可得

$$\begin{aligned}\dot{V}_1 = {}& \frac{z_1}{k_1^2(y_d,t) - z_1^2}\Bigg[z_2 + \alpha_1 + W_{1,k}^{*\mathrm{T}} S_1(x_1) \\ & + \delta_{1,k}(x_1) + d_{1,k} - z_1\frac{\dot{k}_1(y_d,t)}{k_1(y_d,t)}\Bigg] - \frac{1}{\beta_1}\tilde{\theta}_1\dot{\hat{\theta}}_1\end{aligned} \tag{5.3.4}$$

式中，$\dot{k}_1(y_d,t) = \dot{y}_d \partial k_1(y_d,t)/\partial y_d + \partial k_1(y_d,t)/\partial t$。

由杨氏不等式，可得

$$\frac{z_1}{k_1^2(y_d,t) - z_1^2}\left[\delta_{1,k}(x_1) + d_{1,k}\right] \leqslant \frac{z_1^2}{\left[k_1^2(y_d,t) - z_1^2\right]^2} + \frac{1}{2}\left(\bar{\delta}_1^2 + \bar{d}_1^2\right) \tag{5.3.5}$$

$$\frac{z_1}{k_1^2(y_d,t) - z_1^2} W_{1,k}^{*\mathrm{T}} S_1(x_1) \leqslant \frac{z_1^2 \theta_1 S_1^{\mathrm{T}}(x_1) S_1(x_1)}{2a_1^2\left[k_1^2(y_d,t) - z_1^2\right]^2} + \frac{a_1^2}{2} \tag{5.3.6}$$

式中，$a_1 > 0$ 为设计参数；$\bar{d}_1 = \max\left\{\left|d_{1,k}\right|, k \in M\right\}$。

将式 (5.3.5) 和式 (5.3.6) 代入式 (5.3.4)，可得

$$\begin{aligned}\dot{V}_1 \leqslant {}& \frac{z_1}{k_1^2(y_d,t) - z_1^2}\left\{-\frac{\dot{k}_1(y_d,t)}{k_1(y_d,t)} z_1 + \frac{z_1}{k_1^2(y_d,t) - z_1^2} + \frac{z_1\theta_1 S_1^{\mathrm{T}}(x_1) S_1(x_1)}{2a_1^2[k_1^2(y_d,t) - z_1^2]}\right\} \\ & + \frac{a_1^2}{2} - \frac{1}{\beta_1}\tilde{\theta}_1\dot{\hat{\theta}}_1 + \frac{1}{2}\bar{\delta}_1^2 + \frac{1}{2}\bar{d}_1^2 + \frac{z_1}{k_1^2(y_d,t) - z_1^2}(\alpha_1 + z_2)\end{aligned} \tag{5.3.7}$$

设计如下虚拟控制器和自适应律:

$$\alpha_1 = -(K_1 - \bar{\kappa}_1) z_1 - \frac{z_1}{k_1^2(y_d,t) - z_1^2} - \frac{z_1 \hat{\theta}_1 S_1^{\mathrm{T}}(x_1) S_1(x_1)}{2a_1^2 [k_1^2(y_d,t) - z_1^2]} \tag{5.3.8}$$

$$\dot{\hat{\theta}}_1 = -\tau_1 \hat{\theta}_1 + \beta_1 \frac{z_1^2 S_1^{\mathrm{T}}(x_1) S_1(x_1)}{2a_1^2 [k_1^2(y_d,t) - z_1^2]} \tag{5.3.9}$$

式中，$\bar{\kappa}_1 = \sqrt{m_1^2 + q_1}$，$m_1 = \dot{k}_1(y_d,t)/k_1(y_d,t)$；$q_1 > 0$、$K_1 > 0$ 及 $\tau_1 > 0$ 为设计参数。

由杨氏不等式，可得

$$\frac{\tau_1}{\beta_1} \tilde{\theta}_1 \hat{\theta}_1 \leqslant \frac{\tau_1}{2\beta_1} \left(-\tilde{\theta}_1^2 + \theta_1^2 \right) \tag{5.3.10}$$

将式 (5.3.8) ~ 式 (5.3.10) 代入式 (5.3.7)，可得

$$\dot{V}_1 \leqslant \frac{z_1 z_2}{k_1^2(y_d,t) - z_1^2} - K_1 \frac{z_1^2}{k_1^2(y_d,t) - z_1^2} - \frac{\tau_1}{2\beta_1} \tilde{\theta}_1^2 + H_1$$

式中，$H_1 = \frac{1}{2}a_1^2 + \frac{1}{2}\bar{\delta}_1^2 + \frac{1}{2}\bar{d}_1^2 + \frac{\tau_1}{2\beta_1}\theta_1^2$。

第 $i\,(2 \leqslant i \leqslant n-1)$ 步 根据式 (5.3.1) 和式 (5.3.2)，对 z_i 求导，可得

$$\dot{z}_i = z_{i+1} + \alpha_i + f_{i,k}(\bar{x}_i) - \dot{\alpha}_{i-1} + d_{i,k}$$

式中

$$\begin{aligned}
\dot{\alpha}_{i-1} = & \sum_{m=1}^{i-1} \sum_{j=0}^{i-m} \frac{\partial \alpha_{i-1}}{\partial k_m^{(j)}(\bar{x}_{m-1},t)} \left[\frac{\partial k_m^{(j)}(\bar{x}_{m-1},t)}{\partial t} + \frac{\partial k_m^{(j)}(\bar{x}_{m-1},t)}{\partial x_j} \dot{x}_j \right] \\
& + \sum_{m=1}^{i-1} \frac{\partial \alpha_{i-1}}{\partial x_m} [x_{m+1} + f_{m,k}(\bar{x}_m) + d_{m,k}] \\
& + \sum_{m=1}^{i-1} \frac{\partial \alpha_{i-1}}{\partial x_m} [x_{m+1} + f_{m,k}(\bar{x}_m) + d_{m,k}]
\end{aligned}$$

并且 $k_1(x_0,t) = k_1(y_d,t)$。

定义未知非线性函数 $F_{i,k}(Z_i)$ 为

$$F_{i,k}(Z_i) = f_{i,k}(\bar{x}_i) - \dot{\alpha}_{i-1}$$

利用模糊逻辑系统逼近未知非线性函数 $F_{i,k}(Z_i)$，可得

$$F_{i,k}(Z_i) = W_{i,k}^{*\mathrm{T}} S_i(Z_i) + \delta_{i,k}(Z_i)$$

式中，$Z_i=\left[\bar{x}_i^{\mathrm{T}};y_d,\dot{y}_d,\cdots,y_d^{(i)};\hat{\theta}_1,\hat{\theta}_2,\cdots,\hat{\theta}_{i-1};k_1(y_d,t),\dot{k}_1(y_d,t),\cdots,k_1^{(i-1)}(y_d,t);\right.$ $\left.k_2(x_1,t),\dot{k}_2(x_1,t),\cdots,k_2^{(i-2)}(x_1,t);\cdots;k_i(\bar{x}_{i-1},t)\right]^{\mathrm{T}}$；$S_i(Z_i)\in\mathbf{R}^l$ 为模糊基函数；$W_{i,k}^*$ 为最优权重向量；$\delta_{i,k}(Z_i)$ 为逼近误差。定义 $\theta_i=\max\left\{\left\|W_{i,k}^*\right\|^2,k\in M\right\}$ 和 $\bar{\delta}_i=\max\left\{\left|\delta_{i,k}(Z_i)\right|,k\in M\right\}$，$\theta_i$ 和 $\bar{\delta}_i$ 为正常数。

选择如下对数型障碍李雅普诺夫函数：

$$V_i=V_{i-1}+\frac{1}{2}\ln\left[\frac{k_i^2(\bar{x}_{i-1},t)}{k_i^2(\bar{x}_{i-1},t)-z_i^2}\right]+\frac{1}{2}\beta_i^{-1}\tilde{\theta}_i^2 \tag{5.3.11}$$

式中，$k_i(\bar{x}_{i-1},t)\neq 0$ 为一个同时与时间 t 和系统状态 $\bar{x}_{i-1}$ 相关的函数；$\beta_i>0$ 为设计参数；$\tilde{\theta}_i=\theta_i-\hat{\theta}_i$ 为参数估计误差，$\hat{\theta}_i$ 为 θ_i 的估计。

对 V_i 求导，可得

$$\begin{aligned}\dot{V}_i=\dot{V}_{i-1}+\frac{z_i}{k_i^2(\bar{x}_{i-1},t)-z_i^2}&\left[z_{i+1}+\alpha_i+W_{i,k}^{*\mathrm{T}}S_i(Z_i)\right.\\&\left.+\delta_{i,k}(Z_i)+d_{i,k}-\frac{\dot{k}_i(\bar{x}_{i-1},t)}{k_i(\bar{x}_{i-1},t)}z_i\right]-\frac{1}{\beta_i}\tilde{\theta}_i\dot{\hat{\theta}}_i\end{aligned} \tag{5.3.12}$$

式中，$\dot{k}_i(\bar{x}_{i-1},t)=\sum\limits_{m=1}^{i}\frac{\partial k_i(\bar{x}_{i-1},t)}{\partial x_{m-1}}\dot{x}_{m-1}+\frac{\partial k_i(\bar{x}_{i-1},t)}{\partial t}$。

由杨氏不等式，可得

$$\frac{z_i}{k_i^2(\bar{x}_{i-1},t)-z_i^2}W_{i,k}^{*\mathrm{T}}S_i(Z_i)\leqslant\frac{z_i^2\theta_iS_i^{\mathrm{T}}(Z_i)S_i(Z_i)}{2a_i^2\left[k_i^2(\bar{x}_{i-1},t)-z_i^2\right]^2}+\frac{a_i^2}{2} \tag{5.3.13}$$

$$\frac{z_i}{k_i^2(\bar{x}_{i-1},t)-z_i^2}\left[\delta_{i,k}(Z_i)+d_{i,k}\right]\leqslant\frac{z_i^2}{\left[k_i^2(\bar{x}_{i-1},t)-z_i^2\right]^2}+\frac{1}{2}\left(\bar{\delta}_i^2+\bar{d}_i^2\right) \tag{5.3.14}$$

式中，$a_i>0$ 为设计参数；$\bar{d}_i=\max\left\{\left|d_{i,k}\right|,k\in M\right\}$。

设计如下虚拟控制器和自适应律：

$$\begin{aligned}\alpha_i=&-(K_i-\bar{\kappa}_i)z_i-\frac{k_i^2(\bar{x}_{i-1},t)-z_i^2}{k_{i-1}^2(\bar{x}_{i-2},t)-z_{i-1}^2}z_{i-1}\\&-\frac{z_i}{k_i^2(\bar{x}_{i-1},t)-z_i^2}-\frac{z_i\hat{\theta}_iS_i^{\mathrm{T}}(Z_i)S_i(Z_i)}{2a_i^2\left[k_i^2(\bar{x}_{i-1},t)-z_i^2\right]}\end{aligned} \tag{5.3.15}$$

$$\dot{\hat{\theta}}_i=-\tau_i\hat{\theta}_i+\beta_i\frac{z_i^2S_i^{\mathrm{T}}(Z_i)S_i(Z_i)}{2a_i^2\left[k_i^2(\bar{x}_{i-1},t)-z_i^2\right]^2} \tag{5.3.16}$$

式中，$\bar{\kappa}_i=\sqrt{m_i^2+q_i}$，$m_i=\dot{k}_i\left(\bar{x}_{i-1},t\right)/k_i\left(\bar{x}_{i-1},t\right)$，$q_i>0$ 为设计参数；$K_i>0$ 和 $\tau_i>0$ 为设计参数。

由杨氏不等式，可得

$$\frac{\tau_i}{\beta_i}\tilde{\theta}_i\hat{\theta}_i\leqslant\frac{\tau_i}{2\beta_i}\left(-\tilde{\theta}_i^2+\theta_i^2\right) \tag{5.3.17}$$

将式 (5.3.13) ~ 式 (5.3.17) 代入式 (5.3.12)，可得

$$\dot{V}_i\leqslant\frac{z_iz_{i+1}}{k_i^2\left(\bar{x}_{i-1},t\right)-z_i^2}-\sum_{m=1}^{i}K_m\frac{z_m^2}{k_m^2\left(\bar{x}_{m-1},t\right)-z_m^2}-\sum_{m=1}^{i}\frac{\tau_m}{2\beta_m}\tilde{\theta}_m^2+H_i \tag{5.3.18}$$

式中，$H_i=H_{i-1}+\dfrac{1}{2}\left(\bar{\delta}_i^2+\bar{d}_i^2+a_i^2\right)+\dfrac{\tau_i}{2\beta_i}\theta_i^2$。

第 n 步 根据式 (5.3.1) 和式 (5.3.2)，对 z_n 求导，可得

$$\dot{z}_n=u_k+f_{n,k}\left(\bar{x}_n\right)+d_{n,k}-\dot{\alpha}_{n-1}-y_d^{(n)}$$

式中

$$\begin{aligned}\dot{\alpha}_{n-1}=&\sum_{m=1}^{n-1}\sum_{j=0}^{n-m}\frac{\partial\alpha_{n-1}}{\partial k_m^{(j)}\left(\bar{x}_{m-1},t\right)}\left[\frac{\partial k_m^{(j)}\left(\bar{x}_{m-1},t\right)}{\partial t}+\frac{\partial k_m^{(j)}\left(\bar{x}_{m-1},t\right)}{\partial x_j}\dot{x}_j\right]\\&+\sum_{m=1}^{n-1}\frac{\partial\alpha_{n-1}}{\partial\hat{\theta}_m}\dot{\hat{\theta}}_m+\sum_{m=1}^{n-1}\frac{\partial\alpha_{n-1}}{\partial y_d^{(m-1)}}y_d^{(m)}\\&+\sum_{m=1}^{n-1}\frac{\partial\alpha_{n-1}}{\partial x_m}\left[x_{m+1}+f_{m,k}\left(\bar{x}_m\right)+d_{m,k}\right]\end{aligned}$$

定义未知非线性函数 $F_{n,k}\left(Z_n\right)$ 为

$$F_{n,k}\left(Z_n\right)=f_{n,k}\left(\bar{x}_n\right)-\dot{\alpha}_{n-1}$$

利用模糊逻辑系统逼近未知函数 $F_{n,k}\left(Z_n\right)$，可得

$$F_{n,k}\left(Z_n\right)=W_{n,k}^{*\mathrm{T}}S_n\left(Z_n\right)+\delta_{n,k}\left(Z_n\right)$$

式中,$Z_n=\left[\bar{x}_n^{\mathrm{T}};\,y_d,\,\dot{y}_d,\,\cdots,\,y_d^{(i)};\,\hat{\theta}_1,\,\hat{\theta}_2,\,\cdots,\,\hat{\theta}_{i-1};\,k_1\left(y_d,t\right),\,\dot{k}_1\left(y_d,t\right),\,\cdots,\,k_1^{(i-1)}\right.$ $\left.\left(y_d,t\right);k_2\left(x_1,t\right),\dot{k}_2\left(x_1,t\right),\cdots,k_2^{(i-2)}\left(x_1,t\right);\cdots;k_n\left(\bar{x}_{n-1},t\right)\right]^{\mathrm{T}}$； $S_n\left(Z_n\right)\in\mathbf{R}^l$ 为模糊基函数;$W_{n,k}^*$ 为最优权重向量;$\delta_{n,k}\left(Z_n\right)$ 为逼近误差。定义 $\theta_n=\max\left\{\left\|W_{n,k}^*\right\|^2,\right.$ $\left.k\in M\right\}$ 和 $\bar{\delta}_n=\max\left\{\left|\delta_{n,k}\left(Z_n\right)\right|,k\in M\right\}$，$\theta_n$ 和 $\bar{\delta}_n$ 为正常数。

选择如下对数型障碍李雅普诺夫函数：

$$V_n = V_{n-1} + \frac{1}{2}\ln\left[\frac{k_n^2(\bar{x}_{n-1},t)}{k_n^2(\bar{x}_{n-1},t) - z_n^2}\right] + \frac{1}{2}\beta_n^{-1}\tilde{\theta}_n^2 \tag{5.3.19}$$

式中，$k_n(\bar{x}_{n-1},t) \neq 0$ 为同时与时间 t 和系统状态 $\bar{x}_{n-1}$ 相关的函数；$\beta_n > 0$ 为设计参数；$\tilde{\theta}_n = \theta_n - \hat{\theta}_n$ 为参数估计误差，$\hat{\theta}_n$ 为 θ_n 的估计。

对 V_n 求导，可得

$$\begin{aligned}\dot{V}_n &= \dot{V}_{n-1} - \frac{\tilde{\theta}_n\dot{\hat{\theta}}_n}{\beta_n} + \frac{z_n}{k_n^2(\bar{x}_{n-1},t) - z_n^2}\left[\dot{z}_n - \frac{\dot{k}_n(\bar{x}_{n-1},t)}{k_n(\bar{x}_{n-1},t)}z_n\right] \\ &= \dot{V}_{n-1} + \frac{z_n}{k_n^2(\bar{x}_{n-1},t) - z_n^2}\left[u_k + W_{n,k}^{*\mathrm{T}}S_n(Z_n) + \delta_{n,k}(Z_n)\right. \\ &\quad \left. + d_{n,k} - y_d^{(n)} - \frac{\dot{k}_n(\bar{x}_{n-1},t)}{k_n(\bar{x}_{n-1},t)}z_n\right] - \frac{1}{\beta_n}\tilde{\theta}_n\dot{\hat{\theta}}_n\end{aligned} \tag{5.3.20}$$

式中，$\dot{k}_n(\bar{x}_{n-1},t) = \sum\limits_{m=1}^{n-1}\dfrac{\partial k_n(\bar{x}_{n-1},t)}{\partial \bar{x}_{m-1}}\dot{x}_{n-1} + \dfrac{\partial k_n(\bar{x}_{n-1},t)}{\partial t}$。

由杨氏不等式，可得

$$\frac{z_n}{k_n^2(\bar{x}_{n-1},t) - z_n^2}W_{n,k}^{*\mathrm{T}}S_n(Z_n) \leqslant \frac{z_n^2\theta_n S_n^{\mathrm{T}}(Z_n)S_n(Z_n)}{2a_n^2\left[k_n^2(\bar{x}_{n-1},t) - z_n^2\right]^2} + \frac{a_n^2}{2} \tag{5.3.21}$$

$$\begin{aligned}&\frac{z_n}{k_n^2(\bar{x}_{n-1},t) - z_n^2}\left[\delta_{n,k}(Z_n) + d_{n,k} - y_d^{(n)}\right] \\ &\leqslant \frac{3}{2}\frac{z_n^2}{\left[k_n^2(\bar{x}_{n-1},t) - z_n^2\right]^2} + \frac{1}{2}\left(\bar{\delta}_n^2 + \bar{d}_n^2 + Y_n\right)\end{aligned} \tag{5.3.22}$$

式中，$a_n > 0$ 为设计参数；$\bar{d}_n = \max\left\{\left|d_{n,k}\right|, k \in M\right\}$。

设计如下实际控制器和自适应律：

$$\begin{aligned}u_k =& -(K_n - \bar{\kappa}_n)z_n - \frac{z_n\hat{\theta}_n S_n^{\mathrm{T}}(Z_n)S_n(Z_n)}{2a_n^2\left[k_n^2(\bar{x}_{n-1},t) - z_n^2\right]} \\ & - \frac{3}{2}\frac{z_n}{k_n^2(\bar{x}_{n-1},t) - z_n^2} - \frac{k_n^2(\bar{x}_{n-1},t) - z_n^2}{k_{n-1}^2(\bar{x}_{n-2},t) - z_{n-1}^2}z_{n-1}\end{aligned} \tag{5.3.23}$$

$$\dot{\hat{\theta}}_n = -\tau_n\hat{\theta}_n + \beta_n\frac{z_n^2 S_n^{\mathrm{T}}(Z_n)S_n(Z_n)}{2a_n^2\left[k_n^2(\bar{x}_{n-1},t) - z_n^2\right]^2} \tag{5.3.24}$$

式中，$\bar{\kappa}_n = \sqrt{m_n^2 + q_n}$，$m_n = \dot{k}_n(\bar{x}_{n-1}, t)/k_n(\bar{x}_{n-1}, t)$，$q_n > 0$ 为设计参数；$K_n > 0$ 和 $\tau_n > 0$ 为设计参数。

由杨氏不等式，可得

$$\frac{\tau_n}{\beta_n}\tilde{\theta}_n\hat{\theta}_n \leqslant \frac{\tau_n}{2\beta_n}\left(-\tilde{\theta}_n^2 + \theta_n^2\right) \tag{5.3.25}$$

将式 (5.3.21) ~ 式 (5.3.25) 代入式 (5.3.20)，可得

$$\dot{V}_n \leqslant -\sum_{m=1}^{n}\frac{\tau_m}{2\beta_m}\tilde{\theta}_m^2 - \sum_{m=1}^{n}K_m\frac{z_m^2}{k_m^2(\bar{x}_{m-1}, t) - z_m^2} + H_n \tag{5.3.26}$$

式中，$H_n = H_{n-1} + \frac{1}{2}\left(\bar{\delta}_n^2 + \bar{d}_n^2 + Y_n + a_n^2\right) + \frac{\tau_n}{2\beta_n}\theta_n^2$。

由式 (5.3.3)、式 (5.3.11) 和式 (5.3.19)，可得

$$V = V_n = \frac{1}{2}\sum_{i=1}^{n}\ln\left[\frac{k_i^2(\bar{x}_{i-1}, t)}{k_i^2(\bar{x}_{i-1}, t) - z_i^2}\right] + \frac{1}{2}\sum_{i=1}^{n}\beta_i^{-1}\tilde{\theta}_i^2 \tag{5.3.27}$$

由式 (5.3.26) 和式 (5.3.27)，可得

$$\dot{V} \leqslant -\rho V + C \tag{5.3.28}$$

式中，$\rho = \min\{K_m, \tau_m\}(m = 1, 2, \cdots, n)$；$C = H_n$。

5.3.3 稳定性与收敛性分析

定理 5.3.1 对于具有状态相关约束的非线性切换系统 (5.3.1)，假设 5.3.1 成立。如果采用实际控制器 (5.3.23)，虚拟控制器 (5.3.8) 和 (5.3.15)，以及参数自适应律 (5.3.9)、(5.3.16) 和 (5.3.24)，那么总体控制方案具有如下性能：

(1) 闭环系统中的所有信号是半全局一致最终有界的；

(2) 跟踪误差收敛到包含原点的一个较小的邻域内；

(3) 系统所有状态满足指定约束条件。

证明 式 (5.3.28) 两边同时乘以 $\mathrm{e}^{\rho t}$ 并积分，可得

$$V \leqslant \left[V(0) - \frac{C}{\rho}\right]\mathrm{e}^{-\rho t} + \frac{C}{\rho} \tag{5.3.29}$$

其中，$\lim\limits_{t\to\infty} V(t) \leqslant C/\rho$。

由式 (5.3.27) 和式 (5.3.28)，可得

$$|z_i| \leqslant \sqrt{k_i^2(\bar{x}_{i-1}, t) - \frac{k_i^2(\bar{x}_{i-1}, t)}{\mathrm{e}^{[V(0)-C/\rho]\mathrm{e}^{\rho t} + C/\rho}}}, \quad i = 1, 2, \cdots, n$$

同理可得

$$\tilde{\theta}_i \leqslant \sqrt{2\lambda_{\max}(\beta_i)\left\{\left[V(0)-\frac{C}{\rho}\right]\mathrm{e}^{-\rho t}+\frac{C}{\rho}\right\}},\quad i=1,2,\cdots,n$$

由上述结果可得误差 z_i、$\tilde{\theta}_i\,(i=1,2,\cdots,n)$ 能够分别收敛到包含原点的一个较小的邻域内,它们都是有界的。由于 $\theta_i\,(i=1,2,\cdots,n)$ 是有界的,可得 $\hat{\theta}_i\,(i=1,2,\cdots,n)$ 也是有界的。根据 $\alpha_i\,(i=1,2,\cdots,n-1)$ 和 u_k 的定义,可以判断它们也都是有界的。

根据假设 5.3.1 和 $z_1=x_1-y_d$,容易推导出 $-k_{c_1}(y_d,t)<x_1<k_{c_1}(y_d,t)$,且

$$-k_{c_1}(y_d,t)=-Y_0(t)-\sqrt{k_1^2(y_d,t)-\frac{k_1^2(y_d,t)}{\mathrm{e}^{\left[V(0)-\frac{C}{\rho}\right]\mathrm{e}^{\rho t}+\frac{C}{\rho}}}}$$

$$k_{c_1}(y_d,t)=Y_0(t)+\sqrt{k_1^2(y_d,t)-\frac{k_1^2(y_d,t)}{\mathrm{e}^{\left[V(0)-\frac{C}{\rho}\right]\mathrm{e}^{\rho t}+\frac{C}{\rho}}}}$$

根据 $\alpha_i\,(i=1,2,\cdots,n)$ 的有界性,假设 $\underline{\alpha}_i\leqslant\alpha_i\leqslant\bar{\alpha}_i$,式中,$\underline{\alpha}_i$ 和 $\bar{\alpha}_i$ 是有界常数。由于 $z_i=x_i-\alpha_{i-1}-y_d^{(i-1)}\,(i=2,3,\cdots,n)$,易知 $-k_{c_i}(\bar{x}_{i-1},t)<x_i<k_{c_i}(\bar{x}_{i-1},t)$,且

$$-k_{c_i}(\bar{x}_{i-1},t)=-\sqrt{k_i^2(\bar{x}_{i-1},t)-\frac{k_i^2(\bar{x}_{i-1},t)}{\mathrm{e}^{\left[V(0)-\frac{C}{\rho}\right]\mathrm{e}^{\rho t}+\frac{C}{\rho}}}}+\underline{\alpha}_i-Y_i$$

$$k_{c_i}(\bar{x}_{i-1},t)=\sqrt{k_i^2(\bar{x}_{i-1},t)-\frac{k_i^2(\bar{x}_{i-1},t)}{\mathrm{e}^{\left[V(0)-\frac{C}{\rho}\right]\mathrm{e}^{\rho t}+\frac{C}{\rho}}}}+\bar{\alpha}_i+Y_i$$

综上所述,系统中所有状态都不违反相应的约束条件,最终证明了闭环系统的所有信号都是有界的。

评注 5.3.1 本节针对一类具有状态相关约束的非线性切换系统,介绍了一种模糊自适应约束控制方法。本节介绍的是切换系统的状态相关约束控制方法,其他系统的状态相关约束控制方法可参见文献 [13]~[16]。

5.3.4 仿真

例 5.3.1 考虑如下全状态约束不确定非线性切换系统:

$$\begin{cases}\dot{x}_1=x_2+f_{1,\sigma(t)}+d_{1,\sigma(t)}\\ \dot{x}_2=u_{\sigma(t)}+f_{2,\sigma(t)}+d_{2,\sigma(t)}\\ y=x_1\end{cases}\tag{5.3.30}$$

式中，当 $\sigma(t)=1$ 时，外界干扰为 $d_{11}=0.2\cos(t)$ 和 $d_{21}=0.15\sin(t)$，未知函数为 $f_{11}=0.01x_1\exp(-0.1x_1)$ 和 $f_{21}=0.1x_2+x_1^3$；当 $\sigma(t)=2$ 时，外界干扰为 $d_{12}=0.1\sin(t)$ 和 $d_{22}=0.2\sin(0.2t)$，未知函数为 $f_{12}=0.02x_1\exp\left(-x_1^2\right)$ 和 $f_{22}=0.015\sin(x_2)\exp(-x_1)$；$k_{c_1}(y_d,t)=\exp(-y_d)+0.001\sin(t)+1$ 和 $k_{c_2}(x_1,t)=\exp(-x_1)+0.001\exp(-y_d)+0.001\sin(t)+5$ 为设定的状态约束条件。跟踪信号为 $y_d=\sin(2t)$。

选取设计参数为 $K_1=50$、$K_2=100$、$\tau_1=1$、$\tau_2=0.5$、$\beta_1=0.01$、$\beta_2=0.02$、$a_1=2$、$a_2=5$、$q_1=0.01$、$q_2=0.02$，初始条件为 $x_1(0)=0.01$、$x_2(0)=0.1$、$\hat{\theta}_1(0)=0.01$、$\hat{\theta}_2(0)=0.02$。

定义如下模糊隶属度函数：

$$\theta_{F_{i,j,r}}^{l}(Z_{i,j})=\exp\left[-\frac{(Z_{i,j}-3+l)^2}{2}\right]$$

定义如下模糊基函数：

$$\varphi_{i,j,r}(Z_{i,j})=\exp\left[-\frac{(Z_{i,j}-3+l)^2}{2}\right]\Bigg/\sum_{n=1}^{9}\exp\left[-\frac{(Z_{i,j}-3+n)^2}{2}\right]$$

式中，$l=1,2,\cdots,9$。

仿真结果如图 5.3.1 ~ 图 5.3.6 所示。

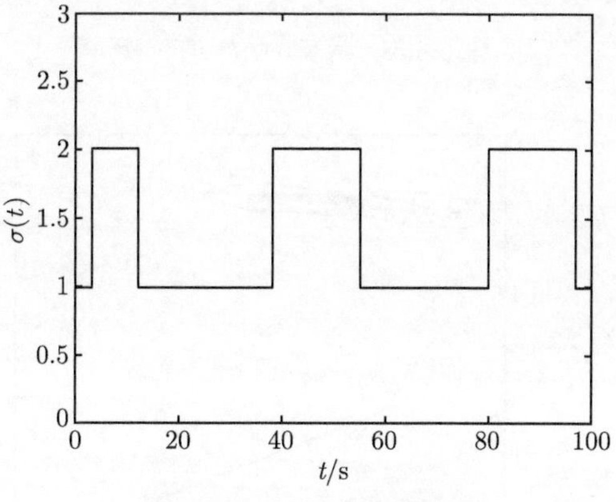

图 5.3.1 $\sigma(t)$ 的轨迹图

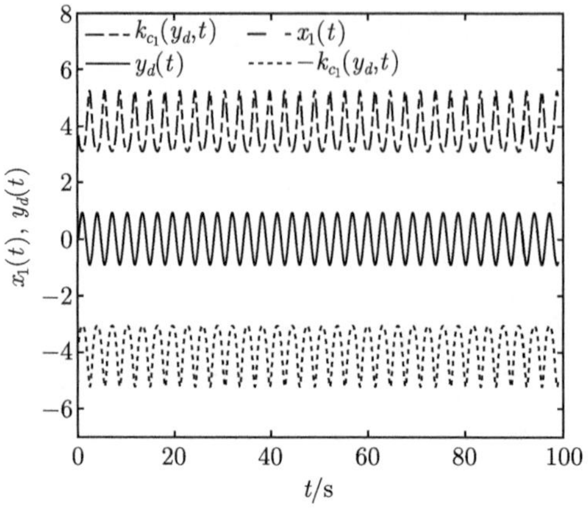

图 5.3.2　$x_1(t)$ 和 $y_d(t)$ 的轨迹

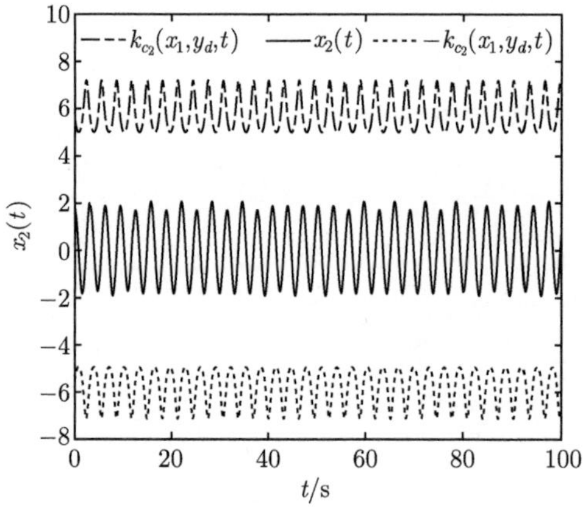

图 5.3.3　状态 $x_2(t)$ 的轨迹

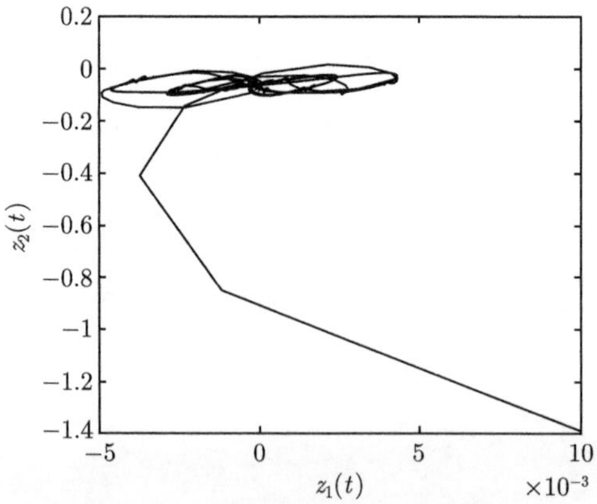

图 5.3.4　$z_1(t)$ 和 $z_2(t)$ 的相位图

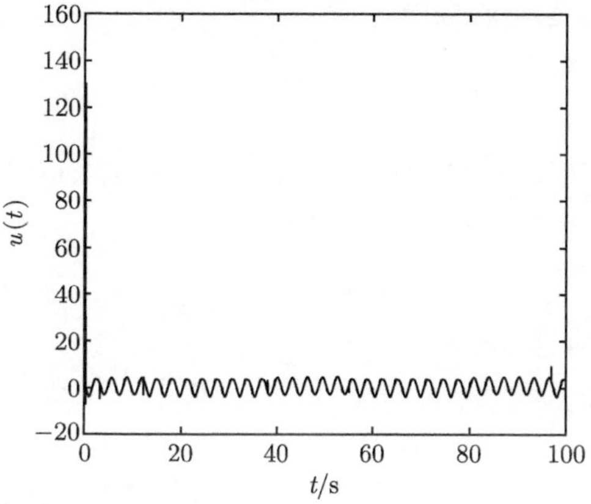

图 5.3.5 $u(t)$ 的轨迹

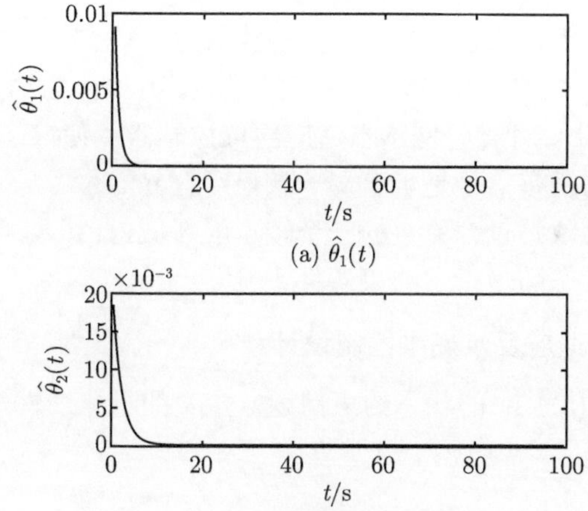

(a) $\hat{\theta}_1(t)$

(b) $\hat{\theta}_2(t)$

图 5.3.6 $\hat{\theta}_1(t)$ 和 $\hat{\theta}_2(t)$ 的轨迹

5.4 具有时变状态约束非线性切换系统的自适应变量替换约束控制

5.1 节 ~ 5.3 节针对几类不确定非线性切换系统，介绍了几种智能自适应约束控制方法。本节针对不确定非线性切换系统，介绍一种基于变量替换的具有时变全状态约束的神经网络自适应控制方法，并给出闭环系统的稳定性与收敛性分析。

5.4.1 系统模型及控制问题描述

考虑如下非线性严格反馈不确定切换系统：

$$\begin{cases}\dot{x}_i = x_{i+1} + f_{i,\sigma(t)}\left(\bar{x}_i\right), \quad i = 1, 2, \cdots, n-1 \\ \dot{x}_n = u_{\sigma(t)} + f_{n,\sigma(t)}\left(\bar{x}_n\right) \\ y = x_1\end{cases} \tag{5.4.1}$$

式中，$\sigma(t)$ 为切换信号，$\sigma(t): [0, \infty) \to M = \{1, 2, \cdots, m\}$ 为分段连续函数，m 为子系统数量；$\bar{x}_i = [x_1, x_2, \cdots, x_i]^{\mathrm{T}} \in \mathbf{R}^i \, (i = 1, 2, \cdots, n)$ 和 $x = \bar{x}_n = [x_1, x_2, \cdots, x_n]^{\mathrm{T}} \in \mathbf{R}^n$ 为状态向量；$y \in \mathbf{R}$ 为系统输出；对于 $k \in M$，$u_k \in \mathbf{R}$ 为系统输入，$f_{i,k}\left(\bar{x}_i\right)$ 为未知非线性函数。系统所有状态均满足 $|x_i(t)| < k_{c_i}(t)$。

假设 5.4.1 对于参考信号 $y_d(t)$ 及其第 i 阶导数 $y_d^{(i)}(t)$，存在正常数 Y_0 和 $Y_i \, (i = 1, 2, \cdots, n)$，满足 $|y_d(t)| \leqslant Y_0 < k_{c_1}(t)$ 和 $\left|y_d^{(i)}(t)\right| < Y_i$。

假设 5.4.2 对于任意 $t \geqslant 0$，存在正常数 $K_i^j \, (i = 1, 2, \cdots, n; j = 0, 1, \cdots, n)$，使得不等式 $|k_{c_i}(t)| \leqslant K_i^0$ 和 $\left|k_{c_i}^{(j)}(t)\right| \leqslant K_i^j$ 成立。$k_{c_i}^{(j)}(t)$ 为约束界的第 j 阶导数。

控制任务 设计一种神经网络自适应约束控制器，使得：

(1) 闭环系统的所有信号是半全局一致最终有界的；

(2) 跟踪误差收敛到包含原点的一个较小的邻域内；

(3) 系统所有状态满足指定约束条件。

5.4.2 神经网络自适应反步递推控制设计

为了解决系统 (5.4.1) 的状态约束问题，定义如下非线性坐标变换：

$$\zeta_i = x_i / T_i$$

式中，$T_i = [k_{c_i}(t) + x_i][k_{c_i}(t) - x_i]$，进而式 (5.4.1) 可改写为

$$\begin{cases}\dot{\zeta}_i = H_i T_{i+1} \zeta_{i+1} + F_{i,\sigma(t)}\left(\bar{x}_i\right) - \dfrac{2}{T_i} k_{c_i}(t) \dot{k}_{c_i}(t) \zeta_i, \quad i = 1, 2, \cdots, n-1 \\ \dot{\zeta}_n = H_n u_{\sigma(t)} + F_{n,\sigma(t)}\left(\bar{x}_n\right) - \dfrac{2}{T_i} k_{c_n}(t) \dot{k}_{c_n}(t) \zeta_n\end{cases} \tag{5.4.2}$$

式中，$H_i = \left[k_{c_i}^2(t) + x_i^2\right] / T_i^2$；$F_{i,\sigma(t)}\left(\bar{x}_i\right) = f_{i,\sigma(t)}\left(\bar{x}_i\right) H_i$；$\dot{k}_{c_i}(t) = \partial k_{c_i}(t) / \partial t$。在不引起歧义的情况下，下面将分别用 k_{c_i} 和 $\dot{k}_{c_i}$ 来代替 $k_{c_i}(t)$ 和 $\dot{k}_{c_i}(t)$。

为了设计控制策略，定义如下坐标变换：

$$\begin{aligned} z_1 &= \zeta_1 - \zeta_d \\ z_i &= \zeta_i - \alpha_{i-1}, \quad i = 2, 3, \cdots, n \end{aligned} \tag{5.4.3}$$

式中，$\zeta_d = y_d/T_d$，$T_d = [k_{c_1}(t) + y_d][k_{c_1}(t) - y_d]$；$z_1$ 为跟踪误差；z_i 为误差变量；α_{i-1} 为虚拟控制器。

基于上面的坐标变换，n 步神经网络自适应反步递推控制设计过程如下。

第 1 步 选择如下李雅普诺夫函数：

$$V_1 = \frac{1}{2}z_1^2 + \frac{1}{2\gamma_1}\tilde{\theta}_1^2 \tag{5.4.4}$$

式中，$\gamma_1 > 0$ 为设计参数；$\tilde{\theta}_1 = \theta_1 - \hat{\theta}_1$ 为参数估计误差，$\hat{\theta}_1$ 为 θ_1 的估计，θ_1 的定义将在后续推导过程中给出。

根据式 (5.4.2) 和式 (5.4.3)，可得

$$\dot{z}_1 = \dot{\zeta}_1 - \dot{\zeta}_d = H_1 T_2 \zeta_2 + F_{1,k}(x_1) - \frac{2}{T_1}k_{c_1}\dot{k}_{c_1}\zeta_1 - \dot{\zeta}_d \tag{5.4.5}$$

对 V_1 求导，可得

$$\begin{aligned}\dot{V}_1 = z_1 \Bigg[& H_1 T_2 z_2 + H_1 T_2 \alpha_1 + F_{1,k}(x_1) - \frac{2}{T_1}k_{c_1}\dot{k}_{c_1}z_1 \\ & - \frac{2}{T_1}k_{c_1}\dot{k}_{c_1}\zeta_d - \dot{\zeta}_d \Bigg] - \frac{1}{\gamma_1}\tilde{\theta}_1\dot{\hat{\theta}}_1\end{aligned} \tag{5.4.6}$$

定义未知非线性函数 $\breve{F}_{1,k}(Z_1)$ 为

$$\breve{F}_{1,k}(Z_1) = F_{1,k}(x_1) - \frac{2}{T_1}k_{c_1}\dot{k}_{c_1}\zeta_d - \dot{\zeta}_d \tag{5.4.7}$$

利用神经网络逼近未知非线性函数 $\breve{F}_{1,k}(Z_1)$，可得

$$\breve{F}_{1,k}(Z_1) = W_{1,k}^{*\mathrm{T}} S_1(Z_1) + \delta_{1,k}(Z_1) \tag{5.4.8}$$

式中，$Z_1 = \left[x_1, y_d, \dot{y}_d, k_{c_1}, \dot{k}_{c_1}\right]^{\mathrm{T}}$ 为神经网络的输入向量；$S_1(Z_1)$ 为神经元激活函数；$W_{1,k}^*$ 为最优权重向量；$\delta_{1,k}(Z_1)$ 为逼近误差。定义 $\theta_1 = \max\left\{\left\|W_{1,k}^*\right\|^2, k \in M\right\}$ 和 $\bar{\delta}_1 = \max\left\{\left|\delta_{1,k}(Z_1)\right|, k \in M\right\}$，$\theta_1$ 和 $\bar{\delta}_1$ 为正常数。

将式 (5.4.8) 代入式 (5.4.6)，可得

$$\begin{aligned}\dot{V}_1 = {} & z_1\left[H_1 T_2 \alpha_1 + W_{1,k}^{*\mathrm{T}} S_1(Z_1) + \delta_{1,k}(Z_1) - 2k_{c_1}\dot{k}_{c_1}z_1/T_1\right] \\ & + H_1 T_2 z_1 z_2 - \frac{1}{\gamma_1}\tilde{\theta}_1\dot{\hat{\theta}}_1\end{aligned} \tag{5.4.9}$$

由杨氏不等式，可得

$$z_1 W_{1,k}^{*\mathrm{T}} S_1(Z_1) \leqslant \frac{1}{2a_1^2} z_1^2 \theta_1 S_1^{\mathrm{T}} S_1 + \frac{1}{2} a_1^2 \tag{5.4.10}$$

$$z_1 \delta_{1,k}(Z_1) \leqslant \frac{1}{2} z_1^2 + \frac{1}{2} \bar{\delta}_1^2 \tag{5.4.11}$$

$$H_1 T_2 z_1 z_2 \leqslant \frac{1}{2} H_1^2 T_2^2 z_1^2 + \frac{1}{2} z_2^2 \tag{5.4.12}$$

式中，$a_1 > 0$ 为设计参数。

将式 (5.4.10) ~ 式 (5.4.12) 代入式 (5.4.9)，可得

$$\begin{aligned} \dot{V}_1 \leqslant & z_1 \left(\frac{1}{2a_1^2} z_1 \theta_1 S_1^{\mathrm{T}} S_1 + \frac{1}{2} z_1 + \frac{1}{2} H_1^2 T_2^2 z_1 - \frac{2}{T_1} k_{c_1} \dot{k}_{c_1} z_1 \right) \\ & + \frac{1}{2} z_2^2 - \frac{1}{\gamma_1} \tilde{\theta}_1 \dot{\hat{\theta}}_1 + \frac{1}{2} a_1^2 + \frac{1}{2} \bar{\delta}_1^2 + H_1 T_2 \alpha_1 z_1 \end{aligned} \tag{5.4.13}$$

设计如下虚拟控制器和自适应律：

$$\alpha_1 = \frac{1}{H_1 T_2} \left(-\tau_1 z_1 + \frac{2}{T_1} k_{c_1} \dot{k}_{c_1} z_1 - \frac{1}{2} z_1 - \frac{1}{2} H_1^2 T_2^2 z_1 - \frac{1}{2a_1^2} z_1 \hat{\theta}_1 S_1^{\mathrm{T}} S_1 \right) \tag{5.4.14}$$

$$\dot{\hat{\theta}}_1 = -\mu_1 \hat{\theta}_1 + \frac{\gamma_1}{2a_1^2} z_1^2 S_1^{\mathrm{T}} S_1 \tag{5.4.15}$$

式中，$\tau_1 > 0$ 和 $\mu_1 > 0$ 为设计参数。

将式 (5.4.14) 和式 (5.4.15) 代入式 (5.4.13)，可得

$$\dot{V}_1 \leqslant -\tau_1 z_1^2 + \frac{1}{2} a_1^2 + \frac{1}{2} \bar{\delta}_1^2 + \frac{\mu_1}{\gamma_1} \tilde{\theta}_1 \hat{\theta}_1 + \frac{1}{2} z_2^2 \tag{5.4.16}$$

第 $\boldsymbol{i\,(2 \leqslant i \leqslant n-1)}$ 步　选择如下李雅普诺夫函数：

$$V_i = V_{i-1} + \frac{1}{2} z_i^2 + \frac{1}{2\gamma_i} \tilde{\theta}_i^2 \tag{5.4.17}$$

式中，$\gamma_i > 0$ 为设计参数；$\tilde{\theta}_i = \theta_i - \hat{\theta}_i$ 为参数估计误差，$\hat{\theta}_1$ 为 θ_i 的估计，θ_i 的定义将在后续推导过程中给出。

根据式 (5.4.2) 和式 (5.4.3)，可得

$$\dot{z}_i = \dot{\zeta}_i - \dot{\alpha}_{i-1} = H_i T_{i+1} \zeta_{i+1} + F_{i,k}(\bar{x}_i) - 2k_{c_i} \dot{k}_{c_i} \zeta_i / T_i - \dot{\alpha}_{i-1} \tag{5.4.18}$$

式中

$$\begin{aligned} \dot{\alpha}_{i-1} = & \sum_{j=1}^{i-1} \frac{\partial \alpha_{i-1}}{\partial \zeta_j} \dot{\zeta}_j + \sum_{j=1}^{i-1} \frac{\partial \alpha_{i-1}}{\partial \hat{\theta}_j} \dot{\hat{\theta}}_j \\ & + \sum_{j=0}^{i-1} \frac{\partial \alpha_{i-1}}{\partial y_d^{(j)}} y_d^{(j+1)} + \sum_{j=1}^{i-1} \sum_{m=0}^{i-j} \frac{\partial \alpha_{i-1}}{\partial k_{c_j}^{(m)}} k_{c_j}^{(m+1)} \end{aligned} \tag{5.4.19}$$

由式 (5.4.18) 和式 (5.4.19)，可得式 (5.4.17) 的导数为

$$\dot{V}_i = z_i\bigg[H_iT_{i+1}z_{i+1} + H_iT_{i+1}\alpha_i + F_{i,k}\left(\bar{x}_i\right) - \frac{2}{T_i}k_{c_i}\dot{k}_{c_i}\left(z_i+\alpha_{i-1}\right) - \dot{\alpha}_{i-1}\bigg] + \dot{V}_{i-1} - \frac{1}{\gamma_i}\tilde{\theta}_i\dot{\hat{\theta}}_i \tag{5.4.20}$$

即得

$$\dot{V}_i = z_i\left[H_iT_{i+1}\alpha_i + \breve{F}_{i,k}\left(Z_i\right) - \frac{2}{T_i}k_{c_i}\dot{k}_{c_i}z_i\right] + \dot{V}_{i-1} + H_iT_{i+1}z_iz_{i+1} - \frac{1}{\gamma_i}\tilde{\theta}_i\dot{\hat{\theta}}_i \tag{5.4.21}$$

式中，$\breve{F}_{i,k}\left(Z_i\right) = F_{i,k}\left(\bar{x}_i\right) - \dfrac{2}{T_i}k_{c_i}\dot{k}_{c_i}\alpha_{i-1} - \dot{\alpha}_{i-1}$。

利用神经网络逼近未知非线性函数 $\breve{F}_{i,k}\left(Z_i\right)$，可得

$$\breve{F}_{i,k}\left(Z_i\right) = W_{i,k}^{*\mathrm{T}}S_i\left(Z_i\right) + \delta_{i,k}\left(Z_i\right) \tag{5.4.22}$$

式中，$Z_i = \left[\bar{x}_i^{\mathrm{T}}; y_d, \dot{y}_d, \cdots, y_d^{(i)}; k_{c_1}, \dot{k}_{c_1}, \cdots, k_{c_1}^{(i)}; k_{c_2}, \dot{k}_{c_2}, \cdots, k_{c_2}^{(i-1)}; \cdots; k_{c_i}, \dot{k}_{c_i}; \hat{\theta}_1, \hat{\theta}_2, \cdots, \hat{\theta}_{i-1}\right]^{\mathrm{T}}$ 为神经网络的输入向量；$S_i\left(Z_i\right)$ 为神经元激活函数；$W_{i,k}^*$ 为最优权重向量；$\delta_{i,k}\left(Z_i\right)$ 为逼近误差。定义 $\theta_i = \max\left\{\left\|W_{i,k}^*\right\|^2, k\in M\right\}$ 和 $\bar{\delta}_i = \max\left\{\left|\delta_{i,k}\left(Z_i\right)\right|, k\in M\right\}$，$\theta_i$ 和 $\bar{\delta}_i$ 为正常数。

将式 (5.4.22) 代入式 (5.4.21)，可得

$$\dot{V}_i = \dot{V}_{i-1} + z_i\Big[H_iT_{i+1}\alpha_i + W_{i,k}^{*\mathrm{T}}S_i\left(Z_i\right) + \delta_{i,k}\left(Z_i\right) - 2k_{c_i}\dot{k}_{c_i}z_i/T_i\Big] + H_iT_{i+1}z_iz_{i+1} - \frac{1}{\gamma_i}\tilde{\theta}_i\dot{\hat{\theta}}_i \tag{5.4.23}$$

由杨氏不等式，可得

$$z_iW_{i,k}^{*\mathrm{T}}S_i\left(Z_i\right) \leqslant \frac{1}{2a_i^2}z_i^2\theta_iS_i^{\mathrm{T}}S_i + \frac{1}{2}a_i^2 \tag{5.4.24}$$

$$z_i\delta_{i,k}\left(Z_i\right) \leqslant \frac{1}{2}z_i^2 + \frac{1}{2}\bar{\delta}_i^2 \tag{5.4.25}$$

$$H_iT_{i+1}z_iz_{i+1} \leqslant \frac{1}{2}H_i^2T_{i+1}^2z_i^2 + \frac{1}{2}z_{i+1}^2 \tag{5.4.26}$$

式中，$a_i > 0$ 为设计参数。

将式 (5.4.24) ~ 式 (5.4.26) 代入式 (5.4.23)，可得

$$\dot{V}_i \leqslant z_i\left(H_iT_{i+1}\alpha_i+\frac{1}{2a_i^2}z_i\theta_iS_i^{\mathrm{T}}S_i+\frac{1}{2}z_i+\frac{1}{2}H_i^2T_{i+1}^2z_i-\frac{2}{T_i}k_{c_i}\dot{k}_{c_i}z_i\right)$$
$$+\frac{1}{2}z_{i+1}^2-\frac{1}{\gamma_i}\tilde{\theta}_i\dot{\hat{\theta}}_i+\frac{1}{2}a_i^2+\frac{1}{2}\bar{\delta}_i^2+\dot{V}_{i-1} \tag{5.4.27}$$

设计如下虚拟控制器和自适应律：

$$\alpha_i=\frac{1}{H_iT_{i+1}}\left(-\tau_iz_i+\frac{2}{T_i}k_{c_i}\dot{k}_{c_i}z_i-z_i-\frac{1}{2}H_i^2T_{i+1}^2z_i-\frac{1}{2a_i^2}z_i\hat{\theta}_iS_i^{\mathrm{T}}S_i\right) \tag{5.4.28}$$

$$\dot{\hat{\theta}}_i=-\mu_i\hat{\theta}_i+\frac{\gamma_i}{2a_i^2}z_i^2S_i^{\mathrm{T}}S_i \tag{5.4.29}$$

式中，$\tau_i>0$ 和 $\mu_i>0$ 为设计参数。

将式 (5.4.28) 和式 (5.4.29) 代入式 (5.4.27)，可得

$$\dot{V}_i \leqslant -\sum_{m=1}^{i}\tau_mz_m^2+\frac{1}{2}\sum_{m=1}^{i}a_m^2+\frac{1}{2}\sum_{m=1}^{i}\bar{\delta}_m^2+\sum_{m=1}^{i}\frac{\mu_m}{\gamma_m}\tilde{\theta}_m\hat{\theta}_m+\frac{1}{2}z_{i+1}^2 \tag{5.4.30}$$

第 n 步 选择如下李雅普诺夫函数：

$$V_n=V_{n-1}+\frac{1}{2}z_n^2+\frac{1}{2\gamma_n}\tilde{\theta}_n^2 \tag{5.4.31}$$

式中，γ_n 为设计参数；$\tilde{\theta}_n=\theta_n-\hat{\theta}_n$ 为参数估计误差，$\hat{\theta}_n$ 为 θ_n 的估计，θ_n 的定义将在后续推导过程中给出。

根据式 (5.4.2) 和式 (5.4.3)，可得

$$\dot{z}_n=\dot{\zeta}_n-\dot{\alpha}_{n-1}=H_nu_k+F_{i,k}\left(\bar{x}_n\right)-2k_{c_n}\dot{k}_{c_n}\zeta_n/T_n-\dot{\alpha}_{n-1} \tag{5.4.32}$$

式中

$$\dot{\alpha}_{n-1}=\sum_{j=0}^{n-1}\frac{\partial\alpha_{n-1}}{\partial y_d^{(j)}}y_d^{(j+1)}+\sum_{j=1}^{n-1}\sum_{m=0}^{n-j}\frac{\partial\alpha_{n-1}}{\partial k_{c_j}^{(m)}}k_{c_j}^{(m+1)}$$
$$+\sum_{j=1}^{n-1}\frac{\partial\alpha_{n-1}}{\partial\zeta_j}\dot{\zeta}_j+\sum_{j=1}^{n-1}\frac{\partial\alpha_{n-1}}{\partial\hat{\theta}_j}\dot{\hat{\theta}}_j \tag{5.4.33}$$

根据式 (5.4.32) 和式 (5.4.33)，对 V_n 求导，可得

$$\dot{V}_n=z_n\left[H_nu_k+F_{n,k}\left(\bar{x}_n\right)-\frac{2}{T_n}k_{c_n}\dot{k}_{c_n}z_n-\frac{2}{T_n}k_{c_n}\dot{k}_{c_n}\alpha_{n-1}-\dot{\alpha}_{n-1}\right]$$
$$+\dot{V}_{n-1}-\frac{1}{\gamma_n}\tilde{\theta}_n\dot{\hat{\theta}}_n \tag{5.4.34}$$

定义未知非线性函数 $\breve{F}_{n,k}(Z_n)$ 为

$$\breve{F}_{n,k}(Z_n) = F_{n,k}(\bar{x}_n) - \frac{2}{T_n} k_{c_n} \dot{k}_{c_n} \alpha_{n-1} - \dot{\alpha}_{n-1} \tag{5.4.35}$$

利用神经网络逼近未知函数 $\breve{F}_{n,k}(Z_n)$，可得

$$\breve{F}_{n,k}(Z_n) = W_{n,k}^{*\mathrm{T}} S_n(Z_n) + \delta_{n,k}(Z_n) \tag{5.4.36}$$

式中，$Z_n = \left[\bar{x}_n^{\mathrm{T}}; y_d, \dot{y}_d, \cdots, y_d^{(n)}; k_{c_1}, \dot{k}_{c_1}, \cdots, k_{c_1}^{(n)}; k_{c_2}, \dot{k}_{c_2}, \cdots, k_{c_2}^{(n-1)}; \cdots; k_{c_n}, \dot{k}_{c_n}; \hat{\theta}_1, \hat{\theta}_2, \cdots, \hat{\theta}_{n-1}\right]^{\mathrm{T}}$ 为神经网络的输入向量；$S_n(Z_n)$ 为神经元激活函数；$W_{n,k}^*$ 为权重向量；$\delta_{n,k}(Z_n)$ 为逼近误差。定义 $\theta_n = \max\left\{\left\|W_{n,k}^*\right\|^2, k \in M\right\}$ 和 $\bar{\delta}_n = \max\left\{\left|\delta_{n,k}(Z_n)\right|, k \in M\right\}$，$\theta_n$ 和 $\bar{\delta}_n$ 为正常数。

将式 (5.4.35) 和式 (5.4.36) 代入式 (5.4.34)，可得

$$\dot{V}_n = \dot{V}_{n-1} + z_n\left[H_n u_k + W_{n,k}^{*\mathrm{T}} S_n(Z_n) + \delta_{n,k}(Z_n) - \frac{2}{T_n} k_{c_n} \dot{k}_{c_n} z_n\right] - \frac{1}{\gamma_n} \tilde{\theta}_n \dot{\hat{\theta}}_n \tag{5.4.37}$$

由杨氏不等式，可得

$$z_n W_{n,k}^{*\mathrm{T}} S_n(Z_n) \leqslant \frac{1}{2a_n^2} z_n^2 \theta_n S_n^{\mathrm{T}} S_n + \frac{1}{2} a_n^2 \tag{5.4.38}$$

$$z_n \delta_{n,k}(Z_n) \leqslant \frac{1}{2} z_n^2 + \frac{1}{2} \bar{\delta}_n^2 \tag{5.4.39}$$

式中，$a_n > 0$ 为设计参数。

将式 (5.4.38) 和式 (5.4.39) 代入式 (5.4.37)，可得

$$\begin{aligned} \dot{V}_n \leqslant & z_n\left(H_n u_k + \frac{1}{2a_n^2} z_n \theta_n S_n^{\mathrm{T}} S_n + \frac{1}{2} z_n - \frac{2}{T_n} k_{c_n} \dot{k}_{c_n} z_n\right) \\ & + \dot{V}_{n-1} - \frac{1}{\gamma_n} \tilde{\theta}_n \dot{\hat{\theta}}_n + \frac{1}{2} a_n^2 + \frac{1}{2} \bar{\delta}_n^2 \end{aligned} \tag{5.4.40}$$

设计如下实际控制器和自适应律：

$$u_k = \frac{1}{H_n}\left(-\tau_n z_n + \frac{2}{T_n} k_{c_n} \dot{k}_{c_n} z_n - z_n - \frac{1}{2a_n^2} z_n \hat{\theta}_n S_n^{\mathrm{T}} S_n\right) \tag{5.4.41}$$

$$\dot{\hat{\theta}}_n = -\mu_n \hat{\theta}_n + \frac{\gamma_n}{2a_n^2} z_n^2 S_n^{\mathrm{T}} S_n \tag{5.4.42}$$

式中，$\tau_n > 0$ 和 $\mu_n > 0$ 为设计参数。

将式 (5.4.41) 和式 (5.4.42) 代入式 (5.4.40)，可得

$$\dot{V}_n \leqslant -\sum_{m=1}^{n}\tau_m z_m^2 + \frac{1}{2}\sum_{m=1}^{n}a_m^2 + \frac{1}{2}\sum_{m=1}^{n}\bar{\delta}_m^2 + \sum_{m=1}^{n}\frac{\mu_m}{\gamma_m}\tilde{\theta}_m\hat{\theta}_m \tag{5.4.43}$$

由杨氏不等式，可得

$$\tilde{\theta}_m\hat{\theta}_m \leqslant -\frac{1}{2}\tilde{\theta}_m^2 + \frac{1}{2}\theta_m^2 \tag{5.4.44}$$

将式 (5.4.44) 代入式 (5.4.43)，可得

$$\dot{V}_n \leqslant -\sum_{m=1}^{n}\tau_m z_m^2 + \frac{1}{2}\sum_{m=1}^{n}a_m^2 + \frac{1}{2}\sum_{m=1}^{n}\bar{\delta}_m^2 - \sum_{m=1}^{n}\frac{\sigma_m}{2\gamma_m}\tilde{\theta}_m^2 + \sum_{m=1}^{n}\frac{\mu_m}{2\gamma_m}\theta_m^2 \tag{5.4.45}$$

由式 (5.4.4)、式 (5.4.17) 和式 (5.4.31)，可得

$$V = V_n = \frac{1}{2}\sum_{i=1}^{n}z_i^2 + \sum_{i=1}^{n}\frac{1}{2\gamma_i}\tilde{\theta}_i^2 \tag{5.4.46}$$

由式 (5.4.45) 和式 (5.4.46)，可得

$$\dot{V} \leqslant -\rho V + C$$

式中，$\rho = \min\{2\tau_i, \mu_i\}\ (i = 1, 2, \cdots, n)$；$C = \sum_{i=1}^{n}\left[\frac{1}{2}\left(a_i^2 + \bar{\delta}_i^2 + \frac{\mu_i}{\gamma_i}\theta_i^2\right)\right]$。

5.4.3　稳定性与收敛性分析

定理 5.4.1　对于不确定非线性切换系统 (5.4.1)，假设 5.4.2 成立。如果采用实际控制器 (5.4.41)，虚拟控制器 (5.4.14) 和 (5.4.28)，参数自适应律 (5.4.15)、(5.4.29) 和 (5.4.42)，那么总体控制方案具有如下性能：

(1) 闭环系统中的所有信号是半全局一致最终有界的；

(2) 跟踪误差收敛到包含原点的一个较小的邻域内；

(3) 系统所有状态满足指定约束条件。

证明　根据上述分析结果，可得

$$0 \leqslant V(t) \leqslant V(0)\mathrm{e}^{-\rho t} + C/\rho \tag{5.4.47}$$

并且，当 $t \to \infty$ 时，$0 \leqslant V(t) \leqslant C/\rho$。

由式 (5.4.47)，可得

$$\frac{1}{2}z_i^2 \leqslant V(0)\mathrm{e}^{-\rho t} + C/\rho \tag{5.4.48}$$

$$\frac{1}{2\gamma_i}\tilde{\theta}_i^2 \leqslant V(0)\mathrm{e}^{-\rho t} + C/\rho \tag{5.4.49}$$

由式 (5.4.48) 和式 (5.4.49)，可得

$$0 \leqslant |z_i| \leqslant \sqrt[2]{2V(0)\mathrm{e}^{-\rho t} + 2C/\rho}$$

$$0 \leqslant \left|\tilde{\theta}_i\right| \leqslant \sqrt{2\gamma_i\left[V(0)\mathrm{e}^{-\rho t} + C/\rho\right]}$$

定义集合如下：

$$\Omega_{z_i} = \left\{z_i \big| |z_i| \leqslant \sqrt[2]{2V(0)\mathrm{e}^{-\rho t} + 2C/\rho},\ i = 1, 2, \cdots, n\right\}$$

$$\Omega_{\tilde{\theta}_i} = \left\{\tilde{\theta}_i \big| |\tilde{\theta}_i| \leqslant \sqrt{2\gamma_i\left[V(0)\mathrm{e}^{-\rho t} + C/\rho\right]},\ i = 1, 2, \cdots, n\right\}$$

因此，z_i 和 $\tilde{\theta}_i$ 均有界，并且分别收敛到相应的紧集 Ω_{z_i} 和 $\Omega_{\tilde{\theta}_i}$ 中。由 α_i 和 $u_k(k \in M)$ 的定义，可得 α_i 和 u_k 有界。由坐标变换 $z_1 = \zeta_1 - \zeta_d$ 以及假设 5.4.1 可知 ζ_1 是有界的，进而可知 x_i 也是有界的。最终证明了闭环系统所有信号都有界。由于 x_i 和 ζ_i 之间存在非线性关系 $\zeta_i = x_i/T_i$，可知当且仅当 $x_i(t)$ 接近边界 $k_{c_i}(t)$ 时，转换变量 $\zeta_i(t)$ 趋于无穷，反之，$\zeta_i(t)$ 的有界性代表了 $x_i(t)$ 始终满足约束条件。

评注 5.4.1 本节针对一类具有时变全状态约束的非线性切换系统，介绍了一种神经网络自适应控制方法。本节介绍的智能约束方法基于变量替换，类似的智能约束控制方法可参见文献 [17] 和 [18]。

5.4.4 仿真

例 5.4.1 考虑不确定非线性切换系统：

$$\begin{cases} \dot{x}_1 = x_2 + f_{1,\sigma(t)}\left(\bar{x}_1\right) \\ \dot{x}_2 = u_{\sigma(t)} + f_{2,\sigma(t)}\left(\bar{x}_2\right) \\ y = x_1 \end{cases} \tag{5.4.50}$$

式中，当 $\sigma(t) = 1$ 时，$f_1\left(\bar{x}_1\right) = 0.01x_1\mathrm{e}^{-0.1x_1}$，$f_2\left(\bar{x}_2\right) = x_1^3 + 0.1x_2$；当 $\sigma(t) = 2$ 时，$f_1\left(\bar{x}_1\right) = 0.02x_1\mathrm{e}^{-x_1}$，$f_2\left(\bar{x}_2\right) = 0.015\mathrm{e}^{-x_1}\sin\left(x_2\right)$。

系统的期望信号为 $y_d = 0.1\cos(2t) - 0.02\sin(2t)$，并且系统状态满足约束条件 $-k_{c_1}(t) < x_1(t) < k_{c_1}(t)$ 和 $-k_{c_2}(t) < x_2(t) < k_{c_2}(t)$，其中 $k_{c_1}(t) = 0.5 + 0.04\cos(0.9t) + 0.02\sin(0.9t)$，$k_{c_2}(t) = 0.7 + 0.2\cos(0.2t) + 0.1\sin(0.2t)$。

设计如下虚拟控制器、实际控制器和自适应律：

$$\alpha_1 = \frac{1}{H_1T_2}\left(-\tau_1 z_1 + \frac{2}{T_1}k_{c_1}\dot{k}_{c_1}z_1 - \frac{1}{2}z_1 - \frac{1}{2}H_1^2T_2^2z_1 - \frac{1}{2a_1^2}z_1\hat{\theta}_1S_1^{\mathrm{T}}S_1\right) \tag{5.4.51}$$

$$u_k = \frac{1}{H_2}\left(-\tau_2 z_2 + \frac{2}{T_2}k_{c_2}\dot{k}_{c_2}z_2 - \frac{1}{2}z_2 - \frac{1}{2a_2^2}z_2\hat{\theta}_2S_2^{\mathrm{T}}S_2 - \frac{1}{2}z_2\right) \tag{5.4.52}$$

$$\dot{\hat{\theta}}_i = -\mu_i\hat{\theta}_i + \frac{\gamma_i}{2a_i^2}z_i^2S_i^{\mathrm{T}}S_i, \quad i = 1, 2 \tag{5.4.53}$$

式中，$z_1=\zeta_1-\zeta_d$；$z_i=\zeta_i-\alpha_{i-1}$；$Z_1=\left[x_1,y_d,\dot{y}_d,k_{c_1},\dot{k}_{c_1}\right]^{\mathrm{T}}$；$Z_2=[x_1,x_2,y_d,\dot{y}_d,\ddot{y}_d,$ $\left.k_{c_1},\dot{k}_{c_1},\ddot{k}_{c_1},k_{c_2},\dot{k}_{c_2},\hat{\theta}_1^{\mathrm{T}}\right]^{\mathrm{T}}$。

选择设计参数为 $\tau_1=100$、$\tau_2=50$、$a_1=20$、$a_2=10$、$\mu_1=2$、$\mu_2=1$、$\gamma_1=0.1$、$\gamma_2=0.2$，初始条件为 $x_1(0)=0.1$、$x_2(0)=0.1$、$\left[\hat{\theta}_1(0),\hat{\theta}_2(0)\right]^{\mathrm{T}}=[0.02,0.01]^{\mathrm{T}}$。

本节利用神经网络进行逼近，最优逼近估计 $\breve{F}_1(Z_1)$ 的节点数为 9，中心平均分布在 $[-2.5,2]\times[-3,3]\times[-1.5,1.5]\times[-4.5,-0.5]\times[-1,1]$ 区间，高斯函数的宽度为 5。最优逼近估计 $\breve{F}_2(Z_2)$ 的节点数为 20，中心平均分布在 $[-0.6,0.6]\times[-1.5,1.5][-4.5,4.5]\times[-2.5,0.5]\times[-2.5,2.5][-2.5,3.5]\times[-2,0.5]\times[-1.5,2.5]\times[-1,2.5]\times[-2.5,3.5]\times[-1.5,1.5]\times[-1,2.5]\times[-2.5,3.5]\times[-1.5,1.5]$ 区间，高斯函数的宽度为 15。

仿真结果如图 5.4.1 ~ 图 5.4.6 所示。

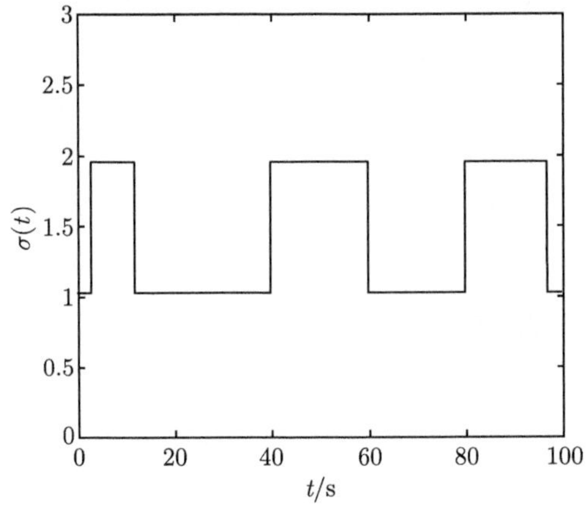

图 5.4.1　$\sigma(t)$ 的轨迹

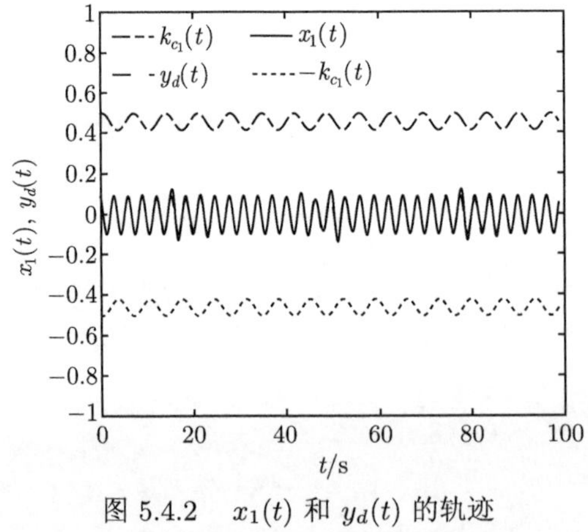

图 5.4.2　$x_1(t)$ 和 $y_d(t)$ 的轨迹

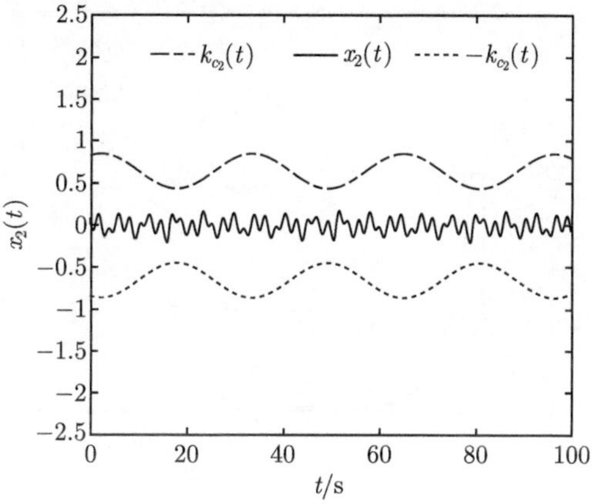

图 5.4.3 $x_2(t)$ 的轨迹

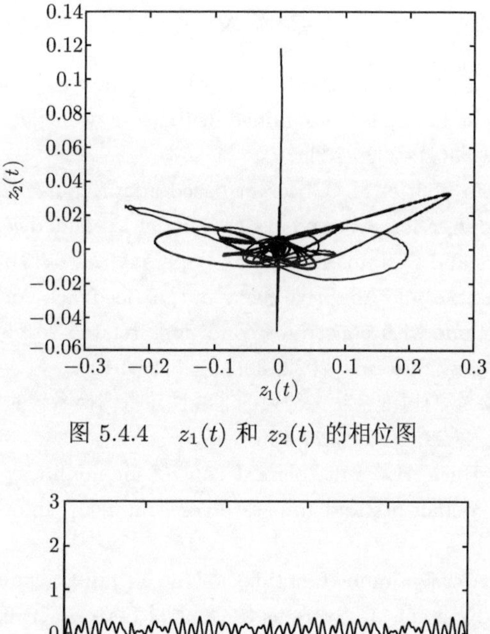

图 5.4.4 $z_1(t)$ 和 $z_2(t)$ 的相位图

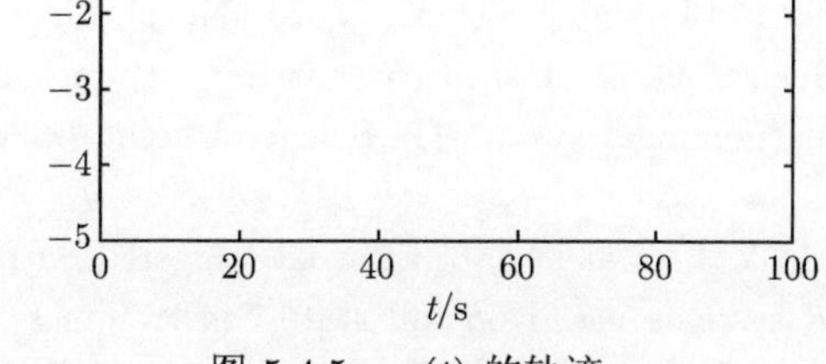

图 5.4.5 $u(t)$ 的轨迹

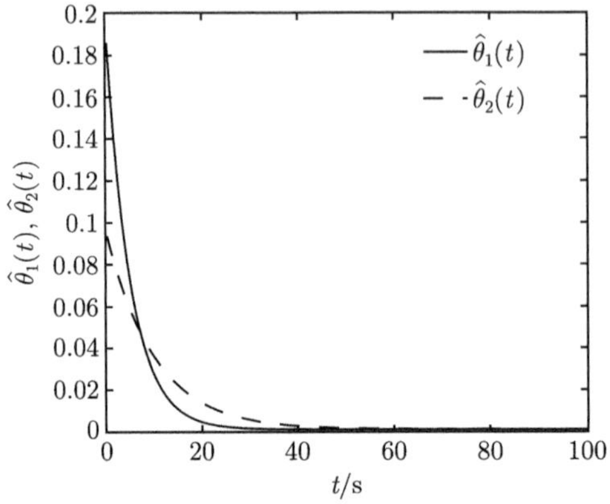

图 5.4.6　$\hat{\theta}_1(t)$ 和 $\hat{\theta}_2(t)$ 的轨迹

参 考 文 献

[1] Tang L, Yang M Y, Liu Y J, et al. Adaptive output feedback fuzzy fault-tolerant control for nonlinear full-state-constrained switched systems[J]. IEEE Transactions on Cybernetics, 2023, 53(4): 2325-2334.

[2] Liu L, Cui Y J, Liu Y J, et al. Observer-based adaptive neural output feedback constraint controller design for switched systems under average dwell time[J]. IEEE Transactions on Circuits and Systems I: Regular Papers, 2021, 68(9): 3901-3912.

[3] Liu L, Li Z, Liu Y J, et al. Adaptive fuzzy output feedback control of switched uncertain nonlinear systems with constraint conditions related to historical states[J]. IEEE Transactions on Fuzzy Systems, 2022, 30(12): 5091-5103.

[4] 李争, 刘磊, 刘艳军. 具有时变全状态约束的非线性随机切换系统的自适应神经网络控制[J]. 广东工业大学学报, 2022, 39(5): 127-136.

[5] Li Y X, Wu L B, Hu Y H. Fault-tolerant control for nonlinear switched systems with unknown control coefficients and full-state constraints[J]. Information Sciences, 2022, 582: 750-766.

[6] Niu B, Zhao J. Barrier Lyapunov functions for the output tracking control of constrained nonlinear switched systems[J]. Systems & Control Letters, 2013, 62(10): 963-971.

[7] Tang L, He K Y, Chen Y, et al. Integral BLF-based adaptive neural constrained regulation for switched systems with unknown bounds on control gain[J]. IEEE Transactions on Neural Networks and Learning Systems, 2023, 34(11): 8579-8588.

[8] Liu L, Liu Y J, Chen A Q, et al. Integral barrier Lyapunov function-based adaptive control for switched nonlinear systems[J]. Science China: Information Sciences, 2020, 63(3): 132203.

[9] Liu L, Cui Y J, Liu Y J, et al. Adaptive event-triggered output feedback control for nonlinear switched systems based on full state constraints[J]. IEEE Transactions on Circuits and Systems II: Express Briefs, 2022, 69(9): 3779-3783.

[10] Yin Y T, Niu B, Jiang K, et al. Event-triggered adaptive decentralised control for switched interconnected nonlinear systems with unmodeled dynamics and full state constraints[J]. International Journal of Systems Science, 2022, 53(8): 1639-1658.
[11] Liu Y C, Zhu Q D, Zhou X, et al. Adaptive fuzzy tracking of switched nonstrict-feedback nonlinear systems with state constraints based on event-triggered mechanism[J]. ISA Transactions, 2022, 121: 30-39.
[12] Liu Y C, Zhu Q D. Fuzzy-based adaptive event-triggered control for switched stochastic nonlinear systems with state constraints[J]. Asian Journal of Control, 2022, 24(4): 1713-1725.
[13] Liu Y J, Zhao W, Liu L, et al. Adaptive neural network control for a class of nonlinear systems with function constraints on states[J]. IEEE Transactions on Neural Networks and Learning Systems, 2023, 34(6): 2732-2741.
[14] Liu L, Li Z, Chen Y, et al. Disturbance observer-based adaptive intelligent control of marine vessel with position and heading constraint condition related to desired output[J]. IEEE Transactions on Neural Networks and Learning Systems, 2022, 35(5): 5870-5879.
[15] Li D, Han H G, Qiao J F. Fuzzy-approximation adaptive fault tolerant control for nonlinear constraint systems with actuator and sensor faults[J]. IEEE Transactions on Fuzzy Systems, 2024, 32(5): 2614-2624.
[16] Li D, Han H G, Qiao J F. Composite boundary structure-based tracking control for nonlinear state-dependent constrained systems[J]. IEEE Transactions on Automatic Control, 2024, 69(8): 5686-5693.
[17] Zeng Q, Liu Y J, Liu L. Adaptive vehicle stability control of half-car active suspension systems with partial performance constraints[J]. IEEE Transactions on Systems, Man, and Cybernetics: Systems, 2019, 51(3): 1704-1714.
[18] Yan L, Liu Z, Chen C L P, et al. Reinforcement learning based adaptive optimal control for constrained nonlinear system via a novel state-dependent transformation[J]. ISA Transactions, 2023, 133: 29-41.

第 6 章　不确定系统自适应状态约束控制方法的应用

第 1~5 章针对几类不确定非线性约束系统，介绍了几种智能自适应控制理论方法。本章针对四种具有约束的实际系统 (车辆悬架系统、机器人系统、四旋翼无人机、柔性耦合弦系统)，介绍基于对数型障碍李雅普诺夫函数和变量替换的自适应约束控制方法，并给出闭环系统的稳定性分析。本章内容主要基于文献 [1]~[4]。

6.1　具有位移和速度约束车辆主动悬架系统的自适应控制

本节针对具有位移和速度约束的不确定非线性主动悬架系统，提出一种基于对数型障碍李雅普诺夫函数的神经网络自适应约束控制方法，并给出闭环系统的稳定性与收敛性分析。

6.1.1　系统模型及控制问题描述

四分之一车辆主动悬架系统结构如图 6.1.1 所示。根据牛顿第二定律及受力分析，考虑如下四分之一汽车主动悬架系统：

$$\begin{cases} m_b\ddot{D}_s + F_a + F_s = u \\ m_{us}\ddot{D}_w - F_a - F_s + F_w + F_r = -u \end{cases} \tag{6.1.1}$$

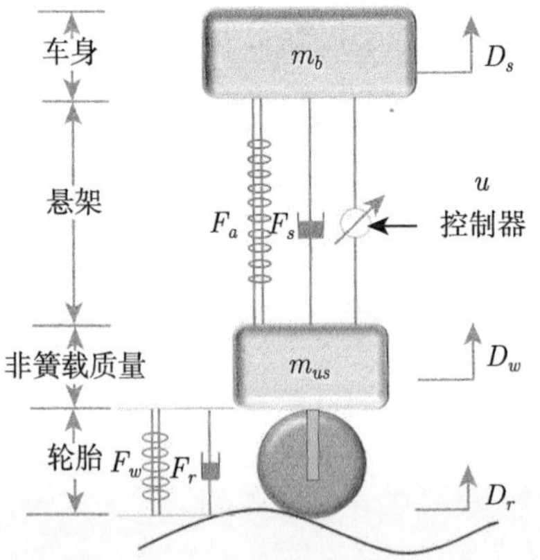

图 6.1.1　四分之一车辆主动悬架系统结构图

式中，u 为主动悬架系统的控制输入；m_b 和 m_{us} 分别为簧载质量和非簧载质量；D_s 和 D_w 分别为簧载位移和非簧载位移；F_a 和 F_s 分别为悬架的弹力和阻尼力；F_w 和 F_r 分别为轮胎的弹力和阻尼力。

上述悬架系统中弹力和阻尼力的具体形式如下：

$$\begin{cases} F_a = k_a\left(D_s - D_w\right) + k_{ga}\left(D_s - D_w\right)^3 \\ F_s = c_a(\dot{D}_s - \dot{D}_w) + c_{ga}(\dot{D}_s - \dot{D}_w)^2 \\ F_w = k_t\left(D_w - D_r\right) \\ F_r = c_t(\dot{D}_w - \dot{D}_r) \end{cases}$$

式中，D_r 为路面扰动量；k_a、k_{ga} 和 k_t 为刚度系数；c_a、c_{ga} 和 c_t 为阻尼系数。选取状态变量 $x_1 = D_s$、$x_2 = \dot{D}_s$、$x_3 = D_w$、$x_4 = \dot{D}_w$，则其状态空间表达式如下：

$$\begin{cases} \dot{x}_1 = x_2 \\ \dot{x}_2 = \dfrac{1}{m_b}\left(-F_a - F_s + u\right) \end{cases} \tag{6.1.2}$$

$$\begin{cases} \dot{x}_3 = x_4 \\ \dot{x}_4 = \dfrac{1}{m_{us}}\left(F_a + F_s - F_w - F_r - u\right) \end{cases} \tag{6.1.3}$$

假设 6.1.1 由于车辆结构的限制和实际安全的需要，簧载质量要控制在如下范围内：

$$(m_b)_{\min} < m_b < (m_b)_{\max}$$

式中，$(m_b)_{\min}$ 和 $(m_b)_{\max}$ 分别为最小簧载质量和最大簧载质量。

假设 6.1.2 存在正常数 $K_i (i = 1, 2)$ 和 $\bar{K}_{i,j}\ (i = 1, 2; j = 1, 2)$，对于连续函数 $k_{c_i}(t)$，满足 $|k_{c_i}(t)| \leqslant K_i$，$k_{c_i}(t)$ 的导数满足 $\left|k_{c_i}^{(j)}(t)\right| \leqslant \bar{K}_{i,j}$。

假设 6.1.3 对于参考信号 $y_d(t)$ 及其第 i 阶导数 $y_d^{(i)}(t)$，存在正常数 Y_0 和 $Y_i\ (i = 1, 2, \cdots, n)$，满足 $|y_d(t)| \leqslant Y_0 < k_{c_1}(t)$ 和 $\left|y_d^{(i)}(t)\right| \leqslant Y_i$。

考虑如下簧载部分时变位移和速度约束：

$$|D_s| < k_{c_1}(t), \quad \left|\dot{D}_s\right| < k_{c_2}(t) \tag{6.1.4}$$

式中，$k_{c_1}(t)$ 和 $k_{c_2}(t)$ 为已知的时变约束界。

定义如下坐标变换：

$$\begin{cases} z_1 = x_1 - y_d \\ z_2 = x_2 - \alpha_1 \end{cases} \tag{6.1.5}$$

式中，z_1 为跟踪误差；z_2 为误差变量；α_1 为虚拟控制器。

控制任务 设计一种神经网络自适应约束控制器，使得：

(1) 闭环系统中的所有信号是半全局一致最终有界的；

(2) 跟踪误差 z_1 和 z_2 收敛到包含原点的一个较小的邻域内；

(3) 垂直位移 x_1 和速度 x_2 满足约束条件。

6.1.2 自适应状态反馈约束控制方法

考虑如下状态方程：

$$\begin{cases} \dot{x}_1 = x_2 \\ \dot{x}_2 = \dfrac{1}{m_b}\left(-F_z + u\right) \end{cases} \tag{6.1.6}$$

式中，$F_z = F_a + F_s$。

根据式 (6.1.2) 和式 (6.1.5)，对 z_1 求导，可得

$$\dot{z}_1 = x_2 - \dot{y}_d \tag{6.1.7}$$

选择如下对数型障碍李雅普诺夫函数：

$$V_1 = \frac{1}{2}\ln\left[\frac{k_{b_1}^2(t)}{k_{b_1}^2(t) - z_1^2}\right] \tag{6.1.8}$$

式中，$k_{b_1}(t) = k_{c_1}(t) - Y_0$，跟踪误差需满足 $|z_1(t)| < k_{b_1}(t)$。

根据式 (6.1.7) 和式 (6.1.8)，对 V_1 求导，可得

$$\dot{V}_1 = \frac{z_1}{k_{b_1}^2(t) - z_1^2}\left[z_2 + \alpha_1 - \dot{y}_d(t) - z_1\frac{\dot{k}_{b_1}(t)}{k_{b_1}(t)}\right] \tag{6.1.9}$$

设计如下虚拟控制器：

$$\alpha_1 = -\left[k_1 + \lambda_1(t)\right] z_1 + \dot{y}_d(t) \tag{6.1.10}$$

式中，$k_1 > 0$ 为设计参数；$\lambda_1(t) = \sqrt{\left[\dot{k}_{b_1}(t)/k_{b_1}(t)\right]^2 + \beta_1}$，$\beta_1 > 0$ 为设计参数。可得 $\lambda_1(t) + \dot{k}_{b_1}(t)/k_{b_1}(t) \geqslant 0$。

将式 (6.1.10) 代入式 (6.1.9)，可得

$$\dot{V}_1 \leqslant -\frac{k_1 z_1^2}{k_{b_1}^2(t) - z_1^2} + \frac{z_1 z_2}{k_{b_1}^2(t) - z_1^2} \tag{6.1.11}$$

由 $z_2 = x_2 - \alpha_1$，可得

$$\dot{z}_2 = \dot{x}_2 - \dot{\alpha}_1 = \frac{1}{m_b}\left(-F_z + u\right) - \dot{\alpha}_1 \tag{6.1.12}$$

选择如下对数型障碍李雅普诺夫函数：

$$V_2=\frac{m_b}{2}\ln\left[\frac{k_{b_2}^2(t)}{k_{b_2}^2(t)-z_2^2}\right]+\frac{1}{2}\tilde{W}_1^{\mathrm{T}}\varLambda_1^{-1}\tilde{W}_1+V_1 \tag{6.1.13}$$

式中，$\tilde{W}_1=W_1^*-\hat{W}_1$ 为权重误差向量，$\hat{W}_1$ 为 W_1^* 的估计；$\varLambda_1=\varLambda_1^{\mathrm{T}}>0$ 为增益矩阵。误差变量需满足 $|z_2(t)|<k_{b_2}(t)$。

对 V_2 求导，可得

$$\begin{aligned}\dot{V}_2=&\frac{m_b z_2}{k_{b_2}^2(t)-z_2^2}\left[\dot{x}_2-\dot{\alpha}_1-\frac{\dot{k}_{b_2}(t)}{k_{b_2}(t)}z_2\right]\\&-\tilde{W}_1^{\mathrm{T}}\varLambda_1^{-1}\dot{\hat{W}}_1-\frac{k_1z_1^2}{k_{b_2}^2(t)-z_1^2}+\frac{z_1z_2}{k_{b_2}^2(t)-z_1^2}\end{aligned} \tag{6.1.14}$$

定义未知非线性函数 $F_1(Z_1)=-m_b\dot{\alpha}_1$，利用神经网络逼近函数 $F_1(Z_1)$，可得

$$F_1(Z_1)=W_1^{*\mathrm{T}}S_1(Z_1)+\delta_1(Z_1) \tag{6.1.15}$$

式中，$Z_1=\left[x_1,x_2;y_d,\dot{y}_d,\ddot{y}_d;k_{b_1},\dot{k}_{b_1},\ddot{k}_{b_1}\right]^{\mathrm{T}}\in\varOmega_1$ 为神经网络的输入向量；$S_1(Z_1)$ 为神经元激活函数；W_1^* 为最优权重向量；$\delta_1(Z_1)$ 为逼近误差。存在正常数 $\bar{\delta}_1$ 使得 $|\delta_1(Z_1)|\leqslant\bar{\delta}_1$。

由杨氏不等式，可得

$$\begin{aligned}\dot{V}_2\leqslant&\frac{z_2}{k_{b_2}^2(t)-z_2^2}\left[\hat{W}_1^{\mathrm{T}}S_1(Z_1)+u-m_b\frac{\dot{k}_{b_2}(t)}{k_{b_2}(t)}z_2-F_z\right]\\&+\frac{z_2}{k_{b_2}^2(t)-z_2^2}\tilde{W}_1^{\mathrm{T}}S_1(Z_1)-\tilde{W}_1^{\mathrm{T}}\varLambda_1^{-1}\dot{\hat{W}}_1+\frac{1}{2}\bar{\delta}_1^2\\&-\frac{k_1z_1^2}{k_{b_1}^2(t)-z_1^2}+\frac{z_1z_2}{k_{b_1}^2(t)-z_1^2}+\frac{1}{2}\frac{z_2^2}{\left[k_{b_2}^2(t)-z_2^2\right]^2}\end{aligned} \tag{6.1.16}$$

设计如下控制器和自适应律：

$$\begin{aligned}u=&-\left[k_2+\lambda_2(t)\right]z_2-\frac{z_1\left[k_{b_2}^2(t)-z_2^2\right]}{k_{b_1}^2(t)-z_1^2}\\&-\frac{z_2}{2\left[k_{b_2}^2(t)-z_2^2\right]}-\hat{W}_1^{\mathrm{T}}S_1(Z_1)+F_z\end{aligned} \tag{6.1.17}$$

$$\dot{\hat{W}}_1=\varLambda_1\left[\frac{z_2}{k_{b_2}^2(t)-z_2^2}S_1(Z_1)-v_1\hat{W}_1\right] \tag{6.1.18}$$

式中，$k_2 > 0$ 和 $v_1 > 0$ 为设计参数；$\lambda_2(t) = \sqrt{(m_b)_{\max}^2 \left[\dot{k}_{b_2}(t) / k_{b_2}(t)\right]^2 + \beta_2}$，$\beta_2 > 0$ 为设计参数。

将式 (6.1.17) 和式 (6.1.18) 代入式 (6.1.16)，可得

$$\dot{V}_2 \leqslant -\frac{k_1 z_1^2}{k_{b_1}^2(t) - z_1^2} - \frac{k_2 z_2^2}{k_{b_2}^2(t) - z_2^2} - \frac{1}{2}\nu_1 \|\tilde{W}_1\|^2 + \frac{1}{2}\nu_1 \|W_1\|^2 + \frac{1}{2}\bar{\delta}_1^2 \tag{6.1.19}$$

由引理 1.2.1，可得

$$-\frac{z_1^2}{k_{b_1}^2(t) - z_1^2} \leqslant -\ln\left[\frac{k_{b_1}^2(t)}{k_{b_1}^2(t) - z_1^2}\right] \tag{6.1.20}$$

$$-\frac{z_2^2}{k_{b_2}^2(t) - z_2^2} \leqslant -\ln\left[\frac{k_{b_2}^2(t)}{k_{b_2}^2(t) - z_2^2}\right] \tag{6.1.21}$$

进一步，可得

$$\begin{aligned} \dot{V}_2 \leqslant & -k_1 \ln\left[\frac{k_{b_1}^2(t)}{k_{b_1}^2(t) - z_1^2}\right] - k_2 \ln\left[\frac{k_{b_2}^2(t)}{k_{b_2}^2(t) - z_2^2}\right] \\ & \frac{1}{2}v_1 \|\tilde{W}_1\|^2 + \frac{1}{2}v_1 \|W_1\|^2 + \frac{1}{2}\bar{\delta}_1^2 \end{aligned} \tag{6.1.22}$$

由式 (6.1.20) ~ 式 (6.1.22)，式 (6.1.19) 可以改写为

$$\dot{V}_2 \leqslant -\rho V_2 + C \tag{6.1.23}$$

式中，$\rho = \min\left\{2k_1, 2k_2/(m_b)_{\max}, v_1 \lambda_{\min}(\Lambda_1)\right\}$；$C = v_1 \|W_1\|^2/2 + \bar{\varepsilon}_1^2/2$。

6.1.3 稳定性与收敛性分析

定理 6.1.1 对于非线性主动悬架系统 (6.1.6)，假设 6.1.1 和假设 6.1.2 成立。如果 $|z_i(0)| < k_{b_i}(0)\,(i = 1, 2)$，采用实际控制器 (6.1.17)、虚拟控制器 (6.1.10)、参数自适应律 (6.1.18)，那么总体控制方案具有如下性能：

(1) 闭环系统中的所有信号是半全局一致最终有界的；

(2) 误差变量 z_1 和 z_2 收敛到包含原点的一个较小的邻域内；

(3) 垂直位移 x_1 和速度 x_2 约束在 $k_{c_1}(t)$ 和 $k_{c_2}(t)$ 内。

证明 对式 (6.1.23) 两边同时乘以 $\mathrm{e}^{\rho t}$ 后进行积分，可得

$$V_2(t) \leqslant \left[V_2(0) - \frac{C}{\rho}\right]\mathrm{e}^{-\rho t} + \frac{C}{\rho} \leqslant V_2(0)\,\mathrm{e}^{-\rho t} + \frac{C}{\rho} \tag{6.1.24}$$

由式 (6.1.8) 和式 (6.1.13)，可得

$$\frac{1}{2}\ln\left[\frac{k_{b_1}^2}{k_{b_1}^2(t)-z_1^2}\right]\leqslant V_2(t)\leqslant V_2(0)\,\mathrm{e}^{-\rho t}+\frac{C}{\rho}$$

$$\frac{m_b}{2}\ln\left[\frac{k_{b_2}^2(t)}{k_{b_2}^2(t)-z_2^2}\right]\leqslant V_2(t)\leqslant V_2(0)\,\mathrm{e}^{-\rho t}+\frac{C}{\rho}$$

进一步可得

$$|z_1(t)|\leqslant\hbar_1(t),\quad |z_2(t)|\leqslant\hbar_2(t)$$

式中，$\hbar_1(t)=k_{b_1}(t)\sqrt{1-\mathrm{e}^{-2\left[V_2(0)\mathrm{e}^{-\rho t}+\frac{C}{\rho}\right]}}$，$\hbar_2(t)=k_{b_2}(t)\sqrt{1-\mathrm{e}^{-\frac{2}{m_{b\max}}\left[V_2(0)\mathrm{e}^{-\rho t}+\frac{C}{\rho}\right]}}$。

因此，误差信号 z_i 能够被限制在如下紧集内：

$$\varOmega_i=\left\{z_i\in\mathbf{R}^n\Big|\,|z_i(t)|\leqslant\hbar_i(t)\right\},\quad i=1,2$$

由式 (6.1.24) 可知，$\tilde{W}_1$ 和 $z_i\,(i=1,2)$ 是有界的，由于 $\tilde{W}_1=W_1^*-\hat{W}_1$，进而可知 $\hat{W}_1$ 是有界的。由虚拟控制器和实际控制器的定义，可知 α_1 和 u 是有界的。因此，所有信号都是有界的。在紧集 $\varOmega$ 上，由 $z_1=x_1-y_d(t)$ 和 $|y_d(t)|\leqslant Y_0$，可得 $|x_1|\leqslant|z_1|+|y_d|<k_{b_1}(t)+Y_0$，由于 $k_{b_1}(t)=k_{c_1}(t)-Y_0$，可得 $|x_1|<k_{c_1}(t)$。由于 α_1 有界，假设 $|\alpha_1|\leqslant A_1$，由 $x_2=z_2+\alpha_1$，可得 $|x_2|<k_{b_2}(t)+A_1=k_{c_2}(t)$。因此，系统的状态不违反预先给定的约束界。

至此，基于所提出的自适应控制方法，已经证明了车辆主动悬架系统 (6.1.2) 的稳定性。系统 (6.1.3) 中状态变量 x_3 和 x_4 (非簧载位移 D_w 和速度 $\dot{D}_w$) 的稳定性将在随后的分析中给出。

不失一般性，通过定理 6.1.1 可知，误差 z_1、z_2 和簧载位移 x_1 及速度 x_2 都包含原点的较小邻域。为了获得零动态，可以将输出置为 0，即 $z_1\equiv 0$，可得

$$u=F_a+F_s+m_b\ddot{y}_d \tag{6.1.25}$$

将式 (6.1.25) 代入式 (6.1.3)，可得

$$\dot{X}=AX+\varXi \tag{6.1.26}$$

式中，$A=\begin{bmatrix}0 & 1\\ -\dfrac{k_t}{m_{us}} & -\dfrac{c_t}{m_{us}}\end{bmatrix}$，$\varXi=\begin{bmatrix}0\\ \dfrac{k_tD_r}{m_{us}}+\dfrac{c_t\dot{D}_r}{m_{us}}-m_b\ddot{y}_d\end{bmatrix}$，$X=\begin{bmatrix}x_3\\ x_4\end{bmatrix}$。

选取如下李雅普诺夫函数：

$$V=X^{\mathrm{T}}PX \tag{6.1.27}$$

其中，A 含有负实部特征值。对于给定的矩阵 $Q=Q^{\mathrm{T}}>0$，存在一个矩阵 $P=P^{\mathrm{T}}>0$，满足 $A^{\mathrm{T}}P+PA=-Q$。

对 V 求导，可得

$$\dot{V}=X^{\mathrm{T}}\left(A^{\mathrm{T}}P+PA\right)X+2X^{\mathrm{T}}P\varXi \tag{6.1.28}$$

式中，$2X^{\mathrm{T}}P\varXi\leqslant\left(X^{\mathrm{T}}P^{\mathrm{T}}PX\right)/\sigma+\sigma\varXi^{\mathrm{T}}\varXi$，$\sigma>0$ 为设计参数。进一步，可得

$$\begin{aligned}\dot{V}&\leqslant-X^{\mathrm{T}}QX+\sigma^{-1}X^{\mathrm{T}}P^{\mathrm{T}}PX+\sigma\varXi^{\mathrm{T}}\varXi\\&\leqslant-\left[\lambda_{\min}\left(P^{-1/2}QP^{-1/2}\right)-\sigma^{-1}\lambda_{\max}\left(P\right)\right]V+\sigma\varXi^{\mathrm{T}}\varXi\end{aligned} \tag{6.1.29}$$

存在设计参数 $\lambdabar>0$ 和 $\mu>0$,满足 $\lambdabar\leqslant\lambda_{\min}\left(P^{-1/2}QP^{-1/2}\right)-\sigma^{-1}\lambda_{\max}\left(P\right)>0$，同时选取设计参数 μ，使得 $\mu\geqslant\sigma\varXi^{\mathrm{T}}\varXi$。因此，式 (6.1.29) 可以改写为

$$\dot{V}\leqslant-\lambdabar V+\mu \tag{6.1.30}$$

对式 (6.1.30) 两边同时乘以 $\mathrm{e}^{\lambdabar t}$ 后进行积分，可得

$$V(t)\leqslant\left[V\left(0\right)-\frac{\mu}{\lambdabar}\right]\mathrm{e}^{-\lambdabar t}+\frac{\mu}{\lambdabar}\leqslant\ell \tag{6.1.31}$$

式中

$$\ell=\begin{cases}V\left(0\right), & V\left(0\right)\geqslant\mu/\lambdabar\\2\mu/\lambdabar-V\left(0\right), & V\left(0\right)<\mu/\lambdabar\end{cases}$$

且有 $|x_i|\leqslant\sqrt{\ell/\lambda_{\min}\left(P\right)}\,(i=3,4)$。进一步，可得

$$\begin{aligned}|F_a|&=k_a\left|D_s-D_w\right|\leqslant k_a\left[K_1+\sqrt{\ell/\lambda_{\min}\left(P\right)}\right]\\|F_s|&=c_a\left|\dot{D}_s-\dot{D}_w\right|\leqslant c_a\left[K_2+\sqrt{\ell/\lambda_{\min}\left(P\right)}\right]\\|F_w|&=k_t\left|D_w-D_r\right|\leqslant k_t\left[\sqrt{\ell/\lambda_{\min}\left(P\right)}+\|D_r\|_\infty\right]\\|F_r|&=c_t\left|\dot{D}_w-\dot{D}_r\right|\leqslant c_t\left[\sqrt{\ell/\lambda_{\min}\left(P\right)}+\left\|\dot{D}_r\right\|_\infty\right]\end{aligned}$$

通过选取 σ 和 P，有 $|F_w+F_r|\leqslant|F_w|+|F_r|\leqslant\left(m_b+m_{us}\right)g$，即保证了行驶安全性。由于悬架空间限制在 $|x_1-x_3|\leqslant|x_1|+|x_3|=K_1+\sqrt{\ell/\lambda_{\min}\left(P\right)}$，进而也能保证车辆的操纵安全性。

评注 6.1.1 本节针对具有位移和速度约束的不确定非线性主动悬架系统,基于神经网络，提出了一种神经网络自适应控制方法，有效提升了悬架系统的操纵稳定性、驾驶安全性和乘坐舒适性。与本节类似的针对悬架系统的控制方案可参见文献 [5]~[8]。

6.1.4 仿真

例 6.1.1 考虑四分之一车辆主动悬架系统如式 (6.1.1) 所示，选择系统基本参数为 $k_a=18000\text{N/m}$、$c_a=2400\text{N}\cdot\text{s/m}$、$k_t=150000\text{N/m}$、$c_t=1000\text{N}\cdot\text{s/m}$、$m_b=600\text{kg}$、$m_{us}=60\text{kg}$、$m_{b\min}=520\text{kg}$、$m_{b\max}=700\text{kg}$、$D_r(t)=0.02\sin(10\pi t)$，状态约束条件为 $k_{c_1}(t)=(0.05-0.0007)\mathrm{e}^{-5t}+0.0007$ 和 $k_{c_2}(t)=0.01+(4-0.01)\mathrm{e}^{-3.1t}$。

设计如下虚拟控制器、实际控制器和自适应律：

$$\alpha_1=-[k_1+\lambda_1(t)]z_1+\dot{y}_d(t) \tag{6.1.32}$$

$$\begin{aligned}u=&-[k_2+\lambda_2(t)]z_2-\frac{z_1\left[k_{b_2}^2(t)-z_2^2\right]}{k_{b_1}^2(t)-z_1^2}\\&-\frac{z_2}{2\left[k_{b_2}^2(t)-z_2^2\right]}-\hat{W}_1^{\mathrm{T}}S_1(Z_1)+F_z\end{aligned} \tag{6.1.33}$$

$$\dot{\hat{W}}_1=\varLambda_1\left[\frac{z_2}{k_{b_2}^2(t)-z_2^2}S_1(Z_1)-v_1\hat{W}_1\right] \tag{6.1.34}$$

式中，$z_1=x_1-y_d$；$z_2=x_2-\alpha_1$；$Z_1=\left[x_1,x_2,y_d,\dot{y}_d,\ddot{y}_d,k_{b_1},\dot{k}_{b_1},\ddot{k}_{b_1}\right]^{\mathrm{T}}$。

选择设计参数为 $k_1=10$、$k_2=1.5$、$v_1=0.1$、$v_2=0.2$、$\beta_1=2$、$\beta_2=3$，初始条件为 $x_1(0)=0.01$、$x_2(0)=-0.8$、$\hat{W}_1(0)=[0.03,0.03,\cdots,0.03]^{\mathrm{T}}\in\mathbf{R}^l$、$l=20$。

本节利用神经网络进行逼近，最优逼近估计 $F_1(Z_1)$ 的节点数为 20，其中心平均分布在 $[-0.06,0.06]\times[-5,5]\times[-0.06,0.06]\times[-0.06,0.06]\times[-0.06,0.06]\times[-0.07,0.07]\times[-0.3,0.3]\times[-2,2]$ 区间，高斯函数的宽度为 1。

仿真结果如图 6.1.2 ~ 图 6.1.8 所示。

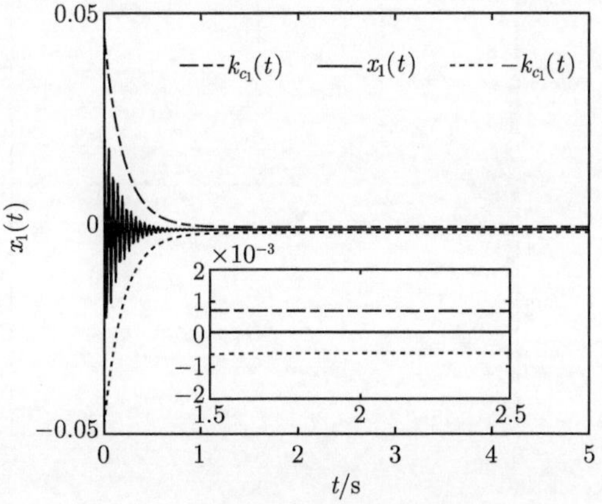

图 6.1.2 簧载部分垂直位移响应图

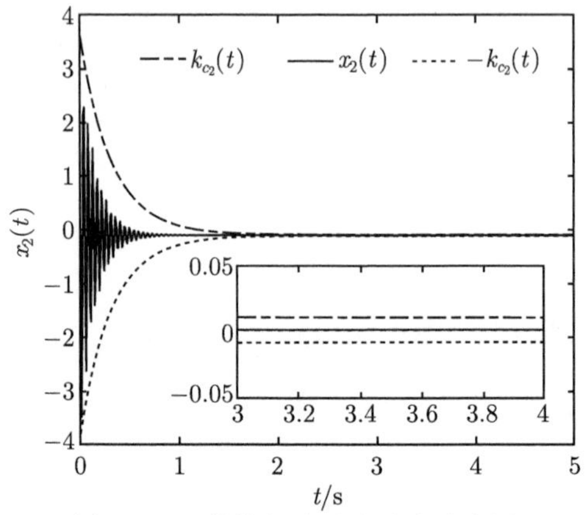

图 6.1.3　簧载部分垂直速度响应图

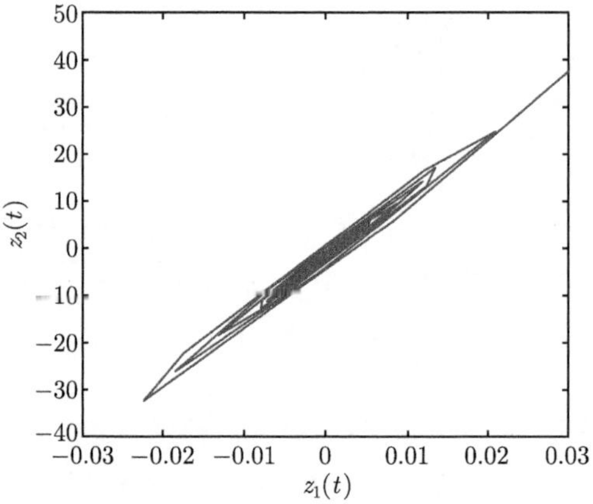

图 6.1.4　$z_1(t)$ 和 $z_2(t)$ 的相位图

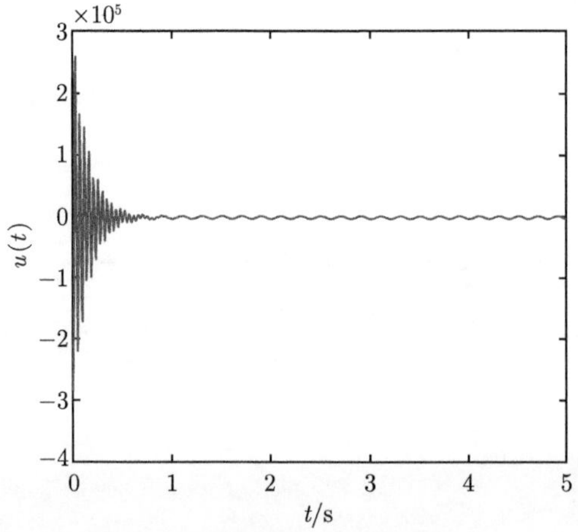

图 6.1.5　控制输入 $u(t)$ 的轨迹

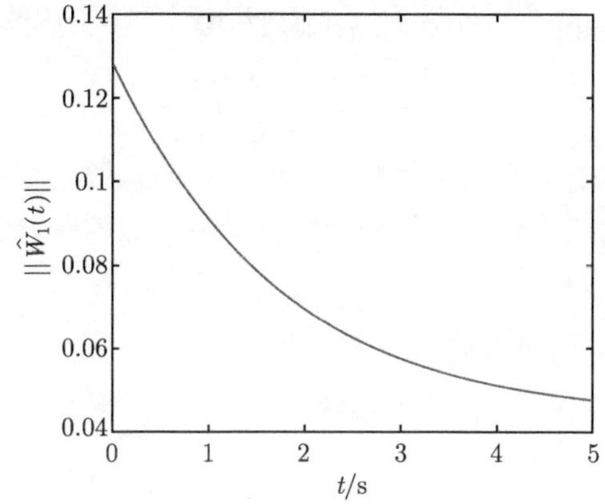

图 6.1.6 自适应律 $\|\hat{W}_1(t)\|$ 的轨迹

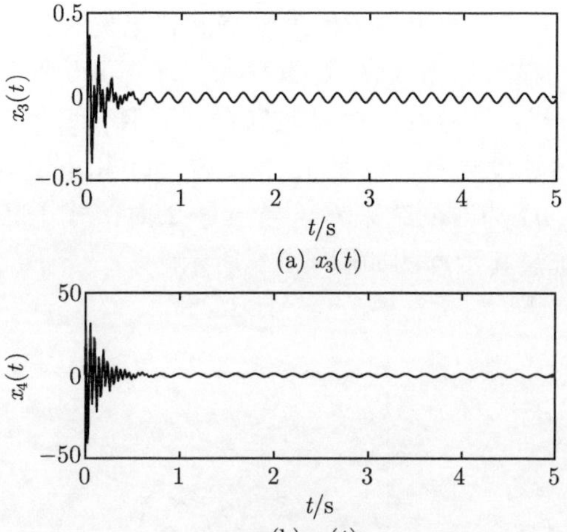

图 6.1.7 非簧载部分的位移和速度

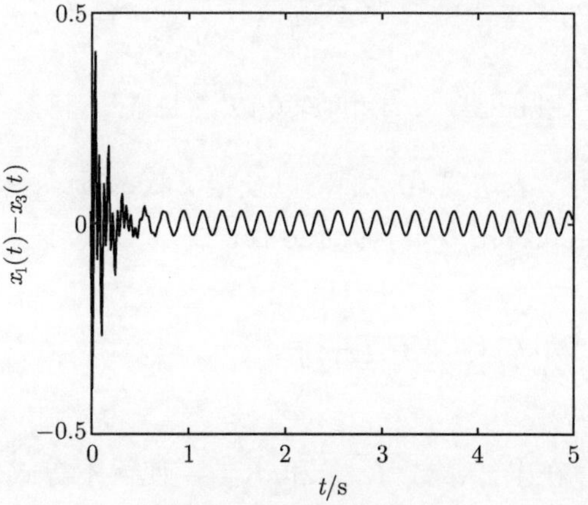

图 6.1.8 悬架空间图

6.2　具有时变角位移和角速度约束机器人系统的自适应控制

本节针对一类具有时变角位移和角速度约束的机器人系统，介绍一种基于时变对数型障碍李雅普诺夫函数的神经网络自适应跟踪控制方法，并给出闭环系统的稳定性与收敛性分析。

6.2.1　系统模型及控制问题描述

考虑如下 n 个关节刚性机器人系统：

$$M(\varphi)\ddot{\varphi}+C(\varphi,\dot{\varphi})\dot{\varphi}+G(\varphi)+J^{\mathrm{T}}(\varphi)f(t)=\tau(t) \tag{6.2.1}$$

式中，$\varphi\in\mathbf{R}^n$、$\dot{\varphi}\in\mathbf{R}^n$ 和 $\ddot{\varphi}\in\mathbf{R}^n$ 分别为角位移、角速度和角加速度；$M(\varphi)\in\mathbf{R}^{n\times n}$ 为正定对称惯性矩阵；$C(\varphi,\dot{\varphi})\in\mathbf{R}^n$ 为未知的科里奥利力矩阵；$G(\varphi)\in\mathbf{R}^n$ 为重力向量矩阵；控制输入量为 $\tau(t)\in\mathbf{R}^n$；$J(\varphi)\in\mathbf{R}^{n\times n}$ 为未知的雅可比矩阵；$f(t)\in\mathbf{R}^n$ 为有界干扰，即存在一个常数向量 $\bar{f}\in\mathbf{R}^n$ 使得不等式 $\|f(t)\|\leqslant\bar{f}$ 成立。系统角位移和角速度分量需满足 $|\varphi_i|\leqslant k_{c_{1i}}(t)$ 和 $|\dot{\varphi}_i|\leqslant k_{c_{2i}}(t)$，$k_{c_{1i}}(t)$ 和 $k_{c_{2i}}(t)\,(i=1,2,\cdots,n)$ 为时变约束界。当 $n=2$ 时，式 (6.2.1) 表示二自由度膝关节康复机器人系统，其示意图如图 6.2.1 所示。

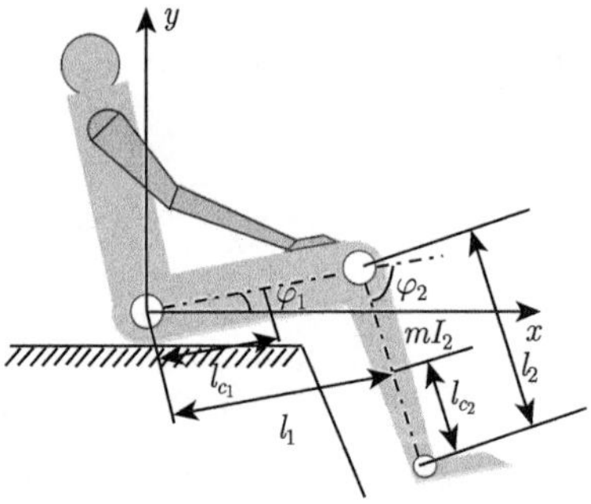

图 6.2.1　二自由度膝关节康复机器人示意图

根据机器人动力学表达式 (6.2.1)，以及定义状态量 $x_1=\varphi$ 和 $x_2=\dot{\varphi}$，可以将机器人动力学表达式转化为如下状态方程：

$$\begin{cases}\dot{x}_1=x_2\\ \dot{x}_2=M^{-1}(x_1)\left[\tau-J^{\mathrm{T}}(x_1)f-C(x_1,x_2)x_2-G(x_1)\right]\\ y=x_1\end{cases} \tag{6.2.2}$$

假设 6.2.1　存在未知常数 $K_{c_{1i}}$ 和 $K_{c_{2i}}$，使得不等式 $|k_{c_{1i}}(t)|\leqslant K_{c_{1i}}$ 和 $|k_{c_{2i}}(t)|\leqslant K_{c_{2i}}$ 成立，$k_{c_{1i}}(t)$ 和 $k_{c_{2i}}(t)$ 为时变约束函数。

假设 6.2.2 对于任意时间 $t \geqslant 0$，若存在函数 $X_{1i}(t)$ 和 $X_{2i}(t)\ (i=1,2,\cdots,n)$，满足不等式 $0<X_{1i}(t)<k_{c_{1i}}(t)$ 和 $0<X_{2i}(t)<k_{c_{2i}}(t)$，则 $y_{d_i}(t)$ 及其导数 $\dot{y}_{d_i}(t)$ 满足不等式 $|y_{d_i}(t)| \leqslant X_{1i}(t)$ 和 $|\dot{y}_{d_i}(t)| \leqslant X_{2i}(t)$。

定义误差变量 $z_1=[z_{11},z_{12},\cdots,z_{1n}]^{\mathrm{T}}=x_1-y_d=[x_{11}-y_{d_1},x_{12}-y_{d_2},\cdots,x_{1n}-y_{d_n}]^{\mathrm{T}}$ 和 $z_2=[z_{21},z_{22},\cdots,z_{2n}]^{\mathrm{T}}=x_2-\alpha_1=[x_{21}-\alpha_{11},x_{22}-\alpha_{12},\cdots,x_{2n}-\alpha_{1n}]^{\mathrm{T}}$，式中 $y_d=[y_{d_1},y_{d_2},\cdots,y_{d_n}]^{\mathrm{T}}$ 为期望轨迹跟踪，α_{1i} 是虚拟控制器，其具体形式将在后文给出。定义误差约束条件为 $|z_{1i}|<k_{b_{1i}}(t)$ 和 $|z_{2i}|<k_{b_{2i}}(t)$，式中误差约束条件定义为 $k_{b_{1i}}(t)=k_{c_{1i}}(t)-X_{1i}(t)$ 和 $k_{b_{2i}}(t)=k_{c_{2i}}(t)-X_{2i}(t)$。由假设 6.2.1 和假设 6.2.2 可知，存在正常数 $K_{b_{1i}}$ 和 $K_{b_{2i}}$ 使得 $|k_{b_{1i}}(t)| \leqslant K_{b_{1i}}$ 和 $|k_{b_{2i}}(t)| \leqslant K_{b_{2i}}$ 成立。

控制任务 设计一种神经网络自适应约束控制器，使得：

(1) 闭环系统的所有信号是半全局一致最终有界的；

(2) 误差信号收敛到包含原点的一个较小的邻域内；

(3) 系统所有状态满足指定约束条件。

6.2.2 自适应状态反馈约束控制方法

基于时变障碍李雅普诺夫函数，神经网络自适应跟踪控制器设计过程如下。

第 1 步 选择如下对数型障碍李雅普诺夫函数：

$$V_1=\frac{1}{2}\sum_{i=1}^{n}\ln\left[\frac{k_{b_{1i}}^2(t)}{k_{b_{1i}}^2(t)-z_{1i}^2}\right] \tag{6.2.3}$$

根据式 (6.2.2)，对 z_1 求导，可得

$$\dot{z}_1=\dot{x}_1-\dot{y}_d=x_2-\dot{y}_d=z_2+\alpha_1-\dot{y}_d \tag{6.2.4}$$

其分量形式为

$$\dot{z}_{1i}=\dot{x}_{1i}-\dot{y}_{d_i}=x_{2i}-\dot{y}_{d_i}=z_{2i}+\alpha_{1i}-\dot{y}_{d_i}$$

根据式 (6.2.3) 和式 (6.2.4)，对 V_1 求导，可得

$$\begin{aligned}\dot{V}_1&=\sum_{i=1}^{n}\frac{z_{1i}}{k_{b_{1i}}^2(t)-z_{1i}^2}\left(\dot{z}_{1i}-\frac{\dot{k}_{b_{1i}}}{k_{b_{1i}}}z_{1i}\right)\\&=\sum_{i=1}^{n}\frac{z_{1i}}{k_{b_{1i}}^2(t)-z_{1i}^2}\left(z_{2i}+\alpha_{1i}-\dot{y}_{d_i}-\frac{\dot{k}_{b_{1i}}}{k_{b_{1i}}}z_{1i}\right)\end{aligned} \tag{6.2.5}$$

设计如下虚拟控制器：

$$\alpha_1=-\left[\varUpsilon_1+\bar{\varUpsilon}_1(t)\right]z_1+\dot{y}_d \tag{6.2.6}$$

式中，$\Upsilon_1 = \operatorname{diag}\{\gamma_{11}, \gamma_{12}, \cdots, \gamma_{1n}\}$，$\bar{\Upsilon}_1(t) = \operatorname{diag}\{\bar{\gamma}_{11}(t), \bar{\gamma}_{12}(t), \cdots, \bar{\gamma}_{1n}(t)\}$，$\gamma_{1i} > 0$ 为设计参数，$\bar{\gamma}_{1i}(t) = \sqrt{\dot{k}_{b_{1i}}/k_{b_{1i}} + \beta_{1i}}$，$\beta_{1i} > 0$ 为设计参数，且满足 $\bar{\gamma}_{1i}(t) + \dot{k}_{b_{1i}}/k_{b_{1i}} \geqslant 0$。

虚拟控制器的分量为

$$\alpha_{1i} = -\left[\gamma_{1i} + \bar{\gamma}_{1i}(t)\right] z_{1i} + \dot{y}_{d_i}, \quad i = 1, 2, \cdots, n \tag{6.2.7}$$

将式 (6.2.6) 代入式 (6.2.5)，可得

$$\dot{V}_1 = -\sum_{i=1}^{n} \gamma_{1i} \frac{z_{1i}^2}{k_{b_{1i}}^2(t) - z_{1i}^2} + \sum_{i=1}^{n} \frac{z_{1i} z_{2i}}{k_{b_{1i}}^2(t) - z_{1i}^2} \tag{6.2.8}$$

第 2 步　根据式 (6.2.2)，对 z_2 求导，可得

$$\dot{z}_2 = \dot{x}_2 - \dot{\alpha}_1 = M^{-1}(x_1)\left[\tau - J^{\mathrm{T}}(x_1) f - C(x_1, x_2) x_2 - G(x_1)\right] - \dot{\alpha}_1 \tag{6.2.9}$$

式中，$M^{-1}(x_1) = \left[M_1^{-1}(x_1), M_2^{-1}(x_1), \cdots, M_n^{-1}(x_1)\right]$；$J(x_1) = [J_1(x_1), J_2(x_1), \cdots, J_n(x_1)]^{\mathrm{T}}$；$G(x_1) = [G_1(x_1), G_2(x_1), \cdots, G_n(x_1)]^{\mathrm{T}}$；$f = [f_1, f_2, \cdots, f_n]^{\mathrm{T}}$；$C(x_1, x_2) = [C_1(x_1, x_2), C_2(x_1, x_2), \cdots, C_n(x_1, x_2)]^{\mathrm{T}}$；$\dot{\alpha}_1 = [\dot{\alpha}_{11}, \dot{\alpha}_{12}, \cdots, \dot{\alpha}_{1n}]^{\mathrm{T}}$；$\dot{\alpha}_{1i} = (\partial \alpha_{1i}/\partial x_{1i}) x_{2i} + \sum_{j=0}^{1} \left(\partial \alpha_{1i}/\partial y_{d_i}^{(j)}\right) y_{d_i}^{(j+1)}$；$M_i^{-1}(x_1) \in \mathbf{R}^{1\times n}$、$J_i(x_1) \in \mathbf{R}^{n\times 1}$、$C_i(x_1, x_2) \in \mathbf{R}^{n\times 1}$ 分别为矩阵的分量。

此外，式 (6.2.9) 的分量为

$$\dot{z}_{2i} = M_i^{-1}(x_1)\left[\tau - J_i^{\mathrm{T}}(x_1) f_i - C_i(x_1, x_2) x_{2i} - G_i(x_1)\right] - \dot{\alpha}_{1i} \tag{6.2.10}$$

选择如下对数型障碍李雅普诺夫函数：

$$V_2 = V_1 + \frac{1}{2}\sum_{i=1}^{n} \ln\left[\frac{k_{b_{2i}}^2(t)}{k_{b_{2i}}^2(t) - z_{2i}^2}\right] \tag{6.2.11}$$

根据式 (6.2.11)，对 V_2 求导，可得

$$\dot{V}_2 = \dot{V}_1 + \sum_{i=1}^{n} \frac{z_{2i}}{k_{b_{2i}}^2(t) - z_{2i}^2}\left(\dot{z}_{2i} - \frac{\dot{k}_{b_{2i}}}{k_{b_{2i}}} z_{2i}\right) \tag{6.2.12}$$

将式 (6.2.9) 和式 (6.2.10) 代入式 (6.2.12)，可得

$$\dot{V}_2 \leqslant -\sum_{i=1}^{n} \gamma_{1i} \frac{z_{1i}^2}{k_{b_{1i}}^2(t) - z_{1i}^2} + \sum_{i=1}^{n} \frac{z_{1i} z_{2i}}{k_{b_{1i}}^2(t) - z_{1i}^2}$$

$$-\sum_{i=1}^{n}\frac{z_{2i}^2}{k_{b_{2i}}^2(t)-z_{2i}^2}\frac{\dot{k}_{b_{2i}}}{k_{b_{2i}}}+\sum_{i=1}^{n}\frac{z_{2i}}{k_{b_{2i}}^2(t)-z_{2i}^2}$$
$$\times M_i^{-1}(x_1)\left[\tau-J_i^{\mathrm{T}}(x_1)f_i-G(x_1)\right.$$
$$\left.-C_i(x_1,x_2)x_{2i}-M_i(x_1)\dot{\alpha}_{1i}\right] \tag{6.2.13}$$

定义未知函数向量 $F(Z)=[F_1(Z),F_2(Z),\cdots,F_n(Z)]^{\mathrm{T}}$ 的分量为

$$F_i(Z)=-M_i^{-1}(x_1)\left[J_i^{\mathrm{T}}(x_1)f_i+G(x_1)+C_i(x_1,x_2)x_{2i}+M_i(x_1)\dot{\alpha}_{1i}\right]$$

利用神经网络逼近未知函数 $F_i(Z)$，可得

$$F_i(Z)=W_i^{*\mathrm{T}}S_i(Z)+\delta_i(Z) \tag{6.2.14}$$

式中，$Z=\left[x_1^{\mathrm{T}},x_2^{\mathrm{T}},y_d,\dot{y}_d\right]^{\mathrm{T}}$ 为神经网络输入向量；$S_i(Z)=[S_{i1}(Z),S_{i2}(Z),\cdots,S_{ik_i}(Z)]^{\mathrm{T}}$ 为神经元激活函数，k_i 为基函数节点个数；W_i^* 为最优权重向量；$\delta_i(Z)$ 为逼近误差，存在正常数 $\bar{\delta}_i$ 使得 $|\delta_i(Z)|\leqslant\bar{\delta}_i$。

设计如下自适应律：

$$\dot{\hat{W}}_i=\varGamma_i\left\{S_i(Z)z_{2i}/\left[k_{b_{2i}}^2(t)-z_{2i}^2\right]-\sigma_i\hat{W}_i\right\} \tag{6.2.15}$$

式中，$\varGamma_i=\varGamma_i^{\mathrm{T}}>0$ 为增益矩阵；$\sigma_i>0$ 为设计参数；$\tilde{W}_i=\hat{W}_i-W_i^*$ 为参数估计误差，$\hat{W}_i$ 为 W_i^* 的估计；$S(Z)=\mathrm{diag}\{S_1(Z),S_2(Z),\cdots,S_n(Z)\}$ 为神经元激活函数。

设计如下控制器：

$$\tau=-M(x_1)\left\{\left[\varUpsilon_2+\bar{\varUpsilon}_2(t)\right]z_2+\hat{W}^{\mathrm{T}}S(Z)+A\right\} \tag{6.2.16}$$

式中，$A=\left[\mu_1 z_{11}+z_{21}/\left[2\left(k_{b_{21}}^2-z_{21}^2\right)\right],\cdots,\mu_n z_{1n}+z_{2n}/\left[2\left(k_{b_{2n}}^2-z_{2n}^2\right)\right]\right]^{\mathrm{T}}$；$\mu_i=\left[k_{b_{2i}}^2(t)-z_{2i}^2(t)\right]/\left[k_{b_{1i}}^2(t)-z_{1i}^2(t)\right]$；$\varUpsilon_2=\mathrm{diag}\left\{\gamma_{21},\gamma_{22},\cdots,\gamma_{2n}\right\}$；$\gamma_{2i}>0$ 为设计参数；$\bar{\varUpsilon}_2(t)=\mathrm{diag}\left\{\bar{\gamma}_{21}(t),\bar{\gamma}_{22}(t),\cdots,\bar{\gamma}_{2n}(t)\right\}$；$\bar{\gamma}_{2i}(t)=\sqrt{\dot{k}_{b_{2i}}/k_{b_{2i}}+\beta_{2i}}$，$\beta_{2i}>0$ 为设计参数，且满足不等式 $\bar{\gamma}_{2i}(t)+\dot{k}_{b_{2i}}/k_{b_{2i}}\geqslant 0$；$\hat{W}=\mathrm{diag}\left\{\hat{W}_1,\hat{W}_2,\cdots,\hat{W}_n\right\}$。

根据式 (6.2.16)，控制器 $\tau=[\tau_1,\tau_2,\cdots,\tau_n]^{\mathrm{T}}$ 分量为

$$\tau_i=-M_i(x_1)\left\{\left[\varUpsilon_{2i}+\bar{\varUpsilon}_{2i}(t)\right]z_{2i}+\hat{W}_i^{\mathrm{T}}S_i(Z)-A_i\right\} \tag{6.2.17}$$

由式 (6.2.14) ~ 式 (6.2.17)，可得

$$
\begin{aligned}
\dot{V}_2 \leqslant & -\sum_{i=1}^{n} \gamma_{1i} \frac{z_{1i}^2}{k_{b_{1i}}^2(t)-z_{1i}^2} - \sum_{i=1}^{n} \gamma_{2i} \frac{z_{2i}^2}{k_{b_{2i}}^2(t)-z_{2i}^2} \\
& -\frac{1}{2}\sum_{i=1}^{n} \frac{z_{2i}^2}{\left[k_{b_{2i}}^2(t)-z_{2i}^2\right]^2} + \sum_{i=1}^{n} \frac{z_{2i}}{k_{b_{2i}}^2(t)-z_{2i}^2}\left[-\tilde{W}_i^{\mathrm{T}} S_i(Z)+\delta_i(Z)\right]
\end{aligned} \tag{6.2.18}
$$

第 3 步　选择如下李雅普诺夫函数:

$$
V_3 = V_2 + \frac{1}{2}\sum_{i=1}^{n} \tilde{W}_i^{\mathrm{T}} \varGamma_i^{-1} \tilde{W}_i \tag{6.2.19}
$$

根据式 (6.2.19)，对 V_3 求导，并代入不等式 (6.2.18)，可得

$$
\begin{aligned}
\dot{V}_3 = & \dot{V}_2 + \sum_{i=1}^{n} \tilde{W}_i^{\mathrm{T}} \varGamma_i^{-1} \dot{\hat{W}}_i \\
\leqslant & -\sum_{i=1}^{n} \gamma_{1i} \frac{z_{1i}^2}{k_{b_{1i}}^2(t)-z_{1i}^2} - \sum_{i=1}^{n} \gamma_{2i} \frac{z_{2i}^2}{k_{b_{2i}}^2(t)-z_{2i}^2} - \sum_{i=1}^{n} \frac{1}{2} \frac{z_{2i}^2}{\left[k_{b_{2i}}^2(t)-z_{2i}^2\right]^2} \\
& + \sum_{i=1}^{n} \frac{z_{2i}}{k_{b_{2i}}^2(t)-z_{2i}^2}\left[-\tilde{W}_i^{\mathrm{T}} S_i(Z)+\delta_i(Z)\right] + \sum_{i=1}^{n} \tilde{W}_i^{\mathrm{T}} \varGamma_i^{-1} \dot{\hat{W}}_i
\end{aligned} \tag{6.2.20}
$$

由式 (6.2.15)，可得

$$
-\sum_{i=1}^{n} \frac{z_{2i}}{k_{b_{2i}}^2(t)-z_{2i}^2} \tilde{W}_i^{\mathrm{T}} S_i(Z) + \sum_{i=1}^{n} \tilde{W}_i^{\mathrm{T}} \varGamma_i^{-1} \dot{\hat{W}}_i = -\sum_{i=1}^{n} \sigma_i \tilde{W}_i^{\mathrm{T}} \hat{W}_i \tag{6.2.21}
$$

由杨氏不等式，可得

$$
\begin{aligned}
-\sum_{i=1}^{n} \sigma_i \tilde{W}_i^{\mathrm{T}} \hat{W}_i &= -\sum_{i=1}^{n} \sigma_i \tilde{W}_i^{\mathrm{T}} \tilde{W}_i - \sum_{i=1}^{n} \sigma_i \tilde{W}_i^{\mathrm{T}} W_i^* \\
&\leqslant -\frac{1}{2}\sum_{i=1}^{n} \sigma_i \|\tilde{W}_i\|^2 + \frac{1}{2}\sum_{i=1}^{n} \sigma_i \|W_i^*\|^2
\end{aligned} \tag{6.2.22}
$$

$$
\frac{z_{2i}}{k_{b_{2i}}^2(t)-z_{2i}^2}\delta_i(Z) \leqslant \frac{1}{2}\frac{z_{2i}^2}{\left[k_{b_{2i}}^2(t)-z_{2i}^2\right]^2} + \frac{1}{2}\bar{\delta}_i^2 \tag{6.2.23}
$$

将式 (6.2.21) ~ 式 (6.2.23) 代入式 (6.2.20)，可得

$$
\begin{aligned}
\dot{V}_3 \leqslant & -\sum_{i=1}^{n} \gamma_{1i} \frac{z_{1i}^2}{k_{b_{1i}}^2(t)-z_{1i}^2} - \sum_{i=1}^{n} \gamma_{2i} \frac{z_{2i}^2}{k_{b_{2i}}^2(t)-z_{2i}^2} \\
& -\frac{1}{2}\sum_{i=1}^{n} \sigma_i \|\tilde{W}_i\|^2 + \frac{1}{2}\sum_{i=1}^{n} \sigma_i \|W_i^*\|^2 + \frac{1}{2}\sum_{i=1}^{n} \bar{\delta}_i^2
\end{aligned}
$$

根据引理 1.2.1，可得

$$
\begin{aligned}
\dot{V}_3 \leqslant & -\sum_{i=1}^{n} \gamma_{1i} \ln\left[\frac{z_{1i}^2}{k_{b_{1i}}^2(t)-z_{1i}^2}\right]-\sum_{i=1}^{n} \gamma_{2i} \ln\left[\frac{z_{2i}^2}{k_{b_{2i}}^2(t)-z_{2i}^2}\right] \\
& -\frac{1}{2} \sum_{i=1}^{n} \sigma_i\left\|\tilde{W}_i\right\|^2+\frac{1}{2} \sum_{i=1}^{n} \sigma_i\left\|W_i^*\right\|^2+\frac{1}{2} \sum_{i=1}^{n} \bar{\delta}_i^2
\end{aligned}
$$

定义 $\rho=\min\left\{2\gamma_{1i}, 2\gamma_{2i}, \sigma_i\lambda_{\min}\left(\Gamma_i\right)\right\}(i=1,2,\cdots,n)$ 和 $C=\sum_{i=1}^{n}\left(\sigma_i\left\|W_i^*\right\|^2+\bar{\delta}_i^2\right)/2$，$\dot{V}_3$ 可以表示为

$$
\dot{V}_3 \leqslant -\rho V_3+C \tag{6.2.24}
$$

$\lambda_{\min}\left(\Gamma_i\right)$ 为 Γ_i 最小特征值。

6.2.3 稳定性与收敛性分析

定理 6.2.1 对于时变全状态约束机器人系统 (6.2.1)，假设 6.2.1 和假设 6.2.2 成立。如果采用实际控制器 (6.2.16)、虚拟控制器 (6.2.6) 和参数自适应律 (6.2.15)，那么总体控制方法具有如下性能：

(1) 闭环系统中的所有信号是半全局一致最终有界的；

(2) 误差变量收敛到紧集 $\Omega_{z_{ji}}(t)=\left\{z_{ji}\middle|\left\|z_{ji}(t)\right\| \leqslant D_{ji}(t)\right\}$ 内；

(3) 系统的所有状态满足指定的约束条件。

证明 对式 (6.2.24) 两边同时乘以 $\mathrm{e}^{\rho t}$ 再求积分可得

$$
0 \leqslant V_3(t) \leqslant\left[V_3(0)-\frac{C}{\rho}\right] \mathrm{e}^{-\rho t}+\frac{C}{\rho} \tag{6.2.25}
$$

根据式 (6.2.3)、式 (6.2.11) 和式 (6.2.19)，可得

$$
V_3=\frac{1}{2} \sum_{i=1}^{n} \ln\left[\frac{k_{b_{1i}}^2(t)}{k_{b_{1i}}^2(t)-z_{1i}^2}\right]+\frac{1}{2} \sum_{i=1}^{n} \ln\left[\frac{k_{b_{2i}}^2(t)}{k_{b_{2i}}^2(t)-z_{2i}^2}\right]+\frac{1}{2} \sum_{i=1}^{n} \tilde{W}_i^{\mathrm{T}} \Gamma_i^{-1} \tilde{W}_i
$$

进而可得

$$
\frac{1}{2} \ln\left[\frac{k_{b_{1i}}^2(t)}{k_{b_{1i}}^2(t)-z_{1i}^2}\right] \leqslant V_{3F_i}(t) \leqslant V_{3F_i}(0) \tag{6.2.26}
$$

式中，$V_{3F_i}(0)=1/2\ln\left\{k_{b_{1i}}^2(0)/\left[k_{b_{1i}}^2(0)-z_{1i}^2(0)\right]\right\}+1/4\lambda_{\max}\left(\Gamma_i^{-1}\right)\left\|\hat{W}_i(0)-W_i^*\right\|^2+C_i/(2\rho_i)$。

由式 (6.2.26)，可得

$$\frac{k_{b_{1i}}^2(t)}{k_{b_{1i}}^2(t)-z_{1i}^2} \leqslant \mathrm{e}^{2V_{3F_i}(0)} \tag{6.2.27}$$

由式 (6.2.27)，可得

$$z_{1i}^2/k_{b_{1i}}^2(t) \leqslant 1-\mathrm{e}^{-2V_{3F_i}(0)} \tag{6.2.28}$$

进一步可得

$$|z_{1i}(t)| \leqslant D_{1i}(t)$$

式中，$D_{1i}(t)=k_{b_{1i}}(t)\sqrt{1-\mathrm{e}^{-2V_{3F_i}(0)}}$。

类似于 z_1 的导数，可得

$$|z_{2i}(t)| \leqslant D_{2i}(t) \tag{6.2.29}$$

式中，$D_{2i}(t)=k_{b_{2i}}(t)\sqrt{1-\mathrm{e}^{-2V_{3F_i}(0)}}$。由假设 6.2.2，可得 $|x_{1i}(0)|<K_{c_{1i}}(0)$ 成立。由 $k_{c_{1i}}(t)$ 的定义，可得 $|z_{1i}(0)|<K_{b_{1i}}$ 成立。

由 $x_{1i}=z_{1i}+y_{d_i}$ 和 $x_{2i}=z_{2i}+\alpha_{1i}$，可得

$$|x_{1i}(t)|<k_{b_{1i}}(t)+|y_{d_i}(t)| \tag{6.2.30}$$

由不等式 (6.2.30)，可证得 $|y_i(t)| \leqslant k_{c_{1i}}(t)$ 成立。因此，输出信号有界且未超出约束界限。由虚拟控制器 α_{1i} 的定义，可得其有界性。再根据 $z_2=x_2-\alpha_1$ 和式 (6.2.29)，可得状态变量 x_2 的所有分量是有界的。进一步，通过上述推导，可得 $\hat{W}_i$ 和 $\tau_i\,(i=1,2,\cdots,n)$ 是有界的。因此，闭环系统所有信号有界。

评注 6.2.1 本节针对具有时变角位移和角速度约束的机器人系统，介绍了一种基于神经网络的自适应跟踪控制方法，与本节类似的基于模糊观测器的自适应约束控制设计方法可参见文献 [9] 和 [10]。

6.2.4 仿真

例 6.2.1 本节针对竖直平面上二自由度膝关节机器人系统 (图 6.2.1) 进行仿真研究，其角位移为 $\varphi=[\varphi_1,\varphi_2]^{\mathrm{T}}$ 和角速度为 $\dot{\varphi}=[\dot{\varphi}_1,\dot{\varphi}_2]^{\mathrm{T}}$，考虑如下膝关节能量方程：

$$\begin{aligned} K(\varphi,\dot{\varphi}) = & \frac{1}{2}m_1 l_{c1}^2\dot{\varphi}_1^2+\frac{1}{2}I_1\dot{\varphi}_1^2+\frac{1}{2}m_2 l_1^2\dot{\varphi}_1^2+\frac{1}{2}I_2(\dot{\varphi}_1+\dot{\varphi}_2)^2 \\ & +m_2 l_1 l_{c2}\dot{\varphi}_1(\dot{\varphi}_1+\dot{\varphi}_2)\cos(\varphi_2)+\frac{1}{2}m_2 l_{c2}^2(\dot{\varphi}_1+\dot{\varphi}_2)^2 \end{aligned}$$

式中，m_i 为第 i 个关节的质量；l_i 为长度；l_{ci} 为第 $i-1$ 个关节连接处与第 i 个关节重心的长度；I_i 为第 i 个关节通过重心的转动惯量，$i=1,2$。也可以给出机器人势能：

$$P(\varphi)=m_1gl_{c2}\sin(\varphi_1)+m_2g\left[l_1\sin(\varphi_1)+l_{c2}\sin(\varphi_1+\varphi_2)\right]$$

基于拉格朗日等式 $(\mathrm{d}/\mathrm{d}t)\left[\partial(K-P)/\partial\dot{\varphi}\right]-\left[\partial(K-P)/\partial\varphi\right]=0$，其参数表达式如下。

重力向量矩阵为

$$G(\varphi)=\begin{bmatrix} G_{11} & G_{21}\end{bmatrix}^{\mathrm{T}}$$

式中，$G_{11}=(m_1l_{c2}+m_2l_1)g\cos(\varphi_1)+m_2l_{c2}g\cos(\varphi_1+\varphi_2)$；$G_{21}=m_2l_{c2}g\cdot\cos(\varphi_1+\varphi_2)$。

惯性正定矩阵为

$$M(\varphi)=\begin{bmatrix} M_{11} & M_{12}\\ M_{21} & M_{22}\end{bmatrix}$$

式中，$M_{11}=m_1l_{c1}^2+m_2\left[l_1^2+l_{c2}^2+2l_1l_{c2}\cos(\varphi_2)\right]+I_1+I_2$；$M_{12}=m_2\left[l_{c2}^2+l_1l_{c2}\cdot\cos(\varphi_2)\right]+I_2$；$M_{21}=m_2\left[l_{c2}^2+l_1l_{c2}\cos(\varphi_2)\right]+I_2$；$M_{22}=m_2l_{c2}^2+I_2$。

科里奥利力矩阵为

$$C(\varphi,\dot{\varphi})=\begin{bmatrix} C_{11} & C_{12}\\ C_{21} & C_{22}\end{bmatrix}$$

式中，$C_{11}=-m_2l_1l_{c2}\dot{\varphi}_2\sin(\varphi_2)$；$C_{12}=-m_2l_1l_{c2}(\dot{\varphi}_1+\dot{\varphi}_2)\sin(\varphi_2)$；$C_{21}=m_2l_1l_{c2}\cdot\dot{\varphi}_1\sin(\varphi_2)$；$C_{22}=0$。

雅可比矩阵为

$$J(\varphi)=\begin{bmatrix} J_{11} & J_{12}\\ J_{21} & J_{22}\end{bmatrix}$$

式中，$J_{11}=-\left[l_1\sin(\varphi_1)+l_2\sin(\varphi_1+\varphi_2)\right]$；$J_{12}=-l_2\sin(\varphi_1+\varphi_2)$；$J_{21}=l_1\cos(\varphi_1)+l_2\cos(\varphi_1+\varphi_2)$；$J_{22}=l_2\cos(\varphi_1+\varphi_2)$。

机器人参数选取为 $m_1=2\mathrm{kg}$、$m_2=0.85\mathrm{kg}$、$l_1=0.35\mathrm{m}$、$l_2=0.31\mathrm{m}$、$I_1=61.25\times10^{-3}\mathrm{kg\cdot m^2}$、$I_1=20.42\times10^{-3}\mathrm{kg\cdot m^2}$，以及重力加速度选取为 $g=9806.65\times10^{-3}\mathrm{m/s^2}$。

初始值选为 $\varphi=[0,1.9]^{\mathrm{T}}$ 和 $\dot{\varphi}=[0,0]^{\mathrm{T}}$，期望轨迹为 $y_d=[\sin(0.5t),2\cos(0.5t)]^{\mathrm{T}}$，以及外界干扰为 $f(t)=[\sin(t)+1.82,2\cos(t)+1.35]^{\mathrm{T}}$。时变约束条件选取为 $k_{c_1}=[0.2\sin(0.5t)+1.6,0.6\cos(0.5t)+3.1]^{\mathrm{T}}$ 和 $k_{c_2}=[1.5+0.8\sin(0.5t),$

$0.9\cos(0.5t)+1.8]^{\mathrm{T}}$。控制器参数选取为 $\gamma_1=8$、$\gamma_2=15$、$\gamma_3=20$、$\gamma_4=36$、$\beta=[5,10]^{\mathrm{T}}$、$\mathit{\Gamma}=\mathrm{diag}\{6,2\}^{\mathrm{T}}$、$\sigma=[0.01,0.001]^{\mathrm{T}}$、$k_1=20$ 和 $k_2=20$。

用于近似 $F_1(Z)$ 的神经网络输入量为 $Z=[x_{11},x_{12},x_{21},x_{22},y_{d_1},y_{d_2},\dot{y}_{d_1},\dot{y}_{d_2}]^{\mathrm{T}}$，节点数为 21，中心在 $[-1,1]\times[-2,2]\times[-1,1]\times[-1,1]\times[-1,1]\times[-2,2]\times[-1,1]\times[-2,2]$ 区间均匀分布，高斯函数的宽度为 2。另外，用于近似 $F_2(Z)$ 的神经网络输入量为 $Z=[x_{11},x_{12},x_{21},x_{22},y_{d_1},y_{d_2},\dot{y}_{d_1},\dot{y}_{d_2}]^{\mathrm{T}}$，节点数同样为 21，中心在 $[-1,1]\times[-2,2]\times[-1,1]\times[-1,1]\times[-1,1]\times[-2,2]\times[-1,1]\times[-2,2]$ 区间均匀分布，高斯函数的宽度为 3。

仿真结果如图 6.2.2 ~ 图 6.2.10 所示。

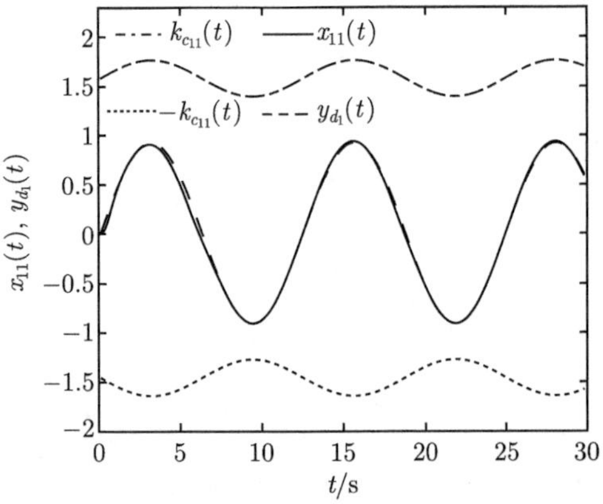

图 6.2.2　二自由度机器人膝关节 1 的角位移跟踪轨迹

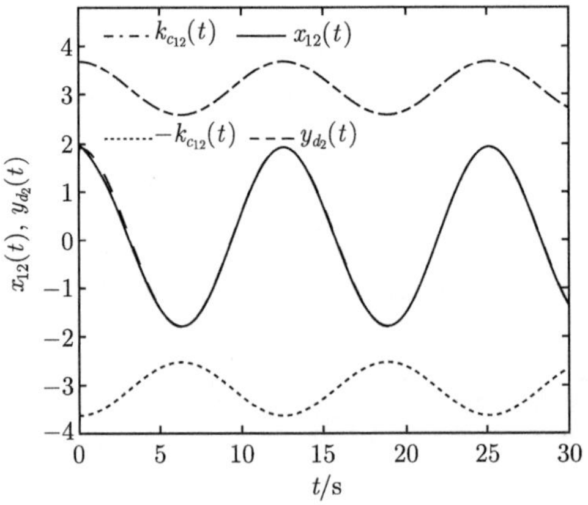

图 6.2.3　二自由度机器人膝关节 2 的角位移跟踪轨迹

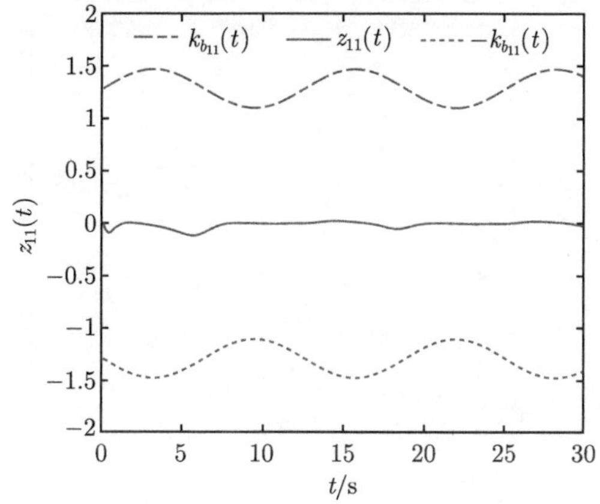

图 6.2.4 二自由度机器人膝关节 1 的角位移跟踪误差轨迹

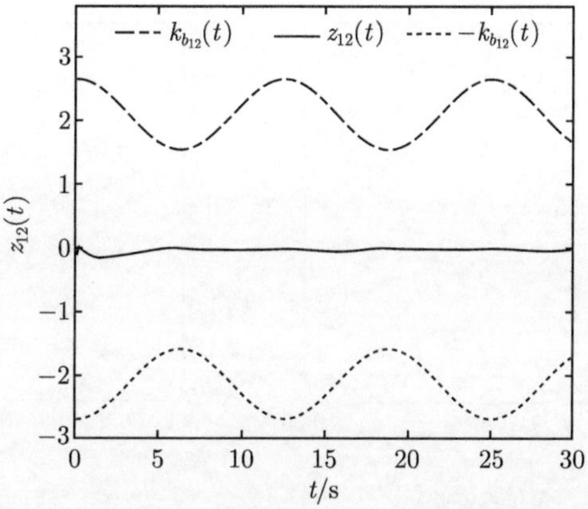

图 6.2.5 二自由度机器人膝关节 2 的角位移跟踪误差轨迹

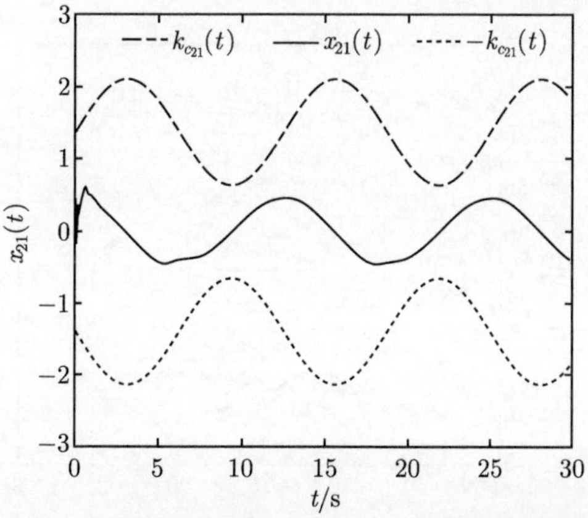

图 6.2.6 二自由度机器人膝关节 1 的实际角速度轨迹

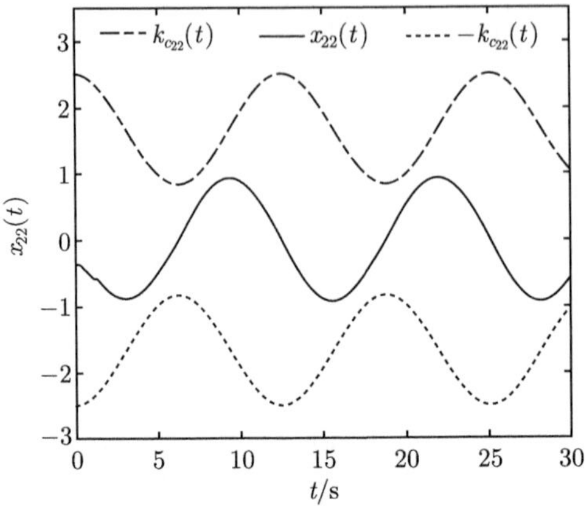

图 6.2.7　二自由度机器人膝关节 2 的实际角速度轨迹

(a) 角位移误差　　　　　　　　　　(b) 角速度误差

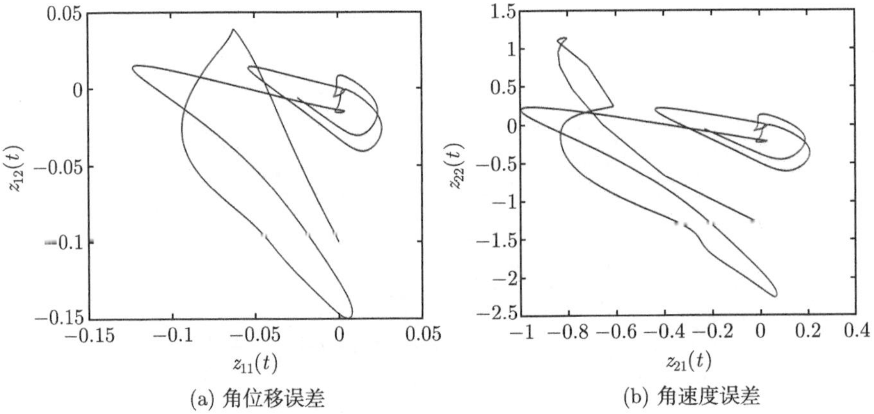

图 6.2.8　二自由度机器人不同膝关节的角位移误差和角速度误差相位轨迹

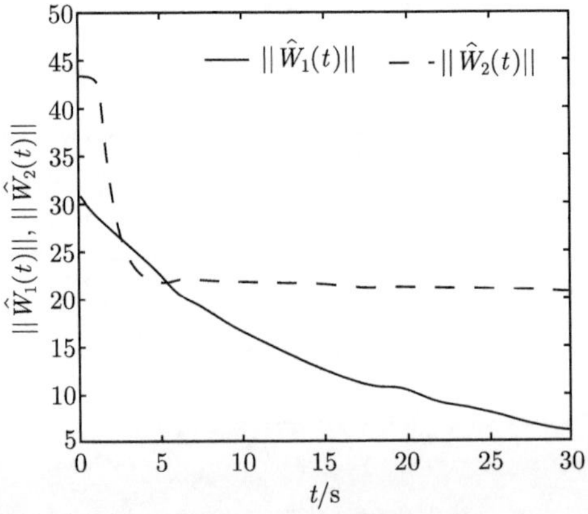

图 6.2.9　自适应律

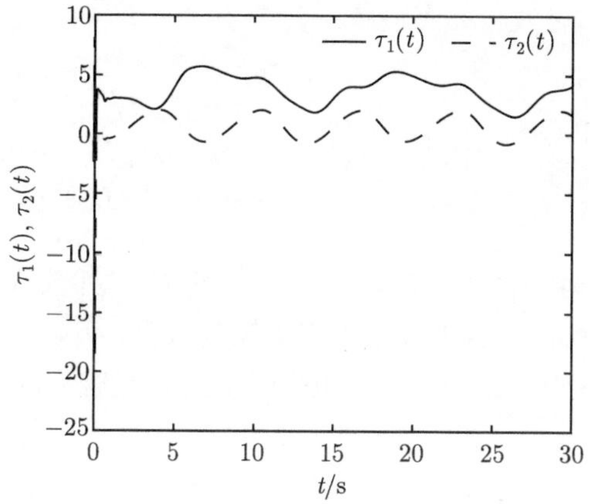

图 6.2.10 二自由度膝关节机器人控制器轨迹

6.3 具有姿态和输入约束四旋翼无人机的自适应控制

本节针对具有姿态和输入约束的四旋翼无人机姿态系统，介绍一种基于变量替换的神经网络自适应固定时间约束控制方法，并给出闭环系统的稳定性与收敛性分析。

6.3.1 系统模型及控制问题描述

四旋翼无人机结构如图 6.3.1 所示，分别建立惯性坐标系 O_E-$X_EY_EZ_E$ 和机体坐标系 (O_B, X_B, Y_B, Z_B) 用于描述无人机在空间中的姿态，ϕ 为滚转角，即机体自身绕 X_B 轴旋转过的角度；θ 为俯仰角，即机体自身绕 Y_B 轴旋转过的角度；ψ 为偏航角，即机体自身绕 Z_B 轴旋转过的角度。

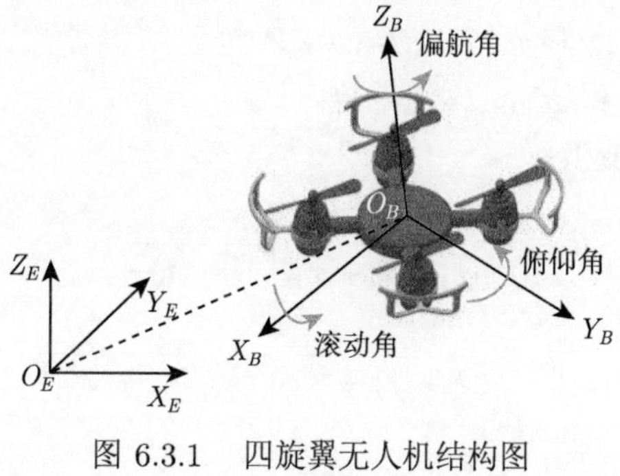

图 6.3.1 四旋翼无人机结构图

考虑如下四旋翼无人机姿态系统：

$$\begin{cases} \ddot{\phi} = \dot{\theta}\dot{\psi}\left(I_y - I_z\right)/I_x + u_1\left(w_1\right)/I_x + d_1 \\ \ddot{\theta} = \dot{\phi}\dot{\psi}(I_z - I_x)/I_y + u_2\left(w_2\right)/I_y + d_2 \\ \ddot{\psi} = \dot{\phi}\dot{\theta}(I_x - I_y)/I_z + u_3\left(w_3\right)/I_z + d_3 \end{cases} \tag{6.3.1}$$

式中，I_x、I_y 和 I_z 为三轴转动惯量；d_1、d_2 和 d_3 为外部扰动；u_1、u_2 和 u_3 为实际控制力矩输入；w_1、w_2 和 w_3 为期望控制力矩。

在实际飞行过程中，四旋翼无人机提供的力矩是有界的，考虑如下控制输入的饱和函数：

$$u_i\left(w_i\right) = \mathrm{sat}\left(w_i\right) = \begin{cases} \mathrm{sign}\left(w_i\right)u_M, & \left|w_i\right| \geqslant u_{M_i} \\ w_i, & \left|w_i\right| < u_{M_i} \end{cases}, \ i = 1,2,3$$

式中，u_{M_i} 为控制输入的上界。

选取状态变量 $x_1 = \left[x_{11}, x_{12}, x_{13}\right]^{\mathrm{T}} = [\phi, \theta, \psi]^{\mathrm{T}}$ 和 $x_2 = \left[x_{21}, x_{22}, x_{23}\right]^{\mathrm{T}} = \left[\dot{\phi}, \dot{\theta}, \dot{\psi}\right]^{\mathrm{T}}$，式 (6.3.1) 可改写为

$$\begin{cases} \dot{x}_1 = x_2 \\ \dot{x}_2 = f\left(x_2\right) + bu\left(w\right) + d \end{cases} \tag{6.3.2}$$

式中，$u(w) = \left[u_1\left(w_1\right), u_2\left(w_2\right), u_3\left(w_3\right)\right]^{\mathrm{T}}$；$b = \mathrm{diag}\left\{1/I_x, 1/I_y, 1/I_z\right\}$；$f\left(x_2\right) = \left[\dot{\theta}\dot{\psi}\left(I_y - I_z\right)/I_x, \dot{\phi}\dot{\psi}\left(I_z - I_x\right)/I_y, \dot{\phi}\dot{\theta}\left(I_x - I_y\right)/I_z\right]^{\mathrm{T}}$；$d = \left[d_1, d_2, d_3\right]^{\mathrm{T}}$。姿态角需满足约束：

$$-\underline{k}_{c_i}(t) < x_{1i}(t) < \bar{k}_{c_i}(t), \quad i = 1,2,3 \tag{6.3.3}$$

式中，$\underline{k}_{c_i}(t) : \mathbf{R}^+ \to \mathbf{R}$ 和 $\bar{k}_{c_i}(t) : \mathbf{R}^+ \to \mathbf{R}$ 为已知正函数，满足 $\underline{k}_{c_i}(t) < \underline{K}_i$ 和 $\bar{k}_{c_i}(t) < \bar{K}_i$，$\underline{K}_i > 0$ 和 $\bar{K}_i > 0$ 为常数。

定义如下非线性变换：

$$T_{1i} = \frac{x_{1i}}{\left[\underline{k}_{c_i}(t) + x_{1i}\right]\left[\bar{k}_{c_i}(t) - x_{1i}\right]} \tag{6.3.4}$$

$$T_{di} = \frac{x_{di}}{\left[\underline{k}_{c_i}(t) + x_{di}\right]\left[\bar{k}_{c_i}(t) - x_{di}\right]} \tag{6.3.5}$$

其中，$x_d = \left[x_{d1}, x_{d2}, x_{d3}\right]^{\mathrm{T}}$ 为参考姿态角。

由式 (6.3.4) 和式 (6.3.5)，对 T_{1i} 和 T_{di} 求导，可得

$$\dot{T}_{1i} = \beta_{1i}\dot{x}_{1i} + \gamma_{1i}$$

$$\dot{T}_{di} = \beta_{di}\dot{x}_{di} + \gamma_{di}$$

式中

$$\beta_{1i} = \frac{\underline{k}_{c_i}(t)\bar{k}_{c_i}(t) + x_{1i}^2}{\left[\underline{k}_{c_i}(t) + x_{1i}\right]^2\left[\bar{k}_{c_i}(t) - x_{1i}\right]^2}$$

$$\beta_{di} = \frac{\underline{k}_{c_i}(t)\bar{k}_{c_i}(t) + x_{di}^2}{\left[\underline{k}_{c_i}(t) + x_{di}\right]^2\left[\bar{k}_{c_i}(t) - x_{di}\right]^2}$$

$$\gamma_{1i} = \frac{\left[\dot{\underline{k}}_{c_i}(t) - \dot{\bar{k}}_{c_i}(t)\right]x_{1i}^2 - \left[\dot{\underline{k}}_{c_i}(t)\bar{k}_{c_i}(t) + \underline{k}_{c_i}(t)\dot{\bar{k}}_{c_i}(t)\right]x_{1i}}{\left[\underline{k}_{c_i}(t) + x_{1i}\right]^2\left[\bar{k}_{c_i}(t) - x_{1i}\right]^2}$$

$$\gamma_{di} = \frac{\left[\dot{\underline{k}}_{c_i}(t) - \dot{\bar{k}}_{c_i}(t)\right]x_{di}^2 - \left[\dot{\underline{k}}_{c_i}(t)\bar{k}_{c_i}(t) + \underline{k}_{c_i}(t)\dot{\bar{k}}_{c_i}(t)\right]x_{di}}{\left[\underline{k}_{c_i}(t) + x_{di}\right]^2\left[\bar{k}_{c_i}(t) - x_{di}\right]^2}$$

定义 $T_1 = [T_{11}, T_{12}, T_{13}]^{\mathrm{T}}$ 和 $T_d = [T_{d1}, T_{d2}, T_{d3}]^{\mathrm{T}}$，可得

$$\dot{T}_1 = \beta_1\dot{x}_1 + \gamma_1 \tag{6.3.6}$$

$$\dot{T}_d = \beta_d\dot{x}_d + \gamma_d \tag{6.3.7}$$

式中，$\beta_1 = \mathrm{diag}\{\beta_{11}, \beta_{12}, \beta_{13}\}$、$\beta_d = \mathrm{diag}\{\beta_{d1}, \beta_{d2}, \beta_{d3}\}$、$\gamma_1 = [\gamma_{11}, \gamma_{12}, \gamma_{13}]^{\mathrm{T}}$、$\gamma_d = [\gamma_{d1}, \gamma_{d2}, \gamma_{d3}]^{\mathrm{T}}$。

假设 6.3.1 实际控制力矩与期望控制力矩的差值 Δu 是有界的，即存在正常数 τ，满足 $||\Delta u|| < \tau$，式中 $\Delta u = u - w$。

假设 6.3.2 外部扰动 d 是有界的，即存在正常数 $\bar{d}$ 满足 $||d|| < \bar{d}$。

引理 6.3.1[3] 对任意 $r \in \mathbf{R}^n$、$s \in \mathbf{R}^n$ 和 $P \in \mathbf{R}^{n\times n}$，有如下不等式成立：

$$r^{\mathrm{T}}Ps \leqslant \frac{l}{2}r^{\mathrm{T}}r\mathrm{tr}\left(P^{\mathrm{T}}P\right)s^{\mathrm{T}}s + \frac{1}{2l}$$

式中，$l > 0$ 为设计参数；$\mathrm{tr}\left(P^{\mathrm{T}}P\right)$ 表示矩阵 $P^{\mathrm{T}}P$ 的迹。

引理 6.3.2[11] 对任意实数 $x_i\,(i = 1, 2, \cdots, n)$ 和 $0 \leqslant b \leqslant 1$，有如下不等式成立：

$$\left(|x_1| + |x_2| + \cdots + |x_n|\right)^b \leqslant |x_1|^b + |x_2|^b + \cdots + |x_n|^b$$

引理 6.3.3[11] 考虑非线性系统 $\dot{x} = f(t, x)$，式中，$x \in \mathbf{R}^n$，$f : \mathbf{R}^+ \times \mathbf{R}^n \to \mathbf{R}^n$。如果存在正定函数 $V(x)$、常数 $\alpha > 0$、$\beta > 0$、$p > 1$ 和 $0 < q < 1$，满足：

$$\dot{V}(x) \leqslant -\alpha V^p(x) - \beta V^q(x)$$

那么系统是固定时间稳定的，收敛时间上限为 $T_{\max} = \dfrac{1}{\alpha(p-1)} + \dfrac{1}{\beta(1-q)}$。

控制任务　设计一种抗饱和的神经网络自适应固定时间控制器，使得：

(1) 闭环系统的所有信号是半全局一致最终有界的；

(2) 跟踪误差在固定时间内收敛到包含原点的一个较小的邻域内；

(3) 姿态系统的姿态角满足约束条件。

6.3.2　自适应状态反馈约束控制方法

构建如下抗饱和辅助系统：

$$\begin{cases} \dot{\zeta}_1 = -\left(\dfrac{1}{2}\right)^{3/4} K_1 \varsigma_1^{3/4} \circ M_1 - \left(\dfrac{1}{2}\right)^2 \zeta_1^{\mathrm{T}} K_2 \zeta_1 \zeta_1 + \zeta_2 \\ \dot{\zeta}_2 = -\left(\dfrac{1}{2}\right)^{3/4} K_3 \varsigma_2^{3/4} \circ M_2 - \left(\dfrac{1}{2}\right)^2 \zeta_2^{\mathrm{T}} K_4 \zeta_2 \zeta_1 - \zeta_1 - \dfrac{3}{2}\zeta_2 + b\Delta u \end{cases} \tag{6.3.8}$$

式中，$K_i = K_i^{\mathrm{T}} > 0 \in \mathbf{R}^{3\times 3}\ (i=1,2,3,4)$ 为增益矩阵；$\zeta_i \in \mathbf{R}^3\ (i=1,2)$ 为辅助系统状态向量；$M_i = [\mathrm{sign}(\zeta_{i1}), \mathrm{sign}(\zeta_{i2}), \mathrm{sign}(\zeta_{i3})]^{\mathrm{T}}\ (i=1,2)$；$\varsigma_i^p = [|\zeta_{i1}|^p, |\zeta_{i2}|^p, |\zeta_{i3}|^p]^{\mathrm{T}}\ (i=1,2)$；符号 “$\circ$” 表示阿达马乘积 (Hadamard product)。

第 1 步　定义如下跟踪误差：

$$z_1 = T_1 - T_d - \zeta_1 \tag{6.3.9}$$

$$z_2 = x_2 - \alpha - \zeta_2 \tag{6.3.10}$$

式中，$\alpha = [\alpha_1, \alpha_2, \alpha_3]^{\mathrm{T}}$ 为虚拟控制向量。

根据式 (6.3.6) ~ 式 (6.3.8)，对 z_1 求导，可得

$$\dot{z}_1 = \beta_1 x_2 + \gamma_1 - \beta_d \dot{x}_d - \gamma_d - \zeta_2 + \left(\frac{1}{2}\right)^{3/4} K_1 \zeta_1^{3/4} \circ M_1 + \left(\frac{1}{2}\right)^2 \zeta_1^{\mathrm{T}} K_2 \zeta_1 \zeta_1 \tag{6.3.11}$$

选择如下李雅普诺夫函数：

$$V_1 = \frac{1}{2} z_1^{\mathrm{T}} z_1 + \frac{1}{2} \zeta_1^{\mathrm{T}} \zeta_1 \tag{6.3.12}$$

根据式 (6.3.8)、式 (6.3.10) 和式 (6.3.11)，对 V_1 求导，可得

$$\begin{aligned} \dot{V}_1 = {} & z_1^{\mathrm{T}} (\beta_1 \alpha + \beta_1 z_2 + \beta_1 \zeta_2 + \gamma_1 - \beta_d \dot{x}_d - \gamma_d - \zeta_2) \\ & + z_1^{\mathrm{T}} \left[\left(\frac{1}{2}\right)^{3/4} K_1 \varsigma_1^{1/2} \circ M_1 + \left(\frac{1}{2}\right)^2 \zeta_1^{\mathrm{T}} K_2 \zeta_1 \zeta_1 \right] \end{aligned}$$

$$-\zeta_1^{\mathrm{T}}\left[\left(\frac{1}{2}\right)^{3/4}K_1\varsigma_1^{1/2}\circ M_1+\left(\frac{1}{2}\right)^2\zeta_1^{\mathrm{T}}K_2\zeta_1\zeta_1-\zeta_2\right] \tag{6.3.13}$$

设计如下虚拟控制器:

$$\begin{aligned}\alpha=&-\beta_1^{-1}\left[\gamma_1-\beta_d\dot{x}_d-\gamma_d+\frac{1}{2}z_1+\frac{1}{2}\beta_1\beta_1^{\mathrm{T}}z_1\right.\\&+\left(\frac{1}{2}\right)^{3/4}Q_1H_1^{1/2}\circ N_1+\left(\frac{1}{2}\right)^2z_1^{\mathrm{T}}Q_2z_1z_1\\&\left.+\left(\frac{1}{2}\right)^{3/4}K_1\varsigma_1^{1/2}\circ M_1+\left(\frac{1}{2}\right)^2\zeta_1^{\mathrm{T}}K_2\zeta_1\zeta_1\right]\end{aligned} \tag{6.3.14}$$

式中，$Q_i=Q_i^{\mathrm{T}}>0\,(i=1,2)$ 为增益矩阵；$N_i=[\mathrm{sign}\,(z_{i1})\,,\mathrm{sign}\,(z_{i2})\,,\mathrm{sign}\,(z_{i3})]^{\mathrm{T}}$ $(i=1)$；$H_i^p=[|z_{i1}|^p\,,|z_{i2}|^p\,,|z_{i3}|^p]^{\mathrm{T}}\,(i=1)$。

将式 (6.3.14) 代入式 (6.3.13)，可得

$$\begin{aligned}\dot{V}_1=&z_1^{\mathrm{T}}\beta_1z_2+z_1^{\mathrm{T}}\beta_1\zeta_2-z_1^{\mathrm{T}}\zeta_2-\frac{1}{2}z_1^{\mathrm{T}}z_1-\frac{1}{2}z_1^{\mathrm{T}}\beta_1\beta_1^{\mathrm{T}}z_1\\&+\zeta_1^{\mathrm{T}}\zeta_2-\left(\frac{1}{2}\right)^{3/4}\left(H_1^1\right)^{\mathrm{T}}Q_1\left(H_1^{1/2}\right)-\left(\frac{1}{2}\right)^2z_1^{\mathrm{T}}Q_2z_1z_1^{\mathrm{T}}z_1\\&-\left(\frac{1}{2}\right)^{3/4}\left(\varsigma_1^1\right)^{\mathrm{T}}K_1\varsigma_1^{1/2}-\left(\frac{1}{2}\right)^2\zeta_1^{\mathrm{T}}K_2\zeta_1\zeta_1^{\mathrm{T}}\zeta_1\end{aligned} \tag{6.3.15}$$

根据引理 6.3.2，可得

$$\begin{aligned}\left(H_1^1\right)^{\mathrm{T}}\left(H_1^{1/2}\right)&=\left(z_{11}^2\right)^{3/4}+\left(z_{12}^2\right)^{3/4}+\left(z_{13}^2\right)^{3/4}\\&\geqslant\left(z_{11}^2+z_{12}^2+z_{13}^2\right)^{3/4}=\left(z_1^{\mathrm{T}}z_1\right)^{3/4}\end{aligned} \tag{6.3.16}$$

$$\begin{aligned}\left(\varsigma_1^1\right)^{\mathrm{T}}\varsigma_1^{1/2}&=\left(\zeta_{11}^2\right)^{3/4}+\left(\zeta_{12}^2\right)^{3/4}+\left(\zeta_{13}^2\right)^{3/4}\\&\geqslant\left(\zeta_{11}^2+\zeta_{12}^2+\zeta_{13}^2\right)^{3/4}=\left(\zeta_1^{\mathrm{T}}\zeta_1\right)^{3/4}\end{aligned} \tag{6.3.17}$$

由杨氏不等式，可得

$$z_1^{\mathrm{T}}\beta_1\zeta_2\leqslant\frac{1}{2}z_1^{\mathrm{T}}\beta_1\beta_1^{\mathrm{T}}z_1+\frac{1}{2}\zeta_2^{\mathrm{T}}\zeta_2 \tag{6.3.18}$$

$$-z_1^{\mathrm{T}}\zeta_2\leqslant\frac{1}{2}z_1^{\mathrm{T}}z_1+\frac{1}{2}\zeta_2^{\mathrm{T}}\zeta_2 \tag{6.3.19}$$

将式 (6.3.16) ~ 式 (6.3.19) 代入式 (6.3.15)，可得

$$\begin{aligned}\dot{V}_1 \leqslant\ & \zeta_2^{\mathrm{T}}\zeta_2 + \zeta_1^{\mathrm{T}}\zeta_2 - \lambda_{\min}(Q_2)\left(\frac{1}{2}z_1^{\mathrm{T}}z_1\right)^{3/4} \\ & - \lambda_{\min}(K_1)\left(\frac{1}{2}\zeta_1^{\mathrm{T}}\zeta_1\right)^2 + z_1^{\mathrm{T}}\beta_1 z_2 \\ & - \lambda_{\min}(Q_1)\left(\frac{1}{2}z_1^{\mathrm{T}}z_1\right)^2 - \lambda_{\min}(K_2)\left(\frac{1}{2}\zeta_1^{\mathrm{T}}\zeta_1\right)^{3/4}\end{aligned} \tag{6.3.20}$$

第 2 步　选择如下李雅普诺夫函数：

$$V_2 = V_1 + \frac{1}{2}z_2^{\mathrm{T}}z_2 + \frac{1}{2}\zeta_2^{\mathrm{T}}\zeta_2 \tag{6.3.21}$$

根据式 (6.3.8) 和式 (6.3.10)，对 V_2 求导，可得

$$\begin{aligned}\dot{V}_2 =\ & \dot{V}_1 + z_2^{\mathrm{T}}\left[f(x_2) - \dot{\alpha} + bw + d + \zeta_1 + \frac{3}{2}\zeta_2\right] \\ & - \zeta_2^{\mathrm{T}}\zeta_1 - \frac{3}{2}\zeta_2^{\mathrm{T}}\zeta_2 + z_2^{\mathrm{T}}\left(\frac{1}{2}\right)^{3/4} K_3\varsigma_2^{1/2} \circ M_2 \\ & + z_2^{\mathrm{T}}\left(\frac{1}{2}\right)^2 \zeta_2^{\mathrm{T}}K_4\zeta_2\zeta_2 - \left(\frac{1}{2}\right)^{3/4}\left(\varsigma_2^{1}\right)^{\mathrm{T}} K_3\varsigma_2^{1/2} \\ & - \left(\frac{1}{2}\right)^2 \zeta_2^{\mathrm{T}}K_4\zeta_2\zeta_2^{\mathrm{T}}\zeta_2 + \zeta_2^{\mathrm{T}}b\Delta u\end{aligned} \tag{6.3.22}$$

由于 I_x、I_y 和 I_z 等物理参数不能精确获取，定义未知非线性函数向量 $F(Z) = [F_1(Z_1), F_2(Z_2), F_3(Z_3)]^{\mathrm{T}}$，其中 $F_i(Z_i) = f_i(x_{2i}) - \dot{\alpha}_i$，利用神经网络分别逼近未知函数 $F_i(Z_i)$，可得

$$F_i(Z_i) = W_i^{*\mathrm{T}}S_i(Z_i) + \delta_i(Z_i), \quad i = 1, 2, 3 \tag{6.3.23}$$

其中，$Z = [Z_1, Z_2, Z_3]^{\mathrm{T}}$ 为神经网络的输入向量，$Z_i = [x_{2i}, \dot{\alpha}_i]^{\mathrm{T}}$；$S(Z) = [S_1(Z_1), S_2(Z_2), S_3(Z_3)]^{\mathrm{T}}$ 为神经元激活函数向量；$W^* = [W_1^*, W_2^*, W_3^*]^{\mathrm{T}}$ 为最优权重向量；$\delta(Z) = [\delta_1(Z_1), \delta_2(Z_2), \delta_3(Z_3)]^{\mathrm{T}}$ 为逼近误差，存在正常数 $\bar{\delta}_i$ 使得 $|\delta_i(Z_i)| \leqslant \bar{\delta}_i\ (i = 1, 2, 3)$。

将式 (6.3.23) 代入式 (6.3.22)，可得

$$
\begin{aligned}
\dot{V}_2 = & \dot{V}_1 + z_2^{\mathrm{T}}\left[W^{*\mathrm{T}}S(Z)+\delta(Z)+bw+d+\zeta_1+\frac{3}{2}\zeta_2\right] \\
& -\frac{3}{2}\zeta_2^{\mathrm{T}}\zeta_2+z_2^{\mathrm{T}}\left(\frac{1}{2}\right)^{3/4}K_3\varsigma_2^{1/2}\circ M_2-\zeta_2^{\mathrm{T}}\zeta_1 \\
& +z_2^{\mathrm{T}}\left(\frac{1}{2}\right)^{2}\zeta_2^{\mathrm{T}}K_4\zeta_2\zeta_2-\left(\frac{1}{2}\right)^{3/4}\left(\varsigma_2^{1}\right)^{\mathrm{T}}K_3\varsigma_2^{1/2} \\
& -\left(\frac{1}{2}\right)^{2}\zeta_2^{\mathrm{T}}K_4\zeta_2\zeta_2^{\mathrm{T}}\zeta_2+\zeta_2^{\mathrm{T}}b\Delta u
\end{aligned} \tag{6.3.24}
$$

由引理 6.3.1，可得

$$
z_2^{\mathrm{T}}F(Z)\leqslant\frac{z_2^{\mathrm{T}}z_2\xi S^{\mathrm{T}}(Z)S(Z)}{2\varepsilon^2}+\frac{\varepsilon^2}{2}+\frac{z_2^{\mathrm{T}}z_2}{2}+\frac{\bar{\delta}^2}{2} \tag{6.3.25}
$$

式中，$\xi=\operatorname{tr}\left(W^{*\mathrm{T}}W^*\right)$；$\varepsilon>0$ 为设计参数。

设计如下控制器：

$$
\begin{aligned}
w= & -b^{-1}\left[\beta_1z_1+z_2+\zeta_1+\frac{3}{2}\zeta_2+\frac{z_2\hat{\xi}S^{\mathrm{T}}(Z)S(Z)}{2\varepsilon^2}\right] \\
& -b^{-1}\left[\left(\frac{1}{2}\right)^{3/4}Q_3H_2^{1/2}\circ N_2+\left(\frac{1}{2}\right)^{2}z_2^{\mathrm{T}}Q_4z_2z_2\right] \\
& -b^{-1}\left[\left(\frac{1}{2}\right)^{3/4}K_3\varsigma_2^{1/2}\circ M_2+\left(\frac{1}{2}\right)^{2}\zeta_2^{\mathrm{T}}K_4\zeta_2\zeta_2\right]
\end{aligned} \tag{6.3.26}
$$

其中，$Q_i=Q_i^{\mathrm{T}}>0\,(i=3,4)$ 为增益矩阵；$\tilde{\xi}=\hat{\xi}-\xi$ 为参数估计误差，$\hat{\xi}$ 为 ξ 的估计。

将式 (6.3.25) 和式 (6.3.26) 代入式 (6.3.24)，可得

$$
\begin{aligned}
\dot{V}_2 = & \dot{V}_1-z_2^{\mathrm{T}}\beta_1z_1+z_2^{\mathrm{T}}d-\frac{z_2^{\mathrm{T}}z_2}{2}+\frac{\varepsilon^2}{2}+\frac{\bar{\delta}^2}{2} \\
& -\frac{z_2^{\mathrm{T}}z_2\tilde{\xi}S^{\mathrm{T}}(Z)S(Z)}{2\varepsilon^2}-\left(\frac{1}{2}\right)^{3/4}\left(H_2^{1}\right)^{\mathrm{T}}Q_3H_2^{1/2} \\
& -\left(\frac{1}{2}\right)^{2}z_2^{\mathrm{T}}Q_4z_2z_2^{\mathrm{T}}z_2-\left(\frac{1}{2}\right)^{3/4}\left(\varsigma_2^{1}\right)^{\mathrm{T}}K_3\varsigma_2^{3/4} \\
& -\left(\frac{1}{2}\right)^{2}\zeta_2^{\mathrm{T}}K_4\zeta_2\zeta_2^{\mathrm{T}}\zeta_2-\zeta_2^{\mathrm{T}}\zeta_1-\frac{3}{2}\zeta_2^{\mathrm{T}}\zeta_2+\zeta_2^{\mathrm{T}}b\Delta u
\end{aligned} \tag{6.3.27}
$$

由引理 6.3.2，可得

$$\begin{aligned}\left(H_2^{1}\right)^{\mathrm{T}} H_2^{1/2} &= \left(z_{21}^2\right)^{3/4} + \left(z_{22}^2\right)^{3/4} + \left(z_{23}^2\right)^{3/4} \\ &\geqslant \left(z_{21}^2 + z_{22}^2 + z_{23}^2\right)^{3/4} = \left(z_2^{\mathrm{T}} z_2\right)^{3/4}\end{aligned} \tag{6.3.28}$$

$$\begin{aligned}\left(\varsigma_2^{1}\right)^{\mathrm{T}} \varsigma_2^{1/2} &= \left(\zeta_{21}^2\right)^{3/4} + \left(\zeta_{22}^2\right)^{3/4} + \left(\zeta_{23}^2\right)^{3/4} \\ &\geqslant \left(\zeta_{21}^2 + \zeta_{22}^2 + \zeta_{23}^2\right)^{3/4} = \left(\zeta_2^{\mathrm{T}} \zeta_2\right)^{3/4}\end{aligned} \tag{6.3.29}$$

由杨氏不等式，可得

$$z_2^{\mathrm{T}} d \leqslant \frac{1}{2} z_2^{\mathrm{T}} z_2 + \frac{1}{2} \bar{d}^2 \tag{6.3.30}$$

$$\zeta_2^{\mathrm{T}} b \Delta u \leqslant \frac{1}{2} \zeta_2^{\mathrm{T}} \zeta_2 + \frac{1}{2} (\Delta u)^{\mathrm{T}} b^{\mathrm{T}} b \Delta u \tag{6.3.31}$$

将式 (6.3.20)、式 (6.3.28) ~ 式 (6.3.31) 代入式 (6.3.27)，可得

$$\begin{aligned}\dot{V}_2 \leqslant\ & \Theta - \frac{\tilde{\xi} z_2^{\mathrm{T}} z_2 S^{\mathrm{T}}(Z) S(Z)}{2\varepsilon^2} \\ & + \frac{1}{2}(\Delta u)^{\mathrm{T}} b^{\mathrm{T}} b \Delta u + \frac{1}{2}\bar{d}^2 + \frac{\varepsilon^2}{2} + \frac{\bar{\delta}^2}{2}\end{aligned} \tag{6.3.32}$$

式中

$$\begin{aligned}\Theta =& - \lambda_{\min}(Q_1)\left(\frac{1}{2} z_1^{\mathrm{T}} z_1\right)^{3/4} - \lambda_{\min}(Q_2)\left(\frac{1}{2} z_1^{\mathrm{T}} z_1\right)^{2} \\ & - \lambda_{\min}(K_1)\left(\frac{1}{2} \zeta_1^{\mathrm{T}} \zeta_1\right)^{3/4} - \lambda_{\min}(K_2)\left(\frac{1}{2} \zeta_1^{\mathrm{T}} \zeta_1\right)^{2} \\ & - \lambda_{\min}(Q_3)\left(\frac{1}{2} z_2^{\mathrm{T}} z_2\right)^{3/4} - \lambda_{\min}(Q_4)\left(\frac{1}{2} z_2^{\mathrm{T}} z_2\right)^{2} \\ & - \lambda_{\min}(K_3)\left(\frac{1}{2} \zeta_2^{\mathrm{T}} \zeta_2\right)^{3/4} - \lambda_{\min}(K_4)\left(\frac{1}{2} \zeta_2^{\mathrm{T}} \zeta_2\right)^{2}\end{aligned}$$

第 3 步　选择如下李雅普诺夫函数：

$$V_3 = V_2 + \frac{1}{2}\tilde{\xi}^2 \tag{6.3.33}$$

根据式 (6.3.32)，对 V_3 求导，可得

$$\dot{V}_3 \leqslant \Theta + \tilde{\xi}\left[\dot{\hat{\xi}} - \frac{z_2^{\mathrm{T}} z_2 S^{\mathrm{T}}(Z) S(Z)}{2\varepsilon^2}\right] + \frac{1}{2}(\Delta u)^{\mathrm{T}} b^{\mathrm{T}} b \Delta u + \frac{1}{2}\bar{d}^2 + \frac{\varepsilon^2}{2} + \frac{\bar{\delta}^2}{2} \tag{6.3.34}$$

设计如下自适应律：

$$\dot{\hat{\xi}} = \frac{z_2^{\mathrm{T}} z_2 S^{\mathrm{T}}(Z) S(Z)}{2\varepsilon^2} - \lambda_1 \hat{\xi} - \lambda_2 \hat{\xi}^3 \tag{6.3.35}$$

式中，$\lambda_1 > 0$ 和 $\lambda_2 > 0$ 为设计参数。

将式 (6.3.35) 代入式 (6.3.34)，可得

$$\dot{V}_3 \leqslant \varTheta - \lambda_1 \tilde{\xi}\hat{\xi} - \lambda_2 \tilde{\xi}\hat{\xi}^3 + \frac{1}{2}(\Delta u)^{\mathrm{T}} b^{\mathrm{T}} b \Delta u + \frac{1}{2}\bar{d}^2 + \frac{\varepsilon^2}{2} + \frac{\bar{\delta}^2}{2} \tag{6.3.36}$$

由杨氏不等式，可得

$$-\lambda_1 \tilde{\xi}\hat{\xi} \leqslant -\frac{1}{2}\lambda_1 \tilde{\xi}^2 + \frac{1}{2}\lambda_1 \xi^2 \tag{6.3.37}$$

$$\lambda_1 \left(\frac{1}{2}\tilde{\xi}^2\right)^{3/4} \leqslant \frac{1}{4}\lambda_1 + \frac{1}{2}\lambda_1 \tilde{\xi}^2 \tag{6.3.38}$$

由式 (6.3.37) 和式 (6.3.38)，可得

$$-\lambda_1 \tilde{\xi}\hat{\xi} \leqslant -\lambda_1 \left(\frac{1}{2}\tilde{\xi}^2\right)^{3/4} + \frac{1}{2}\lambda_1 \xi^2 + \frac{1}{4}\lambda_1 \tag{6.3.39}$$

对于 $\lambda_2 \tilde{\xi}\hat{\xi}^3$，可得

$$-\lambda_2 \tilde{\xi}\hat{\xi}^3 = -\lambda_2 \left(\tilde{\xi}^4 + 3\tilde{\xi}^3 \xi + 3\tilde{\xi}^2 \xi^2 + \tilde{\xi}\xi^3\right) \tag{6.3.40}$$

由杨氏不等式，可得

$$-3\lambda_2 \tilde{\xi}^3 \xi \leqslant 3\lambda_2 \left(\frac{3\rho^{4/3}}{4}|\tilde{\xi}^3|^{4/3} + \frac{1}{4\rho^4}\xi^4\right) \tag{6.3.41}$$

$$-\lambda_2 \left(\tilde{\xi}\xi^3\right) \leqslant 3\lambda_2 \tilde{\xi}^2 \xi^2 + \frac{1}{12}\lambda_2 \xi^4 \tag{6.3.42}$$

式中，$0 < \rho < (2/3)^{2/3}$ 为设计参数。

将式 (6.3.41) 和式 (6.3.42) 代入式 (6.3.40)，可得

$$-\lambda_2 \tilde{\xi}\hat{\xi}^3 \leqslant -\left(1 - \frac{9\rho^{4/3}}{4}\right)\lambda_2 \tilde{\xi}^4 + \frac{1}{12}\lambda_2 \xi^4 + \frac{1}{4\rho^4}\lambda_2 \xi^4 \tag{6.3.43}$$

将式 (6.3.39) 和式 (6.3.43) 代入式 (6.3.36)，可得

$$\dot{V}_3 \leqslant \varTheta + \frac{1}{2}(\Delta u)^{\mathrm{T}} b^{\mathrm{T}} b \Delta u + \frac{1}{2}\bar{d}^2 + \frac{1}{2}\varepsilon^2 + \frac{1}{2}\bar{\delta}^2$$

$$
\begin{aligned}
&+\frac{1}{4}\lambda_1+\frac{1}{2}\lambda_1\xi^2+\frac{1}{12}\lambda_2\xi^4+\frac{1}{4}\rho^{-4}\lambda_2\xi^4\\
&-\lambda_1\left(\frac{1}{2}\tilde{\xi}^2\right)^{3/4}-\left(4-9\rho^{4/3}\right)\lambda_2\left(\frac{1}{2}\tilde{\xi}^2\right)^2
\end{aligned}
\tag{6.3.44}
$$

由引理 6.3.3，可得

$$
\dot{V}_3\leqslant-\rho_1V_3^{3/4}-\frac{\rho_2}{10}V_3^2+C \tag{6.3.45}
$$

式中

$$
\rho_1=\min\left\{\lambda_{\min}\left(Q_1\right),\lambda_{\min}\left(Q_3\right),\lambda_{\min}\left(K_1\right),\lambda_{\min}\left(K_3\right),\lambda_1\right\}
$$

$$
\rho_2=\min\left\{\lambda_{\min}\left(Q_2\right),\lambda_{\min}\left(Q_4\right),\lambda_{\min}\left(K_2\right),\lambda_{\min}\left(K_4\right),4\lambda_2-9\rho^{4/3}\lambda_2\right\}
$$

$$
C=\frac{1}{2}(\Delta u)^{\mathrm{T}}b^{\mathrm{T}}b\Delta u+\frac{1}{2}\bar{d}^2+\frac{1}{2}\varepsilon^2+\frac{1}{2}\bar{\delta}^2+\frac{1}{4}\lambda_1+\frac{1}{2}\lambda_1\xi^2+\frac{1}{12}\lambda_2\xi^4+\frac{1}{4}\rho^{-4}\lambda_2\xi^4
$$

6.3.3 稳定性与收敛性分析

定理 6.3.1 对于姿态系统 (6.3.2)，假设 6.3.1 和假设 6.3.2 成立。若采用实际控制器 (6.3.26)、虚拟控制器 (6.3.14)、参数自适应律 (6.3.35)，则总体控制方案具有如下性能：

(1) 闭环系统中的所有信号是半全局一致最终有界的；

(2) 跟踪误差收敛到包含原点的一个较小的邻域内；

(3) 姿态角约束在时变约束界内。

证明 根据式 (6.3.45)，当 $V_3^2\geqslant 10C/\rho_2$ 时，有 $\dot{V}_3\leqslant-\rho_1V_3^{3/4}\leqslant 0$，因此 z_1、z_2、ζ_1、ζ_2 和 $\tilde{\xi}$ 是有界的。当 $V_3^2\geqslant 10C/(\iota\rho_2)$ 时，有 $C\leqslant\dfrac{\iota\rho_2}{10}V_3^2$，因此式 (6.3.45) 可化为

$$
\dot{V}_3\leqslant-\rho_1V_3^{3/4}-(1-\iota)\frac{\rho_2}{10}V_3^2
$$

式中，$0<\iota<1$ 为设计参数。由引理 6.3.3 可得 V_3 在固定时间内收敛到 $\left\{V_3:V_3<\sqrt{10C/(\iota\rho_2)}\right\}$。进一步可得收敛时间上界为 $T<T_{\max}=4/\rho_1+10/\left[\rho_2\left(1-\iota\right)\right]$。因此，系统是固定时间稳定的。

由式 (6.3.4) 可得，当且仅当 $x_{1i}\to-\underline{k}_{c_i}(t)$ 或 $x_{1i}\to\bar{k}_{c_i}(t)$ 时，$T_{1i}\to\infty$。进一步可以推出对于任意初始状态 $x_{1i}(0)\in D_i$，若 $T_{1i}(0)\in L_\infty$，则 $x_{1i}(t)\in D_i$，因此只要 T_{1i} 是有界的，那么 x_{1i} 就可以保持在约束范围内。由于 z_{1i}、ζ_{1i} 和 T_{di} 是有界的，且 $z_{1i}=T_{1i}-T_{di}-\zeta_{1i}$，所以 T_{1i} 是有界的。因此，系统的状态不违反预先给定的约束界。

评注 6.3.1 本节针对不确定四旋翼无人机模型的姿态受限和输入受限等问题，利用神经网络及抗饱和辅助系统，提出了基于非线性变换约束技术的固定时间智能控制方法。所涉及非线性变换技术可参见文献 [12]，所构造的抗饱和辅助系统可参见文献 [13]。

6.3.4 仿真

例 6.3.1 考虑四旋翼无人机姿态系统 (6.3.1)，选择系统基本参数为 $I_x = 0.0019\text{kg}\cdot\text{m}^2$、$I_y=0.0019\text{kg}\cdot\text{m}^2$、$I_z=0.0038\text{kg}\cdot\text{m}^2$、$u_{M_1}=0.0022$、$u_{M_2}=0.0022$、$u_{M_3}=0.0022$、$d_1=0.1\sin(t)$、$d_2=0.2\sin(0.2t)$、$d_3=0.1\sin(0.1t)$，状态约束条件为

$$\begin{cases} \underline{k}_{c_1}(t) = 0.1 + 0.01\cos(t), & \bar{k}_{c_1}(t) = 0.3 + 0.02\sin(t) \\ \underline{k}_{c_2}(t) = 0.1 + 0.01\cos(t), & \bar{k}_{c_2}(t) = 0.3 + 0.02\sin(t) \\ \underline{k}_{c_3}(t) = 0.1 + 0.01\cos(t), & \bar{k}_{c_3}(t) = 0.3 + 0.02\sin(t) \end{cases}$$

参考姿态角为

$$\begin{cases} x_{d_1} = 0.1 + 0.1\sin(0.5t) \\ x_{d_2} = 0.1 + 0.1\sin(0.3t) \\ x_{d_3} = 0.1 + 0.1\sin(0.5t) - 0.1\cos(0.5t) \end{cases}$$

选择设计参数为 $K_1 = \text{diag}\{5,5,5\}$、$K_2 = \text{diag}\{5,5,5\}$、$K_3 = \text{diag}\{1,1,1\}$、$K_4 = \text{diag}\{2,2,2\}$、$Q_1 = \text{diag}\{10,10,10\}$、$Q_2 = \text{diag}\{10,10,10\}$、$Q_3 = \text{diag}\{2,2,2\}$、$Q_4 = \text{diag}\{50,50,50\}$、$\varepsilon = 0.01$、$\lambda_1 = 200$、$\lambda_2 = 200$，初始条件为 $\phi(0) = 0$、$\dot{\phi}(0) = 0.2$、$\zeta_1(0) = [0,0,0]^{\text{T}}$、$\zeta_2(0) = [0,0,0]^{\text{T}}$、$\theta(0) = 0$、$\dot{\theta}(0) = 0.2$、$\psi(0) = 0.1$、$\dot{\psi}(0) = -0.1$、$\hat{\xi}(0) = 0$。

用于近似 $S(Z)$ 的神经网络包含 10 个节点，其中心 π_{l_1} 在 $[1,10]\times[1,10]\times[1,10]\times[1,10]\times[1,10]\times[1,10]$ 区间均匀分布，高斯函数的宽度为 $\omega = 1$。

仿真结果如图 6.3.2 ~ 图 6.3.7 所示。

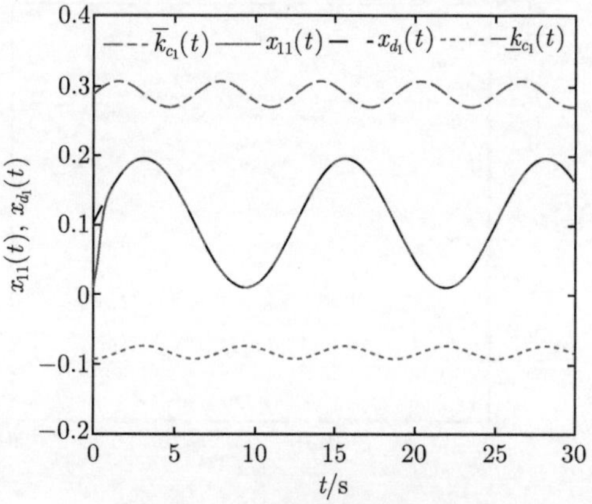

图 6.3.2 滚转角跟踪轨迹

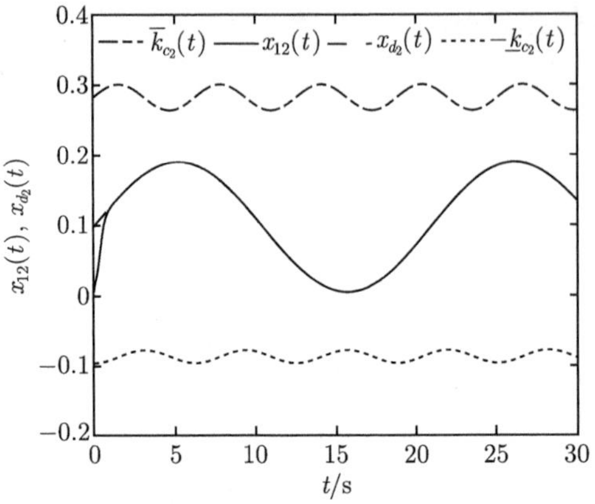

图 6.3.3　俯仰角跟踪轨迹

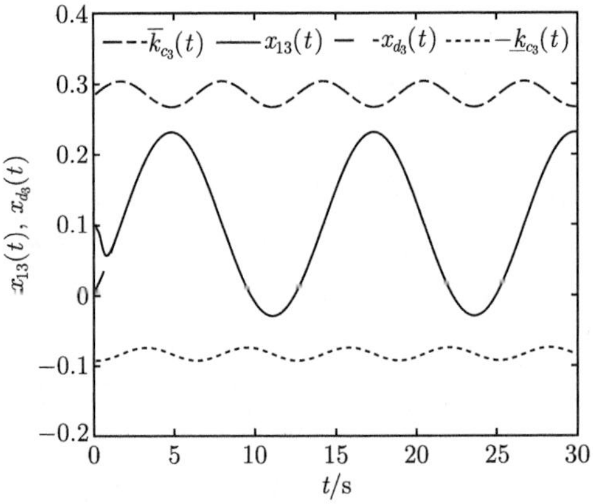

图 6.3.4　偏航角跟踪轨迹

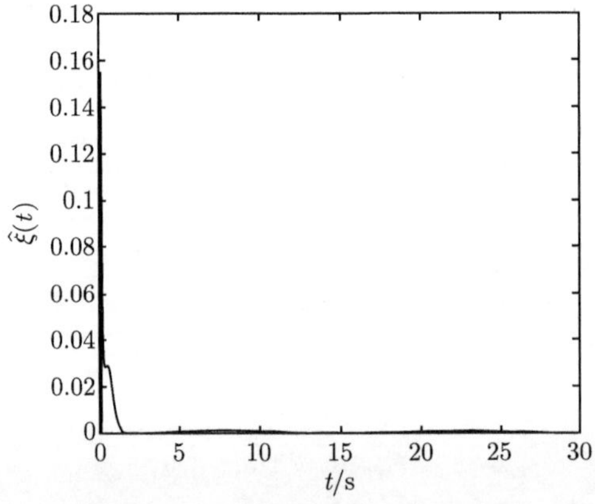

图 6.3.5　自适应参数 $\hat{\xi}(t)$ 的轨迹

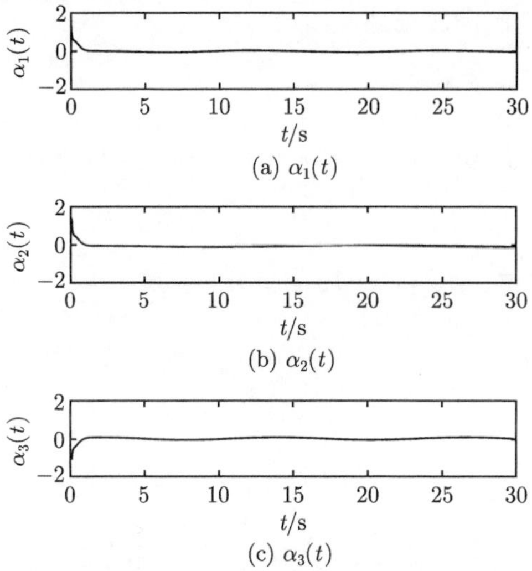

(a) $\alpha_1(t)$

(b) $\alpha_2(t)$

(c) $\alpha_3(t)$

图 6.3.6 虚拟控制器轨迹

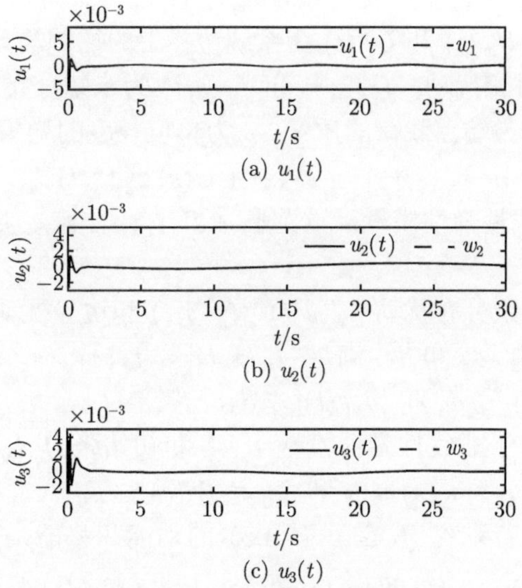

(a) $u_1(t)$

(b) $u_2(t)$

(c) $u_3(t)$

图 6.3.7 实际控制器轨迹

6.4 具有张力约束柔性耦合弦系统的自适应控制

本节针对一类具有张力约束的柔性耦合弦系统，介绍一种基于对数型障碍李雅普诺夫函数的自适应约束边界控制方法，并给出闭环系统稳定性与收敛性分析。

6.4.1 系统模型及控制问题描述

考虑如下柔性耦合弦系统:

$$\begin{aligned}&\rho\, x_{tt}(s,t)-T[s,x_s(s,t)]\,x_{ss}(s,t)-\kappa_s(s)\,x_s^3(s,t)-E_A[x_{ss}(s,t)\,y_s(s,t)\\&+x_s(s,t)\,y_{ss}(s,t)]-T_s[s,x_s(s,t),x_{ss}(s,t)]\,x_s(s,t)\\&-[3\kappa(s)+3E_A/2]\,x_s^2(s,t)\,x_{ss}(s,t)=f_x(s,t)\end{aligned}\tag{6.4.1}$$

$$\rho\, y_{tt}(s,t)-E_A[x_s(s,t)\,x_{ss}(s,t)+y_{ss}(s,t)]=f_y(s,t)\tag{6.4.2}$$

$$x(0,t)=y(0,t)=0\tag{6.4.3}$$

$$\begin{aligned}&m\, x_{tt}(\ell,t)+T[\ell,x_s(\ell,t)]\,x_s(\ell,t)+E_Ax_s(\ell,t)\,y_s(\ell,t)\\&+[\kappa(\ell)+E_A/2]\,x_s^3(\ell,t)=U_x(t)+d_x(t)\end{aligned}\tag{6.4.4}$$

$$m\, y_{tt}(\ell,t)+E_Ay_s(\ell,t)+x_s^2(\ell,t)\,E_A/2=U_y(t)+d_y(t)\tag{6.4.5}$$

式中, $t\in[0,\infty)$; s 和 t 为空间变量和时间变量; $x_s(s,t)$ 和 $y_s(s,t)$ 为弦系统的横向和纵向振动位移; $U_x(t)$ 和 $U_y(t)$ 为系统边界上的控制输入; $d_x(t)$ 和 $d_y(t)$ 为系统边界上的未知时变扰动; $f_x(s,t)$ 和 $f_y(s,t)$ 为未知分布扰动; ℓ 为弦的长度; E_A 为轴向刚度; m 为端点载荷的质量; ρ 为单位长度的均匀质量; $T\big[s,x_s(s,t)\big]$ 为张力, 可表示为 $T\big[s,x_s(s,t)\big]=T_0(s)+\kappa(s)\,x_s^2(s,t)$[14], $T_0(s)>0$ 为初始张力, $\kappa(s)\geqslant 0$ 为非线性弹性模量; 边界张力 $T(\ell,t)$ 需满足 $|T(\ell,t)|<M$, M 为已知的正常数。

假设 6.4.1 对于分布扰动 $f_x(s,t)$、$f_y(s,t)$ 和边界扰动 $d_x(t)$、$d_y(t)$, 存在正常数 f_1、f_2、d_1、d_2、d_3 和 d_4, 满足 $|f_x(s,t)|\leqslant f_1$、$|f_y(s,t)|\leqslant f_2$、$|d_x(t)|\leqslant d_1$、$|d_y(t)|\leqslant d_2$、$|d_{xt}(t)|\leqslant d_3$ 和 $|d_{yt}(t)|\leqslant d_4$。

假设 6.4.2 对于非线性弹性模量 $\kappa(s)$ 和初始张力 $T_0(s)$, 存在正常数 $\underline{\kappa}$、$\bar{\kappa}$、$\underline{T}_0$ 和 $\overline{T}_0$, 满足 $\underline{\kappa}\leqslant\kappa(s)\leqslant\bar{\kappa}$ 和 $\underline{T}_0\leqslant T_0(s)\leqslant\overline{T}_0$。

引理 6.4.1[4] 若系统 (6.4.1)~(6.4.5) 的动能和势能是有界的, 则 $x_t(s,t)$、$x_s(s,t)$、$x_{st}(s,t)$、$x_{ss}(s,t)$、$y_t(s,t)$、$y_s(s,t)$、$y_{st}(s,t)$、$y_{ss}(s,t)$ 和 $x_{sst}(s,t)$ 在 $(s,t)\in[0,\ell]\times[0,\infty)$ 上是有界的。

控制任务 设计一种自适应干扰估计约束边界控制器, 使得:

(1) 闭环系统的所有信号是半全局一致最终有界的;

(2) 系统的横向和纵向振动收敛到包含原点的一个较小的邻域内;

(3) 系统的边界张力满足指定约束条件。

6.4.2 自适应约束控制设计

引入如下辅助变量：

$$\zeta(t) = x_t(\ell, t) + x_s(\ell, t) \tag{6.4.6}$$

$$\eta(t) = y_t(\ell, t) + y_s(\ell, t) \tag{6.4.7}$$

基于上面的辅助变量，自适应约束控制设计过程如下。

选择如下对数型障碍李雅普诺夫函数：

$$V(t) = V_1(t) + V_2(t) + V_3(t) + V_4(t) \tag{6.4.8}$$

式中

$$\begin{aligned} V_1(t) = {} & \frac{a\rho}{2}\int_0^\ell \left(x_t^2 + y_t^2\right)\mathrm{d}s + \frac{a}{2}\int_0^\ell T_0(s)\, x_s^2\mathrm{d}s \\ & + \frac{a}{2}\int_0^\ell \kappa(s)\, x_s^4\mathrm{d}s + \frac{aE_A}{2}\int_0^\ell \left(y_s + \frac{1}{2}x_s^2\right)^2\mathrm{d}s \end{aligned} \tag{6.4.9}$$

$$\begin{aligned} V_2(t) = {} & \frac{am}{2}\zeta^2(t)\ln\left[\frac{2k^2}{k^2 - x_s^2(\ell, t)}\right] \\ & + \frac{am}{2}\eta^2(t) + \frac{a}{2\delta_1}\tilde{d}_x^2(t) + \frac{a}{2\delta_2}\tilde{d}_y^2(t) \end{aligned} \tag{6.4.10}$$

$$V_3(t) = \lambda\rho\int_0^\ell s x_t x_s\mathrm{d}s + \lambda\rho\int_0^\ell s y_t y_s\mathrm{d}s \tag{6.4.11}$$

$$V_4(t) = \frac{\gamma_3}{2}\tilde{T}_0^2(\ell, t) + \frac{\gamma_4}{2}\tilde{m}^2(t) + \frac{\gamma_5}{2}\tilde{E}_A^2(t) \tag{6.4.12}$$

式中，$a > 0$、$\delta_i > 0\,(i = 1, 2)$ 和 $\gamma_i > 0\,(i = 3, 4, 5)$ 为设计参数。

由杨氏不等式和 $2y_s^2(s, t) \leqslant x_s^2(s, t)$[15]，可得

$$-\frac{1}{2\sigma}\int_0^\ell x_s^2\mathrm{d}s - \sigma\int_0^\ell x_s^4\mathrm{d}s \leqslant \int_0^\ell y_s x_s^2\mathrm{d}s \leqslant \frac{1}{\sigma}\int_0^\ell y_s^2\mathrm{d}s + \sigma\int_0^\ell x_s^4\mathrm{d}s \tag{6.4.13}$$

式中，$\sigma > 0$ 为常数。

由式 (6.4.9)，可得

$$\begin{aligned} & \frac{a}{2}\min\left\{\rho, \underline{T_0} - E_A/(2\sigma), E_A, \underline{\kappa} + E_A(1/4 - \sigma)\right\}\Pi(t) \\ \leqslant {} & V_1(t) \leqslant a/2\max\left\{\rho, \overline{T_0}, E_A(1+1/\sigma), \bar{\kappa}+E_A(1/4+\sigma)\right\}\Pi(t) \end{aligned} \tag{6.4.14}$$

式中，$\Pi(t) = \displaystyle\int_0^\ell \left(x_t^2 + y_t^2 + x_s^2 + y_s^2 + x_s^4\right)\mathrm{d}s$；参数 σ 满足下列条件：

$$\begin{cases} \underline{T}_0 > 0, & \underline{T}_0 - E_A/(2\sigma) > 0 \\ \underline{\kappa} + E_A(1/4 - \sigma) > 0, & \bar{\kappa} + E_A(1/4 + \sigma) > 0 \end{cases} \tag{6.4.15}$$

则式 (6.4.16) 成立：

$$0 \leqslant \omega_1 \varPi(t) \leqslant V_1(t) \leqslant \omega_2 \varPi(t) \tag{6.4.16}$$

式中，$\omega_1 = \dfrac{a}{2}\min\{\rho, \underline{T}_0 - E_A/(2\sigma), E_A, \underline{\kappa} + E_A(1/4 - \sigma)\} > 0$；$\omega_2 = \dfrac{a}{2}\max\{\rho, \overline{T}_0, \bar{\kappa} + E_A(1 + 1/\sigma), E_A(1/4 + \sigma)\} > 0$。

由杨氏不等式，可得

$$-\theta_1 \varPi(t) \leqslant V_3(t) \leqslant \theta_1 \varPi(t) \tag{6.4.17}$$

式中，$\theta_1 = \lambda\rho\ell$。

恰当选取常数 λ 使其满足 $0 < \lambda < \omega_1/(\rho\ell)$，那么 $0 < \theta_1 < \omega_1$。定义 θ_2 和 θ_3 如下：

$$\begin{cases} \theta_2 = \omega_1 - \theta_1 \geqslant 0 \\ \theta_3 = \omega_2 + \theta_1 \geqslant 0 \end{cases} \tag{6.4.18}$$

由式 (6.4.16) ~ 式 (6.4.18)，可得

$$0 \leqslant \theta_2 \varPi(t) \leqslant V_1(t) + V_3(t) \leqslant \theta_3 \varPi(t) \tag{6.4.19}$$

由式 (6.4.8)，可得

$$\begin{aligned} 0 &\leqslant \alpha_1 \left[\varPi(t) + V_2(t) + \tilde{T}_0^2(\ell, t) + \tilde{m}^2(t) + \tilde{E}_A^2(t)\right] \leqslant V(t) \\ &\leqslant \alpha_2 \left[\varPi(t) + V_2(t) + \tilde{T}_0^2(\ell, t) + \tilde{m}^2(t) + \tilde{E}_A^2(t)\right] \end{aligned} \tag{6.4.20}$$

式中，$\alpha_1 = \min\{\theta_2, 1, \gamma_3/2, \gamma_4/2, \gamma_5/2\} > 0$；$\alpha_2 = \max\{\theta_3, 1, \gamma_3/2, \gamma_4/2, \gamma_5/2\} > 0$。由式 (6.4.20) 可知，$V(t)$ 在 $|x_s(\ell, t)| < k$ 下是正定且一阶连续可导的，因此是一个有效的李雅普诺夫函数。

根据式 (6.4.9)，对 $V_1(t)$ 求导，可得

$$\begin{aligned} V_{1t}(t) = {} & aE_A \int_0^\ell \left(y_s + x_s^2/2\right)(y_{st} + x_s x_{st})\,\mathrm{d}s + a\rho \int_0^\ell x_t x_{tt}\,\mathrm{d}s \\ & + a\int_0^\ell T_0(s)\, x_s x_{st}\,\mathrm{d}s + 2a\int_0^\ell \kappa(s)\, x_s^3 x_{st}\,\mathrm{d}s + a\rho \int_0^\ell y_t y_{tt}\,\mathrm{d}s \end{aligned} \tag{6.4.21}$$

将式 (6.4.1) 和式 (6.4.2) 代入式 (6.4.21)，可得

$$\begin{aligned}V_{1t}(t) &= a\int_0^\ell T_0(s)\left(x_t x_{ss}+x_s x_{st}\right)\mathrm{d}s + a\int_0^\ell T_{0s}(s)\,x_t x_s\mathrm{d}s + \frac{aE_A}{2}\int_0^\ell x_s^2 y_{st}\mathrm{d}s\\ &\quad+\frac{3aE_A}{2}\int_0^\ell x_t x_s^2 x_{ss}\mathrm{d}s + aE_A\int_0^\ell x_t\left(x_{ss}y_s + x_s y_{ss}\right)\mathrm{d}s + 2a\int_0^\ell \kappa_s(s) x_t x_s^3\mathrm{d}s\\ &\quad+aE_A\int_0^\ell y_t\left(y_{ss}+x_s x_{ss}\right)\mathrm{d}s + aE_A\int_0^\ell\left(y_s y_{st}+x_s y_s x_{st}\right)\mathrm{d}s + a\int_0^\ell x_t f_x\mathrm{d}s\\ &\quad+a\int_0^\ell y_t f_y\mathrm{d}s + \frac{aE_A}{2}\int_0^\ell x_s^3 x_{st}\mathrm{d}s\\ &\quad+2a\int_0^\ell \kappa(s)\left(x_s^3 x_{st}+3x_t x_s^2 x_{ss}\right)\mathrm{d}s\end{aligned} \tag{6.4.22}$$

对式 (6.4.22) 进行分部积分运算，并结合杨氏不等式，可得

$$\begin{aligned}V_{1t}(t) &\leqslant a x_t(\ell,t)\Big[E_A x_s(\ell,t)\,y_s(\ell,t) + T_0(\ell)\,x_s(\ell,t)\\ &\quad+\frac{E_A}{2}x_s^3(\ell,t) + 2\kappa(\ell)\,x_s^3(\ell,t)\Big] + a\sigma_2\int_0^\ell y_t^2\mathrm{d}s\\ &\quad+a y_t(\ell,t)\left[E_A y_s(\ell,t) + \frac{E_A}{2}x_s^2(\ell,t)\right]\\ &\quad+\frac{a}{\sigma_1}\int_0^\ell f_x^2\mathrm{d}s + a\sigma_1\int_0^\ell x_t^2\mathrm{d}s + \frac{a}{\sigma_2}\int_0^\ell f_y^2\mathrm{d}s\end{aligned} \tag{6.4.23}$$

式中，$\sigma_1>0$ 和 $\sigma_2>0$ 为常数。

根据式 (6.4.10)，对 $V_2(t)$ 求导，可得

$$\begin{aligned}V_{2t}(t) &= am\zeta(t)\,\zeta_t(t)\ln\left[\frac{2k^2}{k^2-x_s^2(\ell,t)}\right] + \frac{am}{2}\zeta^2(t)\,\frac{2x_s(\ell,t)\,x_{st}(\ell,t)}{k^2-x_s^2(\ell,t)}\\ &\quad+\frac{a}{\delta_2}\tilde{d}_y(t)\,\tilde{d}_{yt}(t) + am\eta(t)\,\eta_t(t) + \frac{a}{\delta_1}\tilde{d}_x(t)\,\tilde{d}_{xt}(t)\end{aligned} \tag{6.4.24}$$

结合系统边界条件 (6.4.3)~(6.4.5)、辅助变量 (6.4.6) 和式 (6.4.7)，可得

$$\begin{aligned}V_{2t}(t) &= a\eta(t)\left[U_y(t) + d_y(t) - E_A y_s(\ell,t) - \frac{E_A}{2}x_s^2(\ell,t)\right]\\ &\quad-\frac{a}{\delta_2}\tilde{d}_y(t)\,\hat{d}_{yt}(t) + a\zeta(t)\Big[U_x(t) + d_x(t) - T_0(\ell)\,x_s(\ell,t)\end{aligned}$$

$$- 2\kappa(\ell) x_s^3(\ell,t) - E_A x_s(\ell,t) y_s(\ell,t) - \frac{E_A}{2} x_s^3(\ell,t) \Big]$$

$$\times \ln\left[\frac{2k^2}{k^2 - x_s^2(\ell,t)}\right] + am\zeta(t) x_{st}(\ell,t) \ln\left[\frac{2k^2}{k^2 - x_s^2(\ell,t)}\right]$$

$$- \frac{a}{\delta_1}\tilde{d}_x(t)\hat{d}_{xt}(t) + am\zeta^2(t)\frac{x_s(\ell,t)x_{st}(\ell,t)}{k^2 - x_s^2(\ell,t)}$$

$$+ am\eta(t) y_{st}(\ell,t) + \frac{a}{\delta_1}\tilde{d}_x(t) d_{xt}(t) + \frac{a}{\delta_2}\tilde{d}_y(t) d_{yt}(t) \tag{6.4.25}$$

设计如下自适应边界控制器：

$$\begin{aligned} U_x(t) = &- b_1\zeta(t) + \hat{T}_0(\ell,t) x_s(\ell,t) + \hat{E}_A(t) x_s(\ell,t) y_s(\ell,t) - \hat{m}(t) x_{st}(\ell,t) \\ &- \left\{ b_2 x_t(\ell,t) + \hat{E}_A(t) x_s(\ell,t) y_s(\ell,t) + \hat{m}(t)\zeta(t)\frac{x_s(\ell,t)x_{st}(\ell,t)}{k^2 - x_s^2(\ell,t)} \right. \\ &\left. + \hat{T}_0(\ell,t) x_s(\ell,t) + \left[\hat{E}_A(t)/2 - 2\kappa(\ell)\right] x_s^3(\ell,t) \right\} \Big/ \ln\left[\frac{2k^2}{k^2 - x_s^2(\ell,t)}\right] \\ &+ \left[2\kappa(\ell) + \hat{E}_A(t)/2\right] x_s^3(\ell,t) - \hat{d}_x(t) \end{aligned} \tag{6.4.26}$$

$$U_y(t) = -\hat{m}(t) y_{st}(\ell,t) - b_3\eta(t) - b_4 y_t(\ell,t) - \hat{d}_y(t) \tag{6.4.27}$$

式中，$k > 0$ 为 $x_s(\ell,t)$ 的约束界，即满足 $|x_s(\ell,t)| < k$；$b_1, b_2, b_3, b_4 > 0$ 为控制增益；$\hat{d}_x(t)$、$\hat{d}_y(t)$、$\hat{T}_0(\ell,t)$、$\hat{m}(t)$ 和 $\hat{E}_A(t)$ 分别为 $d_x(t)$、$d_y(t)$、$T_0(\ell)$、m 和 E_A 的估计。干扰估计误差和参数估计误差为 $\tilde{d}_x(t) = d_x(t) - \hat{d}_x(t)$、$\tilde{d}_y(t) = d_y(t) - \hat{d}_y(t)$、$\tilde{T}_0(\ell,t) = T_0(\ell) - \hat{T}_0(\ell,t)$、$\tilde{m}(t) = m - \hat{m}(t)$ 和 $\tilde{E}_A(t) = E_A - \hat{E}_A(t)$。

设计如下干扰观测器和自适应律：

$$\hat{d}_{xt}(t) = \delta_1\zeta(t)\ln\left[\frac{2k^2}{k^2 - x_s^2(\ell,t)}\right] - \delta_1\gamma_1\hat{d}_x(t) \tag{6.4.28}$$

$$\hat{d}_{yt}(t) = \delta_2\eta(t) - \delta_2\gamma_2\hat{d}_y(t) \tag{6.4.29}$$

$$\begin{aligned} \hat{T}_{0t}(\ell,t) = &- \frac{a}{\gamma_3} x_s(\ell,t)\zeta(t)\ln\left[\frac{2k^2}{k^2 - x_s^2(\ell,t)}\right] \\ &+ \frac{a}{\gamma_3} x_s(\ell,t)\zeta(t) - \frac{\phi_1}{\gamma_3}\hat{T}_0(\ell,t) \end{aligned} \tag{6.4.30}$$

$$\begin{aligned} \hat{m}_t(t) = &- \frac{a}{\gamma_4} x_{st}(\ell,t)\zeta(t)\ln\left[\frac{2k^2}{k^2 - x_s^2(\ell,t)}\right] - \frac{\phi_2}{\gamma_4}\hat{m}(t) \\ &+ \frac{a}{\gamma_4} y_{st}(\ell,t)\eta(t) + \frac{a}{\gamma_4}\frac{x_s(\ell,t)x_{st}(\ell,t)}{k^2 - x_s^2(\ell,t)}\zeta^2(t) \end{aligned} \tag{6.4.31}$$

$$\hat{E}_{At}(t) = -\frac{a}{\gamma_5}\left[\frac{x_s^3(\ell,t)}{2} + x_s(\ell,t)\,y_s(\ell,t)\right]\zeta(t)\ln\left[\frac{2k^2}{k^2 - x_s^2(\ell,t)}\right]$$
$$-\frac{\phi_3}{\gamma_5}\hat{E}_A(t) + \frac{a}{\gamma_5}\left[\frac{x_s^3(\ell,t)}{2} + x_s(\ell,t)\,y_s(\ell,t)\right]\zeta(t) \tag{6.4.32}$$

式中，$\gamma_i > 0\,(i = 1,2)$ 和 $\phi_i > 0\,(i = 1,2,3)$ 为设计参数。

将式 (6.4.26) ~ 式 (6.4.29) 代入式 (6.4.25)，可得

$$V_{2t}(t) = -a\zeta(t)\left[\tilde{T}_0(\ell,t)\,x_s(\ell,t) + \tilde{E}_A(t)\,x_s(\ell,t)\,y_s(\ell,t) + \frac{\tilde{E}_A(t)}{2}x_s^3(\ell,t)\right]$$
$$\times\ln\left[\frac{2k^2}{k^2 - x_s^2(\ell,t)}\right] + a\tilde{m}(t)\,\zeta^2(t)\,\frac{x_s(\ell,t)\,x_{st}(\ell,t)}{k^2 - x_s^2(\ell,t)} - ab_4y_t^2(\ell,t)$$
$$-a\zeta(t)\left[\hat{T}_0(\ell,t)\,x_s(\ell,t) + \hat{E}_A(t)\,x_s(\ell,t)\,y_s(\ell,t) + \frac{\hat{E}_A(t)}{2}x_s^3(\ell,t)\right]$$
$$-2a\kappa(\ell)\,x_s^3(\ell,t)\,\zeta(t) - ab_4y_s(\ell,t)\,y_t(\ell,t) + ab_2x_s(\ell,t)\,x_t(\ell,t)$$
$$-ab_2x_t^2(\ell,t) + a\tilde{m}(t)\,\zeta(t)\,x_{st}(\ell,t)\ln\left[\frac{2k^2}{k^2 - x_s^2(\ell,t)}\right]$$
$$-a\eta(t)\left[E_Ay_s(\ell,t) + \frac{E_A}{2}x_s^2(\ell,t)\right] + \frac{a}{\delta_1}\tilde{d}_x(t)\,d_{xt}(t)$$
$$+a\gamma_1\tilde{d}_x(t)\,\hat{d}_x(t) + a\tilde{m}(t)\,\eta(t)\,y_{st}(\ell,t) + a\gamma_2\tilde{d}_y(t)\,\hat{d}_y(t)$$
$$+\frac{a}{\delta_2}\tilde{d}_y(t)\,d_{yt}(t) - ab_3\eta^2(t) - ab_1\zeta^2(t)\ln\left[\frac{2k^2}{k^2 - x_s^2(\ell,t)}\right] \tag{6.4.33}$$

由杨氏不等式，可得

$$V_{2t}(t) \leqslant a\tilde{m}(t)\,\zeta(t)\,x_{st}(\ell,t)\ln\left[\frac{2k^2}{k^2 - x_s^2(\ell,t)}\right] - 2a\kappa(\ell)\,x_s^3(\ell,t)\,x_t(\ell,t)$$
$$-a\zeta(t)\left[\hat{T}_0(\ell,t)\,x_s(\ell,t) + \hat{E}_A(t)\,x_s(\ell,t)\,y_s(\ell,t) + \frac{\hat{E}_A(t)}{2}x_s^3(\ell,t)\right]$$
$$-ab_1\zeta^2(t)\ln\left[\frac{2k^2}{k^2 - x_s^2(\ell,t)}\right] + \frac{ab_2}{2}x_s^2(\ell,t) - \frac{ab_2}{2}x_t^2(\ell,t) + \frac{ab_4}{2}y_s^2(\ell,t)$$
$$-a\zeta(t)\left[\tilde{T}_0(\ell,t)\,x_s(\ell,t) + \tilde{E}_A(t)\,x_s(\ell,t)\,y_s(\ell,t) + \frac{\tilde{E}_A(t)}{2}x_s^3(\ell,t)\right]$$
$$\times\ln\left[\frac{2k^2}{k^2 - x_s^2(\ell,t)}\right] - a\eta(t)\left[E_Ay_s(\ell,t) + \frac{E_A}{2}x_s^2(\ell,t)\right]$$

$$
\begin{aligned}
&-\frac{ab_4}{2}y_t^2(\ell,t)+a\tilde{m}(t)\eta(t)y_{st}(\ell,t)\\
&+a\tilde{m}(t)\zeta^2(t)\frac{x_s(\ell,t)x_{st}(\ell,t)}{k^2-x_s^2(\ell,t)}-ab_3\eta^2(t)\\
&-2a\kappa(\ell)x_s^4(\ell,t)+\frac{a\gamma_1}{2}d_x^2(t)+\frac{a\gamma_2}{2}d_y^2(t)+\frac{a}{\delta_1\sigma_3}d_{xt}^2(t)\\
&+\frac{a}{\delta_2\sigma_4}d_{yt}^2(t)-\left(\frac{a\gamma_1}{2}-\frac{a\sigma_3}{\delta_1}\right)\tilde{d}_x^2(t)-\left(\frac{a\gamma_2}{2}-\frac{a\sigma_4}{\delta_2}\right)\tilde{d}_y^2(t)
\end{aligned}
\tag{6.4.34}
$$

式中，$\sigma_i>0\,(i=3,4)$ 为常数。

根据式 (6.4.11)，对 $V_3(t)$ 求导，可得

$$
\begin{aligned}
V_{3t}(t)=&\lambda\rho\int_0^\ell sx_{tt}x_s\mathrm{d}s+\lambda\rho\int_0^\ell sx_tx_{st}\mathrm{d}s\\
&+\lambda\rho\int_0^\ell sy_{tt}y_s\mathrm{d}s+\lambda\rho\int_0^\ell sy_ty_{st}\mathrm{d}s
\end{aligned}
\tag{6.4.35}
$$

对式 (6.4.35) 进行分部积分运算，并将式 (6.4.1) 和式 (6.4.2) 代入，由杨氏不等式，可得

$$
\begin{aligned}
V_{3t}(t)\leqslant&\frac{\lambda\ell T_0(\ell)}{2}x_s^2(\ell,t)+\frac{\lambda\ell E_A}{2}y_s^2(\ell,t)+\frac{\lambda\rho\ell}{2}x_t^2(\ell,t)+\frac{\lambda\rho\ell}{2}y_t^2(\ell,t)\\
&+\lambda\ell E_Ax_s^2(\ell,t)y_s(\ell,t)+\left[\frac{3\lambda\ell\kappa(\ell)}{2}+\frac{3\lambda\ell E_A}{8}\right]x_s^4(\ell,t)\\
&-\int_0^\ell\left\{\frac{\lambda}{2}\Big[T_0(s)-sT_{0s}(s)\Big]-\lambda\ell\sigma_6\right\}x_s^2\mathrm{d}s-\frac{\lambda\rho}{2}\int_0^\ell x_t^2\mathrm{d}s+\frac{\lambda\ell}{\sigma_6}\int_0^\ell f_x^2\mathrm{d}s\\
&-\int_0^\ell\left[\frac{3\lambda}{2}\kappa(s)-\frac{\lambda}{2}s\kappa_s(s)+\frac{3\lambda E_A}{8}-\lambda E_A\sigma_5\right]x_s^4\mathrm{d}s-\frac{\lambda\rho}{2}\int_0^\ell y_t^2\mathrm{d}s\\
&-\left(\frac{\lambda E_A}{2}-\frac{\lambda E_A}{\sigma_5}-\lambda\ell\sigma_7\right)\int_0^\ell y_s^2\mathrm{d}s+\frac{\lambda\ell}{\sigma_7}\int_0^\ell f_y^2\mathrm{d}s
\end{aligned}
\tag{6.4.36}
$$

式中，$\sigma_i>0\,(i=5,6,7)$ 为常数。

根据式 (6.4.12)，对 $V_4(t)$ 求导，可得

$$
V_{4t}(t)=-\gamma_3\tilde{T}_0(\ell,t)\hat{T}_{0t}(\ell,t)-\gamma_4\tilde{m}(t)\hat{m}_t(t)-\gamma_5\tilde{E}_A(t)\hat{E}_{At}(t)
\tag{6.4.37}
$$

将式 (6.4.30) ~ 式 (6.4.32) 代入式 (6.4.37)，可得

$$
\begin{aligned}
V_{4t}(t) =& a\tilde{T}_0(\ell,t)x_s(\ell,t)\zeta(t)\ln\left[\frac{2k^2}{k^2-x_s^2(\ell,t)}\right] - a\tilde{T}_0(\ell,t)\zeta(t)x_s(\ell,t) \\
&- a\tilde{m}(t)\zeta^2(t)\frac{x_s(\ell,t)x_{st}(\ell,t)}{k^2-x_s^2(\ell,t)} - a\tilde{m}(t)x_{st}(\ell,t)\zeta(t)\ln\left[\frac{2k^2}{k^2-x_s^2(\ell,t)}\right] \\
&+ a\tilde{E}_A(t)\left[x_s^3(\ell,t)/2 + x_s(\ell,t)y_s(\ell,t)\right]\zeta(t)\ln\left[\frac{2k^2}{k^2-x_s^2(\ell,t)}\right] \\
&- a\zeta(t)\tilde{E}_A(t)\left[x_s^3(\ell,t)/2 + x_s(\ell,t)y_s(\ell,t)\right] - a\tilde{m}(t)\eta(t)y_{st}(\ell,t) \\
&+ \phi_1\tilde{T}_0(\ell,t)\hat{T}_0(\ell,t) + \phi_2\tilde{m}(t)\hat{m}(t) + \phi_3\tilde{E}_A(t)\hat{E}_A(t)
\end{aligned}
\tag{6.4.38}
$$

由杨氏不等式，可得

$$
\begin{aligned}
V_{4t}(t) \leqslant& a\zeta(t)\left[\tilde{T}_0(\ell,t)x_s(\ell,t) + \tilde{E}_A(t)x_s(\ell,t)y_s(\ell,t) + \frac{\tilde{E}_A(t)}{2}x_s^3(\ell,t)\right] \\
&\times\ln\left[\frac{2k^2}{k^2-x_s^2(\ell,t)}\right] - a\tilde{m}(t)x_{st}(\ell,t)\zeta(t)\ln\left[\frac{2k^2}{k^2-x_s^2(\ell,t)}\right] - \frac{\phi_2}{2}\tilde{m}^2(t) \\
&- a\zeta(t)\left[\tilde{T}_0(\ell,t)x_s(\ell,t) + \tilde{E}_A(t)x_s(\ell,t)y_s(\ell,t) + \frac{\tilde{E}_A(t)}{2}x_s^3(\ell,t)\right] \\
&+ \frac{\phi_1}{2}T_0^2(\ell) + \frac{\phi_2}{2}m^2 + \frac{\phi_3}{2}{E_A}^2 - \frac{\phi_1}{2}\tilde{T}_o^2(\ell,t) - a\tilde{m}(t)\eta(t)y_{st}(\ell,t) \\
&- a\tilde{m}(t)\zeta^2(t)\frac{x_s(\ell,t)x_{st}(\ell,t)}{k^2-x_s^2(\ell,t)} - \frac{\phi_3}{2}\tilde{E}_A^2(t)
\end{aligned}
\tag{6.4.39}
$$

由式 (6.4.8)，对 $V(t)$ 求导，可得

$$
V_t(t) = V_{1t}(t) + V_{2t}(t) + V_{3t}(t) + V_{4t}(t) \tag{6.4.40}
$$

根据式 (6.4.23)、式 (6.4.34)、式 (6.4.36) 和式 (6.4.39)，可得

$$
\begin{aligned}
V_t(t) \leqslant& -ab_1\zeta^2(t)\ln\left[\frac{2k^2}{k^2-x_s^2(\ell,t)}\right] - \left[aT_0(\ell) - \frac{\lambda\ell T_0(\ell)}{2} - \frac{ab_2}{2}\right]x_s^2(\ell,t) \\
&- ab_3\eta^2(t) - \left(aE_A - \frac{\lambda\ell E_A}{2} - \frac{\left|\dfrac{3aE_A}{2} - \lambda\ell E_A\right|}{\sigma_8} - \frac{ab_4}{2}\right)y_s^2(\ell,t) \\
&- \left[2a\kappa(\ell) + \frac{aE_A}{2} - \frac{3\lambda\ell\kappa(\ell)}{2} - \left|\frac{3aE_A}{2} - \lambda\ell E_A\right|\sigma_8 - \frac{3\lambda\ell E_A}{8}\right]x_s^4(\ell,t)
\end{aligned}
$$

$$
\begin{aligned}
&-\int_0^{\ell}\left[\frac{3\lambda}{2}\kappa(s)-\frac{\lambda}{2}s\kappa_s(s)+\frac{3\lambda E_A}{8}-\lambda E_A\sigma_5\right]x_s^4\mathrm{d}s+\frac{a\gamma_1}{2}d_x^2(t)\\
&-\left(\frac{ab_2}{2}-\frac{\lambda\ell\rho}{2}\right)x_t^2(\ell,t)+\frac{a\gamma_2}{2}d_y^2(t)+\frac{\phi_1}{2}T_0^2(\ell)+\frac{\phi_2}{2}m^2+\frac{\phi_3}{2}E_A^{\ 2}\\
&-\int_0^{\ell}\left\{\frac{\lambda}{2}\Big[T_0(s)-sT_{0s}(s)\Big]-\lambda\ell\sigma_6\right\}x_s^2\mathrm{d}s-\left(\frac{\lambda E_A}{2}-\frac{\lambda E_A}{\sigma_5}-\lambda\ell\sigma_7\right)\int_0^{\ell}y_s^2\mathrm{d}s\\
&-\left(\frac{\lambda\rho}{2}-a\sigma_1\right)\int_0^{\ell}x_t^2\mathrm{d}s-\left(\frac{\lambda\rho}{2}-a\sigma_2\right)\int_0^{\ell}y_t^2\mathrm{d}s+\left(\frac{a}{\sigma_1}+\frac{\lambda\ell}{\sigma_6}\right)\int_0^{\ell}f_x^2\mathrm{d}s\\
&+\left(\frac{a}{\sigma_2}+\frac{\lambda\ell}{\sigma_7}\right)\int_0^{\ell}f_y^2\mathrm{d}s-\left(\frac{a\gamma_1}{2}-\frac{a\sigma_3}{\delta_1}\right)\tilde{d}_x^2(t)-\left(\frac{a\gamma_2}{2}-\frac{a\sigma_4}{\delta_2}\right)\tilde{d}_y^2(t)\\
&-\left(\frac{ab_4}{2}-\frac{\lambda\ell\rho}{2}\right)y_t^2(\ell,t)-\frac{\phi_1}{2}\tilde{T}_0^2(\ell,t)-\frac{\phi_2}{2}\tilde{m}^2(t)-\frac{\phi_3}{2}\tilde{E}_A^2(t)\\
&+\frac{a}{\delta_1\sigma_3}d_{xt}^2(t)+\frac{a}{\delta_2\sigma_4}d_{yt}^2(t)
\end{aligned}
\tag{6.4.41}
$$

式中，$\sigma_8>0$ 为常数。

选择参数 a、λ、ρ、b_2、b_4 和 $\sigma_i\,(i=1,2,\cdots,8)$，使其满足下列条件：

$$
\begin{cases}
ab_2-\lambda\ell\rho>0,\quad aT_0(\ell)-\lambda\ell T_0(\ell)/2-ab_2/2>0\\
ab_4-\lambda\ell\rho>0,\quad aE_A-\lambda\ell E_A/2-\left|\dfrac{3aE_A}{2}-\lambda\ell E_A\right|\Big/\sigma_8-ab_4/2>0\\
2a\kappa(\ell)+aE_A/2-3\lambda\ell\kappa(\ell)/2-3\lambda\ell E_A/8-\left|\dfrac{3aE_A}{2}-\lambda\ell E_A\right|\sigma_8>0\\
\tau_1=\lambda\rho/2-a\sigma_1>0,\quad \tau_2=\lambda\rho/2-a\sigma_2>0\\
\tau_3=\lambda/2\cdot\Big[T_0(s)-sT_{0s}(s)\Big]-\lambda\ell\sigma_6>0,\quad \tau_4=\lambda E_A/2-\lambda E_A/\sigma_5-\lambda\ell\sigma_7>0\\
\tau_5=3\lambda/2\cdot\kappa(s)+(\lambda/2)s\kappa_s(s)+3\lambda E_A/8-\lambda E_A\sigma_5>0\\
\tau_6=a\gamma_1/2-a\sigma_3/\delta_1>0,\quad \tau_7=a\gamma_2/2-a\sigma_4/\delta_2
\end{cases}
$$

进一步，$V_t(t)$ 可改写为

$$
\begin{aligned}
V_t(t)\leqslant&-\tau_1\int_0^{\ell}x_t^2\mathrm{d}s-\tau_2\int_0^{\ell}y_t^2\mathrm{d}s-\tau_3\int_0^{\ell}x_s^2\mathrm{d}s-ab_1\zeta^2(t)\ln\left[\frac{2k^2}{k^2-x_s^2(\ell,t)}\right]\\
&-\tau_4\int_0^{\ell}y_s^2\mathrm{d}s-\tau_5\int_0^{\ell}x_s^4\mathrm{d}s-\left(\frac{a\gamma_1}{2}-\frac{a\sigma_3}{\delta_1}\right)\tilde{d}_x^2(t)-\left(\frac{a\gamma_2}{2}-\frac{a\sigma_4}{\delta_2}\right)\tilde{d}_y^2(t)\\
&-ab_3\eta^2(t)-\frac{\phi_1}{2}\tilde{T}_0^2(\ell,t)-\frac{\phi_2}{2}\tilde{m}^2(t)-\frac{\phi_3}{2}\tilde{E}_A^2(t)+C\\
\leqslant&-\alpha_3\left[\varPi(t)+V_2(t)+\tilde{T}_0^2(\ell,t)+\tilde{m}^2(t)+\tilde{E}_A^2(t)\right]+C
\end{aligned}
\tag{6.4.42}
$$

式中

$$\alpha_3=\min\left\{\tau_1,\tau_2,\tau_3,\tau_4,\tau_5,\frac{2b_1}{m},\frac{2b_3}{m},\frac{2\delta_1\tau_6}{a},\frac{2\delta_2\tau_7}{a},\frac{\phi_1}{2},\frac{\phi_2}{2},\frac{\phi_3}{2}\right\}$$

$$0<C=\left(\frac{a}{\sigma_1}+\frac{\lambda\ell}{\sigma_6}\right)\ell f_1^2+\left(\frac{a}{\sigma_2}+\frac{\lambda\ell}{\sigma_7}\right)\ell f_2^2+\frac{a\gamma_1}{2}d_1^2+\frac{a\gamma_2}{2}d_2^2+\frac{a}{\delta_1\sigma_3}d_3^2$$
$$+\frac{a}{\delta_2\sigma_4}d_4^2+\frac{\phi_1}{2}T_0^2\left(\ell\right)+\frac{\phi_2}{2}m^2+\frac{\phi_3}{2}E_A^2<+\infty$$

由式 (6.4.20) 和式 (6.4.42)，可得

$$V_t\left(t\right)\leqslant-\rho V\left(t\right)+C \tag{6.4.43}$$

式中，$\rho=\alpha_3/\alpha_2>0$。

6.4.3 稳定性与收敛性分析

定理 6.4.1 对于柔性耦合弦系统 (6.4.1)~(6.4.5)，假设 6.4.1 和假设 6.4.2 成立。如果采用边界控制器 (6.4.26) 和 (6.4.27)，干扰观测器 (6.4.28) 和 (6.4.29)，参数自适应律 (6.4.30)、(6.4.31) 和 (6.4.32)，那么总体控制方案具有如下性能：

(1) 闭环系统的所有信号是半全局一致最终有界的；

(2) 系统的横向和纵向振动收敛到包含原点的一个较小的邻域内；

(3) 系统的边界张力满足指定约束条件。

证明 对式 (6.4.43) 两边同时乘以 $\mathrm{e}^{\rho t}$ 并积分，可得

$$V\left(t\right)\leqslant\left[V\left(0\right)-\frac{\varepsilon}{\alpha}\right]\mathrm{e}^{-\rho t}+\frac{C}{\rho}\leqslant V\left(0\right)\mathrm{e}^{-\rho t}+\frac{C}{\rho} \tag{6.4.44}$$

由式 (6.4.9) 和式 (6.4.20)，可得

$$\frac{a\underline{T}_0}{2\ell}x^2\left(s,t\right)\leqslant V_1\left(t\right)\leqslant V_1\left(t\right)+V_2\left(t\right)\leqslant\frac{1}{\alpha_1}V\left(t\right) \tag{6.4.45}$$

$$\frac{aE_A}{2\ell}y^2\left(s,t\right)\leqslant V_1\left(t\right)\leqslant V_1\left(t\right)+V_2\left(t\right)\leqslant\frac{1}{\alpha_1}V\left(t\right) \tag{6.4.46}$$

由式 (6.4.45) 和式 (6.4.46)，弦系统的横向和纵向位移满足：

$$\left|x\left(s,t\right)\right|\leqslant\sqrt{\frac{2\ell}{a\alpha_1\underline{T}_0}\left[V\left(0\right)+\frac{C}{\rho}\right]} \tag{6.4.47}$$

$$\left|y\left(s,t\right)\right|\leqslant\sqrt{\frac{2\ell}{a\alpha_1E_A}\left[V\left(0\right)+\frac{C}{\rho}\right]} \tag{6.4.48}$$

进一步可得

$$\lim_{t\to\infty}|x(s,t)|\leqslant\sqrt{2\ell C/(a\alpha_1\underline{T}_0\rho)} \tag{6.4.49}$$

$$\lim_{t\to\infty}|y(s,t)|\leqslant\sqrt{2\ell C/(aE_A\alpha_1\rho)} \tag{6.4.50}$$

式中，$(s,t)\in[0,\ell]\times[0,\infty)$。

根据式 (6.4.10)，当 $|x_s(\ell,t)|\to k$ 时，有 $V_2(t)\to\infty$，又由式 (6.4.44)，可得 $V_2(t)$ 有界，因此 $|x_s(s,t)|\neq k$。由于 $|x_s(\ell,0)|<k$，进一步可知 $|x_s(\ell,t)|<k$，结合张力表达式，可得 $|T(\ell,t)|<M$。因此，弦系统的边界张力不违反预先给定的约束界。由式 (6.4.45) 和式 (6.4.46)，可得 $V_1(t)$ 有界，则 $x_t(s,t)$、$x_s(s,t)$、$y_t(s,t)$ 和 $y_s(s,t)$ 有界。由于系统的动能有界，根据引理 6.4.1，可得 $x_{st}(s,t)$ 和 $y_{st}(s,t)$ 有界。类似地，根据系统势能的有界性和假设 6.4.1，可得 $x_{ss}(s,t)$ 和 $y_{ss}(s,t)$ 有界。进一步，利用假设 6.4.1、系统控制方程和边界条件，通过上述分析可得 $x_{tt}(s,t)$ 和 $y_{tt}(s,t)$ 有界。此外，由式 (6.4.44)，可知参数估计误差 $\tilde{T}_0(\ell,t)$、$\tilde{m}(t)$ 和 $\tilde{E}_A(t)$ 有界。因此，$\hat{T}_0(\ell,t)$、$\hat{m}(t)$ 和 $\hat{E}_A(t)$ 都是有界的。综上所述，所设计的自适应边界控制器 $U_x(t)$ 和 $U_y(t)$ 均有界，最终证明了闭环系统所有信号的有界性。

评注 6.4.1 本节针对一类具有未知参数、未知时变边界扰动和边界张力约束的柔性耦合弦系统，基于干扰估计和自适应控制设计原理，介绍了一种自适应状态反馈约束控制方法。对于被控系统为实际工程中的立管系统，类似的约束控制方法可参见文献 [16] 和 [17]。

6.4.4 仿真

例 6.4.1 考虑由式 (6.4.1) ~ 式 (6.4.5) 描述的柔性耦合弦系统，选择系统参数为 $\ell=10\text{m}$、$M=20\text{kg}$、$\rho=17\text{kg/m}$、$T_0(s)=17(s+20)\text{N}$、$E_A=250\text{N}$、$\kappa(s)=0.05(s+10)$。弦系统受到的边界扰动和分布扰动为

$$d_x(t)=d_y(t)=0.1\sin(2t)+0.1\sin(3t)+0.9\sin(5t)$$

$$f_x(s,t)=0.1\times[3+\sin(\pi st)+\sin(2\pi st)+\sin(3\pi st)]\,s$$

$$f_y(s,t)=0.1\times[1+\sin(\pi st)+\sin(2\pi st)+\sin(3\pi st)]\,s$$

选择设计参数为 $a=1$、$b_1=b_3=5$、$b_2=b_4=50$、$\delta_1=1000$、$\delta_2=2000$、$\gamma_1=0.007$、$\gamma_2=0.02$、$\gamma_3=\gamma_4=\gamma_5=0.2$、$\phi_1=\phi_2=\phi_3=5$、约束界 $k=0.1$、$M=5.2\times10^2\text{N}$，初始条件为 $x(s,0)=0.06s$、$y(s,0)=0.06s$、$\hat{d}_x(0)=0$、$\hat{d}_y(0)=0$、$\hat{T}_0(\ell,0)=0$、$\hat{m}(0)=0$ 和 $\hat{E}_A(0)=0$。

仿真结果如图 6.4.1 ~ 图 6.4.9 所示。

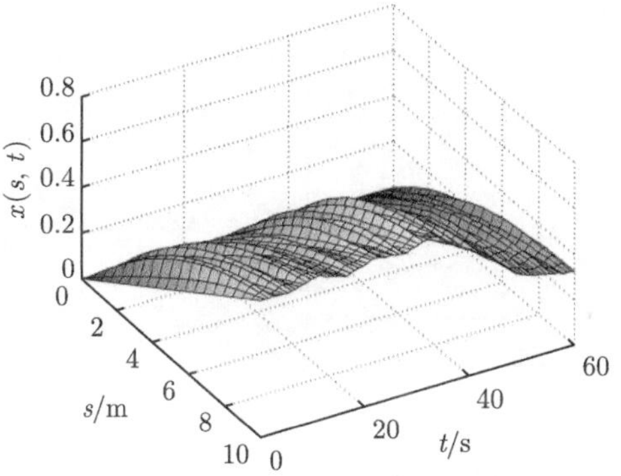

图 6.4.1 无控制时弦系统的横向振动位移 $x(s,t)$

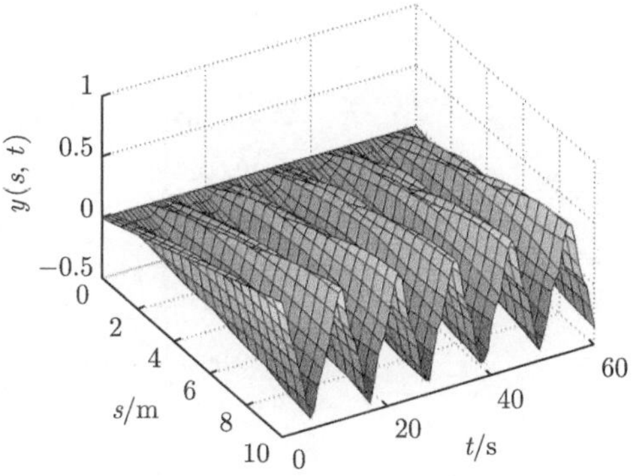

图 6.4.2 无控制时弦系统的纵向振动位移 $y(s,t)$

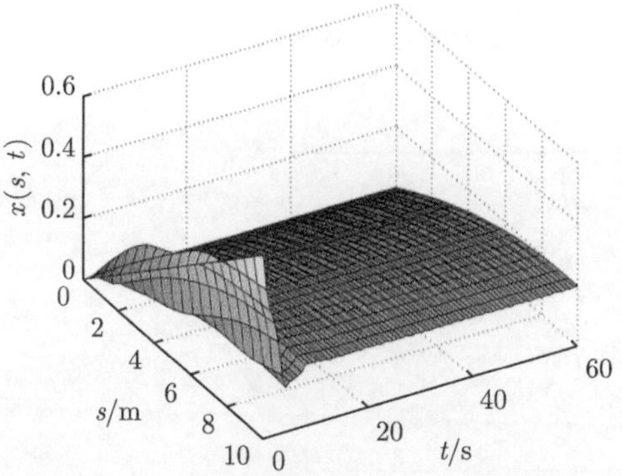

图 6.4.3 自适应控制下弦系统的横向振动位移 $x(s,t)$

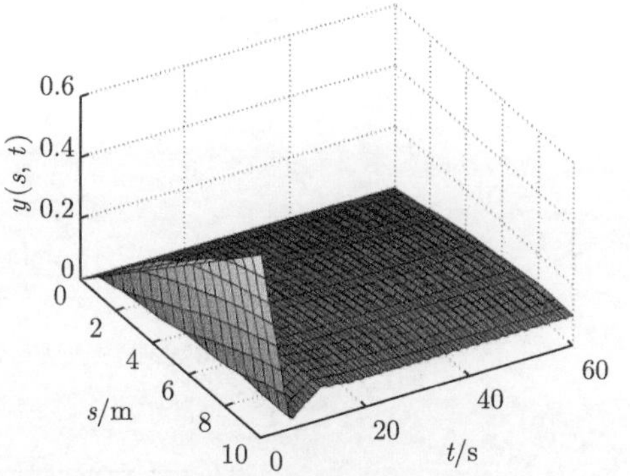

图 6.4.4 自适应控制下弦系统的纵向振动位移 $y(s,t)$

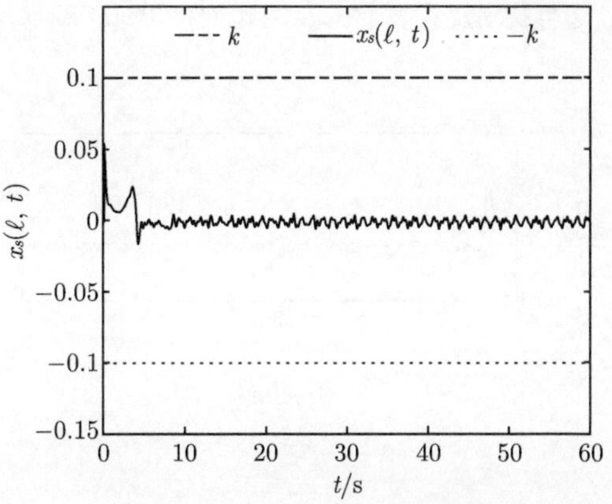

图 6.4.5 状态 $x_s(\ell,t)$ 的轨迹

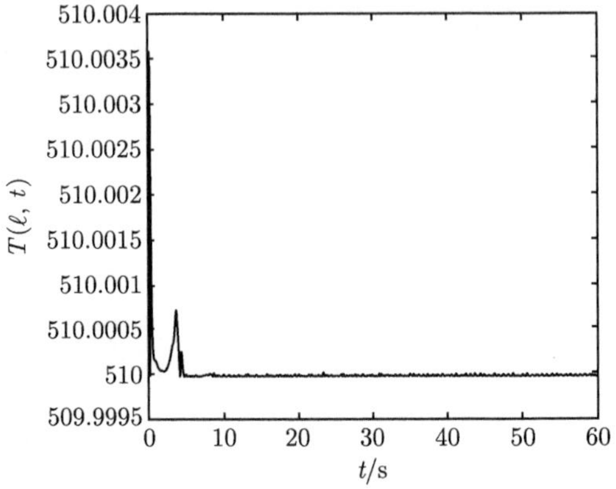

图 6.4.6　边界张力 $T(\ell,t)$ 的轨迹

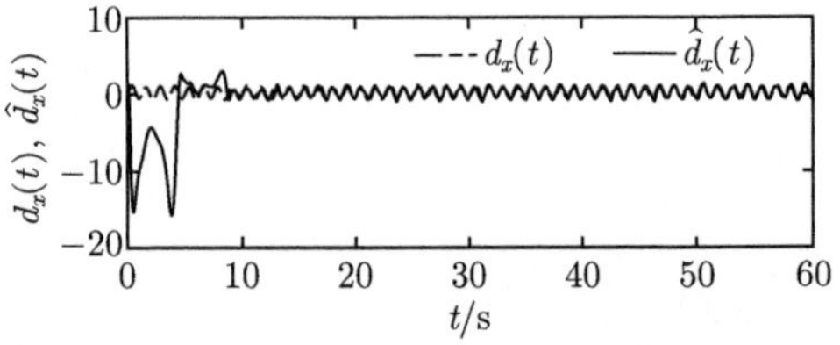

(a) $d_x(t)$和$\hat{d}_x(t)$

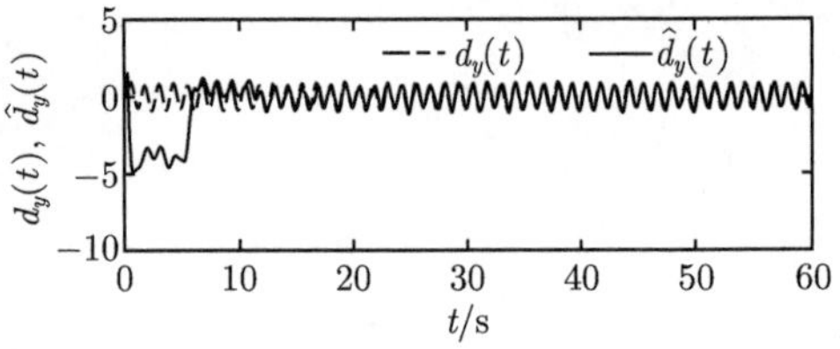

(b) $d_y(t)$和$\hat{d}_y(t)$

图 6.4.7　边界扰动及其估计 $d_x(t)$、$d_y(t)$、$\hat{d}_x(t)$ 和 $\hat{d}_y(t)$ 的轨迹

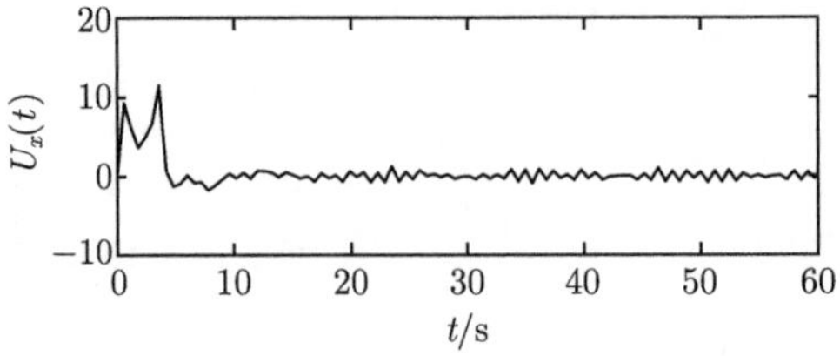

(a) $U_x(t)$

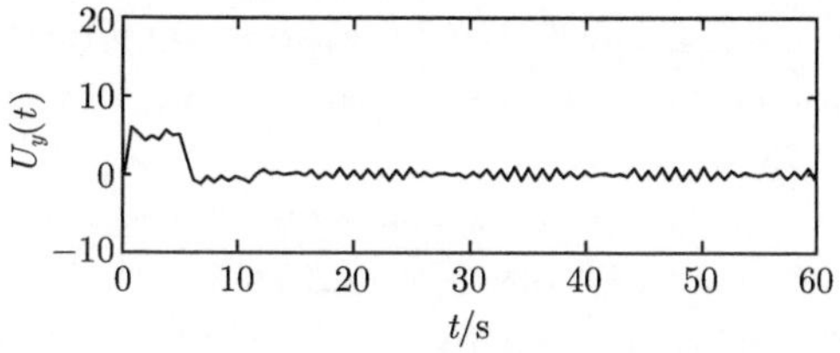

(b) $U_y(t)$

图 6.4.8　控制器 $U_x(t)$ 和 $U_y(t)$ 的轨迹

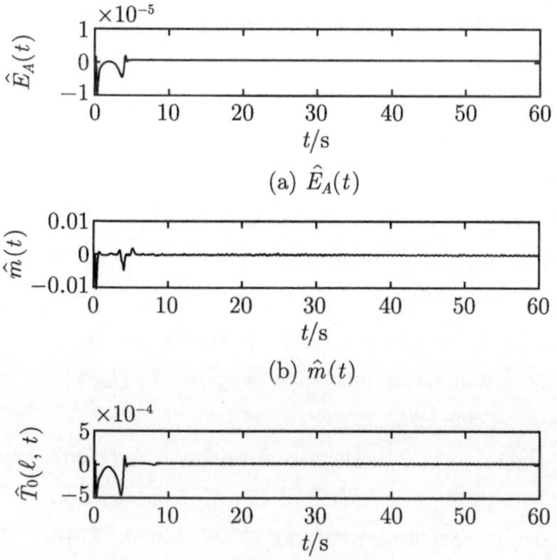

(a) $\hat{E}_A(t)$

(b) $\hat{m}(t)$

(c) $\hat{T}_0(\ell, t)$

图 6.4.9　自适应参数 $\hat{E}_A(t)$、$\hat{m}(t)$ 和 $\hat{T}_0(\ell,t)$ 的轨迹

参 考 文 献

[1] Liu Y J, Zeng Q, Tong S C, et al. Adaptive neural network control for active suspension systems with time-varying vertical displacement and speed constraints[J]. IEEE Transactions on Industrial Electronics, 2019, 66(12): 9458-9466.

[2] Lu S M, Li D P, Liu Y J. Adaptive neural network control for uncertain time-varying state constrained robotics systems[J]. IEEE Transactions on Systems, Man, and Cybernetics: Systems, 2019, 49(12): 2511-2518.

[3] Gao B K, Liu Y J, Liu L. Fixed-time neural control of a quadrotor UAV with input and attitude constraints[J]. CAA Journal of Automatica Sinica, 2023, 10(1): 281-283.

[4] Zhang S, Tang L, Liu Y J. Estimation based adaptive constraint control for a class of coupled string systems[J]. CAA Journal of Automatica Sinica, 2022, 9(8): 1536-1539.

[5] Sunwoo M, Cheok K C, Huang N J. Model reference adaptive control for vehicle active suspension systems[J]. IEEE Transactions on Industrial Electronics, 1991, 38(3): 217-222.

[6] Sam Y M, Osman J H S, Ghani M R A. A class of proportional-integral sliding mode control with application to active suspension system[J]. Systems & Control Letters, 2004, 51(3-4): 217-223.

[7] Yagiz N, Hacioglu Y, Taskin Y. Fuzzy sliding-mode control of active suspensions[J]. IEEE Transactions on Industrial Electronics, 2008, 55(11): 3883-3890.

[8] Na J, Huang Y B, Wu X, et al. Active adaptive estimation and control for vehicle suspensions with prescribed performance[J]. IEEE Transactions on Control Systems Technology, 2018, 26(6): 2063-2077.

[9] Liu Y J, Tong S C, Li D J, et al. Fuzzy adaptive control with state observer for a class of nonlinear discrete-time systems with input constraint[J]. IEEE Transactions on Fuzzy Systems, 2016, 24(5): 1147-1158.

[10] Nie J M, Wang Y N, Miao Z Q, et al. Adaptive fuzzy control of mobile robots with full-state constraints and unknown longitudinal slipping[J]. Nonlinear Dynamics, 2021, 106(4): 3315-3330.

[11] Jin X. Adaptive fixed-time control for MIMO nonlinear systems with asymmetric output constraints using universal barrier functions[J]. IEEE Transactions on Automatic Control, 2019, 64(7): 3046-3053.

[12] Zhao K, Song Y D. Removing the feasibility conditions imposed on tracking control designs for state-constrained strict-feedback systems[J]. IEEE Transactions on Automatic Control, 2019, 64(3): 1265-1272.

[13] Chen M, Yan K, Wu Q X. Multiapproximator based fault-tolerant tracking control for unmanned autonomous helicopter with input saturation[J]. IEEE Transactions on Systems, Man, and Cybernetics: Systems, 2022, 52(9): 5710-5722.

[14] He W, Sun C, Ge S S. Top tension control of a flexible marine riser by using integral-barrier Lyapunov function[J]. ASME Transactions on Mechatronics, 2015, 20(2): 497-505.

[15] Narasimha R. Non-linear vibration of an elastic string[J]. Journal of Sound and Vibration, 1968, 8(1): 134-146.

[16] Liu Y, Wang Y N, Feng Y H, et al. Neural network-based adaptive boundary control of a flexible riser with input deadzone and output constraint[J]. IEEE Transactions on Cybernetics, 2022, 52(12): 13120-13128.

[17] Tang L, Zhang X Y, Liu Y J, et al. PDE based adaptive control of flexible riser system with input backlash and state constraints[J]. IEEE Transactions on Circuits and Systems I: Regular Papers, 2022, 69(5): 2193-2202.